基礎物理学選書

27

相対性理論

学習院大学名誉教授
理学博士
江沢　洋 著

裳華房

編　集　趣　旨

長年，教師をやってみて，つくづく思うことであるが，物理学という学問は実にはいりにくい学問である．学問そのもののむつかしさ，奥の深さという点からいえば，どんなものでも同じであろうが，はじめて学ぼうとする者に対する“しきい”の高さという点では，これほど高い学問はそう沢山はないと思う．

しかし，それでも理工科方面の学生にとっては物理学は必須である．現代の自然科学を支えている基礎は物理学であり，またいろいろな方面での実験も物理学にたよらざるを得ないものが少なくないからである．

物理学では数学を道具として非常によく使うので，これからくるむつかしさももちろんある．しかしそれよりも，中にでてくる物理量が何をあらわすかを正確につかむことがむつかしく，その物理量の間の関係式が何を物語るか，真意を知ることがさらにむつかしい．そればかりではない．われわれの日常経験から得た知識だけではどうしても理解のでき兼ねるような実体をも対象として扱うので，ここが最大の難関となる．

学生諸君に口を酸っぱくして話しても一度や二度ではわかって貰えないし，わかったという学生諸君も，よくよく話し合ってみると，とんでもない誤解をしていることがある．

私達はさきに，大学理工科方面の学生のために“基礎物理学”という教科書（裳華房発行）を編集したが，その時にも以上の事をよく考えて書いたつもりである．しかし，頁数の制限もあり，教科書には先生の指導ということが当然期待できるので，説明なども，ほどほどに止めておいた．

今度，“基礎物理学選書”と銘打って発行することになった本シリーズは上記の“基礎物理学”の内容を20編以上に分けてくわしくしたものである．いずれの編でも説明は懇切丁寧を極めるということをモットーにし，先生の助けを借りずに自力で修得できる自学自習の書にしたいというのがわれわれの考えである．

各編とも執筆者には大学教育の経験者をお願いした上，これに少なくとも一人の査読者をつけるという編集方針をとった．執筆者はいずれも内容の完璧を願うために，どうしても内容が厳密になり，したがってむつかしくなり勝ちなものである．このことがかえって学生の勉学意欲を無くしてしまう原因になることが多い．査読者は常に大学初年級という読者の立場に立って，多少ともわかりにくく，程度の高すぎるところがあれば，原稿を書きなおして戴くという役目をもっている．こうしてでき上がった原稿も，さらに編集委員会が目を通すという．二段三段の構えで読者諸君に親しみ易く，面白い本にしようとした訳である．

私共は本選書が諸君のよき先生となり，またよき友人となって，基礎物理学の学習に役立ち，諸君の物理学に抱く深い興味の源泉となり得ればと，それを心から願っている．

編集委員長　　金　原　寿　郎

はじめに

本書は特殊相対性理論への入門書である．『相対性理論』と銘打っているが，一般相対性理論は，それへの動機を説明するだけにしてある．

入門書として，本書は相対性理論を2回くり返して学ぶ構成にしてある．最初は簡単に，2回目は深く！

前半では，まず第1, 2章で，アインシュタインの相対性理論にいたる歴史を手短にたどったあと，1つの慣性系と，それに対して x 軸の方向に等速度運動する座標系との相対性にかぎって，座標系を変えたときの種々の物理量の見え方の変化を調べる．そのもとになる座標変換は，時間をもまきこんだローレンツ変換であるが，これを第1章ではアインシュタインの時計あわせの方法により，第2章ではすこし違った角度からより丁寧に導く．この座標変換にともなう見え方の変化は物理量ごとにさまざまであるけれども，アインシュタインの相対性原理は，物理法則（物理量の関係）が座標変換で変わらないことを要求する．その要求をみたす力学や電磁気学はどういうものか，第3, 4章で大要を述べる．ここに相対性理論の本質があらわれる．

実は，第2章の後半では，座標変換の範囲を拡大して，いろいろの方向に等速度運動する座標系に移ることまで考える．こう言うとトリヴィアルに響くかもしれないが，x 軸の方向に走る座標系に移って次に y 軸方向に走る座標系に移るという座標変換も視野にはいり，予期しないおもしろい事態がおこる．第2章の5節から後は，第3, 4章を読んでから読むことにしてもよい．この部分を第2章におくか第5章に組み入れるかは悩ましい問題であったし，いまもそうである．

第5章からが後半になるが，考える座標変換の広がりを確認した後，そうした座標変換にともなう物理量の見え方の変化に一定の型があることを見る．すなわち，ベクトルやテンソルである．スピノルというものもあるが，これは本書では使う機会がないので，説明は付録にまわす．アインシュタインの相対性原理は，物理法則がベクトルやテンソルなどを用いて書かれるならばみたされる．それはニュートンの運動方程式が，ベクトル記号で書けば，どんなに座標系を回転しても同じ形で成り立つのと同じである．もちろん，相対論におけるベクトルやテンソルの定義はニュートン力学の場合とはちがう．ローレンツ・ベクトルとかローレンツ・テンソルとでもよぶべきものである．

こうしたベクトルやテンソルという武器をもって，第6章では力学を，第7章では電磁気学をアインシュタインの相対性原理をみたす形につくりあげる．本書の前半でしたことを，視野をひろげてもう一度，行なうのである．

相対論的な力学をつくってみると，力がポテンシャルから導かれるという古典力学でおなじみの事実は相対性原理になじまないことがわかる．もっともバネから力を受ける振動のような場合には，もともとバネの存在によって，それが静止している座標系と走る座標系との同等性が破れているので，ポテンシャルも使ってよいのであろう．たとえば，宇宙の背景輻射が等方的に見える座標系があれば，それに対して走る座標系では等方性は失われ，特権的な座標系があらわれる．

全体として，愚直な計算を方針とした．たとえば，座標系の変換にともなう電磁場の方程式の変換にしても，各成分について一々計算する．何を計算するのかが理解できれば，すべての成分について一網打尽に系統的に計算することは容易になるので，これは演習問題とした．演習問題には，このほか，本文の内容を具体的に例で見るための問題もある．各問題には，丁寧な解答をつけた．

特殊相対性理論をつくったアインシュタインは，これに大きな不満をもっていた．この理論からは物体が走ると質量が増すということがでるが，この質量は慣性質量であって，重力質量については理論は一言もいわなかったからである．やがて，アインシュタインは重力が座標系の加速度運動でおきかえられることを，力学だけでなく物理学全般にもおよぼすことを考えつき，これを原理として一般相対性理論をつくった．われわれは，その片鱗をかりて重力質量も慣性質量と同じく物体の速さとともに増すことを示そう．

付録では，本文に述べたトルートン－ノーブルのパラドックスの解析に必要な平板コンデンサーの「縁の効果」の計算とスピノルの簡単な紹介をする．

本書によって相対性理論を楽しんでいただけたら幸いである．誤りや説明の不十分なところを見いだされたら，お知らせ下さるようお願いする．

基礎物理学選書の一冊として本書の執筆を故・遠藤恭平さんに依頼されてから何十年かが過ぎた．執筆が遅れたことをお詫びし，本書を遠藤さんの御霊前に捧げる．その後継者として完成を長いあいだ待ってくださり完成前に退職を迎えられた真喜屋実孜さんの寛容にも感謝する．真喜屋さんの後を継いだ小野達也さんには，いろいろお世話になり，またわがままもきいていただいた．最後になってしまったが，明治大学の中村孔一さんは査読の労をとり，たくさんの有益な御注意をくださった．御両名に心から御礼を申し上げる．

2008年8月

江沢 洋

目　　　次

1.　相対性理論の歴史

2.　相対論的運動学

3. 相対論的力学

4. 電 磁 気 学

5. 4 次 元 世 界

6. 力学の共変形式

7. 電磁気学の共変形式

8. 一般相対性理論へ

記号について

ギリシャ文字の添字は 0, 1, 2, 3 を走る．これに対して，ローマン・アルファベットの添字は 1, 2, 3 を走る．

$$[g^{\mu\nu}] = [g_{\mu\nu}] = \begin{pmatrix} 1 & 0 & 0 & 0 \\ 0 & -1 & 0 & 0 \\ 0 & 0 & -1 & 0 \\ 0 & 0 & 0 & -1 \end{pmatrix}$$

とし，時空座標は

$$(ct, x, y, z) \quad \text{を} \quad (x^0, x^1, x^2, x^3)$$

と書く．

$$g_{\mu\nu}x^\nu = (x_0, x_1, x_2, x_3) = (x^0, -x^1, -x^2, -x^3) = (ct, -x, -y, -z)$$

である．しかし，ときに時空座標を (ct, x, y, z) と書き，ベクトルの空間成分を (A_x, A_y, A_z) などと書く．相対性理論の美しさを損なうかもしれないが，この方が直観的である．空間ベクトルを太字で $\boldsymbol{A}$ のように書き，4 元ベクトルを細字で k のように書く場合もある．

x^μ と x_μ は上に見たとおり違うものである．添字の上下は区別しなければならない．$x^\mu x_\mu = (x^0)^2 - (x^1)^2 - (x^2)^2 - (x^3)^2$ の左辺のように上付き添字と下付き添字にギリシャ文字の同じ字が現れたら，その添字について 0 から 3 まで加える約束にする．その文字がローマン・アルファベットなら 1 から 3 まで加える．

クロネッカーのデルタは $g^{\mu\sigma}g_{\sigma\nu}$ だから g^μ_ν と書かねばならない．しかし，空間部分について

$$\delta^{kl} = \begin{cases} 1 & (k = l) \\ 0 & (k \neq l) \end{cases}$$

を使いたい場合もおこる．たとえば，(7.5.2) である．

次の記号も用いる．

kx ：　$k^0x^0 - \boldsymbol{k}\cdot\boldsymbol{x}$

∂_μ ：　$\dfrac{\partial}{\partial x^\mu}$

Δ ：　$\dfrac{\partial^2}{\partial x^2} + \dfrac{\partial^2}{\partial y^2} + \dfrac{\partial^2}{\partial z^2}$

$\Box$ ：　$\dfrac{1}{c^2}\dfrac{\partial^2}{\partial t^2} - \Delta$

ε_0 ：　真空の誘電率 $(8.854187 \times 10^{-12}\,\mathrm{C^2/N\,m^2})$

μ_0 ：　真空の透磁率 $(4\pi \times 10^{-7}\,\mathrm{kg\,m/C^2})$

$A := B$ は，A を $A = B$ によって定義することを示す．

1 相対性理論の歴史

大昔には，地球が宇宙の不動の中心であると考えられ，あらゆる運動はそれに対するものとして捉えられた．地球に対して静止している物は，すなわち静止しているのであり，地球に対して動いているものは，すなわち動いているのだとされたのである．そこにコペルニクス（N. Copernicus）が現れて，地球は不動ではなく，太陽こそ不動の中心であって地球はそのまわりを周回しているのだと唱えた．地動説である．ガリレオ・ガリレイ（Galileo Galilei）とケプラー（J. Kepler）がそれに和した．

しかし，ガリレオは同時に運動というものは，何か基準の物体を任意にきめて，それに対する運動として捉えるほかないのだともいわなければならなくなった．基準の物体を変えれば運動はちがって見える．これは運動の相対性（relativity）である．これが正しければ，太陽に対する地球の運動を考えてもよいし，地球に対する太陽の運動を考えてもよいことになるのか？　地動説はどこへいってしまうのか？

ここから始めて，相対論の歴史を手短に追ってみよう．

§1.1　ガリレオの相対性

コペルニクスが「地球は太陽のまわりを周回している」といったとき，人々はこぞって反対した．走っている馬車に乗っている場合を考えてみよ．そんなふうに地球が走っていたら，地上には大風が吹くだろう．われわれは地球から振り落とされてしまうだろう．ガリレオは，その著『天文対話』の中で彼の分身 Salviati にこういわせている：

Salviati 君が誰か友人と大きな船の甲板の下にある大きな部屋に閉じこもり，そこに蠅や蝶をもってゆき，また魚を入れた水の容器をおき，また高いところに小さな水桶を吊り，その下においた口の狭い容器に水を一滴ずつ落とします．君は船をじっとさせて，蠅や蝶がどのように部屋のあらゆる方向に同じ速さで進むか，魚がどのようにあらゆる方向に無差別に進むか，静かに落ちる水滴がどのように下の容器に入るかを熱心に観察してください．また君が友人に何か投げるとき，距離が同じなら，どの方向に強く投げなければならないということはありません．

船がじっとしている間は，そうなることに何の疑いもありません．これらのことを熱心に観察したなら，船をお望みの速さで動かしなさい．

そうすると（船の運動が斉一であり，あちこち揺れないかぎり）君はさきにあげた出来事すべてにわずかの変化も認めず，それらのどれからも船が進んでいるか，じっとしているかを知ることはできないでしょう．

（ガリレオ・ガリレイ著，青木靖三訳：『天文対話』（岩波文庫（上），1959，p. 281 – 282））

走る船の中で見ても，運動は，止まっている船の中と同様におこるのである．船の中でおこっている運動だけを見て船が走っているか否かを知ることはできない．ガリレオは，このことから，地球が運動していても地上に大風が吹いたり，人が地球から振り落とされたりしないことがいえるとした．これを**ガリレオの相対性原理**（Galileo's relativity principle）という．

しかし同時に，これは船が動いていると見てもよいが，反対に船が止まっていて地球が動いていると見てもよいということを意味している．同じことが，地球と太陽に対してもいえるだろう．地動説はどうなってしまうのか？

ガリレオはSagredoに疑問を出させている．地動説では，地球は自転しているともいうではないか．

Sagredo ぐるぐるまわる機械が速く回転すると，これにくっついているものを投げ出し，飛び散らせるという実験．これに基づく地動説に対する反論があります．大地が速く自転したら，石や動物は星のほうに飛ばされるはずだし，建造物は土台からばらばらにならざるを得ないでしょう．実際には，そんなことはおこりません．

これは，地球が自転などしていないという証拠です．
（この続きも含めてガリレオ・ガリレイ著：前掲書，p. 283－326）

この疑問に対する Salviati ことガリレオの答えは，前の答えとちがっている．今度は，ガリレオは重力をもちだす．地上の物体には重力がはたらいて地上にしばりつけているのだという．

自転している地球の上では，物体に力を加えないかぎり地上に静止させておくことはできない．自転している地球の上では慣性の法則が成り立たないのだ．したがって，ニュートンの運動の法則もそのままでは成り立たないのである．

太陽のまわりに地球が行なう周回運動についても同じことである．周回運動や自転は相対運動の名の下に解消することはできない．地動説と天動説は違うのだ．ガリレオの相対性原理は互いに斉一な運動（等速直線運動）をする系の間のことである．

話をはっきりさせるために座標系を導入しよう．空間に一点 O をとって座標原点とし，そこから互いに垂直な 3 本の直線をとって x, y, z 軸とし，それぞれに正の向きを定めておく．このとき，x 軸の正の向きを y 軸の正の向きの方に回転させるのと同じ向きに回した右ネジが，z 軸の正の向きに進むように座標軸の向きを定めるのが普通である．このように定めた座標系 O-xyz を右手系という．この座標系を用いて点 m の位置を (x, y, z) のように表わすことができる．x, y, z が時間 t とともに変化するのが点 m の運動である．

しかし，このような座標軸を勝手にとったのでは，それを基準に記述した運動に対して運動の法則が成り立つとは限らない．たとえば，自転する地球に固定した座標系をとったのでは慣性の法則が成り立たないから，運動の法則も成り立たない．

座標軸を上手にとれば，それを基準に運動を記述したとき運動の法則が成り立つ．つまり，運動の法則が成り立つような座標系が存在するということである．運動の法則が成り立つような座標系では慣性の法則も成り立つのであって，**慣性系**（inertial system）とよばれる．逆に，慣性の法則が成り立つような座標系，すなわち慣性系では運動の法則も成り立つ．すなわち

$$m\frac{d^2x}{dt^2}=f_x,\qquad m\frac{d^2y}{dt^2}=f_y,\qquad m\frac{d^2z}{dt^2}=f_z \tag{1.1.1}$$

も成り立つ．これは質量 m の物体に力 $\boldsymbol{f}=(f_x, f_y, f_z)$ を加えたときの運動をきめる式である．

いま，この座標系に対して速度 $\boldsymbol{V}$ で動く座標系 O′-$x'y'z'$ をとろう．速度 $\boldsymbol{V}$ は x 軸の方向にあって $(V, 0, 0)$ であるとしよう．そして，x' 軸は x 軸に重ねてとり，y' 軸と y 軸，z' 軸と z 軸はそれぞれ互いに平行にとろう（1-1図）．この座標系で m の位置を見ると，その座標は

$$x'=x-Vt,\qquad y'=y,\qquad z'=z \tag{1.1.2}$$

となる．m の速度を 2 つの座標系で見ると

$$\frac{dx'}{dt}=\frac{dx}{dt}-V,\qquad \frac{dy'}{dt}=\frac{dy}{dt},\qquad \frac{dz'}{dt}=\frac{dz}{dt} \tag{1.1.3}$$

の関係にある．加速度は，$\boldsymbol{V}$ が時間的に一定だから

$$\frac{d^2x'}{dt^2}=\frac{d^2x}{dt^2},\qquad \frac{d^2y'}{dt^2}=\frac{d^2y}{dt^2},\qquad \frac{d^2z'}{dt^2}=\frac{d^2z}{dt^2} \tag{1.1.4}$$

となり互いに等しい．したがって，運動の法則(1.1.1)は座標系 O′-$x'y'z'$ においても

$$m\frac{d^2x'}{dt^2}=f_x,\qquad m\frac{d^2y'}{dt^2}=f_y,\qquad m\frac{d^2z'}{dt^2}=f_z \tag{1.1.5}$$

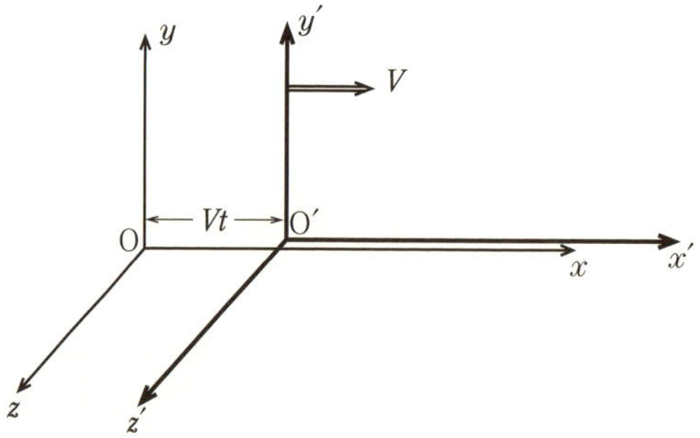

1-1図　座標系 O-xyz に対して一定の速度 $\boldsymbol{V}=(V, 0, 0)$ で動く座標系 O′-$x'y'z'$．

となり，座標系 O-xyz で見たものと全く同じである．慣性系 O-xyz に対して，一定の速度 $\boldsymbol{V}$ で動く座標系 O′-$x'y'z'$ から見ても運動方程式は同じ形で成り立つのである．慣性系に対して一定の速度で（回転なしに）動く座標系も慣性系なのだ．これがガリレオの相対性原理である．(1.1.2)を互いに動く座標系の間の**ガリレオ変換**（Galileo transformation）という．こういうことがあるから，走る船の上でも，蠅や蝶や水滴が止まっている船の上と同様に，あるいは地上と同様に運動するのである．

§1.2　光の媒質（エーテル）

力学に加えて，19 世紀の物理学の大黒柱がもう 1 本あった．電磁気学である．もう 1 本，熱力学があったが，いまは触れないことにする．

1.2.1　光の伝播

電磁気学に対してはガリレオの相対性原理は成り立たない．それは電磁気学から真空中の光の速さ c が 3×10^8 m/s と定まってしまうことからわかる．

座標系 O-xyz で光の速さが c であったとすると，その座標系に対して等速度 $\boldsymbol{V}$ で動く座標系 O′-$x'y'z'$ では光の速さは c とちがうだろう．電磁気学の基礎法則が座標系 O′-$x'y'z'$ で座標系 O-xyz と同じように成り立つとしたら，光の速さは c となるべきだから，そうならないということは電磁気学の法則が座標系 O-xyz と同じようには成り立たないということである．

光の伝播速度を電磁場の基礎法則であるマクスウェル（J. C. Maxwell）の方程式から出してみよう．その方程式は，電荷も電流もない真空中では，電場を $\boldsymbol{E}$，磁場を $\boldsymbol{B}$ として[1)]

$$\begin{aligned} &\mathrm{div}\,\boldsymbol{E} = 0, \qquad &&\mathrm{div}\,\boldsymbol{B} = 0 \\ &\mathrm{rot}\,\boldsymbol{E} = -\frac{\partial \boldsymbol{B}}{\partial t}, \qquad &&\mathrm{rot}\,\boldsymbol{B} = \mu_0\varepsilon_0\frac{\partial \boldsymbol{E}}{\partial t} \end{aligned} \tag{1.2.1}$$

1)　$\boldsymbol{B}$ は正確には磁束密度とよぶべきであるが，本書では略式に磁場という．

である．ε_0 と μ_0 は，それぞれ真空の誘電率と真空の透磁率である．

ここで注釈を加えておこう．上の方程式に現れた div というのは，ベクトル場に作用してスカラー場をつくり出す演算子で

$$\mathrm{div}\,\boldsymbol{E} = \frac{\partial E_x}{\partial x} + \frac{\partial E_y}{\partial y} + \frac{\partial E_z}{\partial z} \tag{1.2.2}$$

で定義される．

$$\mathrm{grad} = \left(\frac{\partial}{\partial x}, \frac{\partial}{\partial y}, \frac{\partial}{\partial z}\right) \tag{1.2.3}$$

とベクトル場とのスカラー積であるといってもよい．

$$\mathrm{div}\,\boldsymbol{E} = \mathrm{grad}\cdot\boldsymbol{E} \tag{1.2.4}$$

これに対して，rot は grad とベクトル場のベクトル積である．

$$\mathrm{rot}\,\boldsymbol{B} = \mathrm{grad} \times \boldsymbol{B} \tag{1.2.5}$$

すなわち，rot $\boldsymbol{B}$ は次の成分をもつベクトル場である．

$$\begin{aligned}(\mathrm{rot}\,\boldsymbol{B})_x &= \frac{\partial}{\partial y}B_z - \frac{\partial}{\partial z}B_y \\ (\mathrm{rot}\,\boldsymbol{B})_y &= \frac{\partial}{\partial z}B_x - \frac{\partial}{\partial x}B_z \\ (\mathrm{rot}\,\boldsymbol{B})_z &= \frac{\partial}{\partial x}B_y - \frac{\partial}{\partial y}B_x\end{aligned} \tag{1.2.6}$$

たとえば $\boldsymbol{B} = (B_x, 0, 0)$ という場があったとすると，(1.2.1) の第２式

$$\mathrm{div}\,\boldsymbol{B} = \frac{\partial B_x}{\partial x} = 0$$

から，B_x は x によらない．さらに

$$\mathrm{rot}\,\boldsymbol{B} = \left(0, \frac{\partial B_x}{\partial z}, -\frac{\partial B_x}{\partial y}\right)$$

であり，もう一度 rot をとれば，B_x が x によらないことから

$$\mathrm{rot}\,\mathrm{rot}\,\boldsymbol{B} = \left(-\frac{\partial^2 B_x}{\partial y^2} - \frac{\partial^2 B_x}{\partial z^2}, 0, 0\right)$$

となる．他方，(1.2.1) から

$$\mathrm{rot}\,\mathrm{rot}\,\boldsymbol{B} = \varepsilon_0\mu_0\,\mathrm{rot}\,\frac{\partial \boldsymbol{E}}{\partial t} = \varepsilon_0\mu_0\frac{\partial}{\partial t}\,\mathrm{rot}\,\boldsymbol{E} = \varepsilon_0\mu_0\frac{\partial}{\partial t}\left(-\frac{\partial \boldsymbol{B}}{\partial t}\right)$$

となるから，B_x は波動方程式

$$\left(\frac{\partial^2}{\partial y^2}+\frac{\partial^2}{\partial z^2}-\frac{1}{c^2}\frac{\partial^2}{\partial t^2}\right)B_x(y, z, t)=0 \tag{1.2.7}$$

をみたすことがわかる．ただし

$$c=\frac{1}{\sqrt{\varepsilon_0\mu_0}} \tag{1.2.8}$$

である．

特に，B_x が z にもよらないならば，

$$\left(\frac{\partial^2}{\partial y^2}-\frac{1}{c^2}\frac{\partial^2}{\partial t^2}\right)B_x(y, t)=0$$

となるが，この方程式の解は f と g を任意の関数として

$$B_x(y, t)=f(y-ct)+g(y+ct)$$

で与えられる．f は磁場が y 軸の正の向きに速さ c で伝わることを表わし，g は y 軸の負の向きに速さ c で伝わることを意味する．

$$B_x=f(y-ct) \tag{1.2.9}$$

の場合に電場はどうなるかというと

$$\mathrm{rot}\,\boldsymbol{B}=\left(0,\ 0,\ -\frac{\partial B_x}{\partial y}\right)$$

だから，(1.2.1) から

$$\frac{\partial E_z}{\partial t}=-c^2\frac{\partial B_x}{\partial y}=-c^2 f'(y-ct)$$

となる．$f'(\xi)=df(\xi)/d\xi$ である．積分して

$$E_z(y, t)=c\,f(y-ct) \tag{1.2.10}$$

を得る．ただし，積分定数は 0 とした．読者は，(1.2.9) と (1.2.10) を用いた

$$\boldsymbol{E}=(0, 0, E_z), \qquad \boldsymbol{B}=(B_x, 0, 0)$$

がマクスウェル方程式 (1.2.1) をみたすことを確かめよ．こうして，磁場と電場が相伴って y 軸の正の向きに (1.2.8) の速さで伝わっていくことがわかった．これが電磁波である．この場合，電場は z 軸方向，磁場は x 軸方向にあって互いに垂直で，しかも波の進行方向にも垂直である．この波は

横波なのだ.

$$\varepsilon_0 = 8.854 \times 10^{-12}\,\mathrm{C^2/Nm^2}, \qquad \mu_0 = 4\pi \times 10^{-7}\,\mathrm{kg{\cdot}m/C^2}$$

であるから，波の伝播速度（1.2.8）は

$$c = 2.998 \times 10^8\,\mathrm{m/s} \tag{1.2.11}$$

となる．このように，光の伝わる速さはマクスウェル方程式から定まってしまう.[2)]

音が空気の波であるように，光の波にも何か媒質があるにちがいなく，波の速さが基礎方程式から定まってしまうのはごく自然なことであった．音は空気の波であるから空気に対する速さが定まっている．光の速さ c も媒質に対する速さである.

光の媒質は**エーテル**（ether）とよばれた．そこにおこる力学的な波として光の諸性質を理解するためには，エーテルはどんな弾性的な特性をもてばよいか執拗に追究された.

しかし，これは難問であった．光は横波であるが，弾性体が横波のみをもち縦波を許さないためには，気体のように圧縮性のものではあり得ず，硬い固体でなければならない．ところが，エーテルは宇宙空間もすみずみまで満たし，その中を惑星たちが何らの抵抗を受けることなく永年にわたって運行している.

1.2.2　年周視差と光行差

地球がエーテルの海の中を運動していることは光行差の観測から知られた．地球Eは太陽のまわりを周回しているので，その軌道上の位置によって恒星Sの見える方向はちがい，1年を通してみると，恒星の位置は天球上に楕円を描く（1-2図）．その長径を**年周視差**（annual parallax）という．恒星Sの年周視差を遠方の星との位置の差として測ったとき**三角視差**（trigonometric parallax）という．その初期の観測を1-1表に示す.

---

2)　1983年以来，このことは確立されたものとして光の速さを $c = 2.99792458 \times 10^8$ m/s と**定義**し，時間の単位の定義と合わせて用い長さの単位を定めることになった.

1-1表　年周視差の発見

星	三角視差	観測者	発表年
白鳥座61番	0″.3136	ベッセル（F. W. Bessel）	1838
ケンタウルス α	1″	ヘンダーソン（T. Henderson）	1839
琴座 α	0″.2613	ストリューブ（W. von Struve）	1840

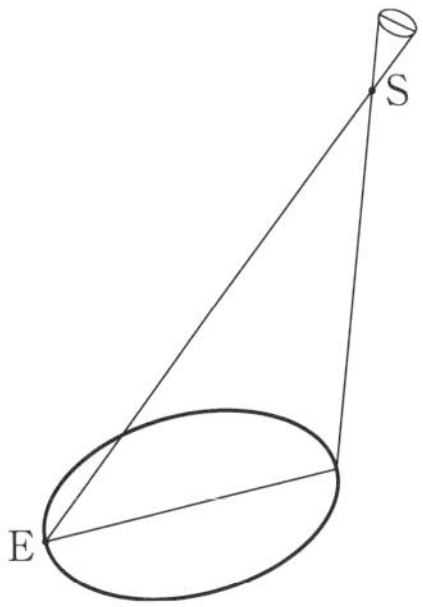

1-2図　年周視差．これから星までの距離が計算される．

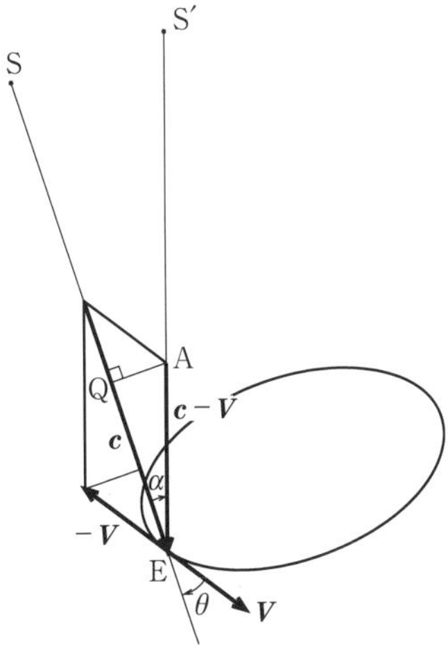

1-3図　光行差．視差と垂直の方向におこる．

雨が鉛直に降っていても，それに対して走っている人には斜めに当たる．それと同じ理由から，観測者がエーテルに対して運動していることによって星の見かけの方向が変わる．これが**光行差**（aberration）である．同一の星でも，季節によって見える方向が異なることになるが，同じく見える方向の季節による差をもたらす視差とはちがう．光行差によるズレは星から来る光の速度ベクトル $\boldsymbol{c}$ と地球の運動の速度ベクトル $\boldsymbol{V}$ を含む平面の中でおこるのに対して，視差はこの平面とほぼ垂直の方向におこるので，互いに垂直の方向にある．

恒星Sからエーテルの中を速度 $\boldsymbol{c}$ で来る光を，エーテルに対して速度 $\boldsymbol{V}$ で走っている地球Eから見ると速度 $\boldsymbol{c}-\boldsymbol{V}$ に見え，1-3図のS′の方向から来るように見える．1-3図のAからベクトル $\boldsymbol{c}$ に下ろした垂線の足をQとすれば，Sから来る光の進行方向 $\boldsymbol{c}$ と地球の速度 $\boldsymbol{V}$ がなす角 θ およびSとS′の見える方向のちがい α は，それぞれ

$$\sin\theta = \frac{\overline{\mathrm{AQ}}}{V}, \qquad \sin\alpha = \frac{\overline{\mathrm{AQ}}}{|\boldsymbol{c} - \boldsymbol{V}|}$$

をみたす．

ここで太陽のまわりを周回する地球の速さ V を出しておこう．太陽から地球までの距離は 1.496×10^{11} m であるから

$$V = \frac{2\pi\cdot(1.496 \times 10^{11})\,\mathrm{m}}{365 \times 24 \times 60 \times 60\,\mathrm{s}} = 2.98 \times 10^{4}\,\mathrm{m/s} \qquad (1.2.12)$$

となる．$V \ll c$ であるから，上の $\sin\alpha$ の式は

$$\sin\alpha = \frac{\overline{\mathrm{AQ}}}{c}$$

としてよい．そうすれば，α は

$$\sin\alpha = \frac{V}{c}\sin\theta \qquad (1.2.13)$$

から計算され，$\theta = \pi/2$ のとき最大値

$$\sin\alpha_{\max} = \frac{V}{c} = 9.94 \times 10^{-5} \qquad (1.2.14)$$

をとる．したがって

$$\alpha_{\max} = 20''.5 \qquad (1.2.15)$$

となる．1年間の方向変化は，この2倍である．

ブラッドリー（J. Bradley）は1727年，地球の公転の証拠として年周視差を確定しようとりゅう（竜）座の γ 星を観測していたが，その見える方向は年に最大 $40''.4$ も変化するのだった．これが年周視差よりはるかに大きいことから，上のような解釈をとり，これによって光の速さ $c = 3.01 \times 10^{8}$ m/s を得た．レーマー（O. C. Rømer）が1676年，木星の食の観測によって光の速さを歴史上はじめて決定し，$c = 2.14 \times 10^{8}$ m/s を得てから50年が過ぎていた．

光行差は，太陽がエーテルに対して静止し，地球はその中で周回運動して

いることを示すのだろうか．

1.2.3　マイケルソン - モーレーの実験

マイケルソン（A. A. Michelson）とモーレー（E. W. Morley）はエーテルの海に対する地球の速さを検出するため，原理的には 1 - 4 図のような，実際には次頁の 1 - 5 図のような装置をつくって実験した．

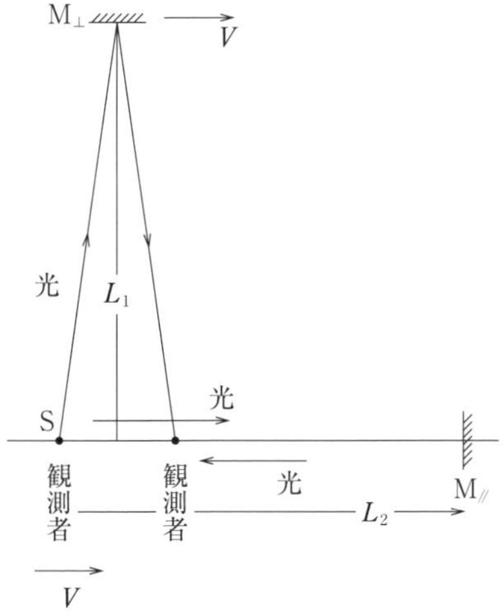

1 - 4 図　マイケルソン-モーレーの実験の原理図．地球は，エーテルに対して光源 S から鏡 $M_{/\!/}$ に向かう方向に速さ V で走っているとする．

はじめ，光源 S と半透明の鏡 H を結ぶ線を地球の運動の方向に一致させておく．光源 S を出た光が半透明な鏡 H に当たって一部は透過して鏡 B_1 に向かい，鏡 B_2 との間で反射をくり返した後に半透明な鏡 H に出合って望遠鏡に向かう．他方，半透明な鏡 H で反射した光は鏡 C_1 に向かい，鏡 C_2 との間で反射をくり返した後に望遠鏡に向かう．2 つの光は望遠鏡で出会い，それぞれの光源を出てからの経過時間の差により，1 - 6 図のように干渉縞をつくるのである．そこで，装置を 90° まわすと，干渉縞がエーテルに対する地球の運動に応じてズレるはずであった（章末問題［ 3 ］を参照）．

それぞれの所要時間をエーテルの静止系で計算しよう（1 - 4 図を見よ）．まず，エーテルに対する地球の速度 $\boldsymbol{V}$ の方向に，光が光源 S と鏡 $M_{/\!/}$ の間の距離 L_2 を往復する時間は

(a)

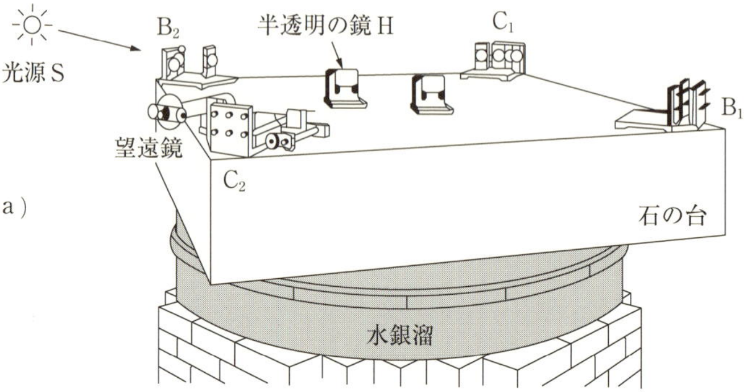

(b)

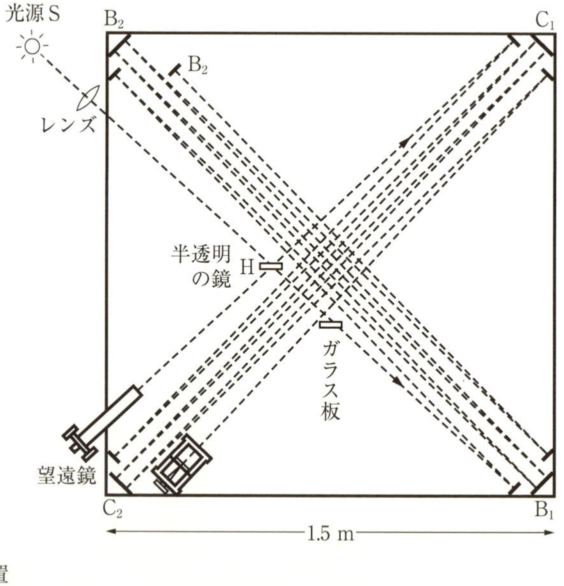

1-5図　実験装置

(a)　装置は水銀溜に浮かべて鉛直軸のまわりに回転できるようにする．

(b)　光を鏡で何回も往復させて L_1, L_2 を大きくする．途中にあるガラス板は光路長を調節するために入れている．

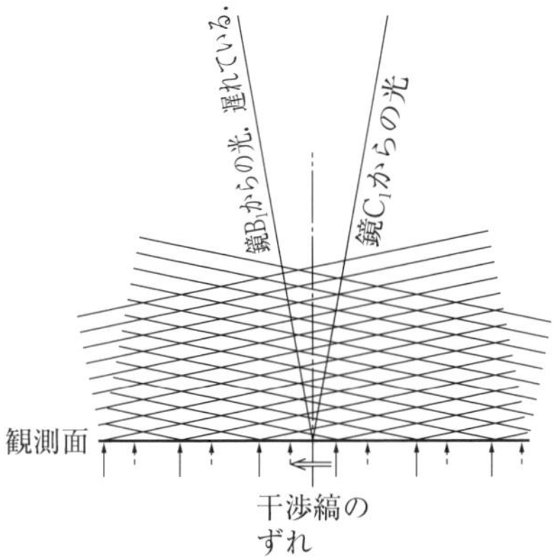

1-6図　2手に分かれた光の干渉．最初，光源から鏡に至る向きを地球の運動の向きに一致させておく．鏡 $M_{/\!/} = B_1$，鏡 $M_{\perp} = C_1$ で反射された光が望遠鏡で出合って干渉する．装置を90°まわすと $M_{/\!/} = C_1$，$M_{\perp} = B_1$ となる．

$$t_{/\!/} = \frac{L_2}{c - V} + \frac{L_2}{c + V} = \frac{1}{1 - \left(\dfrac{V}{c}\right)^2} \frac{2L_2}{c} \qquad (1.2.16)$$

となる．次に，地球の速度 $\boldsymbol{V}$ と垂直な方向に，光が光源Sと鏡 $M_{\perp}$ の間の距離 L_1 を往復する時間 $t_{\perp}$ は，ピタゴラスの定理により

$$\frac{t_{\perp}}{2} = \frac{1}{c}\sqrt{\left(\frac{Vt_{\perp}}{2}\right)^2 + L_1^2}$$

から

$$t_{\perp} = \frac{1}{\sqrt{1 - \left(\dfrac{V}{c}\right)^2}} \frac{2L_1}{c} \qquad (1.2.17)$$

となる．

2つの時間のちがいは，(1.2.12) から $V/c = 9.94 \times 10^{-5}$ だから $(V/c)^2$ は1よりたいへん小さいので，

$$t_{/\!/}(L_2) = \frac{1}{1 - \left(\dfrac{V}{c}\right)^2} \frac{2L_2}{c} \approx \left[1 + \left(\frac{V}{c}\right)^2\right] \frac{2L_2}{c}$$

$$t_{\perp}(L_1) = \frac{1}{\sqrt{1 - \left(\dfrac{V}{c}\right)^2}} \frac{2L_1}{c} \approx \left[1 + \frac{1}{2}\left(\frac{V}{c}\right)^2\right] \frac{2L_1}{c}$$

$-)$ ――――――――――――――――――――――――

$$t_{/\!/}(L_2) - t_{\perp}(L_1) \approx \frac{2(L_2 - L_1)}{c} + \left(\frac{V}{c}\right)^2 \frac{L}{c}$$

と計算される．ただし，結果の右辺第 2 項では $L_1 \sim L_2 = L$ とした．小さな因子 $(V/c)^2$ がかかっているからである．

同様にして装置を 90° まわしたときの式をもとめ，それら 2 つの式を並べて書いて，時間遅れの差をとれば

$$
\begin{array}{rl}
 & t_{/\!/}(L_2) - t_{\perp}(L_1) \approx \dfrac{2(L_2 - L_1)}{c} + \left(\dfrac{V}{c}\right)^2 \dfrac{L}{c} \\
 & t_{\perp}(L_2) - t_{/\!/}(L_1) \approx \dfrac{2(L_2 - L_1)}{c} - \left(\dfrac{V}{c}\right)^2 \dfrac{L}{c} \\
-) & \hline
 & \delta \approx 2\left(\dfrac{V}{c}\right)^2 \dfrac{L}{c}
\end{array}
\tag{1.2.18}
$$

となる．これから干渉縞の位置のズレがもとめられる（章末問題 [3]）．L_1 と L_2 に差があっても干渉縞の位置のズレには現れないことに注意．

マイケルソンの 1881 年の実験では，干渉縞のズレとして，地球の公転の速さ $V = 30$ km/s から縞の幅の 0.04 倍を期待したのに，0.004 から 0.015 倍しか観測されなかった．マイケルソンは，実験誤差が大きいのだと考え「エーテル中の地球の運動は確かめられなかった」と結論した．

1887 年にマイケルソンはモーレーの協力を得て，より大型の干渉計を用いて実験をくり返したが，地球のエーテルに対する速さとしては期待に反して 8.8 km/s しか得られなかった．彼らは，実験のとき，たまたま地球の公転速度とエーテルに対する太陽系の速度が打ち消しあっていた可能性もあると考え，実験を 3 ヶ月ごとにくり返すと論文に書いた．しかし，実際にはしなかった．実験を失敗と考え，彼らの絶望は大きかったのだ．エーテルが地表では地球に引きずられているなら，高い山の上で実験したら結果がちがってくるだろうとも書いている．

その後，多くの人々が同じ考えの干渉計を用いて実験をくり返した（1－2 表）．次の節に述べるローレンツ収縮の仮説が提唱されると，それが物質によらないという点を疑問として，マイケルソンとモーレーの装置は石の台の上に組み立てられていたのを木の台に替えた実験も行われた．装置をウィルソン山の上に移して実験したり，気球に吊って空高くあげることも行われ

1－2表　エーテルに対する地球の運動の観測[3]（地球の公転の速さは 29.78 km/s）

年	観測者	相対速度（km/s）	観測した時	備　考
1887	マイケルソンとモーレー	8.8	7月8,9,11日，昼	石の台の上の干渉計
		8.0	7月8,9,12日，夕方	
1902	モーレーとミラー	10	1902年8月，1903年6月	木製の干渉計
1904	モーレーとミラー	33.5	7月，午前11：30，午後9：00	木製の干渉計，鋼鉄の梁つき
1905	モーレーとミラー	8.7	7,10,11月	
1921	ミラー	10	4月8～21日	ウィルソン山天文台で観測
1924	ミラー	10	9月4,5,6日	ウィルソン山天文台で観測
1925	モーレーとミラー	9.3	2月8日	
		10.1	4月1日	季節変化はあるか？
		11.2	8月1日	
		9.6	9月15日	
1926	R. J. ケネディ	2.5		
	A. ピカールと E. スタエド	7		気球で高度 2500 m
1927	K. K. イリングワース	1		
1929	マイケルソン，ピース，ピアソン	0.08	1926年6月，1927年秋より	ウィルソン山天文台で観測
1930	G. ユース	1.1		

3)　D. G. Miller : The Ether-Drift Experiment and the Determination of the Absolute Motion, Rev. Mod. Phys. **5** (1933) 203-242. R. S. Shankland, S. W. McCuskey, F. C. Leone and G. Kuerti : New Analysis of the Interferometer Observations of Dayton C. Miller, Rev. Mod. Phys. **27** (1955) 167-178.

た．しかし，どの実験でもエーテルに対する地球の速さは 10 km/s を出なかった．1929 年になると 0.1 km/s という結果も出てきた．観測結果に季節変化がないことも確かめられた．

§1.3　ローレンツ収縮

1.3.1　走る物体は縮む

ローレンツ（H. A. Lorentz）は，地球がエーテルに対して静止していることなどあり得ないと考え，1892 年に，マイケルソン‐モーレーの結果は，どんな物体も，エーテルに対して速度 $\boldsymbol{V}$ で走ると速度の方向に長さが $\sqrt{1-(V/c)^2}$ 倍に縮むことを示すものだと解釈した．この収縮を**ローレンツ収縮**（Lorentz contraction）という．

もし，こうした収縮があれば（1.2.16）の L_2 は，物差しを使って L_1 に等しくしたつもりでも，実際には

$$L_2' = L_2\sqrt{1-\left(\frac{V}{c}\right)^2} \qquad (1.3.1)$$

になっていて，$t_{/\!/}$ は（1.2.17）の $t_{\perp}$ に等しくなる．物差しも一緒に収縮しているので，これで測ったのでは収縮はわからないというわけだ．

ローレンツ収縮が本当なら，物体内部に歪みができているはずだ．ガラスを圧縮すると光は複屈折を起こすが，同じことがローレンツ収縮した際にもおこるか？　電気抵抗は変わるか？　物質による差は本当にないか？　実験の結果は，すべて“ない！”であった．不思議なことだ．

1.3.2　ローレンツの電子論

“あらゆる物質の中に普遍的に存在する荷電粒子”としての電子の発見は 1897 年のことで，J. J. トムソン（J. J. Thomson）に負う．しかし，それより 20 年以上も前からローレンツは，物質をエーテルの海を運動する荷電粒子の集まりと見て，これにニュートンの力学とマクスウェルの電磁気学を適用することによって物質の諸性質を導き出そうという雄大な試みを始めてい

た．これは後に**ローレンツの電子論**（Lorentz's theory of electrons）とよばれるようになる．マイケルソン‐モーレーの実験のほぼ10年後，1896〜7年にはP. ゼーマンが磁場のなかで原子の出すスペクトル線が分裂することを発見，彼やJ. ラーモアは，これを原子が荷電粒子からできていることの証拠と考えた．そして，物質の普遍的構成要素としての電子の発見がくる．

電子論の立場から見ると，物体の大きさは，“与えられた数の荷電粒子たちが相互に力をおよぼし合って形成する平衡状態”として定まるべきものである．荷電粒子は，まわりにクーロン（Coulomb）電場をつくるだけでなく，運動することによって電流をなし，磁場もつくる．こうして物質内にできた電場と磁場により荷電粒子の運動が支配される．したがって，物体の大きさを定めるには，荷電粒子に対するニュートンの運動方程式（力のところに粒子の位置における電場と磁場とが入る）と電磁場に対するマクスウェルの方程式（電荷密度のところに荷電粒子たちの刻々の位置が，電流密度には位置と速度が入る）とを連立させて解かなければならない．

この物体がエーテルに対して運動したらどうなるか？　荷電粒子たちが全体として運動することになるから，マクスウェル方程式の電流の項が変わる．電荷密度も全体として動いていくことになる．そうすると物体内部の電磁場が変わり，そのために荷電粒子の運動が変わり，…，その結果として，ローレンツ収縮がおこることになりはしないか？

実際そうであることをローレンツは巧妙な論法で証明した．そのアイデアを得た1895年から1904年の証明完成まで，じりじりと改良を重ねた10年間がある．

ローレンツの巧妙な論法というのは，こうだ．物体がエーテルに対して速度 $\boldsymbol{V}=(V,0,0)$ で x 軸方向に運動しているとして，その場合の（荷電粒子の運動を考慮に入れた）マクスウェル方程式を書く．電場も磁場も空間の位置 (x,y,z) と時間 t の関数だが，変数 (x,y,z,t) を，いわゆるローレンツ変換

$$\begin{aligned} x' &= \gamma(x - Vt) \\ y' &= y \\ z' &= z \\ t' &= \gamma\left(t - \frac{V}{c^2}\right) \end{aligned} \qquad \left(\gamma = \frac{1}{\sqrt{1-\left(\frac{V}{c}\right)^2}}\right) \tag{1.3.2}$$

で定まる (x', y', z', t') に変え，さらに電場と磁場にもある変換をほどこすと，マクスウェル方程式が，物体がエーテルに対して静止している場合の形に帰着することを彼は示す（§4.3 を参照）．これは大発見である．

こうしてマクスウェル方程式を変数変換したが，これを解いて物体の平衡状態をきめてもよい．ところが，この方程式は物体がエーテルに対して静止している場合の式と同じ形だから，それを解いて物体の大きさを定めれば，物体が静止している場合の大きさが出てくるはずである．ただし，その大きさは変数 (x', y', z', t') に対するもので，物体の x 軸方向の長さなら x' が x_1' から x_2' までの間にあるというように答えが出てくるだろう．物体がエーテルに対して静止している場合の x 軸方向の長さ L_2 は

$$L_2 = x_2' - x_1' \tag{1.3.3}$$

となる．

ところが，x_1' 等は，マクスウェル方程式を簡単にするために仮に導入した変数であった．物体の各点を表わす変数は x_1', x_2' ではなくて，これらを (1.3.2) によって戻した x_1, x_2 である．(1.3.2) の第 1 式を書くと

$$x_1' = \gamma(x_1 - Vt), \qquad x_2' = \gamma(x_2 - Vt) \tag{1.3.4}$$

となる．ここで時刻 t が入ってきたが，動いている物体の長さというのは，両端の同じ時刻における座標の差である．そこで，同じ時刻 t にしたままで辺々引き算すると

$$x_2' - x_1' = \gamma(x_2 - x_1) \tag{1.3.5}$$

となる．いうまでもなく，左辺は (1.3.3) の L_2，すなわち物体の“エーテルに対して静止しているときの”長さである．右辺の $x_2 - x_1$ は物体が走っているときの長さをあたえるのだから

$$\begin{pmatrix}\text{静止のとき長さ } L_2 \text{ だった物体が} \\ \text{速さ } V \text{ で走っているときの長さ}\end{pmatrix} = L_2\sqrt{1-\left(\frac{V}{c}\right)^2} \quad (1.3.6)$$

という結論になる．これはローレンツ収縮にほかならない．

§1.4　アインシュタインの相対性理論

ローレンツは彼の変換(1.3.2)を数学的な便宜から導入したのだ．動く物体の中でおこる電磁現象が，この変数変換をすると，静止している物体の中と同じ形の方程式に従うことになるのだった．(1.3.2)の変数(x', y', z', t')は数学的な補助手段であった．数学的な虚構であるといってもよい．

1905年の論文でアインシュタイン（Einstein）は(x', y', z', t')は物体とともに動く観測者が実際に使う座標であり時間であると主張した．彼はガリレオ以来の相対性原理を推し進めたのだ．彼は，宇宙に**慣性系**（inertial system）とよばれる特別の座標系があることは認める．その系においては慣性の法則をはじめとする物理法則が成り立つ．その系に対して等速度で並進運動する座標系は，また慣性系であって，これにおいても物理法則は成り立つ．そして，次の大原則を押し立てて理論を展開した．

アインシュタインの相対性原理[4)]

1. すべての慣性系において物理法則は同じ形で成り立つ．
   したがって，一つの系の中でおこる物理現象だけを見て，
   その系が運動しているかどうか判定することはできない．
   この点はガリレオと同じである．
2. すべての慣性系において，光の速さは同じである．
   （光速不変の原理）

この第2の原則は非常識である．光は媒質エーテルに対して速さcで走るのであって，光を追いかけて速さVで走る人には，光は速さ$c - V$に見えるというのが当時の常識であった．

---

4)　アインシュタイン 著，内山龍雄 訳・解説：『相対性理論』（岩波文庫，1988）

アインシュタインの光速不変の原理は，また光の速度が発光体の速度によらないことをも意味している．静止している物体の出す光も，物体が光速で走りながら出す光も，いったん物体を離れてしまえば伝播速度は同じだというのである．

物体の速さを知るには時計と物差しを使う．アインシュタインは，走る人の使う時計や物差しこそ，原理2に合うように見直すべきだというのである．

アインシュタインは慣性系K：O-xyz のあらゆる場所に時計を置き，それらを光の信号で合わせておくことを提案する．位置Bの時計が位置Aにある時計に合っているというのは，Aの時計で時刻 $t(\mathrm{A})_1$ に出した光の信号がBにBの時計で時刻 $t(\mathrm{B})$ に着き，直ちに反射されてAにAの時計で時刻 $t(\mathrm{A})_2$ に着いたなら，$t(\mathrm{B}) - t(\mathrm{A})_1 = t(\mathrm{A})_2 - t(\mathrm{B})$，すなわち

$$\frac{1}{2}\{t(\mathrm{A})_1 + t(\mathrm{A})_2\} = t(\mathrm{B}) \tag{1.4.1}$$

が成り立つことである．Bの時計がAの時計に合っていれば，Aの時計はBの時計に合っていること，Aの時計とBの時計が合っておりBの時計とCの時計が合っていればAとCの時計も合っているということは仮定する．

座標系K：O-xyz に対して，速度 $\boldsymbol{V}$ で x 軸の正の向きに運動する座標系K′：O′-$x'y'z'$ にも時計が敷きつめられているとする．K′の x' 軸はKの x 軸と重なり，y', z' 軸は y, z 軸とそれぞれ平行であって，どれも向きは同じとしよう（1-7図）．

座標系K′の x' 軸上，正の向きに原点O′をその一端として長さ L' の棒が置いてあるとする．座標系Kから見れば，棒はK′と一緒に速度 $\boldsymbol{V}$ で運動しているが，この棒の長さはどう見えるのだろう？　Kから見た棒の長さ L というのは，棒の両端と“同じ時刻に”一致したKの時計A，Bの間の距離のことであって，K′で測った長さ L' に等しいとはかぎるまい．だから，K系とK′系との座標 (x, y, z) と (x', y', z') の間の関係も予断を許さない．

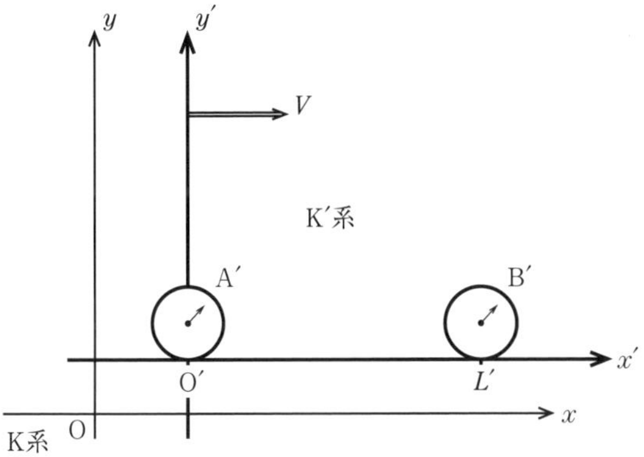

1-7図　2つの座標系．時刻合わせをする
時計A′, B′はK′系に固定してある．

座標系Kの位置(x, y, z)で時刻tに花火が上がったとしよう．それを座標系K′から見たら位置(x', y', z')，時刻t'に見えたとしよう．これらの座標と時刻の間には関係があるはずだ．それを，$X = x - Vt$とおいて，t'について

$$t' = t'(t, X, y, z) \tag{1.4.2}$$

と書く．2つの座標系の原点は時刻$t = t' = 0$に一致していたとする．

先の時計合わせ（1.4.1）で，時計A′はK′系の原点にあり，時計B′はK′系で$x' = L'$, $y' = 0$, $z' = 0$にあるとしよう．時刻$t = t' = 0$に時計A′から光を発して時計合わせをするのをK系から見ると，光は光速不変の原理から速さcで進むが，時計B′は速さVで往きの光から逃げて行き，時計A′は速さVで帰りの光に迫ってくるから

$$\frac{1}{2}\left\{t'(0, 0, 0, 0) + t'\left(\frac{L}{c-V} + \frac{L}{c+V}, 0, 0, 0\right)\right\} = t'\left(\frac{L}{c-V}, L, 0, 0\right) \tag{1.4.3}$$

が成り立つ．すなわち

$$\frac{1}{2}\left\{t'(0, 0, 0, 0) + t'\left(\frac{2cL}{c^2-V^2}, 0, 0, 0\right)\right\} = t'\left(\frac{L}{c-V}, L, 0, 0\right) \tag{1.4.4}$$

となる．

(1.4.2) は線形のはずだから (§2.1を見よ)

$$t' = \lambda(V)\,t + \mu(V)\,X + \nu(V)\,y + \sigma(V)\,z \qquad (1.4.5)$$

とおくと，(1.4.4) は

$$\lambda(V)\frac{cL}{c^2 - V^2} = \lambda(V)\frac{L}{c - V} + \mu(V)L.$$

すなわち

$$\mu(V) = -\lambda(V)\frac{V}{c^2 - V^2} \qquad (1.4.6)$$

が得られる．後で証明するが

$$\nu(V) = \sigma(V) = 0 \qquad (1.4.7)$$

である．これも(1.4.6)とともに使えば，(1.4.5)は，$X = x - Vt$ だから

$$t' = \lambda(V)\left(t - \frac{V}{c^2 - V^2}X\right) = \lambda(V)\frac{c^2 t - Vx}{c^2 - V^2} \qquad (1.4.8)$$

を与える．

他方，K系で見ると，$t = 0$ に原点Oを出た光は時刻 t には $x = ct$ まで来ているはずで，$X = x - Vt = (c - V)t$ となるから(1.4.8)に代入して

$$t' = \lambda(V)\left(\frac{1}{c - V} - \frac{V}{c^2 - V^2}\right)X = \lambda(V)\frac{c}{c^2 - V^2}X.$$

同じことをK′系で見ると，$t' = 0$ に原点O′を出た光は時刻 (1.4.8) には ── アインシュタインの光速不変の原理により ── $x' = ct'$ まで来ているはずであるから，この t' の式から

$$x' = ct' = \lambda(V)\frac{c^2(x - Vt)}{c^2 - V^2} \qquad (1.4.9)$$

が得られる．

$\lambda(V)$ をきめよう．K′系に対して，対応する各座標軸を平行にして，速度 $-\boldsymbol{V}$ で走る座標系K″を考えると，これはKに一致するはずである．まず，K′系の座標との間に，(1.4.8)，(1.4.9) で V を $-V$ にした関係

$$t'' = \lambda(-V)\frac{c^2 t' + Vx'}{c^2 - V^2}, \qquad x'' = \lambda(-V)\frac{c^2(x' + Vt')}{c^2 - V^2}$$

がある．これに（1.4.8），（1.4.9）を代入すると

$$t'' = \frac{c^2\lambda(-V)\,\lambda(V)}{(c^2 - V^2)^2}\{(c^2 t - Vx) + V(x - Vt)\}$$

$$= \frac{c^2\,\lambda(-V)\,\lambda(V)}{c^2 - V^2}\,t$$

$$x'' = \frac{c^2\,\lambda(-V)\,\lambda(V)}{(c^2 - V^2)^2}\{c^2(x - Vt) + V(c^2 t - Vx)\}$$

$$= \frac{c^2\,\lambda(-V)\,\lambda(V)}{c^2 - V^2}\,x$$

となる．これがKでの座標に一致するためには

$$\frac{c^2\,\lambda(-V)\,\lambda(V)}{c^2 - V^2} = 1 \qquad (1.4.10)$$

でなければならない．

これから $\lambda(V)$ をきめるには $\lambda(-V)$ との関係を知らなければならない．そのために，K′系の $x' = z' = 0, y'$ に固定した鏡で $t = t' = 0$ に原点から発射した光を反射させる．それをK系から見ると，光が鏡に到達するのは $(t, x, y, z) = (t, Vt, \sqrt{c^2 - V^2}\,t, 0)$ で，K系の原点に戻ってくるのは時刻 $2t$ だから，時計が合っているという条件は

$$\frac{1}{2}\left\{t'(0,0,0,0) + t'\left(\frac{2y}{\sqrt{c^2 - V^2}}, 0, 0, 0,\right)\right\} = t'\left(\frac{y}{\sqrt{c^2 - V^2}}, 0, y, 0\right) \qquad (1.4.11)$$

となる．（1.4.5）を用いて書けば $\nu(V)\,y = 0$ となり，

$$\nu(V) = 0 \qquad (1.4.12)$$

がわかる．これは以前に（1.4.7）のところで用いた．光が鏡で反射する時刻はK′系でいえば

$$t'\left(\frac{y}{\sqrt{c^2 - V^2}}, 0, y, 0\right) = \lambda(V)\frac{y}{\sqrt{c^2 - V^2}} \qquad (1.4.13)$$

である．鏡はK′系に固定されているから，その位置 y' は ct' に等しい．

$$y' = \lambda(V)\frac{c}{\sqrt{c^2 - V^2}}\,y \qquad (1.4.14)$$

ここでK′の代わりに“Kに対して x 軸方向に $-V$ で走る座標系”K‴

を考えると，(1.4.14) に相当する式は

$$y''' = \lambda(-V)\frac{c}{\sqrt{c^2 - V^2}}\,y$$

となる．しかし，y' が座標系の走る向きによることは空間の等方性に反するから $y' = y'''$ であって

$$\lambda(V) = \lambda(-V) \tag{1.4.15}$$

でなければならない．そうすると，(1.4.10) から

$$\lambda(V) = \sqrt{1 - \left(\frac{V}{c}\right)^2} \tag{1.4.16}$$

となる．したがって，(1.4.8)，(1.4.9) から

$$t' = \frac{t - \dfrac{V}{c^2}x}{\sqrt{1 - \left(\dfrac{V}{c}\right)^2}}, \qquad x' = \frac{x - Vt}{\sqrt{1 - \left(\dfrac{V}{c}\right)^2}} \tag{1.4.17}$$

と定まる．(1.4.14) からは

$$y' = y \tag{1.4.18}$$

と定まる．全く同様にして

$$z' = z \tag{1.4.19}$$

となる．こうして，光速不変の原理と時計合わせの条件からローレンツ変換 (1.3.2) が得られた．

アインシュタインは，彼の相対性原理とこのような考察からローレンツ変換した変数 (t', x', y', z') にも変換前の (t, x, y, z) と同様の実在性を主張したのである．ローレンツ変換が，ローレンツのいうような数学的虚構ではなく，実在の座標の間の関係だとすると，それから導かれるローレンツ収縮 (1.3.6) も実際におこる収縮であるということになる．

そうすると，しかし光の媒質エーテルは存在の基盤を失う．アインシュタインは書いている：[5)]

5)　アインシュタイン 著：前掲書 (p. 19) の p. 15

特別な性質を与えられた“絶対静止空間”というようなものは物理学には不要であり，……“光エーテル”という概念を物理学にもちこむ必要のないことが理解されよう．

これに対して，ローレンツはこう述べた：[6)]

アインシュタインの電磁気的および光学的現象に関する諸結果は，われわれのものと一致している．主なちがいは，われわれが電磁場の基本方程式から苦労して導き出したことをアインシュタインは公理としてしまったことである．そうすることによって彼は，マイケルソン-モーレーやレイリーの実験の否定的な結果が逆向きの諸効果の偶然的な相殺によるのではなく，一般的かつ基本的な原理の表われであることを理解させてくれた．

しかし，私の理論形式にもよい点はあると思う．私は，エーテルがエネルギーをもち振動する電磁現象の担い手として——それが普通の物質とどんなにちがっているにしても——ある程度まで物質性を与えられたとみなさないわけにはいかない．この考えに立てば，エーテルに対する相対運動がなんらのちがいももたらさないと，理論の出発点から仮定することはしないというのも自然なことと思われる．

アインシュタインの相対性原理は，今日では，電磁現象に限らず物理世界の全体を支配するものと認められている（場合によっては一般相対性原理の意味で）．何か新しい物理現象が見出されることがあっても，それが従う方程式は，ローレンツ変換したときに形を変えるものであってはならない．

§1.5　一般相対性理論へ

相対性理論を提出したアインシュタインには，この理論に一つ満足できないところがあった．それは慣性質量と重力質量の関係であった．

慣性質量とは，物体を動かそうとして加える力に対して物体が現状を維持しようとする抵抗を測る．重力質量とは重さであって，物体にはたらく重力

6)　H. A. ローレンツ：“*Theory of Electrons*” A course of lectures delivered in Columbia University in New York in March and April 1906, Teubner (1909).

に比例する．ニュートンは，いずれも物質の「量」に比例すると考え，2つの質量は互いに比例するとした．それを経験も支持したのだった．すべての物体に対して地上における重力加速度 g が同じ値であることが，一つの証拠である．ケプラーの第3法則は太陽系規模の証拠である．

アインシュタインの相対性理論によれば，物体が走ると質量が増す．正確にいえば，慣性質量が増すのである．それなら，その増した質量にも，重力ははたらくだろうか？　この問題に答える術がアインシュタインの1905年の相対性理論にはなかったのだ．これが，この理論に対する不満であった．

アインシュタインは手掛りを求めて考え続けた．ベルンの特許局で椅子に座っていたとき想いが湧きおこった．「一人の人間が自由落下しているときには自分の重さを感じないにちがいない．」これから逆に，加速度運動している系には重力があることになるだろう．なるほど，重力は，あらゆる物にその慣性質量に比例する大きさではたらく．これは加速度系に現れる見かけの力と同じだ．

こうして，アインシュタインは加速度をもつ系にまで相対性理論を拡張すれば，重力の理論もできるに違いないと考える．

その考えが1915年にまとまり，**一般相対性理論**（general theory of relativity）が誕生した．これに対して慣性系に対して等速度運動する座標系に限って相対性を論ずる理論を**特殊相対性理論**（special theory of relativity）とよぶ．一般相対性理論は，その出自からも想像されるとおり重力の理論でもあって，重力をとおして宇宙の構造から歴史につながる．

本書は特殊相対性理論を扱うが，最後の章で「物体が走ると慣性質量が増すが，それだけ物体にはたらく重力も強くなるか？」という問題に触れることにする．つまり，「物体は走ると重くなるか？」という問題である．

章 末 問 題

［**1**］ (1.2.7) の

$$B_x(y, z, t) = f(k_y y + k_z z - \omega t) \tag{P.1.1}$$

の形の解を探せ．k_y, k_z, ω は，ある定数である．対応する電場ベクトルは，どうなるか？（時間によらない部分は 0 とする．）また，磁場ベクトルと電場ベクトルは波の進行方向に垂直になっていることを示せ．これを光は横波であるといい表わす．

［**2**］ 3 次元空間の位置ベクトルを $\boldsymbol{r}$，時間を t として，電荷も電流もない真空中のマクスウェル方程式 (1.2.1) の

$$\left.\begin{aligned} \boldsymbol{E}(\boldsymbol{r}, t) &= \boldsymbol{E}_0 \\ \boldsymbol{B}(\boldsymbol{r}, t) &= \boldsymbol{B}_0 \end{aligned}\right\} \times f(\boldsymbol{k}\cdot\boldsymbol{r} - \omega t)$$

の形の解を求めよ．$\boldsymbol{E}_0$, $\boldsymbol{B}_0$, $\boldsymbol{k}$ はある定ベクトル，ω は定数である．

［**3**］ 1‐6 図において，鏡 B_1 からの光が時間 δ だけ遅れたら，観測面にできる干渉縞はどれだけズレるか？　また，本文にあるように装置を 90° まわしたときのズレの差はどれだけか？

［**4**］ 地球が太陽のまわりに楕円軌道を描くことを考慮して，年周視差の最大値を求めよ．地球は，太陽 F から近日点 P まで $(1-\varepsilon)a$，遠日点 A まで $(1+\varepsilon)a$ の距離の楕円軌道を時間 T だけかけて一周する．ここに

$$a = 1.495\,978\,70 \times 10^{11}\,\mathrm{m}, \qquad \varepsilon = 0.0167, \qquad T = 365.256\,8\,\text{日}$$

である．太陽は，質量が地球の 332946 倍であるから，静止しているとしてよい．

［**5**］ 現在，白鳥座 61 番星の三角視差は 0″.293，ケンタウルス座 α の伴星（プロキシマ・ケンタウリ）の三角視差は 0″.765 とされている．[7] これらの星までの距離は何光年か？　ただし，星は地球の公転軌道面に垂直な方向にあるとして計算する．

［**6**］ 光はエーテルに対する速度が c であったとし，発光体は，その静止系で角

7) S. ミットン 編，古在由秀，寿岳 潤，森本雅樹 訳：『現代天文百科』（岩波書店，1980，p. 25）．

振動数 ω_0 の光を出すとする.

（a） 発光体がエーテルに対して静止し，観測者が速度 V で発光体に近づいている場合

（b） 観測者がエーテルに対して静止し，発光体が速度 V で観測者に近づいている場合

それぞれについて，観測者の受けとる光の振動数はいくらか？

［**7**］ 平面鏡が，その法線は x 軸と角 α をなして，x 軸と平行に速度 $-\boldsymbol{V}$ で走っている．光が x 軸と平行に入射したら，どの方向に反射されるか？ ホイヘンス（Huygens）の原理で考える．光は O-xyz 系に対して速さ c で伝播するとし，V/c の1次までの近似で計算せよ．

2 相対論的運動学

相対性理論では，座標系 O-xyz には各点にビッシリと時計が敷きつめられているとする．慣性系 O-xyz に対して等速運動する座標系 O′-$x'y'z'$ でも同じである．O′-$x'y'z'$ において点 (x', y', z') で，その点の時計で時刻 t' におこった事象は，座標系 O-xyz では「いつ，どこで」おこったように見えるか？　それをあたえるのがローレンツ変換である．空間の一様性をもとに，この変換を改めて導き，動く座標系 O′-$x'y'z'$ でおこる波動などいろいろな現象が静止系 O-xyz からはどう見えるかを調べる．その座標変換の関係を幾何学的に目に見せてくれるミンコフスキー空間を導入する．

走る物体を両目で見たときの見え方も調べる．それはローレンツ収縮ではいいつくせない．

§2.1　ローレンツ変換

2.1.1　座標軸の設定

相対性理論では，座標系 O-xyz には，各点に1つずつ，時計がビッシリと敷きつめられているとし，それらの時計は§1.4に述べた方法で互いに合わせてあるとする．これからは，時刻 t，空間座標 x, y, z を，この順に x^0, x^1, x^2, x^3 と書く．相対性理論では，よくすることである．1つの慣性系をとり，時計つきの直角座標系 O-$x^0x^1x^2x^3$ を設定する．これが静止系 K である．これに対して，x^1 方向に等速度 $\boldsymbol{V}$ で動く座標系 K′ を次のようにして設定する（2-1図）．この座標系にも時計が敷きつめられているとする．それらの時計も，もちろん K 系に対して速度 $\boldsymbol{V}$ で走ってゆくのである．

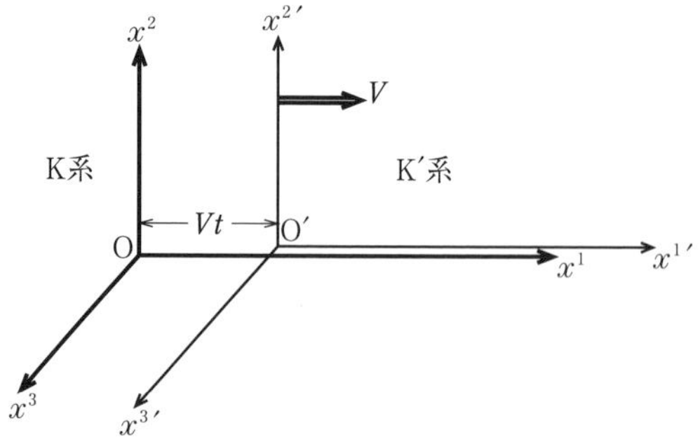

2-1図　K系と，それに対して速度 $\boldsymbol{V}$ で運動するK′系

まず，$x^{1\prime}$ 軸を x^1 軸と一致するようにとる．時間が経っても，この一致は破れない．この空間に存在する方向は速度 $\boldsymbol{V}$ のものだけだから，対称性により $x^{1\prime}$ 軸の方向もいったん $\boldsymbol{V}$ の方向にとれば，その方向に保たれるほかない．これは x^1 軸の方向でもある．$x^{1\prime}$ 軸の原点O′は時刻 $t=0$ には x^1 軸の原点Oに一致するようにとろう．以後，OとO′の距離は，座標系O-$x^1x^2x^3$ で見て時間 t とともに

$$\overline{\mathrm{OO'}} = Vt \tag{2.1.1}$$

のように増加してゆく．

次に $x^{2\prime}$ 軸であるが，これは，いったん x^1x^2 面内にとれば，以後もこの面内にある．この面から外れるためには x^1 軸のまわりに右回りか左回りに回転しなければならないが，この空間に存在する方向は $\boldsymbol{V}$ のものだけだから，どちらに回る理由もない．

いま，$x^{2\prime}$ 軸は時刻 $t=0$ に x^2 軸と一致していたとしよう．時間が経つと，それが速度 $\boldsymbol{V}$ で平行移動する．これが各時刻の $x^{2\prime}$ 軸を定める．これは $x^{1\prime}$ 軸に直交している．同様にして，$x^{3\prime}$ 軸を定める．

これらの軸に目盛りをつけなければならない．それには，K系の軸に目盛りをつけたときに用いたのと同じ物差しを使う．あるいは，光の速さがK′系でも c であること（光速不変！）を用いて，光が時間 t' かけて走る距

離を ct' とするのもよいが，K′ 系の時間 t' と K 系の時間 t の関係は，まだわかっていない．

2.1.2　空間の一様性

K 系と，それに対して速度 $\boldsymbol{V}$ で動く K′ 系とに座標軸（2‐1 図）が設定されたから，たとえば，ある時にある位置で花火が破裂したというとき，それぞれの座標系で見た時刻と位置座標がきまる．「いつ」と「どこで」を合わせて**事象**（event）という．時刻を $x^0 = ct$ で表わして，K 系で見た事象は (x^0, x^1, x^2, x^3)，K′ 系で見た事象は $(x^{0\prime}, x^{1\prime}, x^{2\prime}, x^{3\prime})$ であるという具合である．

これらは同一の事象の座標であるから相互に関係があるはずで，その関係を与えるのがローレンツ変換である．それは何かある関数 L^κ を用いて

$$x^{\kappa\prime} = L^\kappa(x^0, x^1, x^2, x^3) \qquad (\kappa = 0, 1, 2, 3) \tag{2.1.2}$$

と書けるはずだ．また，空間は一様であるとするから，この関係式は座標原点をどこにとっても同様に成り立たなければならない．すなわち，任意にもう 1 つの点 $\bar{x}^\kappa$ をとって原点を消去した形の式

$$x^{\kappa\prime} - \bar{x}^{\kappa\prime} = M^\kappa(x^0 - \bar{x}^0, \cdots, x^3 - \bar{x}^3) \tag{2.1.3}$$

が成り立つような関数 M^κ が存在する．このとき，ローレンツ変換 L^κ は線形でなければならないことを証明しよう．

いま，2 つの式（2.1.2），（2.1.3）を合わせて，$L^\kappa(x^0, \cdots, x^3)$ を $L^\kappa(x^\alpha)$ と略記するなどすれば

$$L^\kappa(x^\mu) - L^\kappa(\bar{x}^\mu) = M^\kappa(x^\mu - \bar{x}^\mu) \tag{2.1.4}$$

が成り立つ．よって

$$\frac{\partial L^\kappa(x^\mu)}{\partial x^\sigma} = \frac{\partial M^\kappa(x^\mu - \bar{x}^\mu)}{\partial x^\sigma} \qquad (\sigma = 0, 1, 2, 3)$$

であるが，左辺を $\bar{x}^\nu$ で偏微分すれば 0 になるから，右辺もそうであって

$$0 = \frac{\partial^2 M^\kappa(x^\alpha - \bar{x}^\alpha)}{\partial x^\sigma\,\partial \bar{x}^\nu} = -\frac{\partial^2 M^\kappa(x^\alpha - \bar{x}^\alpha)}{\partial x^\sigma\,\partial x^\nu} \qquad (\sigma, \nu = 0, 1, 2, 3) \tag{2.1.5}$$

これは（2.1.4）で左辺に戻れば

$$\frac{\partial^2 L^\kappa}{\partial x^\sigma\,\partial x^\nu} = 0 \tag{2.1.6}$$

を意味する．よって，L^κ は $x^\sigma(\sigma = 0, 1, 2, 3)$ に関して1次である．つまり，線形．これが証明したいことであった．

空間の一様性からは，さらに L^0, L^1 が x^2, x^3 によらないことも導かれる．というのは，x^1 軸は空間のどの点を通るとしても同じことだから，a^2, a^3 を任意の実数として

$$\begin{aligned} x^{0\prime} &= L^0(x^0, x^1, x^2, x^3) = L^0(x^0, x^1, x^2 + a^2, x^3 + a^3) \\ x^{1\prime} &= L^1(x^0, x^1, x^2, x^3) = L^1(x^0, x^1, x^2 + a^2, x^3 + a^3) \end{aligned} \tag{2.1.7}$$

が成り立つ．よって，例えば（2.1.7）の第1式の両辺を a^2 で偏微分すれば

$$0 = \frac{\partial L^0(x^0, x^1, x^2 + a^2, x^3 + a^3)}{\partial a^2}$$

となるが，この式の右辺は

$$\frac{\partial L^0(x^0, x^1, x^2 + a^2, x^3 + a^3)}{\partial a^2} = \frac{\partial L^0(x^0, x^1, x^2 + a^2, x^3 + a^3)}{\partial x^2}$$

と変形されるので，（2.1.7）の中辺に戻って

$$\frac{\partial L^0(x^0, x^1, x^2, x^3)}{\partial x^2} = 0 \tag{2.1.8}$$

を得る．これは，L^0 が x^2 に依存しないことを示す．同様にして，L^0 は x^3 にも依存しないこと，そして L^1 についても同じことが成り立つ．したがって，（2.1.2）のうち $\kappa = 0, 1$ に対するものは

$$\begin{aligned} x^{0\prime} &= L^0(x^0, x^1) = \gamma x^0 + \delta x^1 \\ x^{1\prime} &= L^1(x^0, x^1) = \lambda x^0 + \mu x^1 \end{aligned} \tag{2.1.9}$$

の形となる．ここに γ, δ, λ, μ は，ある定数である．

2.1.3 光速不変

(2.1.9) における定数を定めよう．

K′ 系の原点 O′ (すなわち $x^{\sigma\prime} = 0$; $\sigma = 1, 2, 3$ の点) は x^1 軸上を速度 $\boldsymbol{V}$ で動いていくので，(2.1.9) の第 2 式より

$$0 = \lambda ct + \mu Vt$$

したがって

$$\lambda = -\frac{V}{c}\mu \tag{2.1.10}$$

がわかる．また，K 系の原点 O (すなわち，$x^{\sigma} = 0$; $\sigma = 1, 2, 3$ の点) は K′ 系の $x^{1\prime}$ 軸上を速度 $-\boldsymbol{V}$ で滑っていくので，(2.1.9) より

$$ct' = \gamma ct, \qquad -Vt' = \lambda ct$$

が成り立つ．ゆえに

$$\lambda = -\frac{V}{c}\gamma \tag{2.1.11}$$

となる．これを (2.1.10) と比べて

$$\mu = \gamma$$

を得る．したがって (2.1.9) は

$$x^{0\prime} = \gamma x^0 + \delta x^1, \qquad x^{1\prime} = \gamma(-\beta x^0 + x^1) \qquad \left(\beta = \frac{V}{c}\right) \tag{2.1.12}$$

となる．

次に，時刻 $t = t' = 0$ に原点 $x^1 = x^{1\prime} = 0$ で光を発したとしよう．その光は，K 系で見れば時刻 t に $x^1 = ct$ に達する．K′ 系で見れば —— この系でも光速不変の原理により光は同じ速さ c で走るから —— 時刻 t' に $x^{1\prime} = ct'$ に達する．これら，K 系における $(x^0 = ct, x^1 = ct)$ と K′ 系における $(x^{0\prime} = ct', x^{1\prime} = ct')$ が同一の事象であるから，(2.1.12) に代入して

$$ct' = \gamma ct + \delta ct, \qquad ct' = \gamma(-\beta ct + ct)$$

を得る．よって，

$$\delta = -\gamma\beta$$

となり，したがって，(2.1.12) は

$$x^{0\prime} = \gamma\,(x^0 - \beta x^1), \qquad x^{1\prime} = \gamma\,(-\,\beta x^0 + x^1) \tag{2.1.13}$$

となる．

この式を逆に x^0, x^1 について解けば

$$x^0 = \frac{1}{\gamma\,(1-\beta^2)}\,(x^{0\prime} + \beta x^{1\prime}), \qquad x^1 = \frac{1}{\gamma\,(1-\beta^2)}\,(\beta x^{0\prime} + x^{1\prime}) \tag{2.1.14}$$

となるが，図を見ると，K 系は K′ 系に対して速度 $-\boldsymbol{V}$ で動いているともいえるので，(2.1.14) は (2.1.13) で $\beta \to -\beta$ とした式に一致すべきである．ゆえに

$$\gamma = \frac{1}{\gamma\,(1-\beta^2)}$$

となり，$\gamma^2 = 1/(1-\beta^2)$ となるから

$$\gamma = \frac{1}{\sqrt{1-\beta^2}} = \frac{1}{\sqrt{1-\left(\dfrac{V}{c}\right)^2}} \tag{2.1.15}$$

が得られる（$\gamma = -\,1/\sqrt{1-\beta^2}$ は x^1 軸と $x^{1\prime}$ 軸の向きが逆になるので捨てた）．こうして

$$x^{0\prime} = \frac{x^0 - \beta x^1}{\sqrt{1-\beta^2}}, \qquad x^{1\prime} = \frac{x^1 - \beta x^0}{\sqrt{1-\beta^2}} \tag{2.1.16}$$

が得られた．この関係をみたす (x^0, x^1) と $(x^{0\prime}, x^{1\prime})$ との間には，計算してみると

$$(x^{0\prime})^2 - (x^{1\prime})^2 = (x^0)^2 - (x^1)^2 \tag{2.1.17}$$

が成り立っている．

さて，原点を $t = t' = 0$ に出た光はあらゆる方向に広がり，K 系で時刻 t に点 (x^1, x^2, x^3) に到達したとすれば

$$(x^0)^2 - (x^1)^2 - (x^2)^2 - (x^3)^2 = 0 \tag{2.1.18}$$

が成り立っている．その事象 (x^0, x^1, x^2, x^3) が K′ 系では $(x^{0\prime}, x^{1\prime}, x^{2\prime}, x^{3\prime})$ に見えたとすれば，これも光の伝播であるから光速不変の原理により

$$(x^{0\prime})^2-(x^{1\prime})^2-(x^{2\prime})^2-(x^{3\prime})^2=0 \tag{2.1.19}$$

が成り立っている.

ところが，同一の事象に対しては（2.1.17）が成り立つので，

$$(x^2)^2+(x^3)^2=(x^0)^2-(x^1)^2, \qquad (x^{2\prime})^2+(x^{3\prime})^2=(x^{0\prime})^2-(x^{1\prime})^2$$

の左辺は互いに等しく

$$(x^2)^2+(x^3)^2=(x^{2\prime})^2+(x^{3\prime})^2$$

が成り立つ．われわれは，x^2 軸と $x^{2\prime}$ 軸，x^3 軸と $x^{3\prime}$ 軸はそれぞれ互いに平行にとっているから，これは

$$x^{2\prime}=x^2, \qquad x^{3\prime}=x^3$$

を意味する.

（2.1.16）と一緒にして，2-1図のように相互に速度 $\boldsymbol{V}$ で運動している2つの座標系で見た，同一の事象の座標の間には

$$\begin{aligned} x^{0\prime}&=\gamma\,(x^0-\beta x^1)\\ x^{1\prime}&=\gamma\,(x^1-\beta x^0)\\ x^{2\prime}&=x^2\\ x^{3\prime}&=x^3 \end{aligned} \qquad \left(\beta:=\frac{V}{c}, \quad \gamma:=\frac{1}{\sqrt{1-\left(\frac{V}{c}\right)^2}}\right)^{1)} \tag{2.1.20}$$

の関係があることが結論される．これを逆に解けば

$$\begin{aligned} x^0&=\gamma\,(x^{0\prime}+\beta x^{1\prime})\\ x^1&=\gamma\,(x^{1\prime}+\beta x^{0\prime})\\ x^2&=x^{2\prime}\\ x^3&=x^{3\prime} \end{aligned} \tag{2.1.21}$$

となる．これらは，2-1図のように相互に速度 $\boldsymbol{V}$ で運動している2つの座標系の間の**ローレンツ変換**（Lorentz transformation）とよばれる.

容易に確かめられるとおり，

$$(x^{0\prime})^2-(x^{1\prime})^2-(x^{2\prime})^2-(x^{3\prime})^2=(x^0)^2-(x^1)^2-(x^2)^2-(x^3)^2 \tag{2.1.22}$$

---

1) $A=:B$ は，「A を B と書く」の意味である.

が成り立っている．ローレンツ変換は光速不変，すなわち（2.1.18）から（2.1.19）が得られるとの要請から導いたのであるが，それらの右辺が 0 の場合に限らず，任意の事象に対して等式(2.1.22)が成り立つのである．これを手短に

$$(x^0)^2 - (x^1)^2 - (x^2)^2 - (x^3)^2 = (\text{不変}) \qquad (2.1.23)$$

といい表わす．いずれ，(2.1.20)，(2.1.21) の形の変換に限らず，(2.1.23) を成り立たせる斉次線形な，もっと広い変換 $(x^0, x^1, x^2, x^3) \mapsto (x^{0\prime}, x^{1\prime}, x^{2\prime}, x^{3\prime})$ をローレンツ変換ということになる．

時刻を x^0 から t に戻し，位置座標を x, y, z で書けば，(2.1.20) は

$$t' = \frac{t - \dfrac{V}{c^2}x}{\sqrt{1-\left(\dfrac{V}{c}\right)^2}}, \quad x' = \frac{x - Vt}{\sqrt{1-\left(\dfrac{V}{c}\right)^2}}, \quad y' = y, \quad z' = z. \qquad (2.1.24)$$

これを逆に解いた（2.1.21）は

$$t = \frac{t' + \dfrac{V}{c^2}x'}{\sqrt{1-\left(\dfrac{V}{c}\right)^2}}, \quad x = \frac{x' + Vt'}{\sqrt{1-\left(\dfrac{V}{c}\right)^2}}, \quad y = y', \quad z = z' \qquad (2.1.25)$$

となる．いずれも，同一の事象 P を K 系で見た座標 (ct, x, y, z) と K′ 系で見た座標 (ct', x', y', z') の関係をあたえる．

これらを次のように書き直しておくと便利なことが多い．$ct = \tau$ とおいて次元をそろえ，

$$(ct, x, y, z) = (\tau, x, y, z) \qquad (2.1.26)$$

とおく．K′ 系での対応する座標を (τ', x', y', z') と書けば，ローレンツ変換（2.1.24）は

$$\tau' = \frac{\tau - \beta x}{\sqrt{1-\beta^2}}, \quad x' = \frac{x - \beta\tau}{\sqrt{1-\beta^2}}, \quad y' = y, \quad z' = z \qquad \left(\beta = \frac{V}{c}\right) \qquad (2.1.27)$$

となり，(2.1.25) は

$$\tau = \frac{\tau' + \beta x'}{\sqrt{1-\beta^2}}, \quad x = \frac{x' + \beta\tau'}{\sqrt{1-\beta^2}}, \quad y = y', \quad z = z' \qquad \left(\beta = \frac{V}{c}\right) \tag{2.1.28}$$

となる．

§2.2　走る棒は縮み，走る時計は遅れる

前節に引き続き，K 系と，それに対して x 軸に沿って速度 $\boldsymbol{V}$ で動く K′ 系を考える．

2.2.1　ローレンツ収縮

K′ 系の x' 軸に沿って x_1' から $x_1' + L'$ までを占める棒を K 系から見れば，棒は速度 $\boldsymbol{V}$ で走っている．その棒を K 系から見たときの長さというのは，“K 系で同時刻 t に” 見た棒の両端の座標 x_2, x_1 の差である．いま，y, z 座標について書くのは省略するが，K 系で見た事象 $(ct = \tau, x_2)$ は K′ 系からは，(2.1.27) より

$$\tau_2' = \frac{\tau - \beta x_2}{\sqrt{1-\beta^2}}, \qquad x_2' = \frac{x_2 - \beta\tau}{\sqrt{1-\beta^2}} \tag{2.2.1}$$

に見える．同様に，K 系で見た事象 $(ct = \tau, x_1)$ は K′ 系では

$$\tau_1' = \frac{\tau - \beta x_1}{\sqrt{1-\beta^2}}, \qquad x_1' = \frac{x_1 - \beta\tau}{\sqrt{1-\beta^2}} \tag{2.2.2}$$

に見える．それぞれの組の第 2 式を辺々引き算して

$$x_2' - x_1' = \frac{x_2 - x_1}{\sqrt{1-\beta^2}}$$

を得る．ここで棒は K′ 系に固着していて，その長さは $x_2' - x_1' = L'$ である．それを K 系から見た長さは

$$\begin{aligned} x_2 - x_1 &= (x_2' - x_1')\sqrt{1-\beta^2} \\ &= L'\sqrt{1-\beta^2} \end{aligned} \tag{2.2.3}$$

に縮んでいる．これは §1.3 で見たローレンツ収縮にほかならない．

このとき

$$\tau_2' - \tau_1' = -\frac{\beta}{\sqrt{1-\beta^2}}(x_2 - x_1) \tag{2.2.4}$$

であって，棒に固着した座標系 K′ では棒の両端における時刻は異なっている．しかし，K′ 系では棒の端の座標は時刻によらず x_2', x_1' は定まっていて，$x_2' = x_1' + L'$ なのである．

2.2.2 走ると寿命が延びる

今度は，速度 $\boldsymbol{V}$ で走る時計を考える．この時計が x' 軸上の x' に固着した座標系 K′ をとり，それが x 軸に沿って速度 $\boldsymbol{V}$ で走っているように見える座標系 K をとる．

K′ 系で時計が t_2' を指した事象 $(\tau_2' = ct_2', x')$ に対応する K 系での座標は

$$\tau_2 = \frac{\tau_2' + \beta x'}{\sqrt{1-\beta^2}}, \qquad x_2 = \frac{x' + \beta\tau_2'}{\sqrt{1-\beta^2}} \tag{2.2.5}$$

となる．同様に，時計が t_1' を指した事象 $(\tau_1' = ct_1', x')$ に対しては

$$\tau_1 = \frac{\tau_1' + \beta x'}{\sqrt{1-\beta^2}}, \qquad x_1 = \frac{x' + \beta\tau_1'}{\sqrt{1-\beta^2}} \tag{2.2.6}$$

を得る．よって

$$\tau_2 - \tau_1 = \frac{1}{\sqrt{1-\beta^2}}(\tau_2' - \tau_1')$$

すなわち

$$t_2 - t_1 = \frac{1}{\sqrt{1-\beta^2}}(t_2' - t_1') \tag{2.2.7}$$

が成り立つ．走る K′ 系の時計で測った経過時間 $t_2' - t_1'$ の方が静止系 K の時計で測った経過時間 $t_2 - t_1$ よりも短いのである．走る時計は遅れる．

このとき

$$\begin{aligned} x_2 - x_1 &= \frac{\beta}{\sqrt{1-\beta^2}}(\tau_2' - \tau_1') \\ &= \frac{V}{\sqrt{1-\beta^2}}(t_2' - t_1') \end{aligned} \tag{2.2.8}$$

であって，K 系での経過時間は x_1 と x_2 とにある異なる時計で測っているが，もちろん K 系の時計は K 系で見れば互いに合わせてある．

事象に固着した座標系 K′ の時計で測った時刻を，その事象の**固有時** (proper time) という．

「走る時計は遅れる」という命題に，もう少し説明を加えよう．何かある物理的過程 P′ がそれに固着した K′ 系の時計（固有時）で時間 T' かかったとする．これを P′ が走っているように見える K 系の時計で測ると，(2.2.7) により，より長い時間 $T > T'$ かかるように見える．K′ 系の時計が $T' = 1$ 時間進む間に K 系の時計は（たとえば）$T = 1$ 時間 5 分も進むのだから，なるほど，走る K′ の時計は遅れるのである．

では，時計が遅れるのだから過程 P′ もゆっくり進行するように見えるかというと，そのとおりで，固有時で見ると $T' = 1$ 時間ですむ過程 P′ が，それが動いているように見える K 系で見ると $T = 1$ 時間 5 分かかる．過程の進行は確かに遅く見える．そのよい例は素粒子の崩壊であって，素粒子の（すなわち体内時計の）静止系 K′ におけるよりも，素粒子が（すなわち素粒子の体内時計が）飛んでいるように見える系 K で見る方がゆっくりおこる．寿命は素粒子が高速で飛んでいるときほど長いのである．

走る素粒子の寿命

多くの素粒子は，一定の半減期で崩壊する．素粒子が時間 dt の間に崩壊する確率を $\eta\, dt$ とし，時間 t より長く生き延びる確率を $P(t)$ とすれば，時刻 t まで生き延びて次の dt に崩壊する確率が $P(t)$ の $(t, t + dt)$ における減少に等しいから

$$dP(t) = -P(t)\eta\, dt$$

が成り立ち，$P(t) = e^{-\eta t}$ となる．素粒子の平均寿命 t_{av} は

$$t_{\mathrm{av}} = -\int_0^{\infty} t\, dP(t) = \frac{1}{\eta} \qquad (2.2.9)$$

となる．これを用いれば

$$P(t) = \exp\left(-\frac{t}{t_{av}}\right) \tag{2.2.10}$$

と書ける．半減期 $t_{1/2}$ は

$$P(t_{1/2}) = \exp\left(-\frac{t_{1/2}}{t_{av}}\right) = \frac{1}{2}$$

から，平均寿命 t_{av} と

$$t_{1/2} = t_{av}\log 2 \tag{2.2.11}$$

の関係にある．$\log 2 = 0.693\,147\cdots$ である．

素粒子に固着した時計で測った時間は，その素粒子の固有時である．固有時で測った素粒子の平均寿命 t_{av} をその素粒子の**固有寿命**（proper life-time）という．素粒子が速さ V で走っている座標系で寿命を測ると，固有寿命より $1/\sqrt{1-(V/c)^2}$ 倍に延びた値

$$t_{av}(V) = \frac{t_{av}}{\sqrt{1-\left(\frac{V}{c}\right)^2}} \tag{2.2.12}$$

が得られる．

走る素粒子の寿命の延びを最初に直接観測したのはロッシ（B. Rossi）で1941年のことであった．[2) ロッシは，高度1624 m の山の上と地上の2地点で宇宙線の硬成分の粒子が降ってくる数を比べたのである．軟成分は電子で，硬成分は主として中間子であるとされていた．中間子は，地球に入射した宇宙線の高層大気との衝突でつくられ，地上に達するまでにかなり崩壊する．単位時間，単位断面積あたり山の上に降ってくる中間子の数 N_1 にくらべて地上に到達する数 N_2 は途中で崩壊する分だけ少ないはずである．結論からいえば，ロッシは N_2/N_1 の観測から，素粒子の寿命の延びを考慮して，中間子の固有寿命 2.4×10^{-6} s を得た．

もし，寿命の延びがなかったら，光速で走ったとしても，この固有寿命のあいだに粒子は700 m くらいしか走れない．高空で生まれた硬成分の宇宙線粒子は高度差1624 m を走りきる前に壊れてしまい，地上に到達すること

2）B. ロッシ and D. B. ホール：Phys. Rev. **59** (1941) 223.

はできないことになる．ロッシの実験では，この高度差の2地点での粒子の到達数の比 N_2/N_1（生存率）は2-1表のとおりであった．

2-1表　宇宙線粒子のエネルギーと生存率．ここでエネルギーとは静止エネルギーと運動エネルギーの和を意味する．§3.3.1を参照．

粒子のエネルギー	生存率
$(3.3 \sim 4.5) \times 10^6$ eV	0.698 ± 0.031
4.5×10^6 eV 以上	0.833 ± 0.007

かなりの割合の粒子たちが高度差1624 mを生き延びている．エネルギーが高いほど生存率が高いのは，エネルギーが高ければ粒子の速度が大きいことを考えれば（2.2.12）に合っている．

ロッシの得た中間子の固有寿命 2.4×10^{-6} s は，湯川の中間子論の予言 10^{-8} s より2桁近く長く，当時，大きな問題となった．やがて中間子には2種類があるとされ，実際1947年に宇宙線の中に2種類が発見されて π 中間子と μ 粒子と名づけられた.[3] 湯川理論が扱ったのは π 中間子で，ロッシが観測したのは大部分 μ 粒子であるとされたのである．μ 粒子の固有寿命は今日 2.197×10^{-6} s と決定されている．確かにロッシの得た値とよく合っている．

その後の素粒子実験のなかで（2.2.12）は精度よく確かめられている．

2.2.3　走る物体の見え方

もう一度，ローレンツ収縮の問題に戻る．走る物体はローレンツ収縮しては見えない．棒が収縮して見えるというのは，棒の両端を同時刻に見るとしてのことであるが，目は棒の両端 A, B から出た光が同時に目に入るような両端の位置から長さを認識するのであって，棒が観測者のまっすぐ前にある瞬間は別として，棒の目から遠い方の端からその光が出る時刻は，近い方の端から出る時刻よりも早い．

この効果は奥行きのある物体の場合，もっと著しく，たとえば立方体の場合には2-2図のように見えることになる．その理由を説明しよう．

3)　中間子と粒子と言い分けるのは，π がボソンで μ がフェルミオンであることによる．

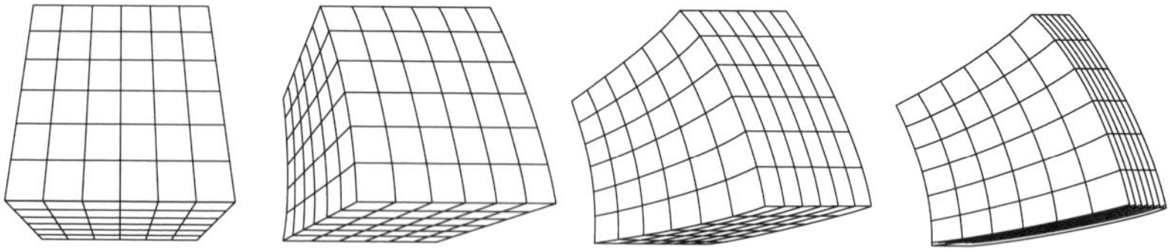

2-2図　走る立方体の見え方．立方体が目の前を速度 $\boldsymbol{V}$ で走っている場合 $(\beta = V/c)$．立方体の正面は確かに収縮して見えるが，速度が大きいほど側面が余計に見えてくる．

観測者に固着した座標系 K : O-xz と，その x 軸の方向に一定の速度 $V > 0$ で走る物体に固着した座標系 K′ : O′-$x'z'$ を考える．x 軸と x' 軸は重なり，z 軸と z' 軸とは互いに平行であるとする．

物体の点 P の物体系 K′ における座標を (a_0, b_0) とする．その時刻 t' における位置を観測者の系 K で見ると，ローレンツ変換して

$$x = \gamma(a_0 + Vt'), \qquad z = b_0, \qquad t = \gamma\left(t' + \frac{V}{c^2}a_0\right) \tag{2.2.13}$$

となる．ただし，

$$\gamma = \frac{1}{\sqrt{1 - \left(\dfrac{V}{c}\right)^2}}$$

である．(2.2.13) の第 3 式から

$$t' = t\sqrt{1 - \left(\frac{V}{c}\right)^2} - \frac{V}{c^2}a_0$$

を出して第 1 式に入れると

$$x = Vt + a, \qquad z = b_0 \qquad \left(a := \frac{a_0}{\gamma}\right) \tag{2.2.14}$$

が得られる．これが観測者の系 K での，時刻 t における物体の点 P(a_0, b_0) の位置である．K′ の原点 O′ は速度 $\boldsymbol{V}$ で走り，原点 O′ と P の距離 a_0 はローレンツ収縮して見える．

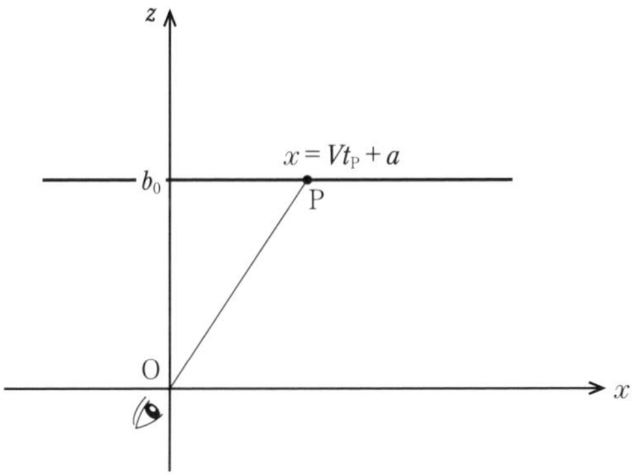

2－3図　一定の速度 $\boldsymbol{V}$ で動く点 P を一つの目で見る．

一つの目で見る

この点 P を，K 系の原点 $x = z = 0$ にいる観測者が（一方の目で）時刻 $t = 0$ に見たとしよう（2－3図）．物体は速度 V で動いている．時刻 $t = 0$ に物体の点 P が見える位置は，その時刻に目に入る光が点 P を出た瞬間に P がいた位置である．

観測者の目に時刻 $t = 0$ に入る光が点 P を出た時刻を t_P とすれば

$$(Vt_P + a)^2 + b_0^2 = (ct_P)^2 \tag{2.2.15}$$

が成り立ち，

$$t_P = \frac{1}{c^2 - V^2}\left(aV - \sqrt{(ac)^2 + (c^2 - V^2)b_0^2}\right) \tag{2.2.16}$$

となる（$t_P < 0$ のはずだから，もう一つの根は捨てた）．これは，(2.2.14) の $a_0 = \gamma a$ と b_0 で書けて

$$t_P = \frac{1}{c}\gamma\left(\frac{V}{c}a_0 - \sqrt{a_0^2 + b_0^2}\right) \tag{2.2.17}$$

となる．

この時刻に P がいた位置は

$$x_P = Vt_P + a = \gamma\left\{a_0 - \frac{V}{c}\sqrt{a_0^2 + b_0^2}\right\} \tag{2.2.18}$$

と計算される．

しかし，P がどの位置に見えるか，特に遠近の判断は一つの目ではできな

い．

二つの目で見る

二つの目は x 軸上の $x = l, -l$ にあるとしよう．時刻 $t = 0$ に左目/右目に入る光は，$x_\mathrm{P} > 0$ としていえば，(2.2.15) より早く/遅く点Pを出たはずである（2-4図）．

右目（$x = l$ の目）Rに時刻 $t = 0$ に入る光はPを時刻 $t_\mathrm{P} + \tau$ に出たものとすれば

$$(x_\mathrm{P} + V\tau - l)^2 + b_0^2 = c^2(t_\mathrm{P} + \tau)^2 \tag{2.2.19}$$

から，(2.2.15)，すなわち $x_\mathrm{P}^2 + b_0^2 = (ct_\mathrm{P})^2$ を考慮して

$$2(V\tau - l)x_\mathrm{P} + (V\tau - l)^2 = 2c^2 t_\mathrm{P}\tau + c^2\tau^2$$

となる．いま，l も $V\tau$ も x_P や $-ct_\mathrm{P}$ に比べて小さいとして，それらについて2次の項を省略すれば

$$\tau = \frac{x_\mathrm{P}}{cr_\mathrm{P} + Vx_\mathrm{P}}\, l \qquad \left(r_\mathrm{P} = \sqrt{x_\mathrm{P}^2 + b_0^2}\right) \tag{2.2.20}$$

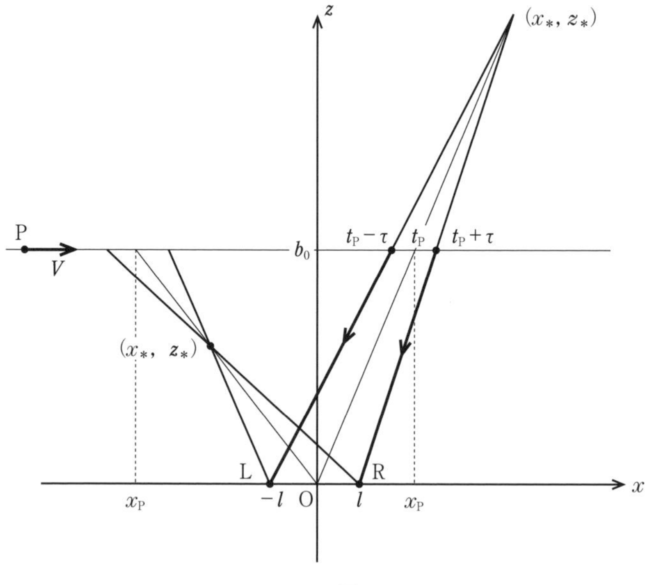

2-4図

を得る．ここで，(2.2.15) に $t_\mathrm{P}<0$ を考慮して得る

$$ct_\mathrm{P} = -\sqrt{x_\mathrm{P}^2 + b_0^2} = -r_\mathrm{P} \tag{2.2.21}$$

を用いた．

その光を出したときの P の位置を $\mathrm{P_R}$ とする：

$$\mathrm{P_R}:\quad x = x_\mathrm{P} + V\tau, \qquad z = b_0 \tag{2.2.22}$$

また，右目 R は点 P を直線 $\mathrm{RP_R}$ の方向に見るので，その直線の方程式は

$$\mathrm{RP_R}:\quad x = \frac{x_\mathrm{P} + V\tau - l}{b_0} z + l \tag{2.2.23}$$

である．

同様にして，左目 L は点 P を直線 $\mathrm{LP_L}$ の方向に見る．その直線の方程式は，(2.2.20) で $l,\ \tau$ を $-l,\ -\tau$ とすれば得られ

$$\mathrm{LP_L}:\quad x = \frac{x_\mathrm{P} - V\tau + l}{b_0} z - l \tag{2.2.24}$$

である．

二つの目で見て点 P の位置と思うのは，2 本の直線 $\mathrm{RP_R}$ と $\mathrm{LP_L}$ の交点である．この交点の座標を (x_*, z_*) としよう．連立方程式 (2.2.23)，(2.2.24) から

$$x_* = \frac{l}{l - V\tau} x_\mathrm{P}, \qquad z_* = \frac{l}{l - V\tau} b_0$$

となる．τ に (2.2.20) を代入して

$$x_* = \lambda x_\mathrm{P}, \qquad z_* = \lambda b_0 \qquad \left(\lambda := 1 + \frac{V}{c}\frac{x_\mathrm{P}}{r_\mathrm{P}}\right) \tag{2.2.25}$$

を得る．x_P は (2.2.18) にあたえられている．

どう見えるか

(2.2.25) が両目による立体視で時刻 $t=0$ に点 $\mathrm{P}(a_0, b_0)$ が見える，見かけの位置である．x_* 座標も z_* 座標も共通に λ 倍されているから，点の見える方向は $x=0,\ z=0$ にある一つの目の場合と同じである．しかし，いま $V>0$ としているので，$x_\mathrm{P}>0$ では P は遠ざかって見え，$x_\mathrm{P}<0$ では近づいて見える．

ここで，x_P は (2.2.18) であたえられ，P の物体系での座標 (a_0, b_0) だけで書かれていることに注意しよう．λ も，(2.2.17)，(2.2.18) を用いると

$$\lambda = \frac{1}{\gamma^2}\frac{\sqrt{a_0^2+b_0^2}}{\sqrt{a_0^2+b_0^2}-\dfrac{V}{c}a_0} = \frac{1}{\gamma^2}\frac{1}{1-\dfrac{V}{c}\dfrac{a_0}{\sqrt{a_0^2+b_0^2}}} \tag{2.2.26}$$

となり，(a_0, b_0) だけで表わされる．こうして，物体の点 $P(a_0, b_0)$ が両目で見たときどの位置に見えるかが明らかになった．

なお，時刻 $t=0$ に目の真前に見えるのは $x_*=0$ となるような，すなわち $x_P=0$ の，すなわち (2.2.18) から

$$a_0 = \frac{V}{c}\sqrt{a_0^2+b_0^2} \tag{2.2.27}$$

となるような物体の点 (a_0, b_0) であって，この点については，(2.2.26) の λ は

$$\lambda = 1 \tag{2.2.28}$$

となる．この点の近くの点 $a_0 + \varDelta a_0$ に対しては，(2.2.18)，(2.2.27) から

$$\varDelta x_* = \varDelta x_P = \gamma\left(1-\frac{V}{c}\frac{a_0}{\sqrt{a_0^2+b_0^2}}\right)\varDelta a_0 = \frac{1}{\gamma}\varDelta a_0 \tag{2.2.29}$$

となって，ローレンツ収縮が見られる．目の真前にある $\varDelta a_0$ の両端から同時に目に入る光は両端から同時に出たものであるから，これは当然である．

3 次元の物体

物体が xz 平面に垂直な y 軸方向にも広がっているとき（3 次元の場合）には，どう見えるか？　これを考えるには，x 軸を軸に xz 平面を回転してみればよい．いいかえれば，x 軸を軸とする円柱座標系 (x, ρ, φ) を用いるのである．(2.2.25) に相当する式は，a_0, b_0 を x'_P, ρ'_P に替えて

$$\begin{aligned} x_* &= \lambda\gamma\left(x'_P - \frac{V}{c}r'_P\right) \\ \rho_* &= \lambda\rho'_P \\ \varphi_* &= \varphi'_P \end{aligned} \qquad \left(r'_P := \sqrt{x'^2_P + \rho'^2_P}\right) \tag{2.2.30}$$

となる．ここに λ は（2.2.26）の a_0, b_0 を x'_{P}, ρ'_{P} に替えた式であたえられる．2-2図は，このようにして描いたものである．

§2.3　波動の振舞

2.3.1　波動の角振動数と波数

x 軸に沿って進む正弦波は

$$\phi(t, x) = A \sin(\omega t - kx + \alpha) \tag{2.3.1}$$

と書ける．A, ω, k, α は定数であり，いうまでもなく，A は波の振幅，α は初期位相である．正弦波といったのは，これが sin 関数で書かれているからであるが，cos 関数で書かれていても正弦波ということが多い．

いま，x を x_0 に固定して，(2.3.1) を時刻 t の関数

$$\phi(t, x_0) = A \sin(\omega t - kx_0 + \alpha) \tag{2.3.2}$$

として見ると，これは sin 的に振動する．t を $T = 2\pi/\omega$ だけ増やすと

$$\phi(t + T, x_0) = A \sin(\omega t + 2\pi - kx_0 + \alpha) = \phi(t, x_0)$$

で，もとの時刻 t のときの値に戻る．t を T より小さい $0 < T' < T$ だけ増やして $\phi(t + T', x_0)$ としても，もとの $\phi(t, x_0)$ に戻ることはない．こうして

$$T = \frac{2\pi}{\omega} \qquad \text{は（2.3.2）の周期} \tag{2.3.3}$$

である．また，単位時間に（2.3.2）が振動をくり返す数は，単位時間に周期 T がいくつ含まれるかの数であるから

$$\nu = \frac{1}{T} = \frac{\omega}{2\pi} \qquad \text{は（2.3.2）の振動数} \tag{2.3.4}$$

である．このことを手短に $T = 2\pi/\omega$ および $\nu = \omega/2\pi$ を波動（2.3.1）の**周期**（period）および**振動数**（frequency）という．また，$\omega = 2\pi\nu$ を波動（2.3.1）の**角振動数**（angular frequency）という．

反対に，時刻 t を t_0 にとめて，(2.3.1) を x の関数と見ると，これはまた sin 的に振動する．x を $\lambda = 2\pi/k$ だけ増やすと

$$\phi(t_0, x + \lambda) = A \sin(\omega t_0 - kx - 2\pi + \alpha) = \phi(t_0, x)$$

となり，もとの地点での値 $\phi(t_0, x)$ に戻る．x を $0 < \lambda' < \lambda$ だけ増やして $\phi(t_0, x + \lambda')$ としても，もとの値 $\phi(t_0, x)$ に戻ることはない．このことを手短に

$$\lambda = \frac{2\pi}{k} \quad \text{は波動（2.3.1）の空間的周期} \tag{2.3.5}$$

であるといい，空間的周期 $\lambda = 2\pi/k$ を**波長**（wave length）という．そして

$$k = \frac{2\pi}{\lambda} \tag{2.3.6}$$

を波動の**波数**（wave number）という．波数 k とは，$2\pi \times$（単位長さ）の中に含まれる波長 λ の数である．

この波動の (t, x) における様子と $(t + \Delta t, x + \Delta x)$ における様子を比べて，同じになるのは

$$\omega(t + \Delta t) - k(x + \Delta x) = \omega t - kx$$

が成り立つときである．時刻 t における任意の位置 x の様子が時刻 $t + \Delta t$ には $x + \Delta x$ に移動しているのだから，

$$\text{波動（2.3.1）の伝わる速さは} \quad u = \frac{\Delta x}{\Delta t} = \frac{\omega}{k} \tag{2.3.7}$$

であたえられる．

2.3.2　波数ベクトル

今度は，3 次元空間の $\boldsymbol{r} = (x, y, z)$ と時刻 t の関数

$$\phi(t, x, y, z) = A \sin[\omega t - (k_x x + k_y y + k_z z) + \alpha] \tag{2.3.8}$$

を考えよう．$k_x x + k_y y + k_z z$ は，ベクトル

$$\boldsymbol{k} = (k_x, k_y, k_z) \tag{2.3.9}$$

とベクトル $\boldsymbol{r}$ との内積

$$\boldsymbol{k} \cdot \boldsymbol{r} = kr \cos\theta \qquad (k = |\boldsymbol{k}|, r = |\boldsymbol{r}|, \theta \text{ は } \boldsymbol{k} \text{ と } \boldsymbol{r} \text{ のなす角})$$

である．

いま，ベクトル $\boldsymbol{k}$ の方向に X 軸をとって（2‐5 図），ベクトル $\boldsymbol{r}$ の X

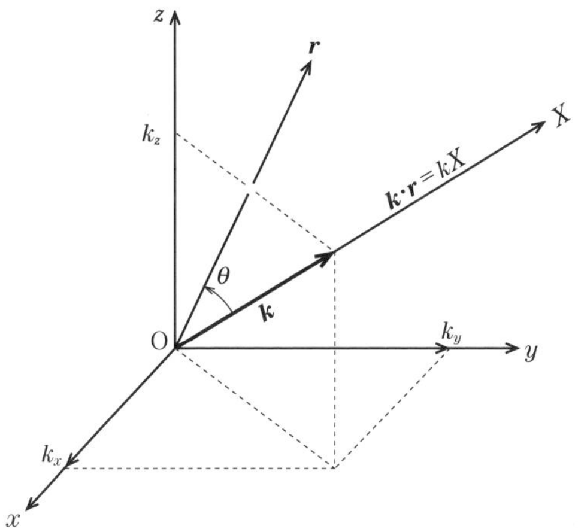

2-5図　波動の進行方向

成分を X とすれば $X = r\cos\theta$ だから

$$k_x x + k_y y + k_z z = kr\cos\theta = kX \tag{2.3.10}$$

となり，(2.3.8) は

$$\phi(t, x, y, z) = A\sin(\omega t - kX + \alpha) \tag{2.3.11}$$

となる．(2.3.1) と比べて，(2.3.8) が X 軸の方向に伝わる

$$\text{角振動数：}\quad \omega, \qquad \text{波長：}\quad \lambda = \frac{2\pi}{k} = \frac{2\pi}{\sqrt{k_x^2 + k_y^2 + k_z^2}} \tag{2.3.12}$$

の正弦波であることがわかる．そして，

$$\text{波数：}\quad \frac{2\pi}{\lambda} = k = \sqrt{k_x^2 + k_y^2 + k_z^2} = |\boldsymbol{k}| \tag{2.3.13}$$

はベクトル $\boldsymbol{k}$ の大きさで与えられる．波動の伝わる方向は X 軸の方向，つまりベクトル $\boldsymbol{k}$ の指す方向である．ベクトル $\boldsymbol{k} = (k_x, k_y, k_z)$ を波動 (2.3.8) の**波数ベクトル**（wave number vector）という．こうして，

$$\text{波動 (2.3.8) は}\begin{cases}\text{波数ベクトル } \boldsymbol{k} \text{ の指す方向に進み} \\ \text{波数 } |\boldsymbol{k}|\text{，角振動数 } \omega \text{ をもつ}\end{cases} \tag{2.3.14}$$

ことがわかった．そして，(2.3.7) により

$$\text{波動 (2.3.8) の進む速さは} \qquad u = \frac{\omega}{|\boldsymbol{k}|} \tag{2.3.15}$$

であたえられる．

2.3.3 波数4元ベクトル

波動（2.3.8）を，x 軸に沿って速度 $\boldsymbol{V}$ で動く座標系 K′ から見たら，どう見えるだろう？

K 系の事象 (t, x, y, z) は K′ 系では（2.1.25）で結ばれた (t', x', y', z') でおこったように見えるのだから

$$\phi(t, x, y, z) = A\sin\left[\omega\frac{t' + \dfrac{V}{c^2}x'}{\sqrt{1 - \left(\dfrac{V}{c}\right)^2}} - \left\{k_x\frac{x' + Vt'}{\sqrt{1 - \left(\dfrac{V}{c}\right)^2}} + k_y y' + k_z z'\right\} + \alpha\right] \tag{2.3.16}$$

に見える．sin の引数を整理して

$$\frac{\omega - Vk_x}{\sqrt{1 - \left(\dfrac{V}{c}\right)^2}}t' - \left\{\frac{k_x - \dfrac{V}{c^2}\omega}{\sqrt{1 - \left(\dfrac{V}{c}\right)^2}}x' + k_y y' + k_z z'\right\} + \alpha$$

と書けば，（2.3.16）は

$$\begin{aligned}\phi(x, y, z, t) &= A\sin\left[\omega' t' - (k'_x x' + k'_y y' + k'_z z') + \alpha\right] \\ &= \phi'(x', y', z', t')\end{aligned} \tag{2.3.17}$$

の形になる．ここに

$$\omega' = \frac{\omega - Vk_x}{\sqrt{1 - \left(\dfrac{V}{c}\right)^2}}, \quad k'_x = \frac{k_x - \dfrac{V}{c^2}\omega}{\sqrt{1 - \left(\dfrac{V}{c}\right)^2}}, \quad k'_y = k_y, \quad k'_z = k_z \tag{2.3.18}$$

である．（2.3.17）から，K 系で（2.3.8）のように見えた波動は K′ 系では（2.3.17）の ϕ' のように見えることがわかる．K′ 系では角振動数も波数ベクトルも（2.3.18）のように変わるのである．

ここでも $\omega/c = k^0$ とおいて次元をそろえ，$(\omega/c, k_x, k_y, k_z)$ の変換式を書けば

$$k^{0\prime} = \frac{k^0 - \beta k_x}{\sqrt{1-\beta^2}}, \quad k'_x = \frac{k_x - \beta k^0}{\sqrt{1-\beta^2}}, \quad k'_y = k_y, \quad k'_z = k_z \qquad \left(\beta = \frac{V}{c}\right) \tag{2.3.19}$$

となり，(2.1.27) と同じ形をしている．

(2.1.27) と同じ形の変換をする 4 組の量を **4 元ベクトル** (4 - vector) という．(ct, x, y, z) も 4 元ベクトルだし，$(\omega/c, k_x, k_y, k_z)$ も 4 元ベクトルである．前者を 4 元座標，後者を **波数 4 元ベクトル** という．また，これらの 4 元ベクトルの $k^0 = \omega/c$ あるいは $\tau = ct$ を第 0 成分，あるいは時間成分といい，(k_x, k_y, k_z) あるいは (x, y, z) を空間成分という．

いま，(2.3.19) から $(k^{0\prime})^2 - (\boldsymbol{k}')^2$ を計算すると

$$(k^{0\prime})^2 - (\boldsymbol{k}')^2 = (k^0)^2 - \boldsymbol{k}^2 \tag{2.3.20}$$

となる．同様の恒等式が 4 元座標に対しても成り立つ．ローレンツ変換しても

4 元ベクトルの（時間成分)^2 − [(空間成分)^2 の和] は変わらない (2.3.21)

のである．

光に対しては，波動の速さ (2.3.15) について $u/c = k^0/|\boldsymbol{k}|$ は 1 に等しいから

$$(k^0)^2 - \boldsymbol{k}^2 = 0 \qquad \text{（光の波数 4 元ベクトル）} \tag{2.3.22}$$

が，あらゆる慣性系で成り立つ．$k^0 = \omega/c$ を思い出しておこう．

2.3.4 光子のエネルギーと運動量

量子論でいう **光子** (photon) のエネルギーは $\varepsilon = \hbar\omega$ であり，運動量の大きさは $p = 2\pi\hbar/\lambda = \hbar|\boldsymbol{k}|$ である．ここに，$\hbar =$ (プランク定数)$/2\pi$．運動量ベクトル $\boldsymbol{p}$ は，光の進行方向，つまり波数ベクトルの方向を向いているから，その方向の単位ベクトル $\boldsymbol{k}/|\boldsymbol{k}|$ に大きさ $\hbar|\boldsymbol{k}|$ をかけて

$$\boldsymbol{p} = \frac{\boldsymbol{k}}{|\boldsymbol{k}|} \cdot \hbar|\boldsymbol{k}| \tag{2.3.23}$$

から $\boldsymbol{p} = \hbar\boldsymbol{k}$ となる．したがって

$$p^0 = \frac{\varepsilon}{c} = \frac{\hbar\omega}{c}, \qquad \boldsymbol{p} = \hbar\boldsymbol{k} \tag{2.3.24}$$

は4元ベクトルをなす．これは歓迎すべき結果である．なぜなら，後に§3.2.2で一般に質点のエネルギーと運動量が組んで4元ベクトルとなるべきことが示されるから！　これを**エネルギー・運動量4元ベクトル**（energy・momentum 4 - vector）とよぶ．

（2.3.22）により

$$\varepsilon^2 - c^2\boldsymbol{p}^2 = 0 \tag{2.3.25}$$

が常に成り立つ．後の（3.2.15）から，この式は光子の静止質量が0であることを示す．

2.3.5　ドップラー効果と光行差

ドップラー効果

K系で角振動数 $\omega = ck^0$ に見えた波動は，K系に対して x 軸に沿って速度 $\boldsymbol{V}$ で動くK′系ではどれだけの角振動数に見えるだろうか？（2.3.19）の時間成分の両辺を k^0 で割れば

$$\frac{\omega'}{\omega} = \frac{k^{0\prime}}{k^0} = \frac{1 - \beta\dfrac{k_x}{k^0}}{\sqrt{1-\beta^2}}$$

となるが，K系で波数4元ベクトルの空間成分 $\boldsymbol{k}$ が x 軸となす角を θ とすれば

$$k_x = |\boldsymbol{k}|\cos\theta \tag{2.3.26}$$

であるから，波の速さ u をあたえる（2.3.15）を用いて

$$\frac{k_x}{k^0} = \frac{k_x}{|\boldsymbol{k}|} \cdot \frac{|\boldsymbol{k}|}{k^0} = \cos\theta \cdot \frac{c}{u} \tag{2.3.27}$$

となり，

$$\omega' = \frac{1 - \beta \dfrac{c}{u} \cos \theta}{\sqrt{1-\beta^2}}\, \omega \qquad (2.3.28)$$

が得られる．これが**ドップラー効果**（Doppler effect）の公式である．ここで $\beta \cdot (c/u) = V/u$ である．$V > u$ のときには小さい θ に対して $\omega' < 0$ になる．これは何を意味しているのだろうか？

特に，光に対しては $u = c$ であるから（2.3.28）は

$$\omega' = \frac{1 - \beta \cos \theta}{\sqrt{1-\beta^2}}\, \omega \qquad \text{（光のドップラー効果）} \qquad (2.3.29)$$

となる．

光 行 差

波数4元ベクトルの空間成分 $\boldsymbol{k}$ が x 軸となす角を θ とすれば，（2.3.19）を用いて

$$\cos \theta' = \frac{k'_x}{|\boldsymbol{k}'|} = \frac{k'_x}{k^{0\prime}}$$

$$= \frac{k_x - \beta k^0}{k^0 - \beta k_x} = \frac{\dfrac{k_x}{|\boldsymbol{k}|} - \beta}{1 - \beta \dfrac{k_x}{|\boldsymbol{k}|}}$$

となるから

$$\cos \theta' = \frac{\cos \theta - \beta}{1 - \beta \cos \theta} \qquad (2.3.30)$$

が得られる．これは§1.2.2でも触れた**光行差**をあたえる（2‐6図）．この場合，K系は光を出す星に固定された座標系であり，K′は地球に固定された座標系であって，地球の速度 $\boldsymbol{V}$ と角 θ をなして入射した光が実際には角 θ' をなして入射したように見える．

（2.3.30）の分母は常に正であるが，分子は $\cos \theta < \beta$ のとき負になる．すなわち，$\cos \theta = \beta$ となる θ を θ_0 とすれば

$$\theta_0 < \theta \leqq \pi \quad \text{に対して} \quad \frac{\pi}{2} < \theta' \leqq \pi \qquad (2.3.31)$$

となる．K系では後方から追いかけてくる光（$\theta_0 < \theta < \pi/2$）がK′系では

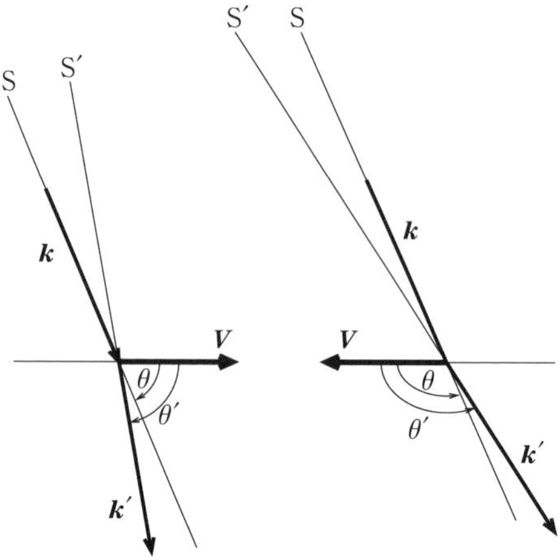

2-6図　光行差．K 系に固定した星 S から $\boldsymbol{k}$ 方向に進む光が来る．それを速度 $\boldsymbol{V}$ で走る K′ 系から見ると $\boldsymbol{k}'$ 方向に進むように見える．星は $\boldsymbol{k}'$ を逆向きに延長した方向に見え，その方向は季節によって異なる．

前方から迫ってくるように見えるのである．鉛直に降る雨の中で駆け足をすれば，雨は前から降りかかる．これを考えれば，光の場合も怪しむに足りない．

特に，K 系（星の静止系）で光が速度 $\boldsymbol{V}$ に垂直に入射してくる場合には $\cos\theta = 0$ だから

$$\cos\theta' = -\beta$$

となる．$|\beta| \ll 1$ なら θ' は $\pi/2$ に近いから $\theta' = \pi/2 + \alpha$ とおけば

$$\sin\alpha = \beta = \frac{V}{c} \tag{2.3.32}$$

となる．これが地球の軌道に垂直な方向にある星に対する光行差（2-6図）の公式であって，(1.2.14)に比べるべきものである．

2.3.6　背景輻射の観測

宇宙は，ビッグ・バンの名残りである $T=$ 約 3K の黒体輻射で満たされている．これが等方的に見える座標系 K は存在するようなので，それに対

する地球の運動が問題になる.

いま，観測器の座標系 K′ が K 系に対して速度 $\boldsymbol{V}$ で共通の x 軸の方向に動いているとしよう．K 系で見て角振動数 ω の光が x 軸と角 Θ をなす方向から入射するのを K′ 系の観測者が見ると，角振動数は（2.3.29）により

$$\omega' = \frac{1 + \beta \cos \Theta}{\sqrt{1 - \beta^2}} \omega \tag{2.3.33}$$

に，入射方向は（2.3.30）により

$$\cos \Theta' = \frac{\cos \Theta + \beta}{1 + \beta \cos \Theta} \tag{2.3.34}$$

に見える．ただし，観測器は K 系で見て，x 軸と角 Θ をなす方向 $\boldsymbol{p}$ に向いているとし，その方向を中心とする立体角 $d\Omega$ 内からくる輻射を受け入れるとするので，前節の角 θ は $\Theta = \pi - \theta$ でおきかえた（2-7 図）.

K 系で見ると，温度 T の黒体輻射の，角振動数 $(\omega, \omega + d\omega)$ にあるエネルギーの体積密度はプランクの公式

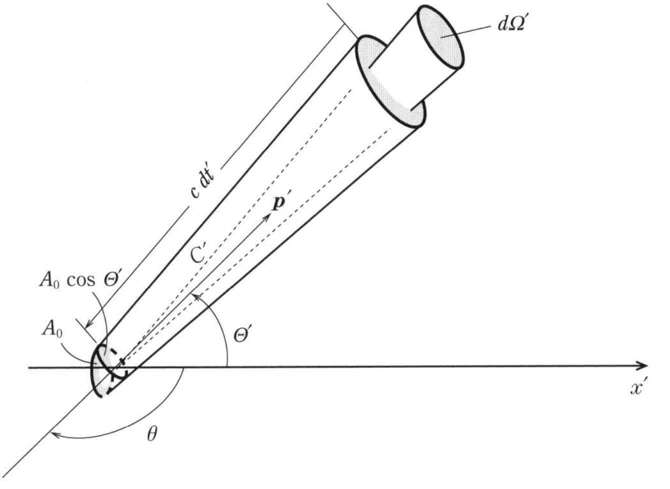

2-7 図　検出器が捉える光子の数．検出器と一緒に走る観測者 K′ 系から見る．検出器は，方向 $d\Omega'$ からくる角振動数が $\omega' \sim \omega' + d\omega'$ の範囲の光子を時間 dt' の間捉える.

$$u(\omega)\,d\omega = \frac{\hbar\omega^3}{\pi^2 c^3}\frac{1}{e^{\hbar\omega/k_{\mathrm{B}}T}-1}\,d\omega$$

であたえられる．ここに

$$\hbar = 1.055\times 10^{-34}\ \mathrm{J{\cdot}s} \qquad (\text{プランク定数})$$

$$k_{\mathrm{B}} = 1.380\times 10^{-23}\ \mathrm{J/K} \qquad (\text{ボルツマン定数})$$

である．

検出器は方向 $\boldsymbol{p}$ の立体角 $d\Omega$ 内からくる，角振動数が $(\omega, \omega + d\omega)$ にある光子のみを検出するものとしよう．輻射は K 系では等方的だから，そのような光子数の体積密度は，

$$\begin{aligned} n(\omega)\,d\omega\,d\Omega &= \frac{u(\omega)\,d\omega}{\hbar\omega}\frac{d\Omega}{4\pi} \\ &= \frac{\omega^2}{4\pi^3 c^3}\frac{1}{e^{\hbar\omega/kT}-1}\,d\omega\,d\Omega \end{aligned} \qquad (2.3.35)$$

となる．

一方，検出器の座標系 K′ で見て，検出器の開口は，x 軸と角 Θ' をなす方向 $\boldsymbol{p}'$ に垂直に面積 A' をもち，$\boldsymbol{p}'$ を中心に立体角 $d\Omega'$ 内からくる輻射を受け入れる．その輻射束を x 軸に垂直な面で切ったときの断面積を A_0 とすれば（2‐7 図）

$$A' = A_0\,|\cos\Theta'| \qquad (2.3.36)$$

が成り立つ．この系で見ると，輻射は等方的でなく，検出器の検出する —— $\boldsymbol{p}'$ 方向の立体角 $d\Omega'$ から検出器に向かってくる，角振動数が $(\omega', \omega' + d\omega')$ にある —— 光子数の体積密度は $n'(\omega', \Theta')\,d\omega'\,d\Omega'$ となるであろう．いま，これがもとめたいのである．

この K′ 系で見ると，時間 dt' の間に検出される光子は，2‐7 図の柱 C′ の中にある光子であって，その数は

$$d\mathcal{N} = n'(\omega', \Theta')\,d\omega'\,d\Omega'\,A_0 c\,|\cos\Theta'|\,dt' \qquad (2.3.37)$$

である．

その光子数の検出を K 系から見ると，検出数はもちろん同じ $d\mathcal{N}$ だが，今度は検出されるのは 2‐8 図の柱 C の中にある光子となるから

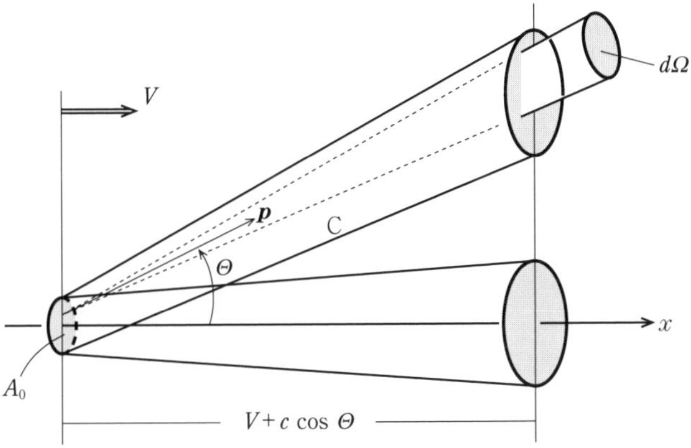

2-8図　K系で見ると，時間 dt の間に検出される光子は，柱Cの中にあって，方向 $\boldsymbol{p}$ を中心に立体角 $d\Omega$ 内から検出器に向かい，角振動数が $\omega \sim \omega + d\omega$ の範囲にある光子である．

$$d\mathcal{N} = n(\omega)\, d\omega\, d\Omega\, A_0 \,|V + c\cos\Theta|\, dt \tag{2.3.38}$$

に見える．

$n(\omega)$ は (2.3.35) にあたえられている．$d\mathcal{N}$ に対する上の2式を比べて $n'(\omega', \Theta')$ をもとめよう．(2.3.33) から

$$d\omega' = \frac{1 + \beta\cos\Theta}{\sqrt{1-\beta^2}}\, d\omega. \tag{2.3.39}$$

(2.3.34) から

$$\sin\Theta'\, d\Theta' = \frac{1-\beta^2}{(1+\beta\cos\Theta)^2} \sin\Theta\, d\Theta \tag{2.3.40}$$

となり，$d\Phi' = d\Phi$ であるから，$d\Omega' = \sin\Theta'\, d\Theta'\, d\Phi'$ は

$$d\Omega' = \frac{1-\beta^2}{(1+\beta\cos\Theta)^2}\, d\Omega \tag{2.3.41}$$

となる．また x' を固定して (2.1.25) から

$$dt' = \sqrt{1-\beta^2}\, dt \tag{2.3.42}$$

となるので，これらと (2.3.33) を (2.3.37) に用いて (2.3.38) と比べると

$$n(\omega', \Theta')\, \frac{1-\beta^2}{(1+\beta\cos\Theta)^2} = n(\omega)$$

となるから，(2.3.33) により

$$n(\omega', \Theta') = \left(\frac{\omega'}{\omega}\right)^2 n(\omega) \tag{2.3.43}$$

が得られる．(2.3.35) を右辺に代入して

$$n'(\omega', \Theta') = \frac{\omega'^2}{4\pi^3 c^3} \frac{1}{e^{\hbar\omega/kT} - 1}$$

を得る．右辺の指数関数の肩の ω を ω' に書き直そう．(2.3.34) を $\cos\Theta$ について解いた

$$\cos\Theta = \frac{\cos\Theta' - \beta}{1 - \beta\cos\Theta'} \tag{2.3.44}$$

を (2.3.33) に代入すると

$$\omega = \frac{1 - \beta\cos\Theta'}{\sqrt{1 - \beta^2}}\omega' \tag{2.3.45}$$

が出てくるから，これを用いて

$$\frac{\hbar\omega}{kT} = \frac{\hbar}{kT} \cdot \frac{1 - \beta\cos\Theta'}{\sqrt{1 - \beta^2}}\,\omega' = \frac{\hbar\omega'}{kT'}$$

と書くことができる．ただし，

$$T' = \frac{\sqrt{1 - \beta^2}}{1 - \beta\cos\Theta'}T \tag{2.3.46}$$

である．

こうして，もとめたかった

$$n'(\omega', \Theta') = \frac{\omega'^2}{4\pi^3 c^3} \frac{1}{e^{\hbar\omega'/kT'} - 1} \tag{2.3.47}$$

が得られた．これはプランク分布 (2.3.35) と全く同じ形をしている．ただ，温度だけが (2.3.46) のように非等方的になっているため，検出器の方向によって異なる温度のプランク分布が観測される．背景輻射に対して速度 $\boldsymbol{V}$ で走る検出器は振動数分布にこのような異方性を見るはずである．

実験は，この予想を裏書きした．スムート (G. F. Smoot) たちが 1977 年に行なった実験[4] によれば，太陽は背景輻射に対して (390 ± 60) km/s の

4) G. F. スムート, M. V. ゴレンシュタイン and R. A. マラー : Phys. Rev. Lett. **39** (1977) 898-900.

速さで局部銀河団・獅子座に向かって走っている．この太陽の速度を打ち消す速度で走る検出器から見れば，背景輻射は 1/3000 の精度で等方的で，温度 2.7 K のプランク分布によく合うことが確かめられた．なお，太陽に相対的な地球の速さは 30 km/s である（§1.2.2 を参照）．

§2.4　ミンコフスキー空間

ローレンツ変換を見やすくするために，ミンコフスキーは 2-9 図のような表示法を発明した．

2.4.1　まず，事象ありき

$x = x^1$ と $x^0 = ct$ を直交軸にとる．$x^{0\prime} = ct' = $ 一定 の線は，(2.1.20) から

$$ct = \beta x + \frac{1}{\gamma}\,ct' \qquad (2.4.1)$$

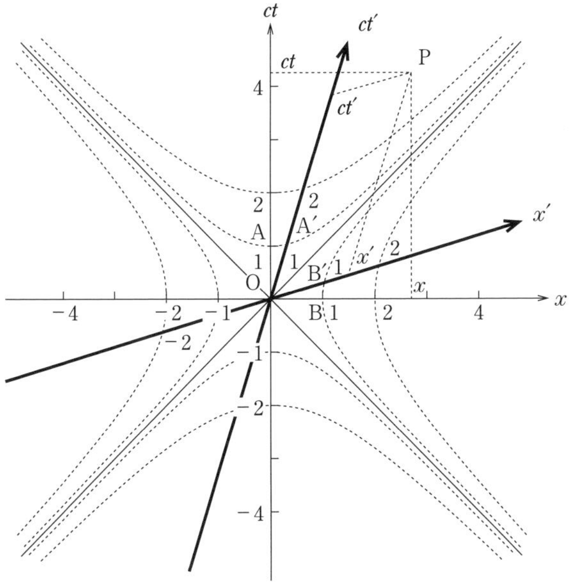

2-9 図　ミンコフスキー空間．$\beta = 0.3$ として描いた．

となり，勾配が $\beta = V/c$，切片が ct'/γ の直線である．特に，$t' = 0$ のものが x' 軸になる．同様に，$x' =$ 一定 の線は

$$ct = \frac{1}{\beta}\left(x - \frac{1}{\gamma}x'\right) \tag{2.4.2}$$

であって，$x' = 0$ のものが ct' 軸になる．したがって，ct-x 面上の点 P について 2 - 9 図のように各座標軸に平行な直線を引けば，それらと各座標軸の交点が事象 P の座標 (x, ct) および (x', ct') をあたえる．

この面が世界であって，その上の点が事象（たとえば花火の破裂）である．その座標は人間のつくった座標軸 ── x, ct とか x', ct' といった座標軸 ── によって定まるのである．まず世界があり，事象があるということをミンコフスキーの図はよく表わしている．

いや，まだ各座標軸に目盛りをつけなければならない．x 軸，ct 軸には通常の 1 m, 2 m, …の目盛りをつければよい．ct' 軸上に 1 m の目盛りをつける点 A′ の x 座標，ct 座標は，(2.1.21) より

$$x = \gamma(0 + \beta \times 1\,\mathrm{m}) = \gamma\beta\,\mathrm{m}, \qquad ct = \gamma(1\,\mathrm{m} + 0) = \gamma\,\mathrm{m}$$

であたえられ，

$$\overline{\mathrm{OA'}} = \sqrt{\gamma^2(1 + \beta^2)}\,\mathrm{m} = \sqrt{\frac{1 + \beta^2}{1 - \beta^2}}\,\mathrm{m} \tag{2.4.3}$$

となる．ct' 軸には，これだけの間隔で 1 m, 2 m, …の目盛りをつける．x' 軸も同様である．

点 A′ は，単位双曲線

$$(ct)^2 - x^2 = 1\,\mathrm{m}^2$$

と ct' 軸 $x = \beta(ct)$ との交点になっている（2 - 9 図）．同様に，x' 軸に n m の目盛りをつける点は，$x^2 - (ct)^2 = n^2$ と x' 軸 $ct = \beta x$ との交点である．

2.4.2　走る棒の短縮と走る時計の遅れ

走る棒は縮むということもミンコフスキー図（2 - 10 図）から一目瞭然である．

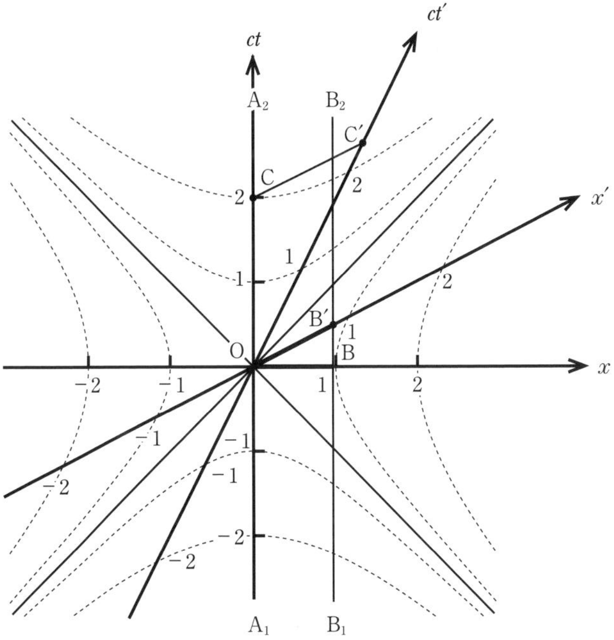

2－10 図　走る棒の縮みと走る時計の遅れ．$\beta = 0.5$ として描いた．

棒が座標系 K：O－x ct に静止しているとし，その一端 A を原点 O にとり，他端 B が $x = 1$ m にあるとしよう．A は常に x 軸の原点 $x = 0$ にあるから，時間 t が経過するとき A の軌跡は ct 軸 A_1A_2 に一致する．これを棒の一端 A の**世界線**（world line）という．他端 B の世界線は B_1B_2 である．

この棒を，K 系に対して速度 $V = \beta c$ で x 軸に平行に走る座標系 K′：O－$x'ct'$ から見ると，棒は速度 $-\boldsymbol{V}$ で走っている．その系で時刻 $ct' = 0$ に見ると事象 A は原点 O に見えるが，事象 B は B の世界線 B_1B_2 上で時刻 $t' = 0$ の点，つまり B_1B_2 と x' 軸の交点 B′ に見える．K′ 系で見た棒の長さは $\overline{OB'}$ と見えるのであって，x' 軸につけた目盛りによれば明らかに 1 m より短い．2－10 図は $\beta = 0.5$ の場合であるが，もっと β を大きくしたら x' 軸の傾きが大きくなって棒の長さの短縮も著しくなる．

走る時計の遅れもミンコフスキー図（2-10図）から見てとれる．K系で原点 $x=0$ に静止している時計の世界線は図の A_1A_2 である．この時計はK′系では速度 $-\boldsymbol{V}$ で走っているように見える．時計がK系でいって時刻 $ct=2\,\mathrm{m}$ を指している事象Cは，K′系で見るとCの ct' 座標——Cから x' 軸に平行に引いた直線が ct' 軸に交わる点C′の ct' 座標——の時刻に見える．明らかに $ct'>ct$ であり，走っている時計で測った経過時間 t' の方が静止している時計で測った経過時間 t より長い．つまり，走っている時計は遅れるのである．遅れは，走る速さ β が大きいほど大きい．

棒の収縮にせよ時計の遅れにせよ相対的のはずである．読者は，ミンコフスキー図を用いて，K′系に固着した棒や時計をK系から見るとやはり収縮や遅れが見られることを確かめよ．

2.4.3　双子のパラドックス

双子の太郎と次郎がいる．次郎は高速 V のロケットで宇宙旅行をして地球に戻り，地球で待っていた太郎に再会した．そのとき太郎は T 歳になっていたが，次郎は走る時計は遅れるために $\sqrt{1-(V/c)^2}\,T$ 歳にしかなっていない．V が大きければ，二人が再会したとき，次郎は若々しいのに太郎は白髪のおじいさんになっている．これは浦島効果ともよばれる．

しかし，話は相対的のはずではないか？　次郎の座標系から見れば，高速で旅行したのは太郎の方であって，二人が再会したとき太郎の方が若く，次郎の方が歳をとっていることになるではないか．おかしい！これは**双子のパラドックス**（twin paradox）とよばれる．**時計のパラドックス**（clock paradox）ともいう．これを解決しよう．

いま，地球の座標系K：O-xt は慣性系であるとする．それに対してロケットは，座標系Kで見て次のような運動をする．地球 $x=0$ を出るとき速度0から $\boldsymbol{V}$ に加速，時間 T のあいだ速度 $\boldsymbol{V}$ で等速度運動し，$x=L$ にある星Sの近くまできたとき減速に転じて着地（着星？），次いで逆向きに加速して帰路につき，等速度 $-\boldsymbol{V}$ で地球の近くまできて，再び減速して地上

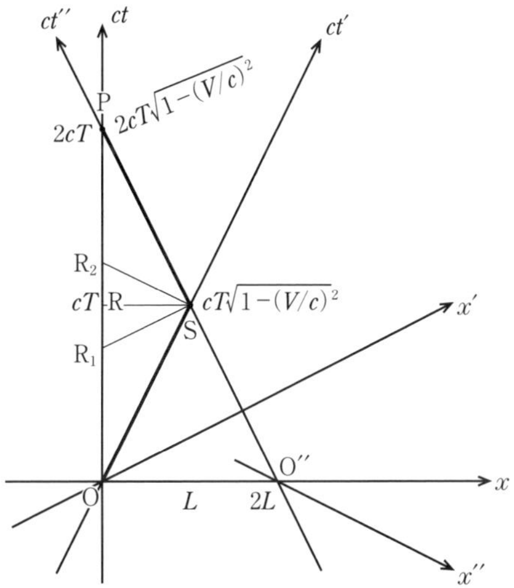

2 - 11 図　浦島効果．OSP がロケットの世界線．O-x ct は地球に固定した座標系 K であり，O-x' ct' は往きの，O″-x'' ct'' は帰りのロケットに固定した座標系 K′, K″ である．$\beta = 0.5$ として描いた．

に降りる．簡単のため，ロケットの加速・減速は速やかに行なわれ，その所要時間は無視できるものとしよう．

ロケットの運動のミンコフスキー図は 2 - 11 図のようになる．OSP がロケットの世界線である．まず，ロケットが等速度運動して引き返し点の星 S まで行く．K 系で見たこの事象

$$\text{引き返し点 S（K 系で見て）：}\quad t = T, \qquad x = L \qquad \left(T = \frac{L}{V}\right) \tag{2.4.4}$$

をロケットの系 K′: O-$x't'$ で見たら，どう見えるか？　その間，ロケットは等速度運動しているからローレンツ変換

$$t' = \gamma\left(t - \frac{V}{c^2}x\right), \qquad x' = \gamma(x - Vt) \qquad \text{（往路）} \tag{2.4.5}$$

が使えるので，その事象の座標は，ロケットの系 K′ で

$$引き返し点S（K'系で見て）：\quad t' = \gamma\left(T - \frac{V}{c^2}L\right) = \frac{1}{\gamma}T, \qquad x' = 0 \tag{2.4.6}$$

となる（$L = VT$ だからである）．この時刻 t' を τ_R/c としよう．τ_R は星Sに到達したという事象の，ロケット系K′における固有時である．

ロケットの帰り道でのローレンツ変換は（2.4.5）で V を $-V$ にすれば得られると考えてはいけない．もし，そう考えたら，ロケットの進行の向き逆転の事象Sはロケット系K′で時刻

$$T_2' = \gamma\left(T + \frac{V}{c^2}L\right) = \gamma\left\{1 + \left(\frac{V}{c}\right)^2\right\}T$$

におこることになり，（2.4.6）の τ_R/c から時刻が跳んでしまう．

ここでミンコフスキー図（2‐11図）を見よう．ロケットの世界線の往きの部分OSはロケット系K′の座標軸 ct' と一致しており，ロケットの位置は常に $x' = 0$ になっているが，帰りの部分SPは一致していない．帰りの部分でもロケットが常に $x'' = 0$ にいるようにするには時間軸 ct'' をとり直してSPと一致させ，かつSで $t'' = t'$ となるようにしなければならない．それには，ct'' 軸の原点O″を x 軸上 $x = 2L$ にとり，ローレンツ変換を

$$t'' = \gamma\left\{t + \frac{V}{c^2}(x - 2L)\right\}, \qquad x'' = \gamma\{(x - 2L) + Vt\} \qquad （帰路） \tag{2.4.7}$$

に改める．これを座標とする系をK″系とよぶことにしよう．こうすれば，K系で見た引き返し点（2.4.4）はK′系で見てもK″系で見ても一致して（2.4.6）となる．

ロケットが地球に帰り着く時刻は，（2.4.7）で $x = x'' = 0$ として $t = 2L/V = 2T$ であるから

$$地球で再会\begin{cases} K系の太郎から見て：\quad t = 2T \\ K''系の次郎から見て：\quad t'' = \dfrac{2T}{\gamma} \end{cases} \tag{2.4.8}$$

となる．ロケットが帰着したとき宇宙旅行してきた次郎は $2T/\gamma$ しか歳をと

っていないのに，地球にいた太郎は $2T$ まで歳老いている．

次に見方を変えて，ロケットの次郎が静止し，太郎が地球とともに往復運動するとしてみよう．

先に次郎が走った距離 L は —— 地球にいた太郎と星の間に橋がかかっていたとすれば，その橋は —— 次郎に対して速度 $\pm\boldsymbol{V}$ で走っているのでローレンツ収縮し，長さ $L\sqrt{1-(V/c)^2}$ に見える．次郎は，この距離を太郎が往復運動すると見るので

$$\text{再会までの時間（次郎の時計で）：}\quad \frac{1}{V}\cdot 2L\sqrt{1-\left(\frac{V}{c}\right)^2} \tag{2.4.9}$$

である．太郎は次郎に対して速度 $\pm\boldsymbol{V}$ で走っているから，走る時計の遅れにより，再会までの時間は太郎の時計では次郎の時計より $\sqrt{1-(V/c)^2}$ 倍だけ短くなる．

$$\text{再会までの時間（太郎の時計で）：}\quad \left\{1-\left(\frac{V}{c}\right)^2\right\}\frac{2L}{V} \tag{2.4.10}$$

ここまでは，パラドックスのいうとおりである．

しかし，(2.4.10) は次郎がそう思うというだけである．ミンコフスキーの図（2-11図）でいうと，(2.4.10) の時間は —— 以下に示す計算でわかるとおり —— 地球の座標系 K の ct 軸上で $\overline{\mathrm{OR_1}}$ と $\overline{\mathrm{R_2P}}$ の和である．

ロケット系 K′ で見て，ロケットの引き返し点 S と同時刻の地球上の点が $\mathrm{R_1}$ である．K″ 系で見て，点 S と同時刻の地球上の点が $\mathrm{R_2}$ である．それぞれ，点 S から x' 軸，x'' 軸に平行に引いた直線が ct 軸と交わる点である．同一の点 S と同時なこれら 2 つの点が離れていることが問題だ．

点 $\mathrm{R_1}$ の地球の系 K での時刻 $t(\mathrm{R_1})$ をもとめよう．点 S の K′ 系での時刻は (2.4.6) によって $t'=T/\gamma$ である．ローレンツ変換 (2.4.5) を逆に解いて

$$x=\gamma(x'+Vt'),\qquad t=\gamma\left(t'+\frac{V}{c^2}x'\right) \tag{2.4.11}$$

とすると，$x=0$ には $x'=-Vt'$ が対応するから，点 $\mathrm{R_1}$ の t 座標は (2.4.11) の第 2 式から

$$t(\mathrm{R_1})=\gamma\left(1-\frac{V}{c^2}V\right)t'=\left(1-\frac{V^2}{c^2}\right)T \qquad (2.4.12)$$

となる．同様にして，点 $\mathrm{R_2}$ の t 座標は

$$t(\mathrm{R_2})=\left(1+\frac{V^2}{c^2}\right)T \qquad (2.4.13)$$

となる．ここで $\overline{\mathrm{OR_1}}+\overline{\mathrm{R_2P}}$ は

$$t(\mathrm{R_1})+\{2T-t(\mathrm{R_2})\}=2t(\mathrm{R_1})=\left(1-\frac{V^2}{c^2}\right)\cdot 2T \quad (2.4.14)$$

となり，確かに (2.4.10) に一致している．

ロケットの引き返し点 S に地球上の 2 つの時刻 $t(\mathrm{R_1})$, $t(\mathrm{R_2})$ が対応するのは奇妙なようであるが，実はロケットの速度が $\boldsymbol{V}$ から $-\boldsymbol{V}$ に変わるためには多少とも時間がかかる．その時間の間，ロケットの座標系は加速度運動をするから慣性系でなく，そこに置かれた地球の K 系の時計にも影響が及んで，この時計は

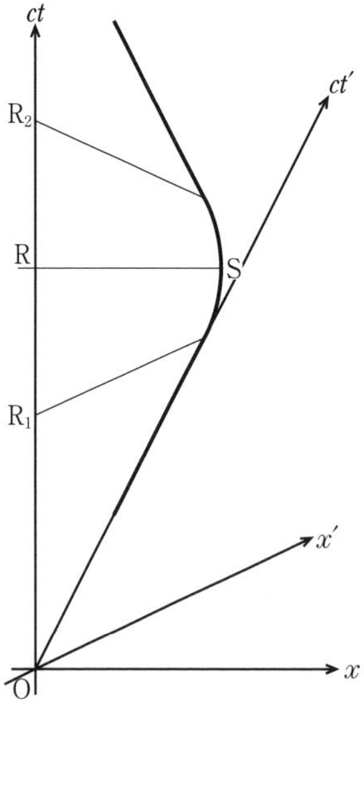

2-12 図　ロケットが速度を $\boldsymbol{V}$ から $-\boldsymbol{V}$ に変えるには時間がかかる．

$$t(\mathrm{R}_2) - t(\mathrm{R}_1) = 2\left(\frac{V}{c}\right)^2 \frac{L}{V} \tag{2.4.15}$$

だけ進むというのだ（2-12図）．というのは：

ロケットが速度を $\boldsymbol{V}$ から $-\boldsymbol{V}$ に変える時間 $\varDelta t$ の間は，ロケットの座標系は慣性系ではない．x 軸の負の向きに，ある大きさ g の加速度をもち，そこは一般相対性理論の世界である．加速度 $-\boldsymbol{g}$ によってロケットの座標系には単位質量あたり $\boldsymbol{g}$ の力の場が発生し，ポテンシャルの場 $-gx$ が生ずる．ロケットから $-L$ の位置にいる地球は，ロケットに比べて gL だけ高いポテンシャルをもつ．一般相対性理論によると，このポテンシャルの差が地球の時計を —— ロケットの時計に比べて —— $gL\,\varDelta t/c^2$ だけ進める（第8章の章末問題［2］,［3］を参照）．$g\,\varDelta t = 2V$ であるから，この効果による地球の時間の進みは

$$\frac{gL}{c^2}\varDelta t = 2\frac{VL}{c^2} = \left(\frac{V}{c}\right)^2 \frac{2L}{V} \tag{2.4.16}$$

となって，ちょうど（2.4.15）を説明する．これまで加速・減速は一瞬のうちにおこるとしてきたから $\varDelta t \to 0$, $g \to \infty$ とすべきだが，それでも $g\,\varDelta t = 2V$ だから（2.4.16）の時間差は残るのである．

こうして，ロケットの出発から帰還までの時間は，ロケットが止まっていて地球が往復運動をするとしても，地球の座標系では(2.4.14)＋(2.4.16)，すなわちミンコフスキー図（2-11図）の $\overline{\mathrm{OP}}$ となる：

$$2T = \frac{2L}{V} \tag{2.4.17}$$

また，ロケットの座標系では（2.4.9）であって

$$\sqrt{1-\left(\frac{V}{c}\right)^2}\,\frac{2L}{V} \tag{2.4.18}$$

である．いずれも，地球が止まっていてロケットが動くとした場合の(2.4.8）に一致している．これらの時間はロケットが止まっていて地球が動くとしても，地球が止まっていてロケットが動くとしても同じになるのである．これで，双子のパラドックスは解決した．浦島効果は実在するのだ．

§2.5　ローレンツ変換は群をなす

ローレンツ変換に続けて別のローレンツ変換をしても，その結果は一つのローレンツ変換である．このことから，いろいろと興味深いことが出てくる．

2.5.1　x 軸方向に走る座標系への変換

x 軸方向に走る座標系へのローレンツ変換（2.1.24）では y, z 座標は変わらない．変化する座標に限っていえば

$$\begin{pmatrix} t' \\ x' \end{pmatrix} = \begin{pmatrix} \gamma & -\gamma V/c^2 \\ -\gamma V & \gamma \end{pmatrix} \begin{pmatrix} t \\ x \end{pmatrix} \qquad \left(\beta = \frac{V}{c},\ \gamma = \frac{1}{\sqrt{1-\beta^2}} \right) \tag{2.5.1}$$

と書ける．ここで，K′ 系に対して速度 V' で x 軸方向に走る第 3 の座標系 K″ に移ると，y, z 座標はもちろん変わらないが

$$\begin{pmatrix} t'' \\ x'' \end{pmatrix} = \begin{pmatrix} \gamma' & -\gamma' V'/c^2 \\ -\gamma' V' & \gamma' \end{pmatrix} \begin{pmatrix} t' \\ x' \end{pmatrix} \qquad \left(\beta' = \frac{V'}{c},\ \gamma' = \frac{1}{\sqrt{1-\beta'^2}} \right) \tag{2.5.2}$$

という変換がおこる．

最初の t, x 座標からの変換としていえば

$$\begin{pmatrix} t'' \\ x'' \end{pmatrix} = \begin{pmatrix} \gamma' & -\gamma' V'/c^2 \\ -\gamma' V' & \gamma' \end{pmatrix} \begin{pmatrix} \gamma & -\gamma V/c^2 \\ -\gamma V & \gamma \end{pmatrix} \begin{pmatrix} t \\ x \end{pmatrix} \tag{2.5.3}$$

となる．ここに現れた行列の積は

$$\begin{pmatrix} \gamma' & -\gamma' V'/c^2 \\ -\gamma' V' & \gamma' \end{pmatrix} \begin{pmatrix} \gamma & -\gamma V/c^2 \\ -\gamma V & \gamma \end{pmatrix} = \begin{pmatrix} \gamma'\gamma(1+V'V/c^2) & -\gamma'\gamma(V'+V)/c^2 \\ -\gamma'\gamma(V'+V) & \gamma'\gamma(1+V'V/c^2) \end{pmatrix}$$

であるが，これを（2.5.1）と同じ形，すなわち

$$\begin{pmatrix} \gamma'' & -\gamma'' V''/c^2 \\ -\gamma'' V'' & \gamma'' \end{pmatrix} \qquad \left(\beta'' = \frac{V''}{c},\quad \gamma'' = \frac{1}{\sqrt{1-\beta''}} \right) \tag{2.5.4}$$

の形に表わすような速度 V'' は存在するだろうか？

もし存在するなら

$$\gamma'' = \gamma'\gamma\left(1 + \frac{V'V}{c^2}\right), \qquad \gamma'' V'' = \gamma'\gamma(V' + V) \tag{2.5.5}$$

となるべきだから，第２式を第１式で辺々割って

$$V'' = \frac{V' + V}{1 + \dfrac{V'V}{c^2}} \tag{2.5.6}$$

を得る．これから γ'' をつくったら (2.5.5) の第１式に一致するだろうか？

$$\frac{1}{1 - \dfrac{1}{c^2}\left(\dfrac{V' + V}{1 + \dfrac{V'V}{c^2}}\right)^2} = \frac{1}{\dfrac{1 - \left(\dfrac{V'}{c}\right)^2 - \left(\dfrac{V}{c}\right)^2 + \left(\dfrac{V'V}{c^2}\right)^2}{\left(1 + \dfrac{V'V}{c^2}\right)^2}}$$

は因数分解できて

$$\frac{1}{\sqrt{1 - \left(\dfrac{V''}{c}\right)^2}} = \frac{1}{\sqrt{1 - \left(\dfrac{V'}{c}\right)^2}}\frac{1}{\sqrt{1 - \left(\dfrac{V}{c}\right)^2}}\left(1 + \frac{V'V}{c^2}\right)$$

をあたえるので，(2.5.5) の第１式は確かに成り立っている．したがって，K 系に対して K′ 系が速度 V で走り，K′ 系に対して K″ 系が速度 V' で走るなら，K 系に対して K″ 系は (2.5.6) の速度 V'' で走ることになる．これが結論である．

ローレンツ変換の言葉でいえば，こうなる．ローレンンツ変換 (2.5.1) を (2.1.7) のように書いて，その変換行列を

$$\Lambda(V) = \begin{pmatrix} \gamma & -\beta\gamma \\ -\beta\gamma & \gamma \end{pmatrix} \qquad \left(\beta = \frac{V}{c}, \qquad \gamma = \frac{1}{\sqrt{1 - \beta^2}}\right) \tag{2.5.7}$$

とおけば

$$\Lambda(V')\Lambda(V) = \Lambda\left(\frac{V' + V}{1 + \dfrac{V'V}{c^2}}\right) \tag{2.5.8}$$

が成り立つ．

一般に，変換の集合 $\mathsf{G}=\{a, b, \cdots\}$ が積を許し（すなわち，$a, b \in \mathsf{G} \Longrightarrow ab \in \mathsf{G}$），この積が次の性質をもつとき，この集合を**群**（group）という：

（1） 結合法則 $a(bc)=(ab)c$

（2） 単位元 e の存在 $(e \in \mathsf{G})$．すなわち，任意の $a \in \mathsf{G}$ に対して $ae = ea = a$ となる e が G の中にある．

（3） 逆元の存在．すなわち，任意の $a \in \mathsf{G}$ に対して $xa = ax = e$ となる $x \in \mathsf{G}$．この x を a^{-1} と書く．

x 軸方向に $-c < V < c$ の速さで走る座標系へのローレンツ変換の全体 $\{\Lambda(V) | -c < V < c\}$ は，積を行列の掛け算として群をなす．

実際，群の性質（1）は（2.5.8）および

$$\frac{V'' + \left(\dfrac{V' + V}{1 + V'V/c^2}\right)}{1 + \dfrac{V''}{c^2}\left(\dfrac{V + V'}{1 + VV'/c^2}\right)} = \frac{V'' + V' + V + \dfrac{V''V'V}{c^2}}{1 + \dfrac{V''V' + V'V + VV''}{c^2}}$$

が V'', V', V に関して対称なことから明らかで，（2）の単位元は $V=0$ の $\Lambda(0)$ である．（3）にいう $\Lambda(V)$ の逆元は $\Lambda(-V)$ である．

これまで，$\Lambda(0)=$（単位行列）はとり立てて変換とはいわなかったが，これからは，これも変換の仲間に入れ，**恒等変換**（identity transformation）とよぶ．

2.5.2　一般のローレンツ変換

これまで考えてきた x 軸方向に等速度 V で走る座標系への変換 $\Lambda_x(V)$ は群をなすが，もっと広い変換はもっと大きな群をなす．一般のローレンツ変換を座標系 K：O-$txyz$ から座標系 K′：O-$t'x'y'z'$ への斉次線形変換で

$$(ct')^2 - (x'^2 + y'^2 + z'^2) = (ct)^2 - (x^2 + y^2 + z^2)$$

とするものと定義する．手短に，ローレンツ変換とは

$$(ct')^2 - (x'^2 + y'^2 + z'^2) = \text{不変} \tag{2.5.9}$$

とする斉次線形の時空座標の変換である，という．このことには以前 (2.1.23) で触れた．

そうすると，y 軸方向，z 軸方向など，一般に任意の方向に等速度で走る座標系への —— x 軸方向に走る座標系への変換と同様な —— 変換もローレンツ変換となる．それればかりか，K 系の原点 O を固定して座標系を回転する変換もローレンツ変換である．たとえば，K 系の z 軸を固定して，そのまわりに x, y 軸を角 ϕ だけまわす変換（2 - 13 図）

$$\begin{pmatrix} ct' \\ x' \\ y' \\ z' \end{pmatrix} = \Lambda_z(\phi) \begin{pmatrix} ct \\ x \\ y \\ z \end{pmatrix}, \qquad \Lambda_z(\phi) = \begin{pmatrix} 1 & 0 & 0 & 0 \\ 0 & \cos\phi & \sin\phi & 0 \\ 0 & -\sin\phi & \cos\phi & 0 \\ 0 & 0 & 0 & 1 \end{pmatrix} \tag{2.5.10}$$

もローレンツ変換であり，また，空間反転 $\Lambda(\mathsf{P})$，時間反転 $\Lambda(\mathsf{T})$

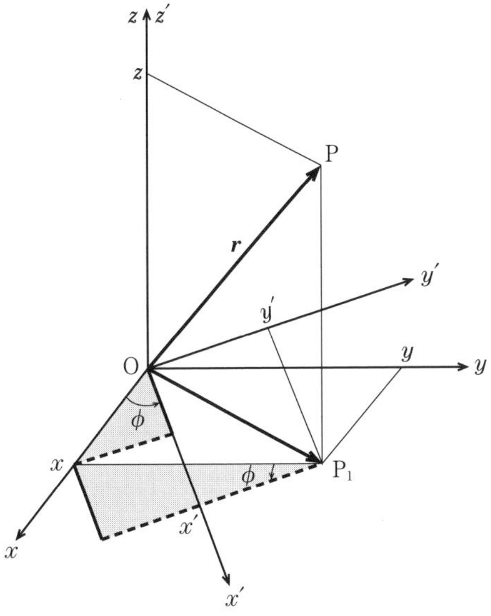

2 - 13 図　空間座標軸の回転の一例：z 軸のまわりの回転

$$\Lambda(\mathsf{P})\begin{pmatrix} ct \\ x \\ y \\ z \end{pmatrix} = \begin{pmatrix} ct \\ -x \\ -y \\ -z \end{pmatrix}, \qquad \Lambda(\mathsf{T})\begin{pmatrix} ct \\ x \\ y \\ z \end{pmatrix} = \begin{pmatrix} -ct \\ x \\ y \\ z \end{pmatrix} \tag{2.5.11}$$

もローレンツ変換である．これらを重ねて行なえば時空の反転になる．

ここまでくると，ローレンツ変換 Λ の逆変換 Λ^{-1} は，$\Lambda_x(V)$ の逆変換が $\Lambda_x(-V)$ だというほど簡単ではなくなる．変換 Λ の逆 Λ^{-1} は，行列としての Λ の逆行列である．しかし，それも (2.5.9) を不変にすることに変わりはなく，やはりローレンツ変換である．

これらローレンツ変換の全体は群をなすが，その中でたとえば x 軸の方向に走る座標系への変換だけをとっても，z 軸まわりの回転だけをとっても群をなしている．このような群は大きな群の**部分群** (subgroup) とよばれる．ローレンツ群は，さまざまの部分群をもつ．

ローレンツ群は後に§5.1でもう一度とり上げる．

2.5.3　任意の方向に走る座標系へ

これまでは，走る座標系へのローレンツ変換といえばK系の x 軸方向に走る座標系への変換ばかり考えてきた．後で必要になるから，ここで任意の方向に走る座標系K′への変換をもとめておこう．ただし，

K系とK′系の対応する座標軸は互いに平行である　(2.5.12)

とする．

任意の方向といったが，話を複雑にしないために，K′系は，K系の xy 平面内で x 軸と角 ϕ をなす方向に速度 $\boldsymbol{V}$ で走るものとしよう．O-$x'y'z'$ の座標軸はK系のO-xyz 座標軸と平行のままで走るのである (2 - 14図)．

そのようなローレンツ変換をもとめるには，まずK系の座標軸を $\Lambda_z(\phi)$ によって z 軸のまわりに角 ϕ だけ回転し，x 軸を $\boldsymbol{V}$ の方向に向けて X 軸とする．座標系はO-XYz となる．次に，この座標系を $\Lambda_X(V)$ によって X

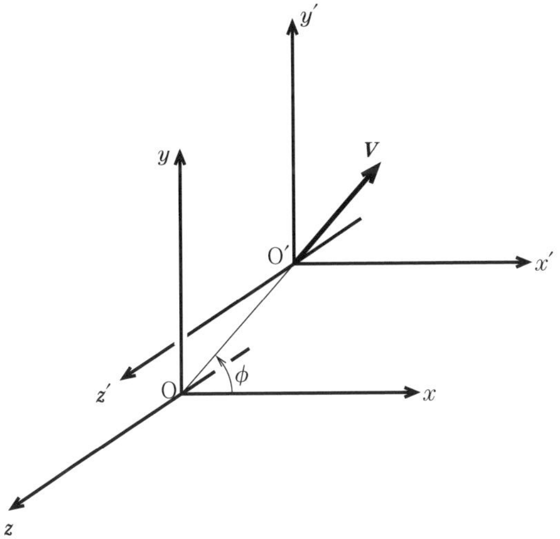

2 - 14 図　x 軸とは異なった方向に走る系への変換の一例：xy 平面内で x 軸と角 ϕ をなす方向に運動する座標系 K′ への変換

軸方向に速度 $\boldsymbol{V}$ で走らせ，O-$X'Yz$ とする．これだけでは座標軸が K 系の対応する座標軸と平行でないから，$\Lambda_z(-\phi)$ によって z 軸のまわりに角 $-\phi$ だけ回転させる．こうして得られるのが，もとめる K′ 系の座標軸 O-$x'y'z'$ である．これら 3 つの変換 ―― どれもローレンツ変換である ―― をまとめて書けば，これもローレンツ変換であるが

$$x' = \Lambda_z(-\phi)\,\Lambda_X(V)\,\Lambda_z(\phi)\,x \tag{2.5.13}$$

となる．具体的に書けば

$$\begin{pmatrix} ct' \\ x' \\ y' \\ z' \end{pmatrix} = \begin{pmatrix} 1 & 0 & 0 & 0 \\ 0 & \cos\phi & -\sin\phi & 0 \\ 0 & \sin\phi & \cos\phi & 0 \\ 0 & 0 & 0 & 1 \end{pmatrix} \begin{pmatrix} \gamma & -\gamma V/c & 0 & 0 \\ -\gamma V/c & \gamma & 0 & 0 \\ 0 & 0 & 1 & 0 \\ 0 & 0 & 0 & 1 \end{pmatrix}$$

$$\times \begin{pmatrix} 1 & 0 & 0 & 0 \\ 0 & \cos\phi & \sin\phi & 0 \\ 0 & -\sin\phi & \cos\phi & 0 \\ 0 & 0 & 0 & 1 \end{pmatrix} \begin{pmatrix} ct \\ x \\ y \\ z \end{pmatrix}$$

γ は例によって (2.1.15) であたえられる．これを計算すると，K 系での速度

$$\boldsymbol{V} = (V_x,\ V_y,\ V_z) = (V\cos\phi,\ V\sin\phi,\ 0)$$

で書いて

$$\begin{pmatrix} ct' \\ x' \\ y' \\ z' \end{pmatrix} = \begin{pmatrix} \gamma & -\gamma V_x/c & -\gamma V_y/c & 0 \\ -\gamma V_x/c & 1+(\gamma-1)V_x^2/V^2 & (\gamma-1)V_xV_y/V^2 & 0 \\ -\gamma V_y/c & (\gamma-1)V_xV_y/V^2 & 1+(\gamma-1)V_y^2/V^2 & 0 \\ 0 & 0 & 0 & 1 \end{pmatrix} \begin{pmatrix} ct \\ x \\ y \\ z \end{pmatrix} \tag{2.5.14}$$

この結果によれば，K′ 系の原点 O′ は，K 系から見た座標 $(x_{O'}, y_{O'}, z_{O'})$ でいって

$$0 = -\gamma V_x t + \left\{1 + (\gamma-1)\frac{V_x^2}{V^2}\right\}x_{O'} + (\gamma-1)\frac{V_xV_y}{V^2}y_{O'}$$

$$0 = -\gamma V_y t + (\gamma-1)\frac{V_xV_y}{V^2}x_{O'} + \left\{1 + (\gamma-1)\frac{V_y^2}{V^2}\right\}y_{O'}$$

$$0 = z_{O'}$$

に従うから，これを $x_{O'}$, $y_{O'}$, $z_{O'}$ について解けば

$$x_{O'} = V_x t, \qquad y_{O'} = V_y t, \qquad z_{O'} = 0 \tag{2.5.15}$$

のように運動することがわかる．2-14 図からもわかるとおりである．逆に，K 系の原点 O は，K′ 系から見ると再び (2.5.14) により，$t' = \gamma t$ であることを考慮すれば，

$$x'_O = -\gamma V_x t = -V_x t', \qquad y'_O = -\gamma V_y t = -V_y t', \qquad z'_O = 0 \tag{2.5.16}$$

のように運動する．K 系から見た K′ 系の原点の速度 $\boldsymbol{V}_{O'}$ は，(2.5.15) から

$$\boldsymbol{V}_{O'} = (V_x,\ V_y,\ 0) \tag{2.5.17}$$

であり，逆に K′ 系から見た K 系の原点の速度 $\boldsymbol{V}'_O$ は，(2.5.16) から

$$\boldsymbol{V}'_O = (-V_x,\ -V_y,\ 0) \tag{2.5.18}$$

であって

$$\boldsymbol{V}_{O'} = -\boldsymbol{V}'_O \tag{2.5.19}$$

が成り立っている．いずれも予想できたことである．

ところが，K 系の x 軸 $(y=0, z=0)$ が K′ 系ではどう見えるかといえば，$t' = \gamma t - \gamma(V_x/c^2)x$ を考慮して

$$y' = -\gamma V_y t + (\gamma - 1)\frac{V_x V_y}{V^2}x = -V_y t' - \frac{V_x V_y}{V^2}x \tag{2.5.20}$$

となり，単なる $-V_y t'$ ではなく x に依存し，K′ 系の同時刻に x' 軸を見渡しても K 系で同時刻に見た x 軸の平行移動には一致しない．これは，K′ 系における x' 軸上の同時と K 系における x 軸上の同時が異なるので仕方がない．

それでは，K′ 系と K 系の軸が平行であるというのは何を意味しているのか？　一ついえることは，(2.5.13) があるので

$$\Lambda_z(\phi)\,x' = \Lambda_x(V)\,\Lambda_z(\phi)\,x \tag{2.5.21}$$

となること．すなわち，K 系の座標軸 O-xyz に回転 $\Lambda_z(\phi)$ をほどこした O-XYz と K′ 系の座標軸 O′-$x'y'z'$ に同じ回転 $\Lambda_z(\phi)$ をほどこした O′-$X'Y'z'$ とは変換 $\Lambda_x(V)$ でつながっており，したがって X 軸と X' 軸とは平行だということである．Y 軸と Y' 軸，Z 軸と Z' 軸もそれぞれ平行である．それらの軸に共通の回転 $\Lambda_z(-\phi)$ をほどこして得る座標軸 O-xyz と O′-$x'y'z'$ とは平行であろう．“であろう”としかいえないのは，$\Lambda(-\phi)$ は走っている座標系に対しても“同じ”回転をあたえるかが，座標軸上の同時性が異なるために確言できないからである．これは，むしろ相互に走っている座標軸の平行性の定義と見るべきではないだろうか（章末問題［8］を参照）．

こうして，xy 平面内にある $\boldsymbol{V}$ の方向へのローレンツ変換はわかった．$\boldsymbol{V}$ が yz 平面内にある場合も同様にして扱うことができる．それらを合成すれば，任意の方向に向いている場合も扱える．$\boldsymbol{V} = (V_x, V_y, V_z)$ の場合を書いておけば[5)]

5)　C. メラー：“*The Theory of Relativity*” 2nd ed. Oxford (1972), p. 41

$$\Lambda(\boldsymbol{V})$$
$$= \begin{pmatrix} \gamma & -\gamma V_x/c & -\gamma V_y/c & -\gamma V_z/c^2 \\ -\gamma V_x/c & 1+(\gamma-1)V_x^2/V^2 & (\gamma-1)V_xV_y/V^2 & (\gamma-1)V_xV_z/V^2 \\ -\gamma V_y/c & (\gamma-1)V_yV_x/V^2 & 1+(\gamma-1)V_y^2/V^2 & (\gamma-1)V_yV_z/c^2 \\ -\gamma V_z/c & (\gamma-1)V_zV_x/V^2 & (\gamma-1)V_zV_y/V^2 & 1+(\gamma-1)V_z^2/V^2 \end{pmatrix} \tag{2.5.22}$$

となる．

2.5.4　$\boldsymbol{x}$ 軸方向へ，次いで $\boldsymbol{y}$ 軸方向へ

K 系から，まず x 軸方向に走る K′ 系にローレンツ変換し，次いで y 軸方向に走る K″ 系にローレンツ変換すると，K 系と K″ 系の座標軸の平行ということに関連して興味深い事態が現れる．これは，円運動する粒子に固着した座標系への変換をつくる一つの考え方であるが，電子のスピンの存在をめぐって歴史的に重要であったトーマス（Thomas）歳差運動につながるものである（次節）．

K 系から x 軸方向へ速度 $\boldsymbol{U}$ で走る K′ 系にローレンツ変換

$$\begin{pmatrix} ct' \\ x' \\ y' \\ z' \end{pmatrix} = \gamma(U)\begin{pmatrix} 1 & -U/c & 0 & 0 \\ -U/c & 1 & 0 & 0 \\ 0 & 0 & 1/\gamma(U) & 0 \\ 0 & 0 & 0 & 1/\gamma(U) \end{pmatrix}\begin{pmatrix} t \\ x \\ y \\ z \end{pmatrix}$$
$$\gamma(U) = \frac{1}{\sqrt{1-\left(\dfrac{U}{c}\right)^2}} \tag{2.5.23}$$

をし，続けて，y' 軸方向に速度 $\boldsymbol{V}$ で走る K″ 系にローレンツ変換

$$\begin{pmatrix} ct'' \\ x'' \\ y'' \\ z'' \end{pmatrix} = \gamma(V) \begin{pmatrix} 1 & 0 & -V/c & 0 \\ 0 & 1/\gamma(V) & 0 & 0 \\ -V/c & 0 & 1 & 0 \\ 0 & 0 & 0 & 1/\gamma(V) \end{pmatrix} \begin{pmatrix} t' \\ x' \\ y' \\ z' \end{pmatrix} \tag{2.5.24}$$

をすると，合わせて $\Lambda_y(V)\,\Lambda_x(U)$，すなわち

$$\begin{pmatrix} ct'' \\ x'' \\ y'' \\ z'' \end{pmatrix} = \gamma(V)\gamma(U)$$
$$\times \begin{pmatrix} 1 & -\dfrac{U}{c} & -\dfrac{V}{c}\sqrt{1-\left(\dfrac{U}{c}\right)^2} & 0 \\ -\dfrac{U}{c}\sqrt{1-\left(\dfrac{V}{c}\right)^2} & \sqrt{1-\left(\dfrac{V}{c}\right)^2} & 0 & 0 \\ -\dfrac{V}{c} & \dfrac{UV}{c^2} & \sqrt{1-\left(\dfrac{U}{c}\right)^2} & 0 \\ 0 & 0 & 0 & \dfrac{1}{\gamma(V)\gamma(U)} \end{pmatrix} \begin{pmatrix} ct \\ x \\ y \\ z \end{pmatrix} \tag{2.5.25}$$

となる．

この結果から，K″ 系の原点 O″: $(t'', 0, 0, 0)$ を K 系で見ると，(2.5.25) で $x''=0$ などとおいて

$$x_{O''} = Ut, \qquad y_{O''} = \sqrt{1-\left(\frac{U}{c}\right)^2}\ Vt, \qquad z_{O''} = 0 \tag{2.5.26}$$

にいることがわかる．

逆に，K 系の原点 O: $(t, 0, 0, 0)$ を K″ 系で見たらどうか．(2.5.25) で $x=0$ などとおいて $x'' = -Ut/\sqrt{1-(U/c)^2}$ などを出し，

$$t'' = \frac{t}{\sqrt{1-\left(\dfrac{U}{c}\right)^2}\sqrt{1-\left(\dfrac{V}{c}\right)^2}}$$

を考慮して

$$x''_{\mathrm{O}} = -\sqrt{1-\left(\frac{V}{c}\right)^2}\,Ut'', \qquad y''_{\mathrm{O}} = -\,Vt'', \qquad z''_{\mathrm{O}} = 0$$

を得る．

(2.5.26) から，K″ 系の原点 O″ を K 系から見ると，速度

$$\boldsymbol{W}_{\mathrm{O}''} = \left(U, \sqrt{1-\left(\frac{U}{c}\right)^2}\,V, 0\right) \tag{2.5.27}$$

で走っている．逆に，K 系の原点 O を K″ 系から見ると

$$\boldsymbol{W}''_{\mathrm{O}} = \left(-\sqrt{1-\left(\frac{V}{c}\right)^2}\,U, -\,V, 0\right) \tag{2.5.28}$$

で走っている．おや？

$$\boldsymbol{W}_{\mathrm{O}''} \neq -\,\boldsymbol{W}''_{\mathrm{O}} \tag{2.5.29}$$

だ！　この式は $O(V^2/c^2)$, $O(U^2/c^2)$ を無視すれば等号で成り立つ．等号にならないのは，相対論的な効果である．2 つのベクトル $\boldsymbol{W}_{\mathrm{O}''}$ と $\boldsymbol{W}''_{\mathrm{O}}$ は方向は違うが，大きさは同じである：

$$W_{\mathrm{O}''}^2 = W''^2_{\mathrm{O}} = U^2 + V^2 - \frac{U^2V^2}{c^2}. \tag{2.5.30}$$

これは座標系 K, K″ の座標軸が回転したことを意味している．$\boldsymbol{W}_{\mathrm{O}''}$ をどれだけ回転したら $-\,\boldsymbol{W}''_{\mathrm{O}}$ になるか，

$$-\,\boldsymbol{W}''_{\mathrm{O}} = \begin{pmatrix} \cos\phi & \sin\phi \\ -\sin\phi & \cos\phi \end{pmatrix} \boldsymbol{W}_{\mathrm{O}''} \tag{2.5.31}$$

となる ϕ をもとめてみよう．あからさまに書くと

$$\begin{aligned} \sqrt{1-\left(\frac{V}{c}\right)^2}\,U &= U\cos\phi + \sqrt{1-\left(\frac{U}{c}\right)^2}\,V\sin\phi \\ V &= -\,U\sin\phi + \sqrt{1-\left(\frac{U}{c}\right)^2}\,V\cos\phi \end{aligned} \tag{2.5.32}$$

であるから，$\cos\phi$, $\sin\phi$ について解けば

$$
\begin{aligned}
\cos\phi &= \frac{\sqrt{1-\left(\dfrac{V}{c}\right)^2}\,U^2+\sqrt{1-\left(\dfrac{U}{c}\right)^2}\,V^2}{W_0''^2} \\
\sin\phi &= \frac{UV\left(\sqrt{1-\left(\dfrac{U}{c}\right)^2}\sqrt{1-\left(\dfrac{V}{c}\right)^2}-1\right)}{W_0''^2}
\end{aligned}
\tag{2.5.33}
$$

が得られる．

そこで，K 系のベクトルを予めこの角度だけ回転するローレンツ変換をしておき，その上で速度 $-\boldsymbol{W}_0''$ のローレンツ変換をすれば，後者の変換は回転を含まないが，合成した変換は (2.5.25) と同じ変換になるだろう．勝手な方向への等速度運動のローレンツ変換は (2.5.14) にもとめてある．それを用いて回転と等速度運動の合成を書くと

$$
\begin{pmatrix}
\varGamma & -\varGamma\sqrt{1-\left(\dfrac{V}{c}\right)^2}\dfrac{U}{c} & -\varGamma\dfrac{V}{c} & 0 \\
-\varGamma\sqrt{1-\left(\dfrac{V}{c}\right)^2}\dfrac{U}{c} & 1+(\varGamma-1)\left\{1-\left(\dfrac{V}{c}\right)^2\right\}\dfrac{U^2}{W_0''^2} & (\varGamma-1)\sqrt{1-\left(\dfrac{V}{c}\right)^2}\dfrac{UV}{W_0''^2} & 0 \\
-\varGamma\dfrac{V}{c} & (\varGamma-1)\sqrt{1-\left(\dfrac{V}{c}\right)^2}\dfrac{UV}{W_0''^2} & 1+(\varGamma-1)\dfrac{V^2}{W_0''^2} & 0 \\
0 & 0 & 0 & 1
\end{pmatrix}
$$

$$
\times\begin{pmatrix}
1 & 0 & 0 & 0 \\
0 & \cos\phi & \sin\phi & 0 \\
0 & -\sin\phi & \cos\phi & 0 \\
0 & 0 & 0 & 1
\end{pmatrix}
$$

$$
\varGamma=\frac{1}{\sqrt{1-\left(\dfrac{W_0''}{c}\right)^2}}=\frac{1}{\sqrt{1-\left(\dfrac{U}{c}\right)^2}}\frac{1}{\sqrt{1-\left(\dfrac{V}{c}\right)^2}}
\tag{2.5.34}
$$

となる．この積の行列要素 $A_{\mu\nu}\,(\mu,\nu=0,1,2,3)$ のうち $A_{\mu0}$, $A_{3\nu}$ は計算するまでもなく，(2.5.25)の対応する要素に一致している．

他の要素 A_{kl} を一つ一つ計算しよう．(2.5.32)，(2.5.33)が助けになる．

$$A_{01} = -\frac{\Gamma\left\{\sqrt{1-\left(\frac{V}{c}\right)^2}\ U\cos\phi - V\sin\phi\right\}}{c} = -\frac{\Gamma U}{c},$$

$$A_{02} = -\frac{\Gamma\left\{\sqrt{1-\left(\frac{V}{c}\right)^2}\ U\sin\phi + V\cos\phi\right\}}{c} = -\frac{\Gamma\sqrt{1-\left(\frac{U}{c}\right)^2}\ V}{c},$$

$$A_{03} = 0,$$

$$A_{11}$$

$$= \cos\phi + (\Gamma-1)\sqrt{1-\left(\frac{V}{c}\right)^2}\ U\left\{\sqrt{1-\left(\frac{V}{c}\right)^2}\ U\cos\phi - V\sin\phi\right\}\frac{1}{W_0''^2}$$

$$= \frac{1}{W_0''^2}\left\{\sqrt{1-\left(\frac{V}{c}\right)^2}\,U^2 + \sqrt{1-\left(\frac{U}{c}\right)^2}\ V^2 + (\Gamma-1)\sqrt{1-\left(\frac{V}{c}\right)^2}\ U^2\right\}$$

$$= \frac{1}{W_0''^2}\frac{1}{\sqrt{1-\left(\frac{U}{c}\right)^2}}\left[\left\{1-\left(\frac{U}{c}\right)^2\right\}V^2 + U^2\right]$$

$$= \frac{1}{\sqrt{1-\left(\frac{U}{c}\right)^2}}$$

$$= \Gamma\sqrt{1-\left(\frac{V}{c}\right)^2}$$

$$A_{12}$$

$$= \sin\phi + (\Gamma-1)\sqrt{1-\left(\frac{V}{c}\right)^2}\,U\left\{\sqrt{1-\left(\frac{V}{c}\right)^2}\ U\sin\phi + V\cos\phi\right\}\frac{1}{W_0''^2}$$

$$= \left[UV\left\{\sqrt{1-\left(\frac{U}{c}\right)^2}\sqrt{1-\left(\frac{V}{c}\right)^2} - 1\right\}\right.$$

$$\left. + (\Gamma-1)\sqrt{1-\left(\frac{V}{c}\right)^2}\ U\sqrt{1-\left(\frac{U}{c}\right)^2}\ V\right]\frac{1}{W_0''^2}$$

$$= 0$$

$$A_{13} = 0$$

$$A_{21} = -\sin\phi + (\Gamma-1)\,V\left\{\sqrt{1-\left(\frac{V}{c}\right)^2}\ U\cos\phi - V\sin\phi\right\}\frac{1}{W_0''^2}$$

$$= \left[-UV\left(\sqrt{1-\left(\frac{U}{c}\right)^2}\sqrt{1-\left(\frac{V}{c}\right)^2} - 1\right) + (\Gamma-1)UV\right]\frac{1}{W_0''^2}$$

$$= (\Gamma - 1)UV\left(\frac{1}{\Gamma} + 1\right)\frac{1}{W_0''^2}$$

$$= \frac{\Gamma UV}{c^2}$$

$$A_{22} = \cos\phi + (\Gamma - 1)V\left\{\sqrt{1 - \left(\frac{V}{c}\right)^2}\,U\sin\phi + V\cos\phi\right\}\frac{1}{W_0''^2}$$

$$= \left[\sqrt{1 - \left(\frac{V}{c}\right)^2}\,U^2 + \sqrt{1 - \left(\frac{U}{c}\right)^2}\,V^2 + (\Gamma - 1)\sqrt{1 - \left(\frac{U}{c}\right)^2}\,V^2\right]\frac{1}{W_0''^2}$$

$$= \Gamma\sqrt{1 - \left(\frac{U}{c}\right)^2}\left[\left\{1 - \left(\frac{V}{c}\right)^2\right\}U^2 + V^2\right]\frac{1}{W_0''^2}$$

$$= \Gamma\sqrt{1 - \left(\frac{U}{c}\right)^2}.$$

この結果は，確かに（2.5.25）に一致している．

§2.6　トーマス歳差

原子核のまわりに等速円運動する電子は，ある瞬間に速度をもつと同時に，それに垂直に原子核に向かう加速度をもつ．電子に固着した座標系をとると，それは実験室（慣性系）に固着した座標系（実験室系）から見てある速度をもち，それに垂直に加速されている．すると，電子に固着した座標系は実験室系に対して回転（2.5.33）をする．これが前節で見た事実である．電子が原子核のまわりに公転を続けると，電子に固着した座標系は回転を続けることになる．

電子はスピンとよばれる自転角運動量をもっている．電荷が自転すると回転電流が生じて，まわりに磁場をつくる．いいかえれば，電荷が自転すると磁石になる．すなわち，磁気モーメントをもつ．これに外部から磁場をかけると，磁石は力のモーメントを受けて歳差運動（首振り運動）をする（2-15図）．実は，電子が原子核のまわりを公転すると，電子から見れば原子核が電子のまわりを公転していることになり，電子の位置に磁場をつくる．この磁場と外部磁場との和が電子の歳差運動をおこすのである．

ところが，実験から（外部磁場）＋（1/2)（原子核による磁場）に相当する

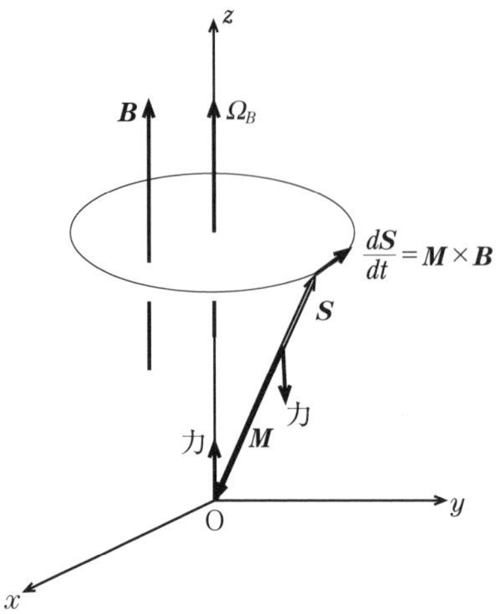

2-15図　電子スピンの歳差運動．電子の磁気モーメント $\boldsymbol{M}$ には $\boldsymbol{M} \times \boldsymbol{B}$（磁束密度）の力のモーメントがはたらく．それが角運動量 $\boldsymbol{S}$ の時間変化を引きおこす．

歳差運動しかおこらないことがわかり，何故1/2かが大問題になった．[6)]

ここで，電子に固着した座標系の，電子の加速度運動に起因する回転運動がものをいったのである．それを説明しよう．

電子が原子核の周りを速度 $\boldsymbol{U}$ で運動している瞬間 t を考える．その方向に x' 軸をとり，電子は K′ 系の原点 O′ に静止しているとしよう．それを実験室の K 系から見ると——K 系の x 軸は K′ 系のそれと重なっているとして——速度

$$\boldsymbol{W}_{\mathrm{O'}}(t) = (U, 0, 0) \tag{2.6.1}$$

に見える．原子核が y 軸方向にあれば，時間 Δt 後には K′ 系は y' 軸方向に ΔV だけ加速されて K″ 系となり，その原点 O″ にいる電子を K 系から見ると，速度は（2.5.27）により

$$\boldsymbol{W}_{\mathrm{O''}}(t + \Delta t) = \left(U, \sqrt{1 - \left(\frac{U}{c}\right)^2}\,\Delta V, 0\right) \tag{2.6.2}$$

に見える．Δt の間の電子の速度変化は y 軸方向に $\sqrt{1-(U/c)^2}\,\Delta V$ だから，電子の加速度 $\boldsymbol{a}$ は

6)　これについては朝永の解説が興味深い．朝永振一郎著：『スピンはめぐる』（みすず書房，2008，第2話と第11話）

$$\boldsymbol{a} = \left(0, \sqrt{1-\left(\frac{U}{c}\right)^2}\,\frac{\varDelta V}{\varDelta t}, 0\right) \tag{2.6.3}$$

である．

この電子に固着している座標系 K″ は，K系 から見て（2.5.33）の角 $\varDelta\phi$ だけ z 軸のまわりに回転している．

$$\varDelta\phi = \left\{\sqrt{1-\left(\frac{U}{c}\right)^2} - 1\right\}\frac{\varDelta V}{U} \tag{2.6.4}$$

回転の角速度は

$$\varOmega_{\mathrm{Th}} = \frac{\varDelta\phi}{\varDelta t} = -\left\{\frac{1}{\sqrt{1-\left(\frac{U}{c}\right)^2}} - 1\right\}\frac{a}{U} \tag{2.6.5}$$

となる．これを**トーマスの角速度**（Thomas angular velocity）とよぶ．原子の中の電子の速さ U は，重い原子を別にすれば光速よりはるかに小さいので

$$\varOmega_{\mathrm{Th}} = -\frac{U}{2c^2}\,a \tag{2.6.6}$$

としてよい．これは z 軸まわりの回転であり，U は x 軸方向，a は y 軸方向を向いているから，ベクトル式に

$$\boldsymbol{\varOmega}_{\mathrm{Th}} = -\frac{1}{2c^2}\,\boldsymbol{U}\times\boldsymbol{a} \tag{2.6.7}$$

と書くことができる．

原子核が電子の位置につくる電場を $\boldsymbol{E}_{\mathrm{N}}$ とすれば，電子の電荷を $-e$，質量を m として，非相対論的には

$$\boldsymbol{a} = -\frac{e}{m}\,\boldsymbol{E}_{\mathrm{N}}$$

が成り立つから

$$\boldsymbol{\varOmega}_{\mathrm{Th}} = \frac{e}{2mc^2}\,\boldsymbol{U}\times\boldsymbol{E}_{\mathrm{N}}$$

と書ける．ところが，電子から見ると原子核が速度 $-\boldsymbol{U}$ で走り，電子の位置に，後出の（4.2.3）によって

$$\boldsymbol{B}_{\mathrm{N}} = -\frac{\boldsymbol{U}}{c^2} \times \boldsymbol{E}_{\mathrm{N}}$$

の磁場をつくる．これを用いれば

$$\boldsymbol{\Omega}_{\mathrm{Th}} = -\frac{e}{2m}\boldsymbol{B}_{\mathrm{N}} \tag{2.6.8}$$

となる．

電子は固有角運動量（スピン）$\boldsymbol{S}$ をもって自転しているが，電子は電荷 $-e$ をもっているので，自転すると磁気モーメント

$$\boldsymbol{M} = -\frac{e}{m}\boldsymbol{S} \tag{2.6.9}$$

をもつ（第4章の章末問題［5］，［6］を参照）．[7] これに外部磁場 $\boldsymbol{B}$ をかけると，スピンは

$$\frac{d\boldsymbol{S}}{dt} = \boldsymbol{M} \times (\boldsymbol{B} + \boldsymbol{B}_{\mathrm{N}}) = \frac{M}{S}\boldsymbol{S} \times (\boldsymbol{B} + \boldsymbol{B}_{\mathrm{N}}) \tag{2.6.10}$$

の歳差運動をする（2-15図）．歳差運動の角速度を $\boldsymbol{\Omega}_B$ とすれば

$$\frac{d\boldsymbol{S}}{dt} = \boldsymbol{\Omega}_B \times \boldsymbol{S}$$

となるから，(2.6.10) と比較して

$$\boldsymbol{\Omega}_B = -\frac{M}{S}(\boldsymbol{B} + \boldsymbol{B}_{\mathrm{N}}) = \frac{e}{m}(\boldsymbol{B} + \boldsymbol{B}_{\mathrm{N}}) \tag{2.6.11}$$

を得る．ここで (2.6.9) を用いた．

しかし，電子の座標系は (2.6.8) によれば角速度 $\boldsymbol{\Omega}_{\mathrm{Th}}$ で回転しているので，実験室系 K の観測者には歳差運動の角速度は

$$\boldsymbol{\Omega}_{\mathrm{lab}} = \boldsymbol{\Omega}_B + \boldsymbol{\Omega}_{\mathrm{Th}} \tag{2.6.12}$$

に見える．(2.6.8) と (2.6.11) を合わせて

---

7) ディラックの相対論的量子力学の方程式によれば，電子は

$$\text{スピン}\quad S = \frac{\hbar}{2} \quad \text{と} \quad \text{磁気モーメント}\quad g\frac{eS}{2m} = \frac{g}{2}\frac{e\hbar}{2m} \qquad (g = 2)$$

をもつ．実験によれば，

$$\frac{g}{2} = 1.001\,159\,652\,180\,86(76)$$

である（G. Gabrielse, *et al.*: Phys. Rev. Lett. **97** (2006) 030802）．$g/2 = 1$ との差は電子と光子および他の素粒子との相互作用による．

$$\boldsymbol{\Omega}_{\rm lab} = \frac{e}{m}(\boldsymbol{B} + \boldsymbol{B}_{\rm N}) - \frac{e}{2m}\boldsymbol{B}_{\rm N}$$

となる．すなわち

$$\boldsymbol{\Omega}_{\rm lab} = \frac{e}{m}\boldsymbol{B} + \frac{e}{2m}\boldsymbol{B}_{\rm N} \tag{2.6.13}$$

となる．御覧のとおり，原子核のつくる磁場は外部磁場の1/2倍の効果しかもたない．この1/2を**トーマス因子**（Thomas factor）という．

1925年にウーレンベック（G. E. Uhlenbeck）とハウトスミット（S. A. Goudsmit）が電子は自転しているという考えを出したが，原子核のつくる磁場の効果について，この因子1/2が実験的に見出されており，大きな謎とされた．これは前にも述べたが，これが大きな理由の一つとなって彼らの考えは疑問とされたのである．それをトーマスが1927年に，ここに説明したような相対論的な効果として解決したのである．[8)]

ここでは電子のスピンを古典力学で扱ったが，もちろん量子力学によらなければならない（これについても朝永の解説[6)]を参照）．

章 末 問 題

［**1**］ 台車の一端Aに発光器があり，他端Bに受光器がある．台車はK系に対して $\overrightarrow{\rm AB}$ の方向に等速 V で走っている．

（a） K系で見て，時刻 $t_0 = 0$ に発光器を出た光が受光器に着く時刻 t_1 をもとめよ．そのとき受光器はどこにきているか？

（b） ローレンツ変換によって，台車の静止系K′で見て，光が発光器を出た時刻 t_0'，受光器に着いた時刻 t_1' をもとめ，K′系で見た光速を計算せよ．

［**2**］ 速さ V で流れる水の中で，流れの向きに走る光の速さを測ると，静止している水の中で測った値 c/n とちがう値になるか？ n は水の屈折率（ほぼ1.33）

8) L. H. トーマス：On the Kinematics of an Electron with an Axis, *Philosophical Magazine* **3** (1927) 1-22

である．

［3］ 平面鏡が，その法線は x 軸と角 α をなして x 軸と平行に速度 $-\boldsymbol{V}$ で走っている．光が x 軸と平行に入射したら，どの方向に反射されるか？ 光の波数ベクトルのローレンツ変換を用いて答えよ．

［4］ ミンコフスキー空間の図（2－9図）では x 軸と ct 軸を直交するようにとり，系 K：O-$x\,ct$ の x 軸方向に速度 $\boldsymbol{V}$ で動く座標系を O′-$x'\,ct'$ としている．x' 軸は $ct = (V/c)x$ であり，ct' 軸は $x = (V/c)ct$ である．x' 軸，ct' 軸の目盛りは双曲線 $x^2 - (ct)^2 = \pm(n\,\mathrm{m})^2$ と各軸との交点に $n\,\mathrm{m}$ とつける．

（a） x' 軸，ct' 軸の目盛が等間隔になることを示せ．

（b） この目盛りによれば，K：O-$x\,ct$ 系に固着した棒を O′-$x'\,ct'$ 系で見るとローレンツ収縮して見えることを示せ．

［5］ ミンコフスキー空間の図を前問と同じにとる．O-$x\,ct$ 系で速さ V で走る棒を見ると，ローレンツ収縮して見えることを説明せよ．

［6］ ミンコフスキー空間の図を前問と同じにとる．点 P の O-$x\,ct$ 軸による座標を (x, ct_1) とするとき，その点の O-$x'\,ct'$ 軸による座標をもとめよ．

［7］ O-$x\,ct$ 系における調和振動 $x = A\sin\omega t$ を，O-$x\,ct$ 系に対して速度 $\boldsymbol{V}$ で動く座標系から見たらどう見えるか？ O-$x\,ct$ 系を直角座標系とするミンコフスキー空間の図を用いて作図し，O-$x'\,ct'$ 系にできた運動の図を直角座標系に描き直せ．

［8］ 座標系 $\overline{\mathrm{K}}$：$\overline{\mathrm{O}}$-$\bar{x}^0\bar{x}^1\bar{x}^2\bar{x}^3$ から，対応する座標軸を平行にし $\bar{x}^1$ 軸と $\bar{x}^{1\prime}$ 軸を重ねて x^1 方向に速度 $\boldsymbol{V}$ で走る座標系 $\overline{\mathrm{K}}'$：$\overline{\mathrm{O}}'$-$\bar{x}^{0\prime}\bar{x}^{1\prime}\bar{x}^{2\prime}\bar{x}^{3\prime}$ へのローレンツ変換を Λ とする．このとき $\overline{\mathrm{K}}$ 系におけるベクトル $\bar{\boldsymbol{a}} = (\bar{a}^1, \bar{a}^2, \bar{a}^3)$ と $\overline{\mathrm{K}}'$ 系におけるベクトル $\bar{\boldsymbol{a}}' = (\bar{a}^{1\prime}, \bar{a}^{2\prime}, \bar{a}^{3\prime})$ とは

$$\bar{a}^1 : \bar{a}^2 : \bar{a}^3 = \bar{a}^{1\prime} : \bar{a}^{2\prime} : \bar{a}^{3\prime} \qquad \text{(P.2.1)}$$

であるとき**準平行**[9]であるという．一般のローレンツ変換

$$(x^0, x^1, x^2, x^3) \mapsto (x^{0\prime}, x^{1\prime}, x^{2\prime}, x^{3\prime})$$

のうち対応する空間軸が互いに準平行であるものは**非回転性**であると定義する．

9） 次に述べるローレンツ変換の回転性，非回転性の定義とともに，朝永振一郎が『スピンはめぐる』（みすず書房，2008 年）において導入した．

正確にいうと次のようになる．K 系に空間回転$(x^1, x^2, x^3) \mapsto (\bar{x}^1, \bar{x}^2, \bar{x}^3)$をして$\bar{x}^1$軸を $\boldsymbol{V}$ の方向に一致させ，続いて速度 $\boldsymbol{V}$ で走る座標系$\overline{\mathrm{K}}$：$(\bar{x}^{0\prime}, \bar{x}^{1\prime}, \bar{x}^{2\prime}, \bar{x}^{3\prime})$にローレンツ変換$\Lambda\bar{x}(V)$し，さらに空間回転をして K′系：$(x^{0\prime}, x^{1\prime}, x^{2\prime}, x^{3\prime})$に移ることによりあたえられた変換$\Lambda$を実現するとしたとき，ローレンツ変換$\Lambda\bar{x}(V)$によって K 系の空間座標軸と K′系の空間座標軸が準平行なときに，変換Λは非回転性であるというのである．

（a） 非回転性のローレンツ変換においては

$$\bar{x}^k = \mathsf{R}_{kl}x^l, \qquad \bar{x}^{k\prime} = \mathsf{R}_{kl}x^{l\prime} \tag{P.2.2}$$

のような空間回転の行列 R が存在することを示せ．ただし，一つの項の中に2度くり返して現れるローマン・アルファベット文字については1から3にわたって和をとるものとする（もしギリシャ文字なら0から3にわたって和をとる）．

（b） 特に R が x^3軸まわりの回転であれば，非回転性ローレンツ変換$(x^0, x^1, x^2, x^3) \mapsto (x^{0\prime}, x^{1\prime}, x^{2\prime}, x^{3\prime})$は（2.5.13）の形になることを示せ．

［**9**］ **回転性**（rotational）のローレンツ変換は，前問の解の(S.2.2)が

$$\begin{pmatrix} t' \\ \boldsymbol{x}' \end{pmatrix} = \begin{pmatrix} 1 & 0 \\ 0 & (\mathsf{R}'')^{-1} \end{pmatrix} \Lambda\bar{x}(V) \begin{pmatrix} 1 & 0 \\ 0 & \mathsf{R}' \end{pmatrix} \begin{pmatrix} t \\ \boldsymbol{x} \end{pmatrix} \qquad (\mathsf{R}' \neq \mathsf{R}'') \tag{P.2.3}$$

となる場合である．§2.5.4 で考えた$\Lambda_y(V)\Lambda_x(U)$をこの形にしたときの$\mathsf{R}', \mathsf{R}''$を決定せよ．

3 相対論的力学

相対性理論の世界でも，その速さが光速に比べて非常に小さい粒子に対してはニュートン力学が成り立つ．その粒子を，ローレンツ変換によって，速く走る座標系から見ることで，速く走る粒子の力学法則が得られる．そうして導いた粒子の運動方程式はどんなローレンツ変換しても形が変わらない（方程式の共変性）．ローレンツ変換が群をなすからだ．互いに等速度運動するすべての座標系で法則が同じ形で成り立つというのが相対性理論の基本要請である．これを，この力学はみたしている．

この研究から，粒子のエネルギーが増すとき，それに比例して，慣性質量も増すことが出てくる．このエネルギーは力学的なものにかぎらない．どんなエネルギーも質量と同じものなのだ．エネルギーと質量の保存則は，ここで統一される．

§3.1 速度と加速度

3.1.1 速度の変換

K 系 O-xyz に対して，K′ 系 O′-$x'y'z'$ が x 軸方向に速度 $\boldsymbol{V}$ で動いているとする．両方の座標軸は $t = t' = 0$ には一致していた（3-1 図）．このとき，事象 P の 2 つの座標の間にはローレンツ変換（2.1.24）

$$
\begin{aligned}
t' &= \gamma\left(t - \frac{V}{c^2}x\right) \\
x' &= \gamma(x - Vt) \qquad \left(\gamma = \frac{1}{\sqrt{1-\left(\frac{V}{c}\right)^2}}\right) \\
y' &= y \\
z' &= z
\end{aligned}
\tag{3.1.1}
$$

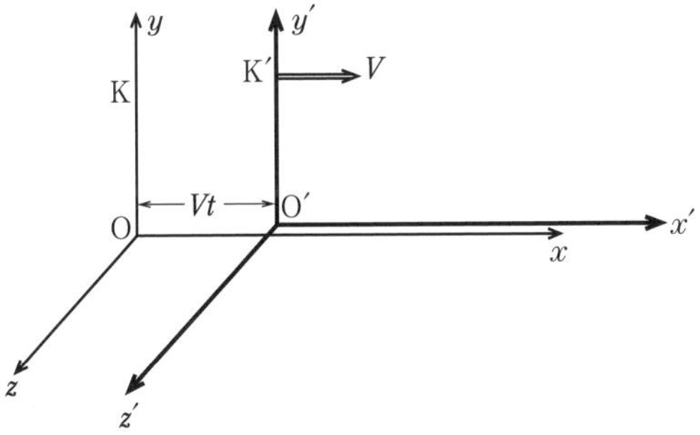

3-1図　K系に対して運動するK′系

が成り立つ．

いま，K系で見て

$$\boldsymbol{r}(t) = \big(x(t), y(t), z(t)\big) \tag{3.1.2}$$

のように運動する点 m_0 があるとしよう．その速度は

$$\big(v_x(t), v_y(t), v_z(t)\big) = \left(\frac{dx(t)}{dt}, \frac{dy(t)}{dt}, \frac{dz(t)}{dt}\right) \tag{3.1.3}$$

である．これをK′系から見たらどんな速度に見えるだろうか？　それを調べるには，(3.1.1) の各式を t で微分して

$$\frac{dt'}{dt} = \gamma\left(1 - \frac{V}{c^2}\frac{dx}{dt}\right), \quad \frac{dx'}{dt} = \gamma\left(\frac{dx}{dt} - V\right), \quad \frac{dy'}{dt} = \frac{dy}{dt}, \quad \frac{dz'}{dt} = \frac{dz}{dt} \tag{3.1.4}$$

とし，dx'/dt を dt'/dt で割って

$$v'_x = \frac{dx'}{dt'} = \frac{\dfrac{dx}{dt} - V}{1 - \dfrac{V}{c^2}\dfrac{dx}{dt}} = \frac{v_x - V}{1 - \dfrac{Vv_x}{c^2}}$$

とする．同様に

$$v'_y = \frac{dy'}{dt'} = \frac{\dfrac{dy}{dt}}{\gamma\left(1 - \dfrac{V}{c^2}\dfrac{dx}{dt}\right)} = \frac{1}{\gamma}\frac{v_y}{1 - \dfrac{Vv_x}{c^2}}$$

$v'_z = dz'/dt'$ も同様に計算されるから，まとめて

$$\left.\begin{matrix} v'_x \\ v'_y \\ v'_z \end{matrix}\right\} = \frac{1}{1 - \dfrac{Vv_x}{c^2}} \times \left\{\begin{matrix} v_x - V \\ \dfrac{v_y}{\gamma} \\ \dfrac{v_z}{\gamma} \end{matrix}\right. \tag{3.1.5}$$

を得る．これが，K 系で速度 $\boldsymbol{v}$ で走る m_0 を K′ 系から見たときの速度 $\boldsymbol{v}'$ をあたえる．(3.1.5) は**速度の変換則**（transformation law）である．

この式を $\boldsymbol{v}$ について解こう．第 1 行を v_x について解いて

$$v_x = \frac{v'_x + V}{1 + \dfrac{Vv'_x}{c^2}}.$$

これを用いて

$$1 - \frac{Vv_x}{c^2} = \frac{1 - \dfrac{V^2}{c^2}}{1 + \dfrac{Vv'_x}{c^2}} \tag{3.1.6}$$

を出し，(3.1.5) の第 2, 3 行に代入する．結果をまとめると，

$$\left.\begin{matrix} v_x \\ v_y \\ v_z \end{matrix}\right\} = \frac{1}{1 + \dfrac{Vv'_x}{c^2}} \times \left\{\begin{matrix} v'_x + V \\ \dfrac{v'_y}{\gamma} \\ \dfrac{v'_z}{\gamma} \end{matrix}\right. \tag{3.1.7}$$

となる．これも速度の変換則であるが，電車の中（K′ 系）で駆け足をしている慌て者を地上（K 系）から見たら，どれだけの速度に見えるか，という問いに答えるもので**速度の加法定理**（addition theorem）ともよばれる．特に，$|V|, |v'_x| \ll c$ の場合には (3.1.7) は

$$v_x = v'_x + V, \qquad v_y = v'_y, \qquad v_z = v'_z$$

となる．これは，日常の常識的な速度の加法定理である．

(3.1.6) も美しい恒等式であるが，もう一つ，後で重要になる恒等式を証明しておこう．(3.1.5) から

$$1-\left(\frac{v'_x}{c}\right)^2=\frac{1}{\left(1-\dfrac{Vv_x}{c^2}\right)^2}\left[\left(1-\frac{Vv_x}{c^2}\right)^2-\left(\frac{v_x}{c}-\frac{V}{c}\right)^2\right]$$

となるが,

$$[\cdots]=1+\frac{V^2v_x^2}{c^4}-\frac{v_x^2}{c^2}-\frac{V^2}{c^2}=\left[1-\left(\frac{v_x}{c}\right)^2\right]\cdot\left[1-\left(\frac{V}{c}\right)^2\right]$$

であるから

$$1-\left(\frac{v'_x}{c}\right)^2=\frac{1-\left(\dfrac{V}{c}\right)^2}{\left(1-\dfrac{Vv_x}{c^2}\right)^2}\left[1-\left(\frac{v_x}{c}\right)^2\right] \tag{3.1.8}$$

が得られる．これから，(3.1.5) から得られる

$$\left(\frac{v'_y}{c}\right)^2+\left(\frac{v'_z}{c}\right)^2=\left[1-\left(\frac{V}{c}\right)^2\right]\frac{\left(\dfrac{v_y}{c}\right)^2+\left(\dfrac{v_z}{c}\right)^2}{\left(1-\dfrac{Vv_x}{c^2}\right)^2}$$

を辺々引けば

$$1-\left(\frac{v'}{c}\right)^2=\frac{1-\left(\dfrac{V}{c}\right)^2}{\left(1-\dfrac{Vv_x}{c^2}\right)^2}\left[1-\left(\frac{v}{c}\right)^2\right] \tag{3.1.9}$$

も得られる．

この式から

$$|\boldsymbol{v}|<c \iff |\boldsymbol{v}'|<c \tag{3.1.10}$$

がわかる．もちろん，$|\boldsymbol{V}|<c$ としている．動く座標系から見ても，点 m_0 の動く速さは決して光速を超えないのである．座標系の動く速さをきめておけば

$$|\boldsymbol{v}|\to c \iff |\boldsymbol{v}'|\to c \tag{3.1.11}$$

となる．座標系を速く動かせば

$$|\boldsymbol{V}|\to c \iff |\boldsymbol{v}'|\to c \tag{3.1.12}$$

となるのである．

3.1.2 4元速度

(3.1.4) から (あるいは (3.1.1) の両辺の微分をとった式から)

$$(c\ dt')^2-(dx')^2-(dy')^2-(dz')^2=(c\ dt)^2-(dx)^2-(dy)^2-(dz)^2 \tag{3.1.13}$$

が得られることに注意しよう．これから

$$\left[1-\frac{1}{c^2}\left\{\left(\frac{dx'}{dt'}\right)^2+\left(\frac{dy'}{dt'}\right)^2+\left(\frac{dz'}{dt'}\right)^2\right\}\right](dt')^2$$
$$=\left[1-\frac{1}{c^2}\left\{\left(\frac{dx}{dt}\right)^2+\left(\frac{dy}{dt}\right)^2+\left(\frac{dz}{dt}\right)^2\right\}\right](dt)^2$$

が出るから

$$\sqrt{1-\left(\frac{v'}{c}\right)^2}\,dt'=\sqrt{1-\left(\frac{v}{c}\right)^2}\,dt \qquad (=:\ ds) \tag{3.1.14}$$

が得られる．左辺と右辺の値が等しいことからわかるように，この量はローレンツ変換しても値が変わらないので**ローレンツ不変** (Lorentz invariant) であるといわれる．

また，同じくローレンツ不変な

$$s=\int^t\sqrt{1-\left(\frac{v(t')}{c}\right)^2}\,dt' \tag{3.1.15}$$

を速さ $v(t)$ で運動する粒子の**固有時** (proper time) という．

(3.1.5) を (3.1.9) の平方根で辺々割れば，まず

$$\frac{v'_x}{\sqrt{1-\left(\frac{v'}{c}\right)^2}}=\gamma\left\{\frac{v_x}{\sqrt{1-\left(\frac{v}{c}\right)^2}}-\frac{V}{c}\frac{c}{\sqrt{1-\left(\frac{v}{c}\right)^2}}\right\}$$

が得られる．ここで

$$\left.\begin{matrix}u^0\\u_x\\u_y\\u_z\end{matrix}\right\}=\frac{1}{\sqrt{1-\left(\frac{v}{c}\right)^2}}\times\left\{\begin{matrix}c\\v_x\\v_y\\v_z\end{matrix}\right. \tag{3.1.16}$$

とおき，K′ 系の ′ がついた量を同様に定義すれば

$$
\begin{aligned}
u^{0\prime} &= \gamma\,(u^0 - \beta u_x)\\
u'_x &= \gamma\,(u_x - \beta u^0)\\
u'_y &= u_y\\
u'_z &= u_z
\end{aligned}
\tag{3.1.17}
$$

の成り立つことがわかる．(u^0, u_x, u_y, u_z) は，(ct, x, y, z) と同様にローレンツ変換されるのである．このことは，(3.1.16) が

$$
\left.\begin{matrix} u^0 \\ u_x \\ u_y \\ u_z \end{matrix}\right\} = \frac{d}{\sqrt{1-\left(\dfrac{v}{c}\right)^2}\,dt} \times \left\{\begin{matrix} ct \\ x \\ y \\ z \end{matrix}\right.
\tag{3.1.18}
$$

と書けることに注意すれば，一般のローレンツ変換に対して正しいことがわかる．(3.1.14) が示すとおり $ds = \sqrt{1-(v/c)^2}\,dt$ はローレンツ変換しても値を変えないので，(3.1.18) はローレンツ変換において (ct, x, y, z) と同様に変換されるからである．

(ct, x, y, z) と同様にローレンツ変換される 4 成分の量を 4 元ベクトルというのだった（§2.3.3 を参照）．(3.1.16) も 4 元ベクトルであって **4 元速度** (4-velocity) とよばれる．(ct, x, y, z) を x^μ と書き，4 元速度 (3.1.18) を

$$
u^\mu = \frac{dx^\mu}{ds} \qquad (\mu = 0, 1, 2, 3) \tag{3.1.19}
$$

と書く．今後，一般にギリシャ文字の添字は 0,1,2,3 を動き，第 0 成分は時間成分を表わすものと約束する．

3.1.3　ベクトルとスカラー

ローレンツ変換において (ct, x, y, z) と同じ変換を受ける **4 元ベクトル**に対して，(3.1.13) や (3.1.14) のようにローレンツ変換しても値が変わらない量は**スカラー** (scalar) とよばれる．4 元ベクトル $u^\mu = dx^\mu/ds$ は (3.1.13) が $(c\,ds)^2$ に等しいことから

$$
(u^0)^2 - (u^1)^2 - (u^2)^2 - (u^3)^2 = c^2 \tag{3.1.20}
$$

をみたす．これはスカラーである．そのことは，いまの場合 c^2 に等しいことからも明らかであるが，(3.1.17) を用いて確かめればスカラーになるのは4元ベクトル一般の性質であることがわかる．

もちろん，$x^\mu = (ct, x, y, z)$ も4元ベクトルであり，$dx^\mu = (c\,dt, dx, dy, dz)$ もそうである．したがって，

$$(c\,dt)^2 - (dx)^2 - (dy)^2 - (dz)^2$$

はスカラーであって，その平方根

$$c\,dt\sqrt{1 - \frac{(dx)^2 + (dy)^2 + (dz)^2}{(c\,dt)^2}} = c\,dt\sqrt{1 - \left(\frac{v}{c}\right)^2} \tag{3.1.21}$$

もスカラーである．c で割った $ds = dt\sqrt{1-(v/c)^2}$ もスカラーである．

4元ベクトルをスカラーで割っても4元ベクトルであることは変わらない．そこで，4元ベクトル $(c\,dt, dx, dy, dz)$ をスカラー ds で割れば $u^\mu = dx^\mu/ds$ が4元ベクトルであることは直ちにわかる（すぐ上にいったことのくり返しだが）．

もう一つ約束をしよう．(ct, x, y, z) と同じ変換を受ける4成分の量 A^μ をときに**反変ベクトル**（contravariant vector）とよび，また $(ct, -x, -y, -z)$ と同じ変換を受ける4成分の量を**共変ベクトル**（covariant vector）とよんで，添字を下に付けて B_μ のように記す．こうすると

$$A^\mu B_\mu = A^0B_0 - A^1B_1 - A^2B_2 - A^3B_3 \quad : \quad \text{スカラー} \tag{3.1.22}$$

となる．左辺では，1つの項に上付き・下付きと2度くり返して現れるギリシャ文字の添字については0から3にわたって和をとるという**アインシュタインの規約**を用いた．なお，スカラー積 (3.1.22) を簡略に AB とも書く．

4元ベクトル A^μ に対して $A^\mu A_\mu$ はローレンツ不変だから，$A^\mu A_\mu$ の符号ももちろんローレンツ不変であって，観測者によらないベクトル A^μ の内在的な性質といえる．そこで

$$A^\mu A_\mu \begin{cases} > 0 & \text{時間的（time - like）} \\ = 0 & \text{光的（light - like）} \\ < 0 & \text{空間的（space - like）} \end{cases} \tag{3.1.23}$$

という．質点の速度の 4 元ベクトルは（3.1.20）により時間的である．光の波の波数ベクトル k^μ は（2.3.22）により光的である．

3.1.4　加速度の変換

（3.1.5）を t で微分し，（3.1.4）から得られる

$$\frac{dt'}{dt} = \gamma\left(1 - \frac{Vv_x}{c^2}\right) \tag{3.1.24}$$

で割れば

$$\begin{aligned} \frac{dv'_x}{dt'} &= \frac{1}{\gamma}\left\{\frac{1}{\left(1-\dfrac{Vv_x}{c^2}\right)^2} + \frac{v_x - V}{\left(1-\dfrac{Vv_x}{c^2}\right)^3}\frac{V}{c^2}\right\}\frac{dv_x}{dt} \\ &= \frac{1}{\gamma}\frac{1-\left(\dfrac{V}{c}\right)^2}{\left(1-\dfrac{Vv_x}{c^2}\right)^3}\frac{dv_x}{dt} \\ \frac{dv'_y}{dt'} &= \frac{1}{\gamma^2}\left\{\frac{1}{\left(1-\dfrac{Vv_x}{c^2}\right)^2}\frac{dv_y}{dt} + \frac{v_y}{\left(1-\dfrac{Vv_x}{c^2}\right)^3}\frac{V}{c^2}\frac{dv_x}{dt}\right\} \\ \frac{dv'_z}{dt'} &= \frac{1}{\gamma^2}\left\{\frac{1}{\left(1-\dfrac{Vv_x}{c^2}\right)^2}\frac{dv_z}{dt} + \frac{v_z}{\left(1-\dfrac{Vv_x}{c^2}\right)^3}\frac{V}{c^2}\frac{dv_x}{dt}\right\} \end{aligned} \tag{3.1.25}$$

となる．これが加速度の変換則である．

3.1.5　4 元加速度

（3.1.25）の変換は，あまりきれいではない．ローレンツ変換で 4 元ベクトルとして変換するのは，（3.1.17）の 4 元速度 u からつくった 4 元加速度

$$\alpha^{\mu} = \frac{du^{\mu}}{ds} = \frac{du^{\mu}}{dt}\frac{dt}{ds}$$

$$= \frac{1}{\sqrt{1-\left(\frac{v}{c}\right)^2}}\frac{d}{dt}\frac{1}{\sqrt{1-\left(\frac{v}{c}\right)^2}} \times \begin{cases} c \\ \dfrac{d}{dt}x^k \end{cases} \tag{3.1.26}$$

で，これも 4 元ベクトルである．$dx^k/dt = v^k$ として計算すれば

$$\begin{aligned}
\frac{du^0}{ds} &= \frac{v\dfrac{dv}{dt}}{c\left\{1-\left(\dfrac{v}{c}\right)^2\right\}^2} \\
\frac{du^1}{ds} &= \frac{\dfrac{dv_x}{dt}}{1-\left(\dfrac{v}{c}\right)^2} + \frac{v_x v\dfrac{dv}{dt}}{c^2\left\{1-\left(\dfrac{v}{c}\right)^2\right\}^2} \\
\frac{du^2}{ds} &= \frac{\dfrac{dv_y}{dt}}{1-\left(\dfrac{v}{c}\right)^2} + \frac{v_y v\dfrac{dv}{dt}}{c^2\left\{1-\left(\dfrac{v}{c}\right)^2\right\}^2} \\
\frac{du^2}{ds} &= \frac{\dfrac{dv_z}{dt}}{1-\left(\dfrac{v}{c}\right)^2} + \frac{v_z v\dfrac{dv}{dt}}{c^2\left\{1-\left(\dfrac{v}{c}\right)^2\right\}^2}
\end{aligned} \tag{3.1.27}$$

これから

$$\begin{aligned}
\alpha^{\mu}\alpha_{\mu} &= (\alpha^0)^2 - (\alpha^1)^2 - (\alpha^2)^2 - (\alpha^3)^2 \\
&= \frac{\left(v\dfrac{dv}{dt}\right)^2}{c^2\left\{1-\left(\dfrac{v}{c}\right)^2\right\}^4} - \frac{\left(\dfrac{d\boldsymbol{v}}{dt}\right)^2}{\left\{1-\left(\dfrac{v}{c}\right)^2\right\}^2} \\
&\qquad - 2\frac{\left(\boldsymbol{v}\cdot\dfrac{d\boldsymbol{v}}{dt}\right)v\dfrac{dv}{dt}}{c^2\left\{1-\left(\dfrac{v}{c}\right)^2\right\}^3} - \frac{\boldsymbol{v}^2\left(v\dfrac{dv}{dt}\right)^2}{c^4\left\{1-\left(\dfrac{v}{c}\right)^2\right\}^4}
\end{aligned} \tag{3.1.28}$$

となり，右辺の第 1 項と第 4 項を合わせ，$v(dv/dt) = \boldsymbol{v}\cdot(d\boldsymbol{v}/dt)$ に注意して

$$\alpha^\mu \alpha_\mu = \frac{\left(\boldsymbol{v}\cdot\dfrac{d\boldsymbol{v}}{dt}\right)^2}{c^2\left\{1-\left(\dfrac{v}{c}\right)^2\right\}^3} - \frac{\left(\dfrac{d\boldsymbol{v}}{dt}\right)^2}{\left\{1-\left(\dfrac{v}{c}\right)^2\right\}^2} - 2\frac{\left(\boldsymbol{v}\cdot\dfrac{d\boldsymbol{v}}{dt}\right)^2}{c^2\left\{1-\left(\dfrac{v}{c}\right)^2\right\}^3}. \tag{3.1.29}$$

右辺の第1項と第3項を合わせて

$$\alpha^\mu \alpha_\mu = -\frac{\left(\dfrac{d\boldsymbol{v}}{dt}\right)^2}{\left\{1-\left(\dfrac{v}{c}\right)^2\right\}^3} + \frac{v^2\left(\dfrac{d\boldsymbol{v}}{dt}\right)^2 - \left(\boldsymbol{v}\cdot\dfrac{d\boldsymbol{v}}{dt}\right)^2}{c^2\left\{1-\left(\dfrac{v}{c}\right)^2\right\}^3} \tag{3.1.30}$$

を得る．これは $(\boldsymbol{a}\times\boldsymbol{b})\cdot(\boldsymbol{c}\times\boldsymbol{d}) = (\boldsymbol{a}\cdot\boldsymbol{c})(\boldsymbol{b}\cdot\boldsymbol{d}) - (\boldsymbol{a}\cdot\boldsymbol{d})(\boldsymbol{b}\cdot\boldsymbol{c})$ を用いて

$$\alpha^\mu \alpha_\mu = -\frac{\left(\dfrac{d\boldsymbol{v}}{dt}\right)^2 - \dfrac{1}{c^2}\left(\boldsymbol{v}\times\dfrac{d\boldsymbol{v}}{dt}\right)^2}{\left\{1-\left(\dfrac{v}{c}\right)^2\right\}^3} \tag{3.1.31}$$

と書くこともできる．この形にすれば $\alpha^\mu \alpha_\mu < 0$，すなわち4元加速度が空間的ベクトルであることが明らかに見てとれる．

§3.2 運動方程式

3.2.1 運動方程式を見つける

相対論的な運動方程式を見つけるには，次のように考える．

ニュートンの運動方程式は粒子の速度が光速に比べて小さい場合には正しい．そこで，座標系Kで運動している粒子 m_0 を考え，任意の瞬間 t_0 に粒子の速度が0に見えるような座標系K′をとって，その瞬間にはK′系ではニュートンの運動方程式を採用する．その方程式を加速度の変換則(3.1.25)によってもとの座標系Kに戻せば，それがK系における運動方程式である．

座標系Kを，時刻 t_0 における粒子 m_0 の速度が

$$\boldsymbol{v}(t_0) = (v_x, 0, 0) \tag{3.2.1}$$

であるようにとろう．そうしておいて，K系に対して x 軸方向に v_x で動く

座標系 K′ をとれば，粒子は静止して見える．この K′ 系での運動方程式は

$$m_0\frac{dv_x'}{dt'}=f_x',\qquad m_0\frac{dv_y'}{dt'}=f_y',\qquad m_0\frac{dv_z'}{dt'}=f_z' \tag{3.2.2}$$

である．これらの式も以下の式も時刻 t_0 に対するものである．

まず，x 成分を見よう．加速度の変換則（3.1.25）は，（3.2.1）を考慮して

$$\frac{dv_x'}{dt'}=\frac{1}{\left\{1-\left(\frac{v_x}{c}\right)^2\right\}^{3/2}}\frac{dv_x}{dt} \tag{3.2.3}$$

である．いうまでもないことだが，K′ 系での速度は時刻 t_0 には(3.2.1)のように x' 成分しかないが，加速度は一般に 3 成分 (dv_x'/dt', dv_y'/dt', dv_z'/dt') とも 0 ではない．

（3.2.3）は，K′ 系の運動方程式（3.2.2）により

$$\frac{m_0}{\left(1-\frac{v_x^2}{c^2}\right)^{3/2}}\frac{dv_x}{dt}=m_0\frac{dv_x'}{dt'}=f_x'$$

をあたえる．これは，（3.2.1）のもとでは

$$\frac{d}{dt}\frac{m_0v_x}{\sqrt{1-\left(\frac{v}{c}\right)^2}}=f_x' \tag{3.2.4}$$

と書くことができる．実際，

$$\frac{d}{dt}\frac{v_x}{\sqrt{1-\left(\frac{v}{c}\right)^2}}=\frac{1}{\left\{1-\left(\frac{v}{c}\right)^2\right\}^{1/2}}\frac{dv_x}{dt}$$
$$+\frac{v_x}{\left\{1-\left(\frac{v}{c}\right)^2\right\}^{3/2}}\frac{1}{c^2}\left(v_x\frac{dv_x}{dt}+v_y\frac{dv_y}{dt}+v_z\frac{dv_z}{dt}\right)$$

であるが，いま粒子の速度は（3.2.1）のようにとってあるから

$$\frac{d}{dt}\frac{v_x}{\sqrt{1-\left(\frac{v}{c}\right)^2}}=\left[\frac{1}{\left\{1-\left(\frac{v_x}{c}\right)^2\right\}^{1/2}}+\frac{v_x}{\left\{1-\left(\frac{v_x}{c}\right)^2\right\}^{3/2}}\frac{v_x}{c^2}\right]\frac{dv_x}{dt}$$

$$= \frac{1}{\left\{1-\left(\frac{v_x}{c}\right)^2\right\}^{3/2}}\frac{dv_x}{dt}$$

となる．

次に，y 成分を見よう．加速度の変換則（3.1.25）は（3.2.1）を考慮して

$$\frac{dv'_y}{dt'} = \frac{1}{1-\left(\frac{v_x}{c}\right)^2}\frac{dv_y}{dt} \tag{3.2.5}$$

となる．したがって，K′ 系の運動方程式（3.2.2）により

$$\frac{m_0}{1-\left(\frac{v_x}{c}\right)^2}\frac{dv_y}{dt} = m_0\frac{dv'_y}{dt'} = f'_y$$

となる．これは，(3.2.1) のもとでは

$$\frac{d}{dt}\frac{m_0 v_y}{\sqrt{1-\left(\frac{v}{c}\right)^2}} = \sqrt{1-\left(\frac{v}{c}\right)^2}f'_y \tag{3.2.6}$$

と書くことができる．z 成分についても同様である．

（3.2.4）と（3.2.6）との非対称が気になる．f'_x, f'_y は K′ 系で見た力であるから，K 系でみると f_x, f_y, f_z になるとすれば，これは力の変換則

$$f_x = f'_x, \qquad f_y = \sqrt{1-\left(\frac{v}{c}\right)^2}f'_y, \qquad f_z = \sqrt{1-\left(\frac{v}{c}\right)^2}f'_z \tag{3.2.7}$$

を示唆している．そこで，運動方程式には

$$\frac{d}{dt}\frac{m_0 v_x}{\sqrt{1-\left(\frac{v}{c}\right)^2}} = f_x, \quad \frac{d}{dt}\frac{m_0 v_y}{\sqrt{1-\left(\frac{v}{c}\right)^2}} = f_y, \quad \frac{d}{dt}\frac{m_0 v_z}{\sqrt{1-\left(\frac{v}{c}\right)^2}} = f_z \tag{3.2.8}$$

をとることにして，先に進んでみることにしよう．

この式は速度ベクトル $\boldsymbol{v} = (v_x, v_y, v_z)$ と力のベクトル $\boldsymbol{f} = (f_x, f_y, f_z)$ を用いて

$$\frac{d}{dt}\frac{m_0\boldsymbol{v}}{\sqrt{1-\left(\frac{v}{c}\right)^2}}=\boldsymbol{f} \tag{3.2.9}$$

と書くことができる．このように書くと，これは座標軸の向きには無関係に成り立つので，速度ベクトルは，もはや x 軸方向を向いた（3.2.1）に限る必要はない！

3.2.2　4 元運動量と 4 元力

（3.2.9）を見ていると

$$\boldsymbol{p}=\frac{m_0\boldsymbol{v}}{\sqrt{1-\left(\frac{v}{c}\right)^2}} \tag{3.2.10}$$

を**運動量**と定義して，運動方程式を

$$\frac{d}{dt}\boldsymbol{p}=\boldsymbol{f} \tag{3.2.11}$$

と書きたくなる．この運動量は，$v \ll c$ ではニュートン力学の運動量 $\boldsymbol{p}=m_0\boldsymbol{v}$ に一致する．そして，ニュートンの運動方程式も（3.2.11）の形に書いてよかったのである．

このように定義した運動量（3.2.10）は，4 元速度（3.1.16）を用いて

$$p^\kappa = m_0 u^\kappa \qquad (\kappa=0,1,2,3) \tag{3.2.12}$$

と書くこともできる．ただし，第 0 成分

$$p^0=\frac{m_0 c}{\sqrt{1-\left(\frac{v}{c}\right)^2}} \tag{3.2.13}$$

を，空間成分（3.2.10）に追加した．

4 元速度 u^κ は，動く座標系に移るとき 4 元ベクトルとして（3.1.17）のように変換するのだった．その定数 m_0 倍である **4 元運動量**（4‐momentum）（3.2.12），すなわち $p=(p^0,\boldsymbol{p})$ は，また 4 元ベクトルとして変換する：

$$p^{0\prime}=\gamma\,(p^0-\beta p_x),\qquad p'_x=\gamma\,(p_x-\beta p^0),\qquad p'_y=p_y,\qquad p'_z=p_z \tag{3.2.14}$$

(3.1.20) から

$$(p^0)^2-\boldsymbol{p}^2=m_0^2\left[(u^0)^2-\sum_{k=1}^{3}(u^k)^2\right]=m_0{}^2c^2 \tag{3.2.15}$$

が得られることに注意しよう．もちろん，(3.2.10) と (3.2.13) から直接に確かめることもできる．m_0 は考えている粒子の静止質量とよばれる (§3.3.1)．

p^0 は，どんな運動方程式に従うだろうか？ (3.2.13) を時間で微分してみると

$$\frac{dp^0}{dt}=\frac{m_0c}{\left\{1-\left(\dfrac{v}{c}\right)^2\right\}^{3/2}}\frac{1}{c^2}\left(v_x\frac{dv_x}{dt}+v_y\frac{dv_y}{dt}+v_z\frac{dv_z}{dt}\right)$$

となり，これは

$$f_x=\frac{d}{dt}\frac{m_0v_x}{\sqrt{1-\left(\dfrac{v}{c}\right)^2}}$$

$$=\frac{m_0}{\left\{1-\left(\dfrac{v}{c}\right)^2\right\}^{3/2}}\left[\left\{1-\left(\frac{v}{c}\right)^2\right\}\frac{dv_x}{dt}+\frac{v_x}{c^2}\left(v_x\frac{dv_x}{dt}+v_y\frac{dv_y}{dt}+v_z\frac{dv_z}{dt}\right)\right]$$

等からつくった

$$v_xf_x+v_yf_y+v_zf_z=\frac{m_0}{\left\{1-\left(\dfrac{v}{c}\right)^2\right\}^{3/2}}\left(v_x\frac{dv_x}{dt}+v_y\frac{dv_y}{dt}+v_z\frac{dv_z}{dt}\right)$$

の $1/c$ 倍に等しい．すなわち，

$$\frac{dp^0}{dt}=\frac{1}{c}\boldsymbol{f}\cdot\boldsymbol{v}. \tag{3.2.16}$$

そこで

$$F^0=\frac{\boldsymbol{F}\cdot\boldsymbol{v}}{c},\qquad F^k=\frac{f^k}{\sqrt{1-\left(\dfrac{v}{c}\right)^2}}\qquad (k=1,2,3) \tag{3.2.17}$$

とおいて，$(F^0, \boldsymbol{F})$ を**4元力**（4-force）という．そうすると，

$$\frac{dp^\alpha}{\sqrt{1-\left(\dfrac{v}{c}\right)^2}\,dt} = F^\alpha \qquad (\alpha = 0, 1, 2, 3) \tag{3.2.18}$$

が成り立つ．これが粒子の**運動方程式**（equation of motion）である．この式は，固有時 s による微分の形

$$\frac{dp^\alpha}{ds} = F^\alpha \tag{3.2.19}$$

に書けば，明らかに左辺は4元ベクトルであり，したがって右辺も4元ベクトルでなければならない．(3.2.17) が力の4元ベクトルを定義している．あるいは，4元加速度の定義 (3.1.26) を思い出して書けば

$$m_0 \alpha^\mu = F^\mu \tag{3.2.20}$$

にほかならない．

また，4元運動量の定義 (3.2.12) を思い出して書けば

$$\frac{1}{\sqrt{1-\left(\dfrac{v}{c}\right)^2}}\frac{d}{dt}\frac{m_0}{\sqrt{1-\left(\dfrac{v}{c}\right)^2}} \times \left\{\begin{matrix} c \\ \dfrac{dx^k}{dt} \end{matrix}\right\} = F^\mu = \left\{\begin{matrix} \dfrac{1}{\sqrt{1-\left(\dfrac{v}{c}\right)^2}}\dfrac{\boldsymbol{f}\cdot\boldsymbol{v}}{c} \\ \dfrac{1}{\sqrt{1-\left(\dfrac{v}{c}\right)^2}} f^k \end{matrix}\right. \tag{3.2.21}$$

となる．この第1式は $\boldsymbol{f}$ が保存力の場合，エネルギーの保存則を与える．

力 (3.2.17) が (3.2.19)，(3.2.20) の要求する変換性をもつことは次の章（§4.5）で確かめる．力は，そのものでなく，空間成分を $\sqrt{1-(v/c)^2}$ で割った F^k に (3.2.17) の F^0 を加えた F^α が4元ベクトルとして (3.1.17) と同じ変換をするというのである．x^1 軸方向に等速運動する座標系への変換でいえば：

$$F^{0\prime} = \gamma(F^0 - \beta F^1), \qquad F^{1\prime} = \gamma(F^1 - \beta F^0), \qquad F^{2\prime} = F^2, \qquad F^{3\prime} = F^3 \tag{3.2.22}$$

このことから，(3.2.4) と (3.2.6) との非対称が理解される．F^k は，

粒子の静止系 —— その系の量に ′ をつけて表わす ($v'=0$) —— では

$$F^{k\prime}=f^{k\prime},\qquad F^{0\prime}=0$$

である．いま，x 軸方向に速度 $-\boldsymbol{v}$ で動く座標系にローレンツ変換すると

$$F^1=\frac{F^{1\prime}}{\sqrt{1-\left(\frac{v}{c}\right)^2}},\qquad F^2=F^{2\prime},\qquad F^3=F^{3\prime}$$

となるから，(3.2.17) を思い出せば，力のベクトルに対して

$$f^1=f^{1\prime},\qquad f^2=\sqrt{1-\left(\frac{v}{c}\right)^2}f^{2\prime},\qquad f^3=\sqrt{1-\left(\frac{v}{c}\right)^2}f^{3\prime} \tag{3.2.23}$$

が得られる．粒子の静止系で見た力 $(f^{1\prime},f^{2\prime},f^{3\prime})$ に比べて，粒子が動いている系での力 (f^1,f^2,f^3) は粒子の運動に垂直な方向にローレンツ収縮している．

§3.3 質量とエネルギー

3.3.1 静止質量

運動量の式 (3.2.10)，あるいは運動方程式 (3.2.9) を見ると，相対論的な力学は，質量が

$$m=\frac{m_0}{\sqrt{1-\left(\frac{v}{c}\right)^2}} \tag{3.3.1}$$

のように速さ v とともに増す粒子の力学であると考えたくなる (3-2 図)．このように考えれば，m_0 は速さ 0 のときの質量であるから**静止質量** (rest mass) とよぶ．

質量が粒子の速さとともに増すことは，相対性理論にとって重要なことである．なぜなら，アインシュタインの相対性理論では光を信号に使って異なる地点の同時刻を定めるのであって，もし光より速い信号があると，理論をはじめから考え直さなければならなくなるからである．ところが，質量が速さ v とともに増せば粒子はだんだんに加速しにくくなり，$v\to c$ で質量が

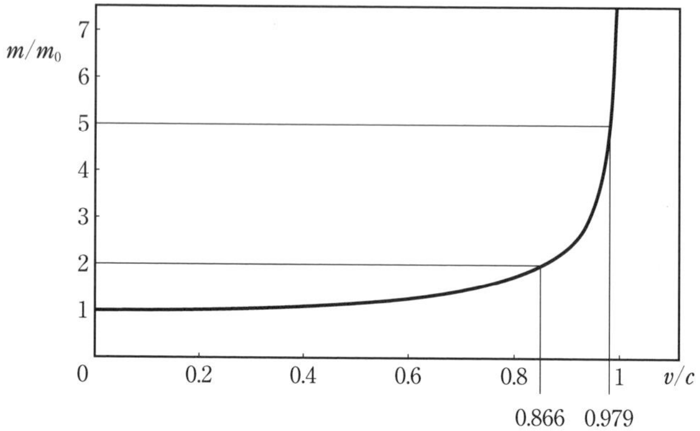

3－2図　質量は速度とともに増す．

無限大になれば，もうそれ以上の速さに加速することは不可能になる．相対性理論からの（3.3.1）は，ちょうどそのようになっている．

質量が速さとともに増すことは今日では誰も疑わないが，歴史的には，それを示す実験は難航した．最初に精密な証明をしたのは1909年のブッヘラー（A. H. Bucherer）の実験であるが，それに対して1938年になっても速度の決定に疑義が出された．[1)]

ブッヘラーはラジウムから出る β 線を磁場で曲げ，その曲がり具合から質量を測定した．磁場による力 ── 後出の(3.4.1) ── は電子の速度に垂直であるから速度の大きさ v は変えないので，軌道の半径を r とすれば

$$\frac{m_0}{\sqrt{1-\left(\dfrac{v}{c}\right)^2}}\frac{v^2}{r}=eBv \tag{3.3.2}$$

から

$$\frac{mv}{e}=rB,\qquad \frac{m}{e}=\frac{\dfrac{m_0}{e}}{\sqrt{1-\left(\dfrac{v}{c}\right)^2}} \tag{3.3.3}$$

1）　Max ヤンマー：“*Concepts of Mass in Classical and Modern Physics*” Dover (1997), pp. 165–7

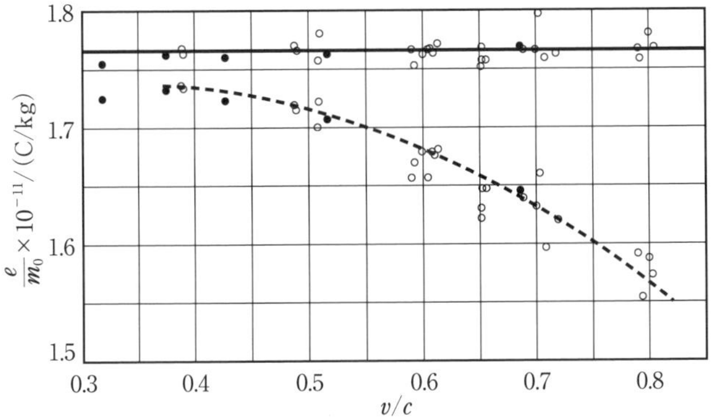

3－3図　電子の質量の速度変化．(質量)/(電荷)の測定値を(3.3.3)に入れて e/m_0 を算出し，これが一定になることを見た（実線）．●はブッヘラー，○はノイマンの測定．点線については p. 106 を見よ．

となり，電子の速さ v と軌道の曲率半径 r を測定すれば m/e が求まる．ブッヘラーは，このようにして測定した e/m を（3.3.3）の理論式と比べて e/m_0 を算出し，それが電子の速さによらず一定値になることを示したのである（3－3図の実線）．

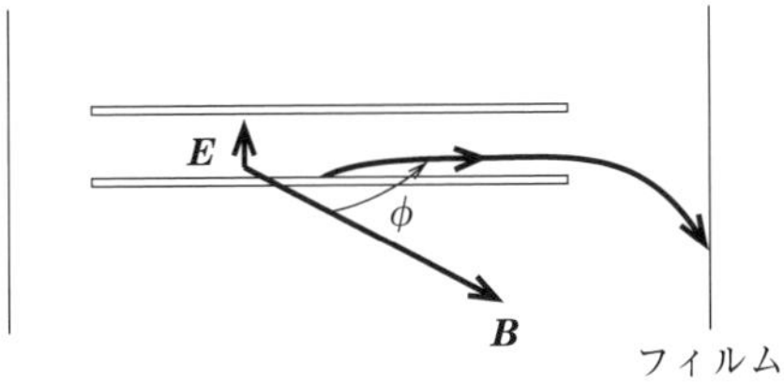

3－4図　ブッヘラーの実験．電子はコンデンサーを出た後，磁場で軌道を曲げられる．

ブッヘラーは電子の速さを次のようにして選んだ（3－4図）．コンデンサーに電圧をかけて極板間に電場をつくり，それに垂直に磁場をかける．電場の方向を z 軸，磁場の方向を x 軸としよう．コンデンサーの中央に置いたラジウムから出て x 軸と角 ϕ をなす方向に速さ v で走る電子は（電子の電荷を $-e$ とすれば）磁束密度 B から z 方向に力 $eBv\sin\phi$ を受け，電場 E からは同じく z 方向に $-eE$ の力を受けるので，速さが

$$v=\frac{E}{B\sin\phi} \tag{3.3.4}$$

の電子だけは合力が 0 で，コンデンサーの極板にぶつからずに外に出ることができる．コンデンサーは円形にして，それをとり囲むようにフィルムを置いて電子を検出した．コンデンサーにかける電圧や磁場の強さを変えれば，電子の速さを思うままに変えることができる．

当時，電子の質量は荷電粒子のモデルによって電磁場の運動量から計算されていた．電子が走るとローレンツ収縮して楕円体になるとするローレンツの理論（1904 年）が（3.3.1）を出したのに対して，走っても球形のままだとするアブラハム（M. Abraham）の剛体モデルが対立していた．3 - 3 図の点線は，e/m をアブラハムの理論式と比べて e/m_0 を出した場合で，これでは e/m_0 が一定値にならないから，この式は実験に合わないことになる．ブッヘラー以前には，実験はアブラハム理論を支持するように見えたのだった．

3.3.2　質量とエネルギーは同じものである

質量の速度変化（3.3.1）からは，質量とエネルギーの同等性を読みとることもできる．それには，（3.2.16）を

$$\frac{dE}{dt} = \boldsymbol{f} \cdot \boldsymbol{v} \qquad \left(E := \frac{m_0 c^2}{\sqrt{1 - \left(\dfrac{v}{c}\right)^2}} \right) \tag{3.3.5}$$

と書いてみるのがよい．この式の右辺は，粒子にはたらく力 $\boldsymbol{f}$ が粒子にする仕事の単位時間あたりの量である．左辺は，E の単位時間あたりの増加である．これらが互いに等しい！　だから E は —— あるいは少なくともその増分は —— エネルギーでなければならない．この式は，エネルギーが慣性をもつこと，逆に慣性はエネルギーを意味することを示唆しているのではないか？

実際，$v \ll c$ として

$$E = \frac{m_0 c^2}{\sqrt{1 - \left(\dfrac{v}{c}\right)^2}} = m_0 c^2 + \frac{1}{2} m_0 v^2 + \cdots \tag{3.3.6}$$

と書いてみると，E がニュートン力学の運動エネルギーを含んでいることがわかる．とすれば，

$$E - m_0c^2 = \frac{m_0c^2}{\sqrt{1-\left(\frac{v}{c}\right)^2}} - m_0c^2 \qquad (3.3.7)$$

は —— 速度 $v = 0$ で 0 となるので —— **相対論的な運動エネルギー**と見るべきだ．運動エネルギーが慣性としても姿を現すのである．

それでは，静止質量 m_0 もエネルギーとして姿を現すことがあるだろうか？　以下に，3 つの例を挙げる．

一つの思考実験

アインシュタインは 1905 年に次のような思考実験を提出した．それには，光の量子 $\hbar\omega$ が運動量 $\hbar\omega/c$ を担うことを用いる．

質量 M_1, M_2 の小物体を，質量 0，長さ $2L$ の棒の左右の端にそれぞれつけ，これに質量のない車をつけて左右に自由に動けるようにしておく．これをワゴンとよぼう．いま，M_1 から M_2 に向けてエネルギー w の光を発射する．エネルギーが M_1 から M_2 に向かって走り，やがて M_2 に吸収されるが，これはワゴン内部の出来事だから，ワゴン全体の重心は常に動かないはずである．

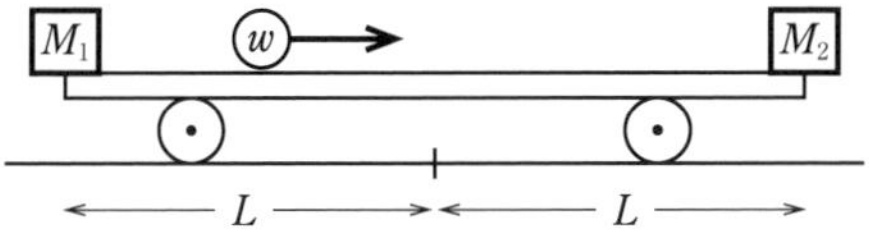

3 - 5 図

ところが，光は運動量 w/c をもつから，M_1 から発射されたとき M_1を蹴る．すると運動量保存則によりワゴンは速さ

$$v = \frac{\frac{w}{c}}{(M_1 - m) + M_2} \qquad (3.3.8)$$

で左に走り出す．ここでエネルギー w は質量 m をもつとした．もちろん，これは 0 かもしれない．

ワゴンの重心は，時刻 t には（もちろん光が M_2 に吸収されるまで）

$$x(t) = \frac{(M_1 - m)(-L - vt) + m(-L + ct) + M_2(L - vt)}{(M_1 - m) + m + M_2}$$

にくる（動く前の棒の中央を原点とした）．これを計算すると

$$x(t) = \frac{\{-(M_1 - m + M_2)v + mc\}t + (-M_1 + M_2)L}{(M_1 - m) + m + M_2} \tag{3.3.9}$$

となり，(3.3.8) を考慮すれば

$$m = \frac{w}{c^2} \tag{3.3.10}$$

のとき (3.3.9) の t 依存の項が消えて，重心は常に動かず $x(t) = x(0)$ となる．

この場合にも，質量が光のエネルギーに変わったのではない．光のエネルギー w が —— M_1 を出て M_2 に向かって飛んでいる間にも —— 質量 $m = w/c^2$ をもつとしたとき，そのときに限って系の重心は常に動かずにいるのである．

光子の静止質量は 0 であるから（章末問題［2］），これは静止質量がエネルギーでもあることを示す例にはならないが，光子のエネルギーがそのまま質量としても姿を現すことを示すもので，重要である．

よく言われるように，質量がエネルギーに変わるのではない．エネルギーは質量をもち，質量はエネルギーとしても現れる．エネルギーと質量は同じものの異なる現れ方なのである．

理想気体の質量

シリンダーに詰まった理想気体を考えよう．簡単のため 1 次元とし，そのシリンダーは K 系で見ると x 方向に速度 V で走っているとする．シリンダーとともに動く座標系 K′ で見た各分子 n の静止質量を m_0，速度を v'_n とすれば，エネルギーと運動量はそれぞれ

$$E'_n = \frac{m_0 c^2}{\sqrt{1 - \left(\dfrac{v'_n}{c}\right)^2}}, \qquad p'_n = \frac{m_0 v'_n}{\sqrt{1 - \left(\dfrac{v'_n}{c}\right)^2}} \qquad (n = 1, \cdots, N)$$

であたえられる．$(E'_n/c,\ p'_n)$ が 4 元ベクトル（いや，いまは 2 元ベクトル！）

をなすことから，K 系では，$\gamma = 1/\sqrt{1-(V/c)^2}$ として

$$E_n = \gamma\,(E'_n + Vp'_n), \qquad p_n = \gamma\left(p'_n + \frac{V}{c^2}E'_n\right)$$

となる．したがって，K 系で見た気体の全エネルギーは

$$\mathsf{E} = \sum_{n=1}^{N} E_k = \gamma\left(\sum_{n=1}^{N} E'_n + V\sum_{n=1}^{N} p'_k\right) \tag{3.3.11}$$

と計算されるが，K′ 系は気体の静止系でもあるから

$$\sum_{n=1}^{N} p'_k = 0 \tag{3.3.12}$$

のはずであって

$$\mathsf{E} = \gamma\sum_{n=1}^{N} E'_k \tag{3.3.13}$$

となる．同様にして，K 系で見た気体の全運動量は

$$\mathsf{P} = \gamma\,\frac{\sum_{n=1}^{N} E'_k}{c^2}\,V \tag{3.3.14}$$

と計算される．

$$M_0 = \frac{\sum_{n=1}^{N} E'_k}{c^2} \tag{3.3.15}$$

とおけば，K 系における気体の全エネルギー(3.3.13)と全運動量(3.3.14)は

$$\mathsf{E} = \frac{M_0 c^2}{\sqrt{1-\left(\frac{V}{c}\right)^2}}, \qquad \mathsf{P} = \frac{M_0 V}{\sqrt{1-\left(\frac{V}{c}\right)^2}} \tag{3.3.16}$$

となる．ここで気体の静止質量の役目をしている M_0 は，(3.3.15) が示すように（気体の静止系における全エネルギー）$/c^2$ にほかならず，気体分子がより速く飛びまわるようになれば，より大きくなるのである．たとえば，気体に熱エネルギーを加えれば，その $1/c^2$ 倍が静止質量として現れる．

ウランの核分裂

陽子 Z 個，中性子 N 個からなる原子核 X を Z と質量数 $A = Z + N$ を用いて ${}^{A}_{Z}\mathrm{X}$，あるいは簡単に (A, Z) と書き表わす．いま，ウラン(${}^{235}_{92}\mathrm{U}$) が中

性子 n を吸って

$$n + {}^{235}_{92}U \longrightarrow (A_1, Z_1) + (A_2, Z_2) + (\nu \text{ 個の})\, n$$

という核分裂をしたとして，エネルギーの収支を考えてみよう．

原子核 (A, Z) の質量を $M(A, Z)$，陽子と中性子の質量を m_p，m_n とし

$$\varDelta M(A, Z) := M(A, Z) - Zm_p - (A - Z)\, m_n \qquad (3.3.17)$$

とするとき，$-\varDelta M$ を**質量欠損**（mass defect）という．

これは，陽子と中性子が集まって原子核をつくると $-\varDelta M$ だけ軽くなるということで，質量とエネルギーの同等性からいえば，陽子と中性子が原子核をつくることでエネルギーが $-\varDelta Mc^2$ だけ減ることを意味しているはずである．いいかえれば，

$$b(A, Z) := -\varDelta M(A, Z)\, c^2 \qquad (3.3.18)$$

は，原子核 (A, Z) をバラバラにして，すべての陽子，中性子を互いに無限遠に引き離すのに必要なエネルギーをあたえ，原子核の**結合エネルギー**（binding energy）とよばれる．原子核の結合エネルギー b は，第1近似では A のみの関数で 3 - 6 図によってあたえられる．

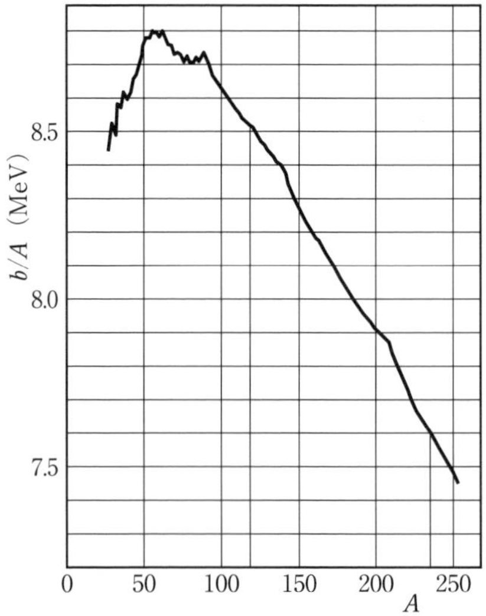

3 - 6 図　質量数 A の原子核の結合エネルギー b．A で割った値を示す．

いま，核分裂による２つの生成核が対称（$A_1 = A_2,\ Z_1 = Z_2$）の場合を考えよう．$\nu = 2$ とすれば

$$A_1 = A_2 = 117, \qquad Z_1 = Z_2 = 46 \qquad (3.3.19)$$

となる．これはパラジウムである．反応は

$$\mathrm{n} + {}^{235}_{92}\mathrm{U} \longrightarrow 2\,{}^{117}_{46}\mathrm{Pd} + 2\mathrm{n} \qquad (3.3.20)$$

となる．ウランの核分裂でパラジウムができることは，仁科芳雄のグループが世界で初めて発見した．[2] 彼らはウラン（^{235}U と ^{238}U の混合物）を，（3 MeV の重水素核をリチウムに当ててつくった）“速い”中性子で叩いて ^{112}Pd をつくった．$^{112}_{46}$Pd であることは，これが β^- 崩壊し，同じく β 崩壊して半減期が既知の $^{112}_{47}$Ag になることからわかった．これはウランの“対称”核分裂として注目を集めた．“遅い” 中性子を用いた他のグループの実験では

$$\mathrm{n} + {}_{92}\mathrm{U} \longrightarrow {}_{56}\mathrm{Ba} + {}_{36}\mathrm{Kr} + \nu\mathrm{n}$$

のような非対称な核分裂しかおこらなかったのである．

さて，$^{235}_{92}$U と２つの $^{117}_{46}$Pd の結合エネルギーを比べてみよう．3‐5 図から，^{235}U の１核子あたりの結合エネルギー b/A は 7.60 MeV であるから[3]

$$^{235}_{92}\mathrm{U}\ \text{の結合エネルギー} = 7.60 \times 235\ \mathrm{MeV} = 1786\ \mathrm{MeV}$$

また，3‐5 図から，^{117}Pd の b/A は 8.52 MeV であるから

$$^{117}_{46}\mathrm{Pd}\ \text{の結合エネルギー} = 8.52 \times 117\ \mathrm{MeV} = 997\ \mathrm{MeV}$$

である．よって，結合エネルギーからいえば，反応（3.3.20）によって

2）中根良平，仁科雄一郎，仁科浩二郎，矢崎裕二，江沢 洋 編『仁科芳雄往復書簡集 III』（みすず書房（2007），pp. 902, 937, 945, 960），原論文は，Y. Nishina, T. Yasaki, H. Ezoe, K. Kimura and M. Ikawa : “*Fission Products of Uranium by Fast Neutrons*”, Nature **146**（1940）24 ; Y. Nishina, T. Yasaki, K. Kimura and M. Ikawa : “*Fission Products of Uranium by Fast Neutrons*”, Phys. Rev. **58**（1940）660（L）.

3）eV はエネルギーの単位で，1 eV は電子（電荷 $q = -e = -1.602 \times 10^{-19}$ C）を 1 V の電位差で加速したときの運動エネルギーの増加に等しい．すなわち

$$1\ \mathrm{eV} = 1.602 \times 10^{-19}\ \mathrm{J}$$

である．$1\ \mathrm{MeV} = 10^6\ \mathrm{eV}$.

$$\varDelta b = \{(-1786) - (-2 \times 997)\}\,\mathrm{MeV} = 208\,\mathrm{MeV} \tag{3.3.21}$$

だけのエネルギーが生み出される.

$\mathrm{n} + {}^{235}_{92}\mathrm{U} - 2\mathrm{n}$ が2つの ${}^{117}_{46}\mathrm{Pd}$ に分裂するときには，3-7図のように2つの荷電球が接触している状態を経由するだろう．本当は球はひしゃげているかもしれないが，いまはPdの原子核として球を考えてみよう．原子核(A, Z)の半径は，およそ$1.20 \times 10^{-15} A^{1/3}$ mであるから，${}^{117}_{46}\mathrm{Pd}$ の半径は

3-7図 ウランが核分裂するとき，荷電球が接触した，このような状態を経由するだろう.

$$a = 1.20 \times 10^{-15} \times (117)^{1/3} = 5.9 \times 10^{-15}\,\mathrm{m}$$

となる．よって，電荷 $46e$ の2つの荷電球が3-7図のように接触しているときの位置エネルギーは

$$\begin{aligned} U &= \frac{1}{4\pi\varepsilon_0}\frac{(46e)^2}{2a} \\ &= \frac{1}{4\pi\{8.9 \times 10^{-12}\,\mathrm{C}^2/(\mathrm{N}\cdot\mathrm{m}^2)\}}\frac{(46 \times 1.60 \times 10^{-19}\,\mathrm{C})^2}{2 \times 5.9 \times 10^{-15}\,\mathrm{m}} \\ &= 4.1 \times 10^{-11}\,\mathrm{J} = 260\,\mathrm{MeV} \end{aligned}$$

となる．これは質量欠損に由来する $\varDelta b$ にほぼ等しい！ ウランの核分裂は質量欠損によっておこるのである.

この例では，${}^{235}_{92}\mathrm{U}$ が2つの ${}^{117}_{46}\mathrm{Pd}$ に割れて質量が減り，その差 $M(\mathrm{U}) - 2M(\mathrm{Pd})$ の c^2 倍が2つのPd核の位置エネルギーに変わったかに見えるが，そうではない．2つのPd核を走らせると電磁的運動量が生じ，両者間の位置エネルギーに相当する質量が現れるはずである.

こうして，質量とエネルギーは同じものである．質量の保存則とエネルギーの保存則はひとつになった.

原子爆弾が破裂すると質量が消えてエネルギーに変わったように見えるが，もし爆弾を閉じた容器の中で爆発させ，容器とその中身の全体の質量を

測ったら，爆発の前後で変わらないことが見いだされるだろう．

3.3.3　棒のつりあい

K 系で，x^1x^2 平面上に x^1 軸と角 α をなして長さ l の棒が静止している．棒は，棒に沿う力 $\boldsymbol{f}$ と $-\boldsymbol{f}$ によって上下両端を引っ張られている（3-8 図）．この棒を，x^1 軸に沿って速度 $-\boldsymbol{V}$ で走る座標系 K′ から見たら，どう見えるだろうか？　棒の $x^{1\prime}$ 軸，$x^{2\prime}$ 軸方向への射影は，ローレンツ収縮のために

$$l^{1\prime} = l\cos\alpha\sqrt{1-\beta^2}, \qquad l^{2\prime} = l\sin\alpha \tag{3.3.22}$$

に見える（$\beta = V/c$ である）．

力を変換するには，まず 4 元力に移らなければならない．K 系での 4 元力は，力が静止しているから

$$F^0 = 0, \qquad F^1 = f^1 = f\cos\alpha, \qquad F^2 = f^2 = f\sin\alpha, \qquad F^3 = 0 \tag{3.3.23}$$

である．これをローレンツ変換すると

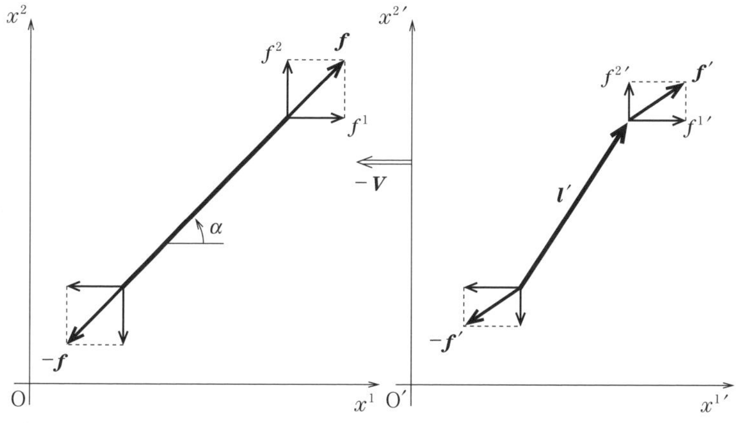

3-8 図　(a) 上下を引っ張った棒，(b) 動く座標系から見ると…

$$F^{1\prime} = \frac{F^1 + \beta F^0}{\sqrt{1-\beta^2}} = \frac{F^1}{\sqrt{1-\beta^2}}, \qquad F^{2\prime} = F^2, \qquad F^{3\prime} = F^3 \tag{3.3.24}$$

となるが，この力は K′ 系では速度 $\boldsymbol{V}$ で走っているから，3 元力 $\boldsymbol{f}'$ と

$$F^{1\prime} = \frac{f^{1\prime}}{\sqrt{1-\beta^2}}, \qquad F^{2\prime} = \frac{f^{2\prime}}{\sqrt{1-\beta^2}}, \qquad F^{3\prime} = \frac{f^{3\prime}}{\sqrt{1-\beta^2}} \tag{3.3.25}$$

の関係にある．したがって

$$f^{1\prime} = f^1, \qquad f^{2\prime} = f^2\sqrt{1-\beta^2}, \qquad f^{3\prime} = f^3\sqrt{1-\beta^2} \tag{3.3.26}$$

となるのである．力は座標系の運動の方向の成分は変わらず，垂直な方向の成分がローレンツ収縮するのだ．そのために

$$f^{1\prime} = f\cos\alpha, \qquad f^{2\prime} = f\sin\alpha\sqrt{1-\beta^2} \tag{3.3.27}$$

となる．

その結果，K′ 系では，力は 3 - 8 図に見るとおり棒に沿ってはたらくのではなく，棒を第 3 軸のまわりに回転させようとするモーメント

$$N^{3\prime} = l^{1\prime}f^{2\prime} - l^{2\prime}f^{1\prime} = -fl\beta^2\cos\alpha\sin\alpha \tag{3.3.28}$$

をもつことになる．いうまでもなく，$N^{1\prime} = N^{2\prime} = 0$ である．ここに $(l^{1\prime}, l^{2\prime}, l^{3\prime}) = \boldsymbol{l}'$ は K′ 系で棒の下端から上端まで引いたベクトルである．

K′ 系で見ると棒は x^3 軸のまわりに回転する．いや，K 系で見るとつり合っていた棒が，等速度運動する K′ 系で見たら回転して見えるなんて，変だ！　このパラドックスは，次のように解決される．

棒の上端にはたらいている力 $\boldsymbol{f}'$ は速度 $\boldsymbol{V}$ で走っているから，単位時間あたり $\boldsymbol{f}' \cdot \boldsymbol{V}$ の仕事をしている．棒の下端にはたらいている力 $-\boldsymbol{f}'$ は単位時間あたり $-\boldsymbol{f}' \cdot \boldsymbol{V}$ の仕事をしている．つまり，棒には単位時間あたり $\boldsymbol{f}' \cdot \boldsymbol{V}$ のエネルギーが上端から注ぎ込まれ，下端から吸い出されている．ということは，棒の長さ l' を単位時間に $\boldsymbol{f}' \cdot \boldsymbol{V}$ のエネルギーが上から下に流れているということで，質量とエネルギーの同等性からいえば単位時間あ

たり質量（静止質量ではない）$M' = \boldsymbol{f}' \cdot \boldsymbol{V}/c^2$ が長さ l' を移動していることを意味し，したがって，棒の中には常に下向きの運動量 $-(\boldsymbol{f}' \cdot \boldsymbol{V})\boldsymbol{l}'/c^2$ が存在することになる．

その運動量はK′系の座標原点のまわりに角運動量

$$\boldsymbol{L}' = \boldsymbol{r}' \times \frac{-(\boldsymbol{f}' \cdot \boldsymbol{V})\boldsymbol{l}'}{c^2} \tag{3.3.29}$$

をもつ．$\boldsymbol{r}'$ はK′系の座標原点から棒まで引いたベクトルである．棒は，K′系では速度 $\boldsymbol{V}$ で走っているので，

$$\frac{d}{dt'}\boldsymbol{r}' = \boldsymbol{V} \tag{3.3.30}$$

であるから（これは $\boldsymbol{r}'$を棒のどの点まで引いたベクトルとするかによらない）

$$\frac{d}{dt'}\boldsymbol{L}' = -\boldsymbol{V} \times \frac{(\boldsymbol{f}' \cdot \boldsymbol{V})\boldsymbol{l}'}{c^2} \tag{3.3.31}$$

となる．$\boldsymbol{V} \times \boldsymbol{l}'$ は z' 成分 $Vl^{2\prime}$ のみをもち，したがって（3.3.31）も同じで

$$\boldsymbol{f}' \cdot \boldsymbol{V} = f^{1\prime}V = fV\cos\alpha, \qquad (\boldsymbol{V} \times \boldsymbol{l}')_{z'} = Vl^{2\prime} = Vl\sin\alpha$$

であるから

$$\frac{dL^{3\prime}}{dt'} = -Vl^{2\prime} \cdot \frac{f^{1\prime}V}{c^2} = -fl\beta^2\cos\alpha\sin\alpha \tag{3.3.32}$$

が成り立つ．

（3.3.28）と比較して

$$\frac{d}{dt'}\boldsymbol{L}' = \boldsymbol{N}' \tag{3.3.33}$$

が成り立つ．棒を回転させるかに見えた力のモーメント（3.3.28）は，棒の中の質量の流れを維持する役をしていたのである．したがって，K′系で見ても棒は回転しない．

§3.4　電磁場における荷電粒子

3.4.1　一様な静磁場

電荷 q をもつ粒子が磁束密度 $\boldsymbol{B}$ の地点を速度 $\boldsymbol{v}$ で走るとき，それにはたらく力は

$$\boldsymbol{f} = q\boldsymbol{v} \times \boldsymbol{B} \tag{3.4.1}$$

であたえられる．× はベクトル積を表わす．

いま，z 方向に一様な，時間的に一定な磁束密度 $\boldsymbol{B}$ の場があるとしよう．静止質量 m_0 をもつ粒子の運動方程式 (3.2.9) は（ベクトルの成分を x, y, z で表わすことにすれば）

$$\frac{d}{dt}\frac{m_0 v_x}{\sqrt{1-\left(\frac{v}{c}\right)^2}} = f_x = qBv_y \tag{3.4.2}$$

$$\frac{d}{dt}\frac{m_0 v_y}{\sqrt{1-\left(\frac{v}{c}\right)^2}} = f_y = -qBv_x \tag{3.4.3}$$

$$\frac{d}{dt}\frac{m_0 v_z}{\sqrt{1-\left(\frac{v}{c}\right)^2}} = f_z = 0 \tag{3.4.4}$$

となる．

$$v = \sqrt{v_x^2 + v_y^2 + v_z^2} \tag{3.4.5}$$

とおいた．ここで

$$\frac{d}{dt}\frac{v}{\sqrt{1-\left(\frac{v}{c}\right)^2}} = \frac{\frac{1}{v}\left(v_x\frac{dv_x}{dt} + v_y\frac{dv_y}{dt} + v_z\frac{dv_z}{dt}\right)}{\sqrt{1-\left(\frac{v}{c}\right)^2}} + v\frac{d}{dt}\frac{1}{\sqrt{1-\left(\frac{v}{c}\right)^2}}$$

から

$$v\frac{d}{dt}\frac{v}{\sqrt{1-\left(\frac{v}{c}\right)^2}} = v_x\left\{\frac{\frac{dv_x}{dt}}{\sqrt{1-\left(\frac{v}{c}\right)^2}} + v_x\frac{d}{dt}\frac{1}{\sqrt{1-\left(\frac{v}{c}\right)^2}}\right\}$$

$$+ (v_x \to v_y,\ v_z \text{ とした項})$$

となることに注意すれば，(3.4.2) ～ (3.4.4) より

$$m_0 v\frac{d}{dt}\frac{v}{\sqrt{1-\left(\frac{v}{c}\right)^2}} = v_x f_x + v_y f_y + v_z f_z = 0 \tag{3.4.6}$$

が得られる．よって

$$\frac{v}{\sqrt{1-\left(\frac{v}{c}\right)^2}} = \text{一定} \tag{3.4.7}$$

である．したがって，$v =$ 一定．そこで

$$\gamma = \frac{1}{\sqrt{1-\left(\frac{v}{c}\right)^2}} = \text{一定} \tag{3.4.8}$$

とおこう．$v =$ 一定 を（3.4.4）に用いれば

$$v_z = \text{一定} \tag{3.4.9}$$

もわかる．

そうすると，(3.4.2)，(3.4.3) から

$$\frac{dv_x}{dt} = \omega v_y, \qquad \frac{dv_y}{dt} = -\,\omega v_x \qquad \left(\omega := \frac{qB}{m_0\gamma} = \text{一定}\right) \tag{3.4.10}$$

が得られ，v_y を消去すれば

$$\frac{d^2 v_x}{dt^2} = -\,\omega^2 v_x$$

となる．この方程式の解は，一般に

$$v_x(t) = C\cos\omega t + D\sin\omega t$$

と書ける（C, D は任意定数）．また，これを（3.4.10）の第 1 式に入れて

$$v_y(t) = -\,C\sin\omega t + D\cos\omega t$$

となる．

C, D は初期条件からきまる．いま，簡単のために

$$v_x(0) = v_{x0}, \qquad v_y(0) = 0 \tag{3.4.11}$$

とすれば，$C = v_{x0}$, $D = 0$ ときまり

$$v_x(t) = v_{x0}\cos\omega t, \qquad v_y(t) = -\,v_{x0}\sin\omega t \tag{3.4.12}$$

となる．これを時間で積分して，粒子の位置

$$x(t) = \frac{v_{x0}}{\omega}\sin\omega t + x(0), \qquad y(t) = \frac{v_{x0}}{\omega}(\cos\omega t - 1) + y(0) \tag{3.4.13}$$

を得る．これは，$qB>0$ とすれば xy 平面を時計まわりにまわる等速円運動である．3次元的には，それに z 方向の等速運動（3.4.9）が重なる．

xy 平面上の円軌道を一周する時間は

$$T=\frac{2\pi}{\omega}=2\pi\,\frac{m_0\gamma}{qB}=2\pi\,\frac{m_0}{qB}\Bigg/\sqrt{1-\left(\frac{v}{c}\right)^2} \qquad (3.4.14)$$

であって，粒子の速さ v が大きいほど長い．これは相対論的な（粒子の速さとともに質量が増すことによる）効果であって，ニュートン力学の場合には T は磁場によって定まっていた．

サイクロトロンは，磁場の中で荷電粒子に円運動をさせ，その途中に加速電極を置き，高周波をかけて粒子を加速する（3-9図）．加速エネルギーが低い時代には加速高周波の周波数は一定でよかった．しかし，加速エネルギーが（粒子の静止質量）× c^2 に近づき，これを超えるようになると，周波数を加速につれて変えなければならなくなった．この装置はシンクロサイクロトロン（synchro-cycrotron）とよばれる．

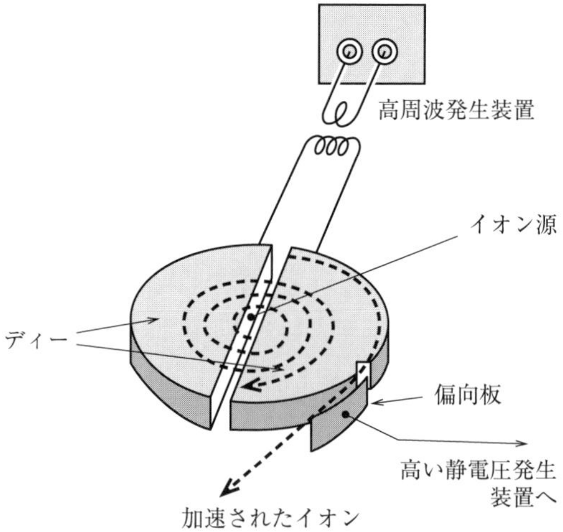

3-9図　サイクロトロン．D字型の金属の箱（ディー）を向かい合わせに置き，垂直に磁場をかけて，荷電粒子を箱の中で周回させる．2つのディーの間に高周波の電圧をかけて，粒子がそこを通るとき加速する．加速エネルギーが大きくなり，粒子の運動が相対論的になって，シンクロサイクロトロンに進化した．

3.4.2　一様な静電場

x 軸方向に一様な静電場 $\boldsymbol{E}$ がある場合，電荷 q，静止質量 m_0 をもつ粒子の運動方程式は

$$\frac{d}{dt}\frac{m_0 v_x}{\sqrt{1-\left(\frac{v}{c}\right)^2}} = qE \tag{3.4.15}$$

$$\frac{d}{dt}\frac{m_0 v_y}{\sqrt{1-\left(\frac{v}{c}\right)^2}} = 0 \tag{3.4.16}$$

$$\frac{d}{dt}\frac{m_0 v_z}{\sqrt{1-\left(\frac{v}{c}\right)^2}} = 0 \tag{3.4.17}$$

となる．初期条件は

$$v_x(0) = 0, \qquad v_y(0) = v_{y0}, \qquad v_z(0) = 0 \tag{3.4.18}$$

としよう．$v_x(0)$ は，すぐ後で見るように時間の原点を変えれば任意の値にできる．$v_z = 0$ は初速度の方向に y 軸をとったということである．

(3.4.17) は

$$\frac{1}{\left\{1-\left(\frac{v}{c}\right)^2\right\}^{1/2}}\frac{dv_z}{dt} + v_z\frac{1}{\left\{1-\left(\frac{v}{c}\right)^2\right\}^{3/2}}\frac{v}{c^2}\frac{dv}{dt} = 0$$

となり，いま $t = 0$ に $v_z = 0$ だから，そのとき $dv_z/dt = 0$ でもあったことを教える．よって，以後も

$$v_z(t) = 0 \tag{3.4.19}$$

である．粒子 m_0 の運動は xy 平面上に限られる．

(3.4.15)，(3.4.16) から，初期条件 (3.4.18) を考慮して

$$\frac{v_x}{\sqrt{1-\left(\frac{v}{c}\right)^2}} = gt, \qquad \frac{v_y}{\sqrt{1-\left(\frac{v}{c}\right)^2}} = a \tag{3.4.20}$$

を得る．ここに

$$\frac{qE}{m_0} = g, \qquad \frac{v_{y0}}{\sqrt{1-\left(\frac{v_{y0}}{c}\right)^2}} = a \tag{3.4.21}$$

は，いずれも定数である．(3.4.20) は

$$v_x^2=(gt)^2\left(1-\frac{v_x^2+v_y^2}{c^2}\right),\qquad v_y^2=a^2\left(1-\frac{v_x^2+v_y^2}{c^2}\right)$$

と書き直せる．辺々加えて整理すれば

$$v^2=\frac{(gt)^2+a^2}{1+\dfrac{(gt)^2+a^2}{c^2}},\qquad 1-\left(\frac{v}{c}\right)^2=\frac{1}{1+\dfrac{(gt)^2+a^2}{c^2}}$$

となって

$$v_x(t)=\frac{cgt}{\sqrt{c^2+a^2+(gt)^2}},\qquad v_y(t)=\frac{ca}{\sqrt{c^2+a^2+(gt)^2}} \tag{3.4.22}$$

が得られる．v_y が時間の経過とともに減少することが注目される．y 方向には力がはたらかず $p_y=$ 一定 であるが，質量が x 軸方向への加速によって時間とともに増えるので，v_y は減少することになるのである．

これを時間積分して，粒子の位置が

$$\begin{aligned} x(t)&=\frac{c}{g}\left\{\sqrt{c^2+a^2+(gt)^2}-\sqrt{c^2+a^2}\right\}+x(0)\\ y(t)&=\frac{ca}{g}\log\frac{gt+\sqrt{c^2+a^2+(gt)^2}}{\sqrt{c^2+a^2}}+y(0)\end{aligned} \tag{3.4.23}$$

ともとまる．3‐10 図には，この運動を非相対論的な近似

$$x^{\mathrm{NR}}(t)=\frac{1}{2}gt^2+x(0),\qquad y^{\mathrm{NR}}(t)=v_{y0}t+y(0)\qquad (v_{y0}\ll c) \tag{3.4.24}$$

と次の時間範囲にわたって比較した．

$$\frac{gt}{\sqrt{c^2+a^2}}=0 \quad \text{から} \quad \begin{cases} 10 & \text{まで（相対論的の場合）}\\ \ 4 & \text{まで（非相対論的の場合）}\end{cases} \tag{3.4.25}$$

時間範囲が違うのは，非相対論的な場合の方が短時間に遠くまで行くからである．

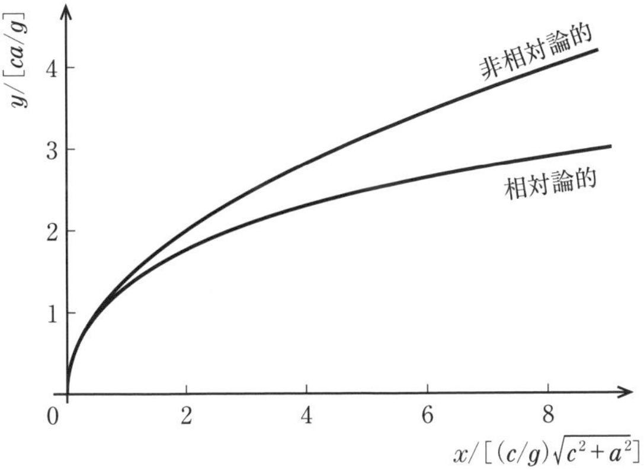

3-10 図　x 軸方向にかけた静電場における運動（非相対論的な場合との比較）．$x/[c\sqrt{c^2+a^2}/g]=\sqrt{1+\tau^2}-1$，$y/[ca/g]=\log[\tau+\sqrt{1+\tau^2}]$ として描いた（$\tau=gt/\sqrt{c^2+a^2}$）．非相対論的な場合は $gt \ll c$ とし，τ についての展開の最低次をとった．

章　末　問　題

［**1**］　x 軸の正の方向に速度 $\boldsymbol{V}$ で動く座標系への反変ベクトル A^μ の変換は

$$\begin{pmatrix} A^{0\prime} \\ A^{1\prime} \\ A^{2\prime} \\ A^{3\prime} \end{pmatrix} = \gamma \begin{pmatrix} 1 & -\beta & 0 & 0 \\ -\beta & 1 & 0 & 0 \\ 0 & 0 & 1/\gamma & 0 \\ 0 & 0 & 0 & 1/\gamma \end{pmatrix} \begin{pmatrix} A^0 \\ A^1 \\ A^2 \\ A^3 \end{pmatrix} \qquad \left(\beta=\frac{V}{c}, \quad \gamma=\frac{1}{\sqrt{1-\beta^2}}\right)$$

であたえられる．共変ベクトルの変換を定めよ．反変ベクトルの変換行列と共変ベクトルの変換行列の積はどうなるか．

［**2**］　静止質量 m_0 の粒子のエネルギー E と運動量 $\boldsymbol{p}$ の間には

$$E^2 - c^2\boldsymbol{p}^2 = (m_0c^2)^2$$

の関係があることを示せ．これをエネルギー・運動量4元ベクトルの言葉でいうとどうなるか？　光子の静止質量は？　光子を静止させることはできないが，静止質量は上の式で定義され，意味をもつ．

［**3**］ K系でx軸と角θをなす方向に速度$\boldsymbol{v}$で走る質点mは，K系のx軸と重なるx'軸をもちx'軸の正の向きに速度$\boldsymbol{V}$で走るK′系から見たら，どれだけの速さに見えるか？　もしmが光子だったら，どうか？

［**4**］ K系で見て，腕の長さの等しいL字形のテコが肘の支点のまわりに自由に回転できるように固定され，x軸に平行な腕の端にはy軸方向に，y軸に平行な腕にはx軸方向に等しい大きさの力が加えられて，つりあっている（P3-1図）．

これをx軸方向に速度$-\boldsymbol{V}$で走るK′系から見ると，x軸方向の腕はローレンツ収縮し，その端にはたらくy軸方向の力もローレンツ収縮するのでテコは回転をはじめそうである．テコはまわるのだろうか？

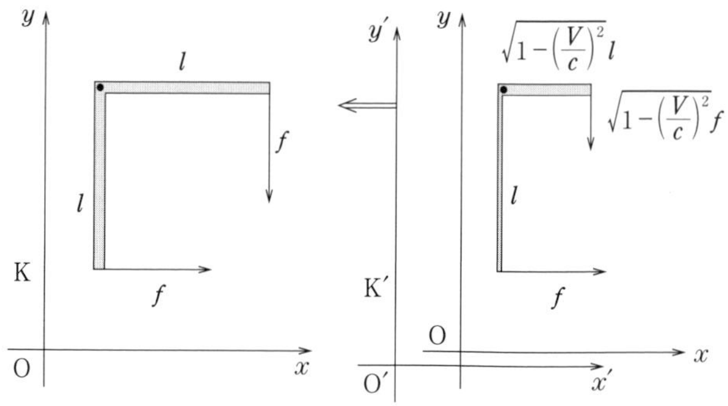

（a） K系で見た場合　　　　（b） K′系で見た場合

P3-1図　テコはまわるか？

［**5**］ 宇宙には3Kの背景輻射が満ちている．その光子にエネルギー10^{20} eVの陽子が衝突したら（逆コンプトン効果）最大どれだけのエネルギーを光子にあたえることができるか？

［**6**］ エネルギーEの陽子を静止している陽子に当てる．重心系（2つの陽子が互いに等しいエネルギーで衝突する系）で見た陽子のエネルギーをもとめよ．また，$E=10^{12}$ eVのとき，重心系の陽子のエネルギーはどれだけか？

［**7**］ 静止している中性子にエネルギーEの陽子が衝突してπ^+中間子をつくる．そのためのEの最小値をもとめよ．中性子と陽子の静止質量m_0，中間子の静

止質量 μ_0 はそれぞれ $m_0c^2 = 938\,\mathrm{MeV}$，$\mu_0c^2 = 140\,\mathrm{MeV}$ である．

［8］　一様な静磁場 B に垂直な平面内で半径 ρ の円運動をする電荷 q の粒子の運動量 p は

$$p = qB\rho$$

であることを示せ．また，前問の最小の E をもつ陽子をつくるシンクロサイクロトロンの磁極の半径はいくらか？　磁場の強さは $B = 1.7\,\mathrm{T}$ とする．

［**9**］　x 軸上を原点Oからの距離に比例する引き戻し力 $-kx$ を受けて運動する粒子（1次元調和振動子，harmonic oscillator）の場合に，運動エネルギー(3.3.7)と位置エネルギーの和が一定なこと（**エネルギー保存則**，conservation law of energy）が成り立つことを証明せよ．

［**10**］　前問の調和振動子の運動を調べよ．

4 電磁気学

電磁気学の基本法則はマクスウェルの方程式であたえられる．電場と磁場のローレンツ変換をうまく定めると，この方程式はローレンツ変換しても形を変えない（共変性）．もともと相対性理論の基本要請をみたしている．ニュートン力学の運動方程式とちがって，電磁気学のマクスウェル方程式は相対性理論の世界にきても変更の必要がないのである．方程式が共変的だから，たとえば高速で等速度運動する点電荷のつくる電磁場は，静止した点電荷のつくる場をローレンツ変換すれば得られる．こういえば簡単だが，それを調べてみると，新しい興味深い特徴が現れる．水素原子の電子の運動を調べ，原子が静止しているときに運動方程式が成り立っていれば，原子が等速運動している座標系で書いた運動方程式も――この系では磁場も現れるが――成り立つことを確かめる．

§4.1 マクスウェルの方程式

電磁気学の基礎方程式は，マクスウェルの方程式である：

$$\begin{aligned} \operatorname{div} \boldsymbol{E} &= \frac{1}{\varepsilon_0}\rho, \qquad & \operatorname{div} \boldsymbol{B} &= 0 \\ \operatorname{rot} \boldsymbol{E} &= -\frac{\partial \boldsymbol{B}}{\partial t}, \qquad & \operatorname{rot} \boldsymbol{B} &= \mu_0 \boldsymbol{j} + \varepsilon_0\mu_0 \frac{\partial \boldsymbol{E}}{\partial t} \end{aligned} \tag{4.1.1}$$

この方程式は，ある（実は後に見るとおり任意の）慣性系 K の観測者の見る

電場 $\boldsymbol{E} = \boldsymbol{E}(x, y, z, t)$　と　磁束密度の場 $\boldsymbol{B} = \boldsymbol{B}(x, y, z, t)$

および

$$\text{電荷密度}\ \rho=\rho(x,y,z,t) \quad \text{と} \quad \text{電流密度}\ \boldsymbol{j}=\boldsymbol{j}(x,y,z,t)$$

に対して成り立つ．なお，

$$\text{真空の誘電率}：\varepsilon_0 = 8.854\,187\,817\cdots\ \mathrm{C^2/(N{\cdot}m^2)}$$

$$\text{真空の透磁率}：\mu_0 = 4\pi\times 10^{-7}\ \mathrm{kg{\cdot}m/C^2}$$

であって，光速 c との間に

$$c^2 = \frac{1}{\varepsilon_0\mu_0} \tag{4.1.2}$$

の関係がある．

記号の意味は次のとおりである．まず，div はベクトル $\boldsymbol{E}$ に作用して

$$\mathrm{div}\,\boldsymbol{E} = \frac{\partial E_x}{\partial x}+\frac{\partial E_y}{\partial y}+\frac{\partial E_z}{\partial z} \tag{4.1.3}$$

をつくり出す．つまり，

$$\mathrm{grad} = \left(\frac{\partial}{\partial x},\frac{\partial}{\partial y},\frac{\partial}{\partial z}\right) \tag{4.1.4}$$

とベクトル $\boldsymbol{E}$ のスカラー積

$$\mathrm{div}\,\boldsymbol{E} = \mathrm{grad}\cdot\boldsymbol{E} \tag{4.1.5}$$

であって，電場の**湧き出し**（source）をあたえる．

これに対して，rot はベクトル $\boldsymbol{E}$ に作用してベクトルをつくる：

$$(\mathrm{rot}\,\boldsymbol{E})_x = \frac{\partial E_z}{\partial y}-\frac{\partial E_y}{\partial z},\quad (\mathrm{rot}\,\boldsymbol{E})_y = \frac{\partial E_x}{\partial z}-\frac{\partial E_z}{\partial x},\quad (\mathrm{rot}\,\boldsymbol{E})_z = \frac{\partial E_y}{\partial x}-\frac{\partial E_x}{\partial y} \tag{4.1.6}$$

つまり，rot $\boldsymbol{E}$ は grad と $\boldsymbol{E}$ とのベクトル積

$$\mathrm{rot}\,\boldsymbol{E} = \mathrm{grad}\times\boldsymbol{E} \tag{4.1.7}$$

であって，この場合は電場の**渦度**（vorticity）をあたえる．

マクスウェル方程式（4.1.1）は，相対論よりはるか以前に提案されたものであるが，相対性理論が登場しても ―― ニュートンの運動方程式が前章で見たように変更されたのに対して ―― 変更の必要がなかった．それは，この方程式がローレンツ共変だったからである．すなわち，K 系に対して等速運動する座標系 K′ の観測者が見る電場 $\boldsymbol{E}'$，磁束密度の場 $\boldsymbol{B}'$ に対して

も同じ形の式が成り立つ．これが**共変性**（covariance）である．質点に対するニュートンの運動方程式は共変でないが，相対論的運動方程式(3.2.19)，(3.2.20) は見るからに共変である．

アインシュタインは「すべての慣性系において物理法則は同じ形で成り立つ」という相対性原理を掲げて理論をつくった（§1.4）．この同じ形ということが，すなわち物理法則の共変性にほかならない．

次節ではマクスウェル方程式の共変性を，簡単な，点電荷が一つある場合について見ることにしよう．観測者 K が見たら，この電荷 q は速度 $\boldsymbol{v}=(v_x, v_y, v_z)$ で動いていた．それがつくる場を，K に対して x 軸に沿って速度 V で動く観測者 K′ が見たらどう見えるだろうか？

§4.2　電磁場のローレンツ変換

電磁場は場だから，位置と時間の関数である．K が見る電場なら $\boldsymbol{E}(x, y, z, t)$，磁束密度の場なら $\boldsymbol{B}(x, y, z, t)$ である．K に対して x 軸に沿って速度 V で動く観測者 K′ の見る場は $\boldsymbol{E}'(x', y', z', t')$，$\boldsymbol{B}'(x', y', z', t')$ である．

同一の時空点（事象）P を表わす両者の座標はローレンツ変換 (3.1.1) でつながっている（4－1図）：

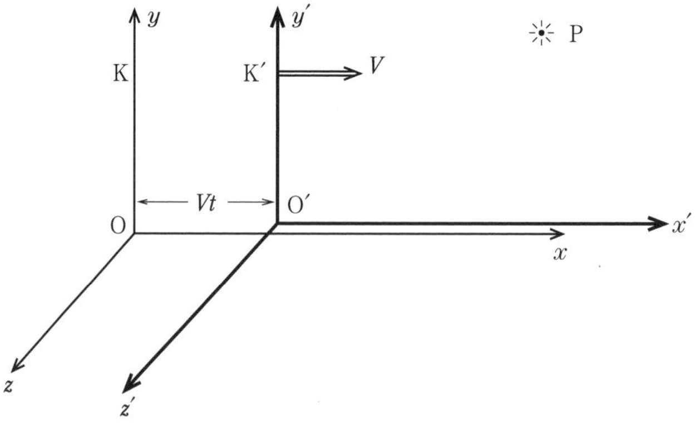

4－1図　座標系 K, K′

$$
\begin{aligned}
x &= \gamma(x' + Vt') \\
y &= y' \\
z &= z' \\
t &= \gamma\left(t' + \frac{V}{c^2}x'\right)
\end{aligned}
\qquad \left(\gamma = \frac{1}{\sqrt{1-\left(\frac{V}{c}\right)^2}}\right) \tag{4.2.1}
$$

アインシュタインによれば，2人の観測者の見る電磁場は，同一時空点Pで比べれば次の，ベクトルともテンソルともつかない奇妙な関係にある[1)]：

$$
\begin{aligned}
E'_x(\mathrm{P}) &= E_x(\mathrm{P}) \\
E'_y(\mathrm{P}) &= \gamma\{E_y(\mathrm{P}) - V B_z(\mathrm{P})\} \\
E'_z(\mathrm{P}) &= \gamma\{E_z(\mathrm{P}) + V B_y(\mathrm{P})\}
\end{aligned} \tag{4.2.2}
$$

および

$$
\begin{aligned}
B'_x(\mathrm{P}) &= B_x(\mathrm{P}) \\
B'_y(\mathrm{P}) &= \gamma\left\{B_y(\mathrm{P}) + \frac{V}{c^2}E_z(\mathrm{P})\right\} \\
B'_z(\mathrm{P}) &= \gamma\left\{B_z(\mathrm{P}) - \frac{V}{c^2}E_y(\mathrm{P})\right\}
\end{aligned} \tag{4.2.3}
$$

これが電磁場のローレンツ変換である．“同一時空点Pで比べれば”といったが，その意味は，例えば $E'_x(\mathrm{P}) = E_x(\mathrm{P})$ でいえば

$$
E'_x(x', y', z', t') = E_x(x, y, z, t) \tag{4.2.4}
$$

が，(x', y', z', t') と (x, y, z, t) が（4.2.1）のようなローレンツ変換で結ばれているとき成り立つということである．

この変換をすれば，K系に対して成り立つマクスウェル方程式がK′系に対しても同じ形で成り立つこと（方程式の共変性）を示そう．

K系の観測者をKとよぶことにしよう．Kが見ると点電荷 q が速度 $\boldsymbol{v}$ で動いているから，Kは電荷密度

$$
\rho(\boldsymbol{r}, t) = q\,\delta(x - v_x t)\,\delta(y - v_y t)\,\delta(z - v_z t) \tag{4.2.5}
$$

と，電流密度

1)　この関係を導き出すことは§7.3.3で行なう．

$$\boldsymbol{j}(\boldsymbol{r}, t) = \boldsymbol{v}\,\rho(x, y, z, t)$$
$$= q\cdot(v_x, v_y, v_z)\,\delta(x - v_x t)\,\delta(y - v_y t)\,\delta(z - v_z t) \tag{4.2.6}$$

を見るわけである．

ここに $\delta(X)$ というのは $X = 0$ に集中した分布を表わす関数であって

$$\delta(X) = 0 \quad (X \neq 0), \qquad \text{および} \quad \int_{-\infty}^{\infty}\delta(X)\,dX = 1 \tag{4.2.7}$$

という性質をもち，ディラック（Dirac）のデルタ関数とよばれる（4－2図）．これらは，任意の滑らかな関数 $f(X)$ に対して

$$\int_{-\infty}^{\infty} f(X)\,\delta(X)\,dX = f(0) \tag{4.2.8}$$

が成り立つとしていい表わすことができる．

ここで，実定数 α に対して，積分変数を $X = X'/\alpha$ に変えることで

$$\int_{-\infty}^{\infty} f(X)\,\delta(\alpha X)\,dX = \int_{-\infty}^{\infty} f\!\left(\frac{X'}{\alpha}\right)\delta(X')\,\frac{dX'}{|\alpha|} = \frac{1}{|\alpha|}\,f(0)$$

となることから

$$\delta(\alpha X) = \frac{1}{|\alpha|}\,\delta(X) \tag{4.2.9}$$

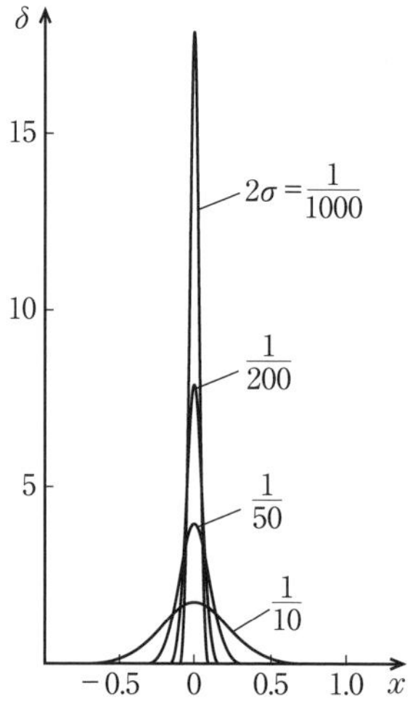

4－2図 デルタ関数に収束する関数の一例 $(2\pi\sigma)^{-1/2}\exp[-X^2/(2\sigma)]$．グラフの下の面積を一定値1に保ちつつ，ピークの幅を狭くし高さを増していく．ピークの幅が0になった極限が一点に集中した分布を表し，デルタ関数になる．

が成り立つことを注意しておく．

§4.3　マクスウェル方程式の共変性

準　備

Kの見る電磁場がマクスウェル方程式 (4.1.1) に従うとき，K′の見る電磁場はどのような方程式に従うだろうか？　それを考えるには準備が必要である．

K系のマクスウェル方程式には $\partial/\partial x$ などの微分演算が出てくる．これをK′系に変換すれば $\partial/\partial x'$ などが出てくるだろう．ローレンツ変換 (4.2.1) によれば，x は x' と t' の関数，t は同じく x' と t' の関数である：

$$x = x(x', t'), \qquad t = t(x', t') \tag{4.3.1}$$

そこで，x' による偏微分に対して

$$\frac{\partial}{\partial x'} = \frac{\partial x}{\partial x'}\frac{\partial}{\partial x} + \frac{\partial t}{\partial x'}\frac{\partial}{\partial t} \tag{4.3.2}$$

が成り立つ．ところが，(4.2.1) によれば

$$\frac{\partial x}{\partial x'} = \gamma, \qquad \frac{\partial t}{\partial x'} = \gamma\frac{V}{c^2} \tag{4.3.3}$$

だから

$$\frac{\partial}{\partial x'} = \gamma\left(\frac{\partial}{\partial x} + \frac{V}{c^2}\frac{\partial}{\partial t}\right) \tag{4.3.4}$$

同様にして

$$\frac{\partial}{\partial t'} = \gamma\left(V\frac{\partial}{\partial x} + \frac{\partial}{\partial t}\right) \tag{4.3.5}$$

また

$$\frac{\partial}{\partial z'} = \frac{\partial}{\partial z}, \qquad \frac{\partial}{\partial y'} = \frac{\partial}{\partial y} \tag{4.3.6}$$

が成り立つ．

方程式の変換　$\left(\mathrm{div}\,\boldsymbol{E} = \dfrac{\rho}{\varepsilon_0}\right)$

x', y', z' に関する div を div′ と書く．rot についても同様とする．

(4.2.2) および (4.3.4), (4.3.6) によれば, $\mathrm{div}' \boldsymbol{E}'$ は次の 3 つの項の和である.

$$\frac{\partial E'_x}{\partial x'} = \gamma\left(\frac{\partial}{\partial x} + \frac{V}{c^2}\frac{\partial}{\partial t}\right)E_x$$

$$\frac{\partial E'_y}{\partial y'} = \frac{\partial}{\partial y}\,\gamma\,(E_y - VB_z)$$

$$\frac{\partial E'_z}{\partial z'} = \frac{\partial}{\partial z}\,\gamma\,(E_x + VB_y).$$

したがって

$$\mathrm{div}' \boldsymbol{E}' = \gamma\left[\mathrm{div}\, \boldsymbol{E} - V\left\{(\mathrm{rot}\, \boldsymbol{B})_x - \frac{1}{c^2}\frac{\partial E_x}{\partial t}\right\}\right].$$

ところが, K 系でのマクスウェル方程式 (4.1.1) によれば

$$\mathrm{div}\, \boldsymbol{E} = \frac{1}{\varepsilon_0}\,\rho$$

および

$$(\mathrm{rot}\, \boldsymbol{B})_x - \varepsilon_0\mu_0\frac{\partial E_x}{\partial t} = \mu_0 j_x = \frac{1}{\varepsilon_0}\frac{v_x}{c^2}\,\rho$$

となる. よって

$$\mathrm{div}' \boldsymbol{E}' = \frac{1}{\varepsilon_0}\,\gamma\left(1 - \frac{Vv_x}{c^2}\right)\rho \tag{4.3.7}$$

となる.

この電荷密度は, K 系から見れば

$$\rho = q\,\delta(x - v_x t)\,\delta(y - v_y t)\,\delta(z - v_z t) \tag{4.3.8}$$

であるが, K′ 系から見るとどう見えるだろうか? 第 1 のデルタ関数の引数は, (4.2.1) により

$$\begin{aligned} x - v_x t &= \gamma\left\{(x' + Vt') - v_x\left(t' + \frac{V}{c^2}x'\right)\right\} \\ &= \gamma\left\{\left(1 - \frac{Vv_x}{c^2}\right)x' - (v_x - V)\,t'\right\} \\ &= \gamma\left(1 - \frac{Vv_x}{c^2}\right)(x' - v'_x t') \end{aligned} \tag{4.3.9}$$

となる. ここで速度の変換則 (3.1.5) を用いた. したがって, (4.2.9) に

より

$$\delta(x - v_x t) = \frac{1}{\gamma\left(1 - \frac{Vv_x}{c^2}\right)}\,\delta(x' - v_x' t') \qquad (4.3.10)$$

となる．また，第2のデルタ関数の引数は

$$y - v_y t = y' - v_y \gamma\left(t' + \frac{V}{c^2}\,x'\right)$$

であるが，いま（4.3.8）がK′系からはどう見えるかを考えているので，これは（4.3.10）を因子として含むから

$$x' = v_x' t' = \frac{v_x - V}{1 - \frac{Vv_x}{c^2}}\,t'$$

としてよい．したがって

$$\begin{aligned} y - v_y t &= y' - v_y \gamma\left(1 + \frac{V}{c^2}\frac{v_x - V}{1 - \frac{Vv_x}{c^2}}\right)t' \\ &= y' - \gamma\left(1 - \frac{V^2}{c^2}\right)\frac{v_y}{1 - \frac{Vv_x}{c^2}}\,t' \qquad (4.3.11) \end{aligned}$$

となり，速度の変換則（3.1.5）により

$$\delta(y - v_y t) = \delta(y' - v_y' t') \qquad (4.3.12)$$

が得られる．同様にして，

$$\delta(z - v_z t) = \delta(z' - v_z' t') \qquad (4.3.13)$$

も得られる．(4.3.10)，(4.3.12)，(4.3.13）をまとめて

$$\begin{aligned} &\delta(x - v_x t)\,\delta(y - v_y t)\,\delta(z - v_z t) \\ &= \frac{1}{\gamma\left(1 - \frac{Vv_x}{c^2}\right)}\,\delta(x' - v_x' t')\,\delta(y' - v_y' t')\,\delta(z' - v_z' t') \end{aligned} \qquad (4.3.14)$$

が得られた．よって，(4.3.7）は

$$\mathrm{div}'\,\boldsymbol{E}' = \frac{q}{\varepsilon_0}\,\delta(x' - v_x' t')\,\delta(y' - v_y' t')\,\delta(z' - v_z' t') \qquad (4.3.15)$$

となる．これは K′ 系から見た電場の湧き出し方程式であるが，K 系から見た（4.1.1）の湧き出し方程式と同じ形をしている．その湧き出し点も正しく K′ 系から見た速度 $\boldsymbol{v}' = (v'_x, v'_y, v'_z)$ で走っている．

方程式の変換 $\left(\mathrm{rot}\,\boldsymbol{B} = \mu_0 \boldsymbol{j} + \varepsilon_0\mu_0 \dfrac{\partial \boldsymbol{E}}{\partial t}\right)$

この磁場の渦度方程式が，K′ 系で見たとき左辺にもつ rot′ $\boldsymbol{B}'$ の x' 成分は，公式（4.3.6）によれば

$$(\mathrm{rot}'\,\boldsymbol{B}')_x = \frac{\partial B'_z}{\partial y'} - \frac{\partial B'_y}{\partial z'}$$
$$= \frac{\partial B'_z}{\partial y} - \frac{\partial B'_y}{\partial z}$$

となるが，$\boldsymbol{B}'$ に（4.2.3）を用いれば

$$(\mathrm{rot}'\,\boldsymbol{B}')_x = \frac{\partial}{\partial y}\gamma\left(B_z - \frac{V}{c^2}E_y\right) - \frac{\partial}{\partial z}\gamma\left(B_y + \frac{V}{c^2}E_z\right)$$
$$= \gamma\,(\mathrm{rot}\,\boldsymbol{B})_x - \gamma\frac{V}{c^2}\left(\frac{\partial E_y}{\partial y} + \frac{\partial E_z}{\partial z}\right). \tag{4.3.16}$$

また，磁場の渦度方程式の右辺の第 2 項の x' 成分は（4.3.5）より

$$\frac{\partial E'_x}{\partial t'} = \gamma\left(V\frac{\partial E'_x}{\partial x} + \frac{\partial E'_x}{\partial t}\right)$$

となり，（4.2.2）により $E'_x = E_x$ だから

$$\frac{\partial E'_x}{\partial t'} = \gamma\left(V\frac{\partial E_x}{\partial x} + \frac{\partial E_x}{\partial t}\right) \tag{4.3.17}$$

となる．

（4.3.16）と（4.3.17）から

$$(\mathrm{rot}'\,\boldsymbol{B}')_x - \varepsilon_0\mu_0\frac{\partial E'_x}{\partial t'} = \gamma\left\{(\mathrm{rot}\,\boldsymbol{B})_x - \varepsilon_0\mu_0\frac{\partial E_x}{\partial t} - \frac{V}{c^2}\,\mathrm{div}\,\boldsymbol{E}\right\}. \tag{4.3.18}$$

ところが，マクスウェル方程式から

$$(\mathrm{rot}\,\boldsymbol{B})_x - \varepsilon_0\mu_0\frac{\partial E_x}{\partial t} = \mu_0 j_x$$

$$\frac{V}{c^2}\,\mathrm{div}\,\boldsymbol{E} = \frac{V}{c^2}\frac{1}{\varepsilon_0}\,\rho = \mu_0 V\rho$$

だから，(4.3.14) により

$$(\mathrm{rot}'\,\boldsymbol{B}')_x - \varepsilon_0\mu_0\frac{\partial E_x'}{\partial t'} = \mu_0\frac{v_x - V}{1 - \dfrac{Vv_x}{c^2}}\,q\,\delta(x' - v_x't')\,\delta(y' - v_y't')\,\delta(z' - v_z't') \tag{4.3.19}$$

となる．(3.1.5) を思い出せば，デルタ関数の前にある因子は qv_x' であるから右辺は $\mu_0 j_x'$ に等しい．(4.3.19) が K′ 系で見た磁場の渦度方程式の x' 成分であるが，K 系で見た方程式と同じ形をしている．

渦度方程式の y' 成分は

$$(\mathrm{rot}'\,\boldsymbol{B}')_y = \frac{\partial B_x'}{\partial z'} - \frac{\partial B_z'}{\partial x'} = \frac{\partial B_x}{\partial z} - \gamma^2\left(\frac{\partial}{\partial x} + \frac{V}{c^2}\frac{\partial}{\partial t}\right)\left(B_z - \frac{V}{c^2}E_y\right) \tag{4.3.20}$$

と

$$\varepsilon_0\mu_0\frac{\partial E_y'}{\partial t'} = \frac{\gamma^2}{c^2}\left(V\frac{\partial}{\partial x} + \frac{\partial}{\partial t}\right)(E_y - VB_z) \tag{4.3.21}$$

の差をとって

$$\begin{aligned}(\mathrm{rot}'\,\boldsymbol{B}')_y - \varepsilon_0\mu_0\frac{\partial E_y'}{\partial t'} &= (\mathrm{rot}\,\boldsymbol{B})_y - \varepsilon_0\mu_0\frac{\partial E_y}{\partial t}\\ &= \mu_0 j_y\\ &= \mu_0 q v_y\,\delta(x - v_x t)\,\delta(y - v_y t)\,\delta(z - v_z t)\end{aligned} \tag{4.3.22}$$

となるが，最右辺は (4.3.14)，(3.1.5) によって

$$\mu_0 q v_y'\,\delta(x' - v_x't)\,\delta(y' - v_y't)\,\delta(z' - v_z't) = \mu_0 j_y'$$

に等しいから

$$(\mathrm{rot}'\,\boldsymbol{B}')_y - \varepsilon_0\mu_0\frac{\partial E'_y}{\partial t'} = \mu_0 j'_y \tag{4.3.23}$$

が得られた．これが K′ 系で見た磁場の渦度方程式の y' 成分であるが，K 系で見た式と同じ形をしている．z' 成分も同じ形になることが確かめられる．

同様にして，磁場の湧き出し方程式，電場の渦度方程式も K 系から K′ 系に変換しても同じ形になることがわかる．

こうして，マクスウェル方程式の共変性が確かめられた．ここでは等速度運動する点電荷の場に対して共変性を調べたが，点電荷の場合，マクスウェル方程式は点電荷の位置と速度は含むが加速度は含まない．そして，任意の電荷・電流分布は点電荷の集まりであり，方程式は線形であるから，任意の電荷・電流分布に対してマクスウェル方程式の共変性は確かめられたといってよい．

§4.4　電荷密度と電流密度の変換性

前節の証明の過程で電荷密度，電流密度の変換性も得られた．すなわち，

$$c\rho = j^0 \tag{4.4.1}$$

と書けば

$$\begin{aligned} j^{0\prime}(\mathrm{P}) &= \gamma\,\{j^0(\mathrm{P}) - \beta\, j_x(\mathrm{P})\} \\ j'_x(\mathrm{P}) &= \gamma\,\{j_x(\mathrm{P}) - \beta\, j^0(\mathrm{P})\} \\ j'_y(\mathrm{P}) &= j_y(\mathrm{P}) \\ j'_z(\mathrm{P}) &= j_z(\mathrm{P}) \end{aligned} \tag{4.4.2}$$

が成り立つ．これは，K 系から K′ 系に移るとき，同じ時空点 P の $(c\rho, \boldsymbol{j})$ が $(ct, \boldsymbol{x})$ と同様のローレンツ変換を受けることを示している．$(c\rho, \boldsymbol{j})$ も 4 元ベクトルなのである．

§4.5 ローレンツ力の変換性

慣性系 K において，電磁場 $\boldsymbol{E}$, $\boldsymbol{B}$ を点電荷 q が速度 $\boldsymbol{v}$ で走るときに受ける力，すなわちローレンツ力

$$\boldsymbol{f} = q\,(\boldsymbol{E} + \boldsymbol{v} \times \boldsymbol{B}) \tag{4.5.1}$$

は，K′ 系で見たらどう見えるだろうか？　ここでは，K′ 系のローレンツ力

$$\boldsymbol{f}' = q\,(\boldsymbol{E}' + \boldsymbol{v}' \times \boldsymbol{B}') \tag{4.5.2}$$

を K 系の量で表わしてみよう．

その x' 成分は，(4.2.2)，(4.2.3) と (3.1.5) により

$$\begin{aligned}\frac{f'_x}{q} &= E'_x + v'_y B'_z - v'_z B'_y \\ &= E_x + \frac{1}{1 - \dfrac{v_x V}{c^2}}\left\{v_y\left(B_z - \frac{V}{c^2}E_y\right) - v_z\left(B_y + \frac{V}{c^2}E_z\right)\right\} \\ &= \frac{1}{1 - \dfrac{V v_x}{c^2}}\left[E_x + (v_y B_z - v_z B_y) - \frac{V}{c^2}(v_x E_x + v_y E_y + v_z E_z)\right]\end{aligned}$$

となる．ここで恒等式 (3.1.9) を思い出せば

$$\begin{aligned}&\frac{f'_x}{\sqrt{1 - \left(\dfrac{v'}{c}\right)^2}} \\ &= \frac{q}{\sqrt{1 - \left(\dfrac{V}{c}\right)^2}}\left\{\frac{E_x + (v_y B_z - v_z B_y)}{\sqrt{1 - \left(\dfrac{v}{c}\right)^2}} - \frac{V}{c^2}\frac{v_x E_x + v_y E_y + v_z E_z}{\sqrt{1 - \left(\dfrac{v}{c}\right)^2}}\right\}\end{aligned} \tag{4.5.3}$$

と書ける．ここで，4 元力の定義 (3.2.17) を思い出し

$$F^0 = \frac{1}{c}\frac{\boldsymbol{f} \cdot \boldsymbol{v}}{\sqrt{1 - \left(\dfrac{v}{c}\right)^2}}, \qquad F^k = \frac{f_k}{\sqrt{1 - \left(\dfrac{v}{c}\right)^2}} \qquad (k = 1, 2, 3) \tag{4.5.4}$$

とおけば，上の (4.5.3) は

$$F'_x = \gamma\left(F_x - \frac{V}{c^2}\boldsymbol{F} \cdot \boldsymbol{v}\right) \tag{4.5.5}$$

となる．これは 4 元力としての変換式（3.2.22）の x' 成分である．変換式の y', z' 成分も同様にして導かれる：

$$F'_y = F_y, \qquad F'_z = F_z. \tag{4.5.6}$$

これら 3 式から 4 元力の第 0 成分を計算すると，（3.1.5）を用いて

$$\boldsymbol{F}' \cdot \boldsymbol{v}' = \gamma \frac{1}{1 - \frac{Vv_x}{c^2}} \left\{ v_x F_x - VF_x - \frac{Vv_x}{c^2} \boldsymbol{F} \cdot \boldsymbol{v} \right.$$
$$\left. + \frac{V^2}{c^2} \boldsymbol{F} \cdot \boldsymbol{v} + \frac{1}{\gamma^2} (F_y v_y + F_z v_z) \right\}$$

となるが，$1/\gamma^2 = 1 - (V/c)^2$ の 1 の部分と $\{\cdots\}$ 内の第 1, 3 項を合わせて

$$\left(1 - \frac{Vv_x}{c^2}\right) \boldsymbol{F} \cdot \boldsymbol{v}$$

を得る．$1/\gamma^2$ の $-(V/c)^2$ の部分と $\{\cdots\}$ 内の第 2, 4 項を合わせると

$$-\left(1 - \frac{Vv_x}{c^2}\right) VF_x$$

となる．合計すれば

$$\boldsymbol{F}' \cdot \boldsymbol{v}' = \gamma (\boldsymbol{F} \cdot \boldsymbol{v} - VF_x) \tag{4.5.7}$$

が得られる．これは 4 元力の変換式（3.2.22）の第 0 成分である．この成分は他の 3 成分（4.5.5），（4.5.6）と独立ではないのだった．こうして，ローレンツ力が 4 元力としてローレンツ変換に従うことがわかった．

一般の力の変換性

われわれは § 3.2.2 で力の変換性をひとまず仮定して先に進むことにした．その変換性とは，力 $\boldsymbol{f}$ の作用点が速度 $\boldsymbol{v}$ で走っている慣性系で

$$F^0 = \frac{1}{c} \frac{\boldsymbol{f} \cdot \boldsymbol{v}}{\sqrt{1 - \left(\frac{v}{c}\right)^2}}, \qquad F^k = \frac{f^k}{\sqrt{1 - \left(\frac{v}{c}\right)^2}} \qquad (k = 1, 2, 3) \tag{4.5.8}$$

を定義すると，$(F^0, \boldsymbol{F})$ が 4 元ベクトルとしてローレンツ変換されるということであった．宿題として残してきたその証明を，いまやすることができる．

上で，ローレンツ力がこの変換性をもつことが証明された．これは，他の種類の力も同じ変換性をもつことを意味する．なぜなら，ある慣性系Kで一つの質点にローレンツ力 $\boldsymbol{f}_{\mathrm{Lor}}$ と別の力 $\boldsymbol{f}$ がはたらいてつりあっている場合を考えると，このつりあい

$$\boldsymbol{f}_{\mathrm{Lor}} + \boldsymbol{f} = 0 \qquad (\text{K系で})$$

は，別の慣性系K′から見てもやはり成り立っているはずである：

$$\boldsymbol{f}'_{\mathrm{Lor}} + \boldsymbol{f}' = 0 \qquad (\text{K}'\text{系で}).$$

そのためには，K系からK′系への移行に際して力 $\boldsymbol{f}$ の受ける変換はローレンツ力 $\boldsymbol{f}_{\mathrm{Lor}}$ の受ける変換と同じでなければならない．

§4.6　等速度運動する点電荷の場

例によって，K系に対して，その x 軸の正の向きに等速度 $\boldsymbol{V}$ で運動するK′系を考える（4-1図）．

K′系の原点O′に静止している点電荷 q は，K′系で見ればクーロン場

$$\boldsymbol{E}'(x', y', z') = \frac{q}{4\pi\varepsilon_0}\frac{(x', y', z')}{r'^3} \tag{4.6.1}$$

をつくり，磁場はない：

$$\boldsymbol{B}' = 0 \tag{4.6.2}$$

ここに

$$r' = \sqrt{x'^2 + y'^2 + z'^2} \tag{4.6.3}$$

である．

この場をK系から見れば，x 軸に沿って速度 $\boldsymbol{V}$ の等速度運動している点電荷 q のつくる場が得られる．変換式（4.2.2），（4.2.3）を逆に解いて

$$\begin{aligned} E_x(x, y, z, t) &= E'_x(x', y', z', t') \\ E_y(x, y, z, t) &= \gamma\,\{E'_y(x', y', z', t') + V\,B'_z(x', y', z', t')\} \\ E_z(x, y, z, t) &= \gamma\,\{E'_z(x', y', z', t') - V\,B'_y(x', y', z', t')\} \end{aligned} \tag{4.6.4}$$

および

$$
\begin{aligned}
B_x(x, y, z, t) &= B'_x(x', y', z', t') \\
B_y(x, y, z, t) &= \gamma\left\{B'_y(x', y', z', t') - \frac{V}{c^2}E'_z(x', y', z', t')\right\} \\
B_z(x, y, z, t) &= \gamma\left\{B'_z(x', y', z', t') + \frac{V}{c^2}E'_y(x', y', z', t')\right\}
\end{aligned}
\tag{4.6.5}
$$

が得られる．(x, y, z, t) と (x', y', z', t') は同一の時空点 P の座標であってローレンツ変換で結ばれている．いまの場合，右辺に t' 依存性はなく，$\boldsymbol{B}' = 0$ である．

この変換式を場 (4.6.1)，(4.6.2) に適用しよう．

4.6.1 電 場

まず，電場 (4.6.4) を見る．(4.6.1) および (3.1.1) を用いて

$$
\begin{aligned}
E_x(x, y, z, t) &= \frac{q}{4\pi\varepsilon_0}\frac{\gamma(x - Vt)}{r^3} \\
E_y(x, y, z, t) &= \gamma\frac{q}{4\pi\varepsilon_0}\frac{y}{r^3} \\
E_z(x, y, z, t) &= \gamma\frac{q}{4\pi\varepsilon_0}\frac{z}{r^3}
\end{aligned}
\tag{4.6.6}
$$

ここに

$$
r = \sqrt{\gamma^2(x - Vt)^2 + y^2 + z^2} \tag{4.6.7}
$$

である．

$x - Vt = \bar{x}$ とおけば，点 $\mathrm{P}(x, y, z)$ における電場ベクトル $\boldsymbol{E}$ は

$$
\boldsymbol{R} = (\bar{x}, y, z), \qquad \cos\theta = \frac{\bar{x}}{R} \tag{4.6.8}
$$

の方向，すなわち電荷の位置 $\mathrm{O}'(Vt, 0, 0)$ から $\mathrm{P}(x, y, z)$ に向けて引いた矢印 $\boldsymbol{R}$ の方向に沿って放射状である（4 - 3 図）．$\beta = V/c$ を用いて

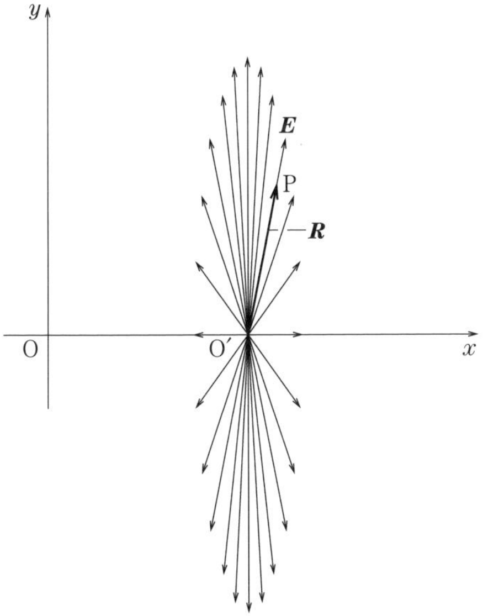

4-3図　等速度運動する点電荷の電気力線．$\gamma = 5$ として描いた．

$$r^2 = \frac{\bar{x}^2}{1-\beta^2} + y^2 + z^2$$
$$= \frac{\beta^2}{1-\beta^2}\bar{x}^2 + (\bar{x}^2 + y^2 + z^2)$$
$$= R^2\left(1 + \frac{\beta^2}{1-\beta^2}\cos^2\theta\right) \tag{4.6.9}$$

となり，電場の強さは

$$E = \frac{1}{4\pi\varepsilon_0}\frac{q}{R^2}\frac{1}{(1-\beta^2)^{1/2}}\frac{1}{\left(1 + \dfrac{\beta^2}{1-\beta^2}\cos^2\theta\right)^{3/2}} \tag{4.6.10}$$

となって，粒子が高速で走る場合（$1-\beta^2 \ll 1$ のとき）異方的になる．θ は x 軸から $\boldsymbol{R}$ までの角である．電場は

$$\cos^2\theta < 1-\beta^2,\quad すなわち\quad \left(\frac{\pi}{2}-\theta\right)^2 < 1-\beta^2 \tag{4.6.11}$$

の角度範囲に集中する．たとえば

$$\left.\begin{aligned} E\left(\theta = \frac{\pi}{2}\right) &= \frac{1}{(1-\beta^2)^{1/2}} \\ E(\theta = 0) &= (1-\beta^2) \end{aligned}\right\} \cdot \frac{q}{4\pi\varepsilon_0}\frac{1}{R^2} \tag{4.6.12}$$

となる．

いいかえれば，電場の強さが一定の面は

$$R^2\left(1 + \frac{\beta^2}{1-\beta^2}\cos^2\theta\right) = \frac{\bar{x}^2}{1-\beta^2} + y^2 + z^2 = \text{const.}$$

という，電荷の位置を中心とする球面が x 軸方向にローレンツ収縮した形（楕円面）になる．

4.6.2　磁　場

走る電荷は，まわりに磁束密度の場もつくる．(4.6.1)，(4.6.2) を (4.6.5) で変換して，磁束密度は

$$\boldsymbol{B}(x, y, z, t) = \frac{1}{c^2}\,\boldsymbol{V} \times \boldsymbol{E}(x, y, z, t) \tag{4.6.13}$$

と書ける．$\boldsymbol{V} = (V, 0, 0)$ だから $B_x = 0$ である．(4.6.6) の電場 $\boldsymbol{E}$ は荷電粒子の位置 O′ から放射状だから，磁束密度 $\boldsymbol{B}$ は x 軸を中心に渦を巻く．その向きは，$q > 0$ の場合，粒子の進む向きに進めようと右ネジをまわす向きである．磁束密度の大きさは，電場の $\boldsymbol{V}$ に垂直な成分を $E_\perp$ とすれば

$$B(x, y, z, t) = \frac{V}{c^2}\,E_\perp \tag{4.6.14}$$

であって，電場の強さと似た異方性をもつ．

こうして，粒子の速さが光速に近い場合，それがつくる電場も磁束密度も粒子の速度にほとんど垂直になる．それらの強さの比も $1/c$ に近い．光（横波）の波束ともいえる様相を呈するのである．

§4.7　走る水素原子

原子核（電荷 e）のまわりを1個の電子（電荷 $-e$）が周回しているのが水素原子である．それがK系で見て x 軸方向に速度 $\boldsymbol{V}$ で走っていると

して電子の運動を考えよう．

電子の運動方程式は

$$\frac{d}{dt}\frac{m_0\boldsymbol{v}}{\sqrt{1-\left(\dfrac{v}{c}\right)^2}} = -\,e\left\{\boldsymbol{E}(x, y, z, t) + \boldsymbol{v}\times\boldsymbol{B}(x, y, z, t)\right\} \tag{4.7.1}$$

である．$\boldsymbol{E}$ と $\boldsymbol{B}$ は原子核のつくる電場と磁束密度で，それぞれ (4.6.6)，(4.6.13) の q を e とした式で与えられる．そして，

$$\boldsymbol{v} = \left(\frac{dx}{dt}, \frac{dy}{dt}, \frac{dz}{dt}\right) \tag{4.7.2}$$

である．(4.7.1) の x，y，z 成分は $\boldsymbol{v}$ を通して複雑にからみ合っている．

この方程式を解くには，いったん原子核が原点 O′ に静止して見える K′ 系に移るのがよい．電子の運動方程式はローレンツ共変だから，K′ 系では

$$\frac{d}{dt'}\frac{m_0\boldsymbol{v}'}{\sqrt{1-\left(\dfrac{v'}{c}\right)^2}} = -\,e\,\boldsymbol{E}'(x', y', z') \tag{4.7.3}$$

となる．

$$\boldsymbol{v}' = \left(\frac{dx'}{dt'}, \frac{dy'}{dt'}, \frac{dz'}{dt'}\right) \tag{4.7.4}$$

である．電場 $\boldsymbol{E}'$ は (4.6.1) にあたえられている．この系 K′ では原子核は静止しているから磁場はない．

この運動方程式の解は，初期条件に応じてさまざまになる．いまは最も簡単な，速度 $\boldsymbol{V}$ に垂直な平面内での等速円運動（4 - 4 図）

$$x'(t') = 0, \qquad y'(t') = a\cos\omega t', \qquad z'(t') = a\sin\omega t' \tag{4.7.5}$$

を考えてみよう．軌道半径が a，公転の角速度が ω である．このとき

$$v'_x(t') = 0, \qquad v'_y(t') = -\,a\omega\sin\omega t', \qquad v'_z = a\omega\cos\omega t' \tag{4.7.6}$$

であって

$$v'^2 = (a\omega)^2 \tag{4.7.7}$$

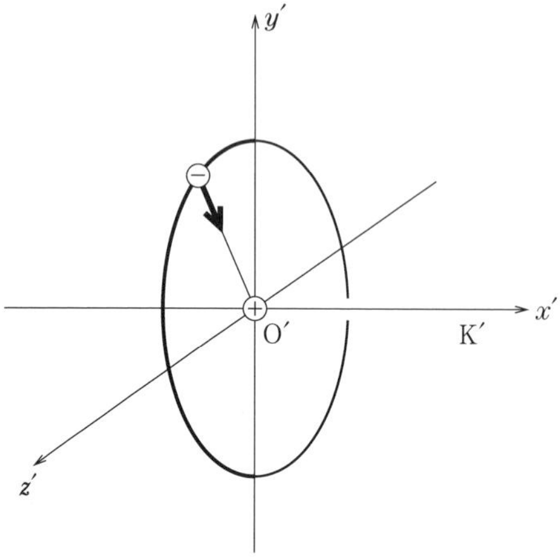

4-4図　原子の静止系 K′

は一定だから，運動方程式 (4.7.3) は

$$\frac{m_0}{\sqrt{1-\left(\frac{a\omega}{c}\right)^2}}\frac{d^2}{dt'^2}\begin{pmatrix} y' \\ z' \end{pmatrix} = -\frac{e^2}{4\pi\varepsilon_0 a^3}\begin{pmatrix} y' \\ z' \end{pmatrix} \tag{4.7.8}$$

となる．これから軌道半径 a と角振動数 ω の関係が

$$\frac{m_0}{\sqrt{1-\left(\frac{a\omega}{c}\right)^2}}a\omega^2 = \frac{1}{4\pi\varepsilon_0}\frac{e^2}{a^2} \tag{4.7.9}$$

と定まる．a と ω のそれぞれを定めるには初期条件が必要である．いま，それらは定まったものとしよう．

さて，この運動を K 系から見たらどう見えるか？　それには (4.7.5) をローレンツ変換する．そうすると

$$x(t) = \gamma Vt', \qquad y(t) = y'(t'), \qquad z(t) = z'(t'), \qquad t = \gamma t' \tag{4.7.10}$$

となる (4-5図)．$x(t)$ は原子が速度 $\boldsymbol{V}$ で x 軸に沿って走っていることを表わしている．$y(t)$ を具体的に書けば $y(t) = a\cos\omega t'$ であるが，(4.7.10) により $t' = t/\gamma$ だから，$z(t)$ も同様にして

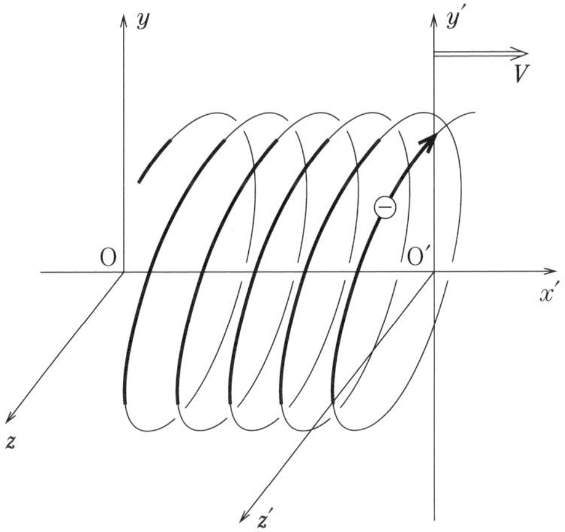

4-5図 等速度運動する水素原子．電子の公転周期は γ 倍に延びている．

$$y(t) = a\cos\frac{\omega t}{\gamma}, \qquad z(t) = a\sin\frac{\omega t}{\gamma} \tag{4.7.11}$$

となる．電子の運動を yz 面に射影すれば等速円運動であることに変わりはないが，その角振動数は K′ 系のそれと比べて $1/\gamma$ 倍になっている．公転周期でいえば γ 倍に伸びている．“走る時計は遅れる”のである．

運動 (4.7.10)，(4.7.11) が運動方程式 (4.7.1) をみたすことを確かめておこう．まず，右辺の力 $\boldsymbol{f}$ は

$$\boldsymbol{E} = (0,\, \gamma E_y',\, \gamma E_z'), \qquad \boldsymbol{B} = \gamma\frac{V}{c^2}(0,\, -E_z',\, E_y') \tag{4.7.12}$$

および (4.7.10) より得られる

$$\boldsymbol{v} = \left(V,\, -\frac{a\omega}{\gamma}\sin\omega t',\, \frac{a\omega}{\gamma}\cos\omega t'\right) = \left(V,\, -\frac{\omega}{\gamma}z',\, \frac{\omega}{\gamma}y'\right) \tag{4.7.13}$$

から

$$-e\boldsymbol{E} = -e\gamma(0,\, E_y',\, E_z')$$

と

$$-e\boldsymbol{v}\times\boldsymbol{B} = -e\gamma\frac{V}{c^2}(v_yE'_y+v_zE'_z,\ -v_xE'_y,\ -v_xE'_z)$$

$$= -e\gamma\frac{V}{c^2}(\omega(-z'E'_y+y'E'_z),\ -VE'_y,\ -VE'_z)$$

$$= e\gamma\left(\frac{V}{c}\right)^2(0,\ E'_y,\ E'_z)$$

の和であって

$$\boldsymbol{f} = -\frac{e}{\gamma}(0,\ E'_y,\ E'_z) \tag{4.7.14}$$

となる．他方，(4.7.13) から

$$v^2 = V^2+\left(\frac{a\omega}{\gamma}\right)^2 = V^2+(a\omega)^2-\frac{V^2}{c^2}(a\omega)^2 \tag{4.7.15}$$

となるから，運動方程式 (4.7.1) の左辺において

$$\sqrt{1-\left(\frac{v}{c}\right)^2} = \sqrt{1-\left(\frac{V}{c}\right)^2}\sqrt{1-\left(\frac{a\omega}{c}\right)^2} \tag{4.7.16}$$

という因数分解が成り立つ．

よって，運動方程式 (4.7.1) の x 成分はトリヴィアルで，y, z 成分は

$$\gamma\frac{1}{\sqrt{1-\left(\frac{a\omega}{c}\right)^2}}\frac{d^2}{dt^2}\begin{pmatrix} y \\ z \end{pmatrix} = -\frac{e}{\gamma}\begin{pmatrix} E'_y \\ E'_z \end{pmatrix} \tag{4.7.17}$$

となる．これを (4.7.11) がみたすことは，(4.7.8) に注意すれば容易に確かめられる．

章末問題

[1]　辺の長さ a, b の長方形の平板コンデンサーが，その静止系で電荷 $\pm Q$ に荷電されている．これが，その一辺と平行に速度 $\boldsymbol{V}$ で走っているとき，極板がおよぼし合う力をもとめよ．

[2]　x 軸に沿って静止している太さ 0 の導線に単位長さあたり σ の電荷が載っている．そのまわりにできる電場を x 軸に沿って速度 $\boldsymbol{V}$ で動く観測者が見た

ら，どう見えるか？　また，その場は，クーロンの法則，アンペールの法則をみたしているか？

［3］ $\boldsymbol{E}^2 - c^2\boldsymbol{B}^2$ および $\boldsymbol{E}\cdot\boldsymbol{B}$ はローレンツ変換（4.2.2），（4.2.3）で不変なことを示せ．これは，電磁波に対して何を意味するか？

［4］ 等速度運動する点電荷のつくる電磁場は（4.6.6），（4.6.10），（4.6.13）にあたえられている．この電磁場の特徴（4.6.13），（4.6.10）は前問の不変量から得られることを説明せよ．

［5］ 電子は半径 a の球形で，その中心軸のまわりに角速度 $\boldsymbol{\Omega}$ で自転しているとする．自転軸を極軸とする極座標で，質量密度を $\kappa(r)$，電荷密度を $\rho(r)$ として，電子の自転角運動量（スピン）$\boldsymbol{S}$ と磁気モーメント $\boldsymbol{M}$ をもとめよ．

電子の質量と電荷が

（a） 球内に一様に分布している場合

（b） 球の表面に一様に分布している場合

に M/S はいくらになるか？

（c） 電荷は電子の表面に一様に分布し，質量は中心からの距離に反比例する密度で分布するとしたら，比 M/S はいくらになるか？

［6］ 電子は半径 a の球で，その表面に一様に帯電しているとし，球は静止した中心のまわりに自転角速度 $\boldsymbol{\Omega}$ で自転しているとする．

（a） この電子の磁気モーメント $\boldsymbol{M}$ をもとめよ．

（b） 球のまわりの電磁場のもつ運動量が電子の運動量であるとして（電磁場一元論），電子の角運動量 $\boldsymbol{S}$ を計算せよ．M/S の比はいくらになるか？電子の電荷と質量で表わせ．非相対論的に（速さ）$/c$ の1次まで計算する．

5 4次元世界

ニュートン力学の世界はユークリッド幾何学が支配する．空間の等方性を反映して座標軸の回転に対する変換性によりベクトルやテンソルが定義された．力学でも電磁気学でも基本方程式はベクトル方程式であり，座標軸を回転しても形を変えないことが一目瞭然であった．

相対性理論の世界はローレンツ変換が支配するミンコフスキー空間である．そこで，ローレンツ変換に対する変換性によりミンコフスキー・ベクトルやミンコフスキー・テンソルを定義する．これらを使って相対性理論の方程式を書き表わしておけば，ローレンツ変換しても形の変わらないこと（共変性）が一目瞭然となる．ミンコフスキー空間のベクトルやテンソルは相対性理論を言い表わすための基本言語である．

§5.1 一般化されたローレンツ変換

これからは，事象の座標を

$$x^0 = ct, \qquad x^1 = x, \qquad x^2 = y, \qquad x^3 = z \tag{5.1.1}$$

とし，まとめて $x^\mu (\mu = 0, 1, 2, 3)$ と書こう．

5.1.1 添字の上げ下げ

$$(g_{\mu\nu}) = \begin{pmatrix} 1 & 0 & 0 & 0 \\ 0 & -1 & 0 & 0 \\ 0 & 0 & -1 & 0 \\ 0 & 0 & 0 & -1 \end{pmatrix} \tag{5.1.2}$$

を定義し，反変ベクトル x^μ から共変ベクトル x_μ への移行を

$$x_\mu = g_{\mu\nu}\, x^\nu \tag{5.1.3}$$

と書こう．ここで，**アインシュタインの規約**を用いている．1つの項のなかに同じギリシャ文字の上付き添字と下付き添字が現れたら，その添字について0から3まで和をとる，という規約である（巻頭の「記号について」を参照）．(5.1.3) を用いれば

$$x^\mu\, y_\mu = x^\mu\, g_{\mu\nu}\, y^\nu$$

と書ける．これはスカラーであるから，x^μ と y^μ のスカラー積という．

下付き添字の $x_\mu = g_{\mu\nu}\, x^\nu$ を上付き添字に直すために $g^{\mu\nu}$ といったものを掛けて

$$g^{\lambda\mu}\, x_\mu = g^{\lambda\mu}\, g_{\mu\nu}\, x^\nu = x^\lambda$$

となったとしよう．任意のベクトル x^ν に対して，こうなるためには

$$g^{\lambda\mu}\, g_{\mu\nu} = \begin{cases} 1 & (\lambda = \nu) \\ 0 & (\lambda \neq \nu) \end{cases} \tag{5.1.4}$$

とならなければならない．行列 $g^{\mu\nu}$ と $g_{\mu\nu}$ は互いに相手の逆行列になっている．実は，行列としては同じ (5.1.2) である．

$g_{\mu\nu}$ を使えば上付き添字を下げることができ，$g^{\mu\nu}$ を使えば下付き添字を上げることができる．この規則によれば，(5.1.4) は

$$g^{\lambda\mu}\, g_{\mu\nu} = g^\lambda_\nu \tag{5.1.5}$$

となるべきだから

$$g^\lambda_\nu = \begin{cases} 1 & (\lambda = \nu) \\ 0 & (\lambda \neq \nu) \end{cases} \tag{5.1.6}$$

と定義することにしよう．

5.1.2　ローレンツ変換の定義

ローレンツ変換は，§1.4 では光速不変を原理として，すなわち変換をしても

$$x^\mu\, g_{\mu\nu}\, x^\nu = (ct)^2 - (x^1)^2 - (x^2)^2 - (x^3)^2 = 0$$

が保たれるという原理から定めた．“保たれる”という意味は，x^μ から $x^{\mu\prime}$ に変換しても

$$x^{\mu\prime}\, g_{\mu\nu}\, x^{\nu\prime} = x^\mu\, g_{\mu\nu}\, x^\nu \tag{5.1.7}$$

になっていて，ともに0だということである．

しかし，そうして定めた (1.4.17) ～ (1.4.19) によれば，右辺が0になるような x^μ に限らず，0にならないような x^μ に対しても (5.1.7) は成り立ち，すなわち

$$x^\mu\, x_\mu = (\text{不変}) \tag{5.1.8}$$

となっていた．

ここまでは，ある慣性系Kから，K系の x 軸に沿って一定の速度で走る座標系K′への変換を考えていた．§2.5では，もっと広い変換を考えたが，それでも (5.1.8)，すなわち (5.1.7) は成り立っていた．

そこで，**(一般化された) ローレンツ変換**を，斉次線形変換

$$x^{\mu\prime} = \Lambda^\mu{}_\nu\, x^\nu \tag{5.1.9}$$

であって，(5.1.8)，すなわち (5.1.7) を成り立たせるものと定義しよう．$\Lambda^\mu{}_\nu$ は定数行列である．そして，座標変換 (5.1.9) にともなって，同じ形の変換

$$a^{\mu\prime} = \Lambda^\mu{}_\nu\, a^\nu \tag{5.1.10}$$

を受ける4成分の量 a^μ は，ミンコフスキー空間におけるベクトルともいうべきもので，これを4元**反変ベクトル** (contravariant vector) とよぶことにしよう．$a_\mu = g_{\mu\nu}\, a^\nu$ は**共変ベクトル** (covariant vector) という．

しばらく，x^μ を4元ベクトルの代表としてとり，縦ベクトルの形に書いて，ローレンツ変換 (5.1.9) を

$$\begin{pmatrix} x^{0\prime} \\ \vdots \\ x^{3\prime} \end{pmatrix} = \begin{pmatrix} \Lambda^0{}_0 & \cdots & \Lambda^0{}_3 \\ \vdots & \vdots & \vdots \\ \Lambda^3{}_0 & \cdots & \Lambda^3{}_3 \end{pmatrix} \begin{pmatrix} x^0 \\ \vdots \\ x^3 \end{pmatrix} \tag{5.1.11}$$

と書こう．

§5.2　ローレンツ変換の例

ローレンツ変換の例としては，x^1 軸の正の向きに速度 $\boldsymbol{V}$ で動く座標系への変換（2.1.20）

$$\Lambda(V)=\begin{pmatrix}\gamma & -\gamma\beta & 0 & 0\\ -\gamma\beta & \gamma & 0 & 0\\ 0 & 0 & 1 & 0\\ 0 & 0 & 0 & 1\end{pmatrix}=\begin{pmatrix}\cosh\chi & -\sinh\chi & 0 & 0\\ -\sinh\chi & \cosh\chi & 0 & 0\\ 0 & 0 & 1 & 0\\ 0 & 0 & 0 & 1\end{pmatrix} \tag{5.2.1}$$

が典型的である．ここで

$$\gamma=\frac{1}{\sqrt{1-\beta^2}},\qquad \beta=\frac{V}{c},\qquad \tanh\chi=\frac{V}{c} \tag{5.2.2}$$

とおいた．

これとならんで，$x^1x^2x^3$ 座標系の単なる回転もローレンツ変換である．たとえば，x^1 軸まわりの角 α の回転ならば

$$[\Lambda_1(\alpha)]=\begin{pmatrix}1 & 0 & 0 & 0\\ 0 & 1 & 0 & 0\\ 0 & 0 & \cos\alpha & \sin\alpha\\ 0 & 0 & -\sin\alpha & \cos\alpha\end{pmatrix} \tag{5.2.3}$$

である．さらに，空間座標軸の反転，時間軸の反転もローレンツ変換である．それぞれを特に P, T で表わせば

$$[\Lambda^{\mu}{}_{\nu}(\mathsf{P})]=\begin{pmatrix}1 & 0 & 0 & 0\\ 0 & -1 & 0 & 0\\ 0 & 0 & -1 & 0\\ 0 & 0 & 0 & -1\end{pmatrix},\qquad [\Lambda^{\mu}{}_{\nu}(\mathsf{T})]=\begin{pmatrix}-1 & 0 & 0 & 0\\ 0 & 1 & 0 & 0\\ 0 & 0 & 1 & 0\\ 0 & 0 & 0 & 1\end{pmatrix} \tag{5.2.4}$$

となる．

§5.3 ローレンツ群

(5.1.8) を成り立たせる線形変換はすべてローレンツ変換であるから，ローレンツ変換の全体は群をつくる．

5.3.1 連結成分

ローレンツ変換の条件 (5.1.8) は，

$$\begin{aligned} x^{\mu\,\prime}\, g_{\mu\nu}\, x^{\nu\,\prime} &= \Lambda^{\mu}{}_{\alpha}\, x^{\alpha}\, g_{\mu\nu}\, \Lambda^{\nu}{}_{\beta}\, x^{\beta} \\ &= x^{\alpha}\, g_{\alpha\beta}\, x^{\beta} \end{aligned}$$

が任意の x^{α} に対して成り立つことであるから，

$$\Lambda^{\mu}{}_{\alpha}\, g_{\mu\nu}\, \Lambda^{\nu}{}_{\beta} = g_{\alpha\beta} \tag{5.3.1}$$

であるといえる．

両辺の行列式をとれば $(\det \Lambda)^2 = 1$ が得られ

$$\det \Lambda^{\mu}{}_{\nu} = \pm 1 \tag{5.3.2}$$

であることがわかる．前節の例で見ると，動く座標系への変換に対しても座標系の回転に対しても $\det \Lambda = 1$ である．これに反して，空間反転 $\Lambda(\boldsymbol{P})$，時間反転 $\Lambda(\boldsymbol{T})$ に対しては $\det \Lambda = -1$ である．

Λ の行列式の値は ± 1 にかぎられ，動く座標系の速度を変えるとか座標系の回転角を変えるとかいった Λ の連続的な変形によって行列式の値がジャンプして符号を変えることはない．行列式が 1 のローレンツ変換は**固有ローレンツ変換** (proper Lorentz transformation) とよばれる．

固有ローレンツ変換でないローレンツ変換は，固有ローレンツ変換の Λ に $\Lambda(\boldsymbol{P})$ あるいは $\Lambda(\boldsymbol{T})$ を一度かけることによって得られる．

(5.3.1) の 00 成分を書いてみると

$$(\Lambda^{0}{}_{0})^2 - \sum_{k=1}^{3} (\Lambda^{k}{}_{0})^2 = g_{00} = 1 \tag{5.3.3}$$

となり $\Lambda^{0}{}_{0} \geqq 1$ あるいは $\Lambda^{0}{}_{0} \leqq -1$ であることがわかる．前者の変換は時間の向きを変えないので**順時的** (orthochronous) であるという．

順時的な固有ローレンツ変換の全体は，ローレンツ群の部分群をなす．

順時時な固有ローレンツ変換の仲間は，動く座標系の速度を0にしてゆくとか，座標系の回転角を0にしてゆくなどして連続的に恒等変換に移すことができる．したがって，この仲間は，必要なら恒等変換を経由してどれも互いに連続的な変形によって移りあうことができる．このような仲間をローレンツ群の**連結成分**（connected component）という．

5.3.2　逆 変 換

さて，Λ の右逆行列を $(\Lambda^{-1})^{\nu}{}_{\kappa}$ と書けば

$$\Lambda^{\mu}{}_{\nu}\,(\Lambda^{-1})^{\nu}{}_{\kappa} = g^{\mu}_{\kappa} \tag{5.3.4}$$

となる．ここに g^{μ}_{κ} は（5.1.6）に定義されている．（5.3.4）に右から $\Lambda^{\kappa}{}_{\lambda}$ をかけると

$$\begin{aligned}\Lambda^{\mu}{}_{\nu}\,(\Lambda^{-1})^{\nu}{}_{\kappa}\,\Lambda^{\kappa}{}_{\lambda} &= g^{\mu}_{\kappa}\,\Lambda^{\kappa}{}_{\lambda}\\ &= \Lambda^{\mu}{}_{\lambda}\end{aligned}$$

となるので，

$$(\Lambda^{-1})^{\nu}{}_{\kappa}\,\Lambda^{\kappa}{}_{\lambda} = g^{\nu}_{\lambda} \tag{5.3.5}$$

がわかる．$(\Lambda^{-1})^{\nu}{}_{\kappa}$ は左逆行列でもあったのだ．

ここでローレンツ変換の条件（5.3.1）を思い出そう：

$$\Lambda^{\mu}{}_{\alpha}\,g_{\mu\nu}\,\Lambda^{\nu}{}_{\beta} = g_{\alpha\beta}.$$

この式に左から $g^{\kappa\alpha}$ をかけると

$$(\text{左辺}) = g^{\kappa\alpha}\,\Lambda^{\mu}{}_{\alpha}\,g_{\mu\nu}\,\Lambda^{\nu}{}_{\beta} = \Lambda_{\nu}{}^{\kappa}\,\Lambda^{\nu}{}_{\beta}$$

となり，

$$(\text{右辺}) = g^{\kappa\alpha}\,g_{\alpha\beta} = g^{\kappa}_{\beta}$$

となる．これは

$$\Lambda_{\nu}{}^{\kappa} = (\Lambda^{-1})^{\kappa}{}_{\nu} \tag{5.3.6}$$

を示す．

この式からわかるように，$\Lambda_{\nu}{}^{\kappa}$ と $\Lambda^{\kappa}{}_{\nu}$ とは異なる．添字の左右は厳しく区別しなければならない．ただし g^{μ}_{ν} は例外で，$g^{\mu}{}_{\nu} = g_{\nu}{}^{\mu}$ であるから g^{μ}_{ν} と書いてよい．

§5.4 ベクトルとテンソル

反変ベクトルは，定義 (5.1.9) により

$$\Lambda^{\mu}{}_{\nu}\, x^{\nu} = x^{\mu\prime} \tag{5.4.1}$$

のように変換する．ローレンツ変換によって明確な線形変換を受ける量には，この他に共変ベクトル，テンソル，スピノルがある．スピノルについては付録で述べる．

5.4.1 共変ベクトルの変換

(5.4.1) を

$$(\text{左辺}) = \Lambda^{\mu}{}_{\nu}\, g^{\nu}_{\sigma}\, x^{\sigma}$$

と書いて，$g^{\nu}_{\sigma} = g^{\nu\kappa}\, g_{\kappa\sigma}$ を用い

$$(\text{左辺}) = \Lambda^{\mu}{}_{\nu}\, g^{\nu\kappa}\, g_{\kappa\sigma}\, x^{\sigma} = \Lambda^{\mu\kappa} x_{\kappa}$$

と変形する．これを (5.4.1) と組み合わせ，$g_{\mu\rho}$ を両辺にかけると

$$\Lambda_{\rho}{}^{\kappa}\, x_{\kappa} = x'_{\rho} \tag{5.4.2}$$

が得られる．これが共変ベクトルの変換式である．

(5.3.6) によれば，この式は

$$(\Lambda^{-1})^{\kappa}{}_{\rho}\, x_{\kappa} = x'_{\rho} \tag{5.4.3}$$

すなわち，共変ベクトルは逆変換 $(\Lambda^{-1})^{\kappa}{}_{\rho}$ によって変換する．だからこそ

$$\begin{aligned} x^{\rho\prime}\, x_{\rho}{}' &= \Lambda^{\rho}{}_{\alpha}\, x^{\alpha}(\Lambda^{-1})^{\kappa}{}_{\rho}\, x_{\kappa} = (\Lambda^{-1}\Lambda)^{\kappa}{}_{\alpha}\, x^{\alpha}\, x_{\kappa} \\ &= g^{\kappa}_{\alpha}\, x^{\alpha}\, x_{\kappa} = x^{\alpha}\, x_{\alpha} \end{aligned}$$

となるのである．

5.4.2 テンソル

反変ベクトルの成分 n 個の積，

$$\overbrace{x^{\mu}\, x^{\nu} \cdots x^{\rho}}^{n\,\text{個}}$$

と同様に変換する量 $T^{\mu\nu\cdots\rho}$ を n 階の**反変テンソル** (contravariant tensor of n th rank) という．すなわち，それは

$$(T^{\mu\nu\cdots\rho})' = \Lambda^{\mu}{}_{\alpha}\, \Lambda^{\nu}{}_{\beta} \cdots \Lambda^{\rho}{}_{\kappa}\, T^{\alpha\beta\cdots\kappa} \qquad (5.4.4)$$

のように変換する．同様に，共変ベクトル n 個の積 $x_\mu\, x_\nu \cdots x_\kappa$ のように変換する量 $T_{\mu\nu\cdots\rho}$ を n 階の**共変テンソル**（covariant tensor of n th rank）という．また，反変と共変のベクトルの混じり合った n 個の積 $x^\mu\, x^\nu\, x_\gamma \cdots x^\rho$ のように変換する量 $T^{\mu\nu}{}_{\gamma\cdots}{}^{\cdots\rho}$ を n 階の**混合テンソル**(mixed tensor)とよぶ．

スカラーは 0 階のテンソルであり，ベクトルは 1 階のテンソルである．

テンソルの例

$g_{\mu\nu}$ が 2 階の共変テンソルであることを示そう．共変テンソルの定義に従って

$$g'_{\alpha\beta} = \Lambda_{\alpha}{}^{\mu}\, \Lambda_{\beta}{}^{\nu}\, g_{\mu\nu} \qquad (5.4.5)$$

をとり，これが $g_{\alpha\beta}$ に等しいことを示す．実際，これは（5.3.6）により

$$g'_{\alpha\beta} = (\Lambda^{-1})^{\mu}{}_{\alpha}\, (\Lambda^{-1})^{\nu}{}_{\beta}\, g_{\mu\nu}$$

であるが，（5.3.1）は任意のローレンツ変換に対して成り立つから Λ^{-1} に対しても成り立ち，

$$g'_{\alpha\beta} = g_{\alpha\beta}$$

がわかる．よって

$$\Lambda_{\alpha}{}^{\mu}\, \Lambda_{\beta}{}^{\nu}\, g_{\mu\nu} = g_{\alpha\beta} \qquad (5.4.6)$$

が成り立つ．$g^{\mu\nu}$ が 2 階の反変テンソルであることも同様にして証明される．

g^{μ}_{ν} が混合テンソルであることは，もっと容易に示すことができる．実際，

$$\Lambda^{\alpha}{}_{\mu}\, \Lambda_{\beta}{}^{\nu}\, g^{\mu}_{\nu} = \Lambda^{\alpha}{}_{\mu}\, (\Lambda^{-1})^{\nu}{}_{\beta}\, g^{\mu}_{\nu} = g^{\alpha}_{\beta} \qquad (5.4.7)$$

となる．

もう一つ，レヴィ・チヴィタのテンソル（Levi Civita tensor）とよばれる次の量

$$\varepsilon^{\lambda\mu\nu\rho} = \begin{cases} 1 \\ -1 \quad (\lambda, \mu, \nu, \rho)\text{ が }(0, 1, 2, 3)\text{ の} \\ 0 \end{cases} \begin{cases} \text{偶置換} \\ \text{奇置換} \\ \text{その他} \end{cases} \qquad (5.4.8)$$

が擬テンソルであることを証明しておこう．**擬テンソル**（pseudotensor）とは，ローレンツ変換に $\det \Lambda$ を掛けた変換をする量のことである．いい

かえれば，空間反転および時間反転を含まない（$\det \Lambda = 1$ の）ローレンツ変換に対しては普通のテンソルの変換をし，それらのいずれかを含む変換（$\det \Lambda = -1$ の）に対しては（5.4.4）にマイナスを付けた変換をするような量のことである．特に，0階の擬テンソルを**擬スカラー**（pseudoscalar），1階の擬テンソルを**擬ベクトル**（pseudovector）という．

$\varepsilon^{\lambda\mu\nu\rho}$ が擬テンソルであることは次のようにしてわかる．

$$(\varepsilon^{\lambda\mu\nu\rho})' = \Lambda^{\lambda}{}_{\alpha}\,\Lambda^{\mu}{}_{\beta}\,\Lambda^{\nu}{}_{\gamma}\,\Lambda^{\rho}{}_{\kappa}\,\varepsilon^{\alpha\beta\gamma\kappa}$$

は，行列式の定義によって

$$(\varepsilon^{\lambda\mu\nu\rho})' = \det\begin{pmatrix} \Lambda^{\lambda}{}_{0} & \Lambda^{\lambda}{}_{1} & \Lambda^{\lambda}{}_{2} & \Lambda^{\lambda}{}_{3} \\ \Lambda^{\mu}{}_{0} & \Lambda^{\mu}{}_{1} & \Lambda^{\mu}{}_{2} & \Lambda^{\mu}{}_{3} \\ \Lambda^{\nu}{}_{0} & \Lambda^{\nu}{}_{1} & \Lambda^{\nu}{}_{2} & \Lambda^{\nu}{}_{3} \\ \Lambda^{\rho}{}_{0} & \Lambda^{\rho}{}_{1} & \Lambda^{\rho}{}_{2} & \Lambda^{\rho}{}_{3} \end{pmatrix}$$

に等しい．

行列式の性質から，これは λ, μ, ν, ρ が 0, 1, 2, 3 の置換に等しくなければ0であり，偶置換/奇置換ならば（5.1.11）の右辺にある行列の行列式 $\det[\Lambda^{\mu}{}_{\nu}]$ の $+1/-1$ 倍に等しい．（5.3.2）により

$$(\varepsilon^{\lambda\mu\nu\rho})' = \pm\,\varepsilon^{\lambda\mu\nu\rho}$$

が得られた．複号のうち $-$ はローレンツ変換が空間反転または時間反転のいずれかを含むとき，$+$ はそれ以外の場合である．

こうして

$$\varepsilon^{\lambda\mu\nu\rho} = \det[\Lambda^{\sigma}{}_{\tau}]\cdot\Lambda^{\lambda}{}_{\alpha}\Lambda^{\mu}{}_{\beta}\Lambda^{\nu}{}_{\gamma}\Lambda^{\rho}{}_{\kappa}\varepsilon^{\alpha\beta\gamma\kappa} \qquad (5.4.9)$$

が得られた．$\varepsilon^{\lambda\mu\nu\rho}$ は確かに擬テンソルである．

テンソルの対称性

テンソルの添字を任意に置換しても値が変わらないとき**対称テンソル**（symmetric tensor）といい，奇置換したとき符号が変わるとき**反対称テンソル**（antisymmetric tensor）という．

テンソルが対称または反対称であるという性質は，ローレンツ変換しても変わらない．実際，置換を S で表わして

$$\mathsf{S}(\mu, \nu, \cdots, \rho) = (\mathsf{S}(\mu), \mathsf{S}(\nu), \cdots, \mathsf{S}(\rho))$$

とすれば

$$(T^{\mathsf{S}(\mu, \nu, \cdots, \rho)})' = \Lambda^{\mathsf{S}(\mu)}{}_{\alpha}\, \Lambda^{\mathsf{S}(\nu)}{}_{\beta} \cdots \Lambda^{\mathsf{S}(\rho)}{}_{\kappa}\, T^{\alpha\beta\cdots\kappa}$$

であるが，これは

$$(T^{\mathsf{S}(\mu, \nu, \cdots, \rho)})' = \Lambda^{\mu}{}_{\mathsf{S}^{-1}(\alpha)}\, \Lambda^{\nu}{}_{\mathsf{S}^{-1}(\beta)} \cdots \Lambda^{\rho}{}_{\mathsf{S}^{-1}(\kappa)}\, T^{\alpha\beta\cdots\kappa}$$

と同じことである．T が対称な場合には，これは

$$(T^{\mathsf{S}(\mu, \nu, \cdots, \rho)})' = \Lambda^{\mu}{}_{\mathsf{S}^{-1}(\alpha)}\, \Lambda^{\nu}{}_{\mathsf{S}^{-1}(\beta)} \cdots \Lambda^{\rho}{}_{\mathsf{S}^{-1}(\kappa)}\, T^{\mathsf{S}^{-1}(\alpha\beta\cdots\kappa)}$$

と書くこともできる．ところが，α, β, $\cdots$, κ は 0 から 3 まで動かすのだから，S^{-1} はとってしまってもよい．したがって，

$$(T^{\mathsf{S}(\mu, \nu, \cdots, \rho)})' = (T^{\mu\nu\cdots\rho})' \qquad (5.4.10)$$

を得る．対称テンソルは変換後も対称なのである．同様にして，反対称性も変換で保存されることがわかる．

$g^{\mu\nu}$ も $g_{\mu\nu}$ も対称テンソルである．レヴィ・チヴィタの $\varepsilon^{\lambda\mu\nu\rho}$ は反対称テンソルである．

縮　約

テンソルの反変，共変添字の 1 対を等しくして 0 から 3 まで加えることを**縮約する**（to contract）という．例えば

$$S^{\lambda\mu\nu}\, T_{\mu\sigma} = R^{\lambda\nu}{}_{\sigma} \qquad (5.4.11)$$

は添字 μ に関して縮約している．縮約した結果の $R^{\lambda\nu}{}_{\sigma}$ は階数の下がったテンソルであることを示そう．実際，

$$(R^{\alpha\gamma}{}_{\delta})' = S^{\alpha\beta\gamma\prime}\, T'_{\beta\delta} = \Lambda^{\alpha}{}_{\lambda}\, \Lambda^{\beta}{}_{\mu}\, \Lambda^{\gamma}{}_{\nu}\, \Lambda_{\beta}{}^{\kappa}\, \Lambda_{\delta}{}^{\sigma}\, S^{\lambda\mu\nu}\, T_{\kappa\sigma} \qquad (5.4.12)$$

の Λ のうちで

$$\Lambda^{\beta}{}_{\mu}\, \Lambda_{\beta}{}^{\kappa} = \Lambda^{\beta}{}_{\mu}\, (\Lambda^{-1})^{\kappa}{}_{\beta} = g^{\kappa}_{\mu}$$

となるから

$$\begin{aligned}(R^{\alpha\gamma}{}_{\delta})' &= \Lambda^{\alpha}{}_{\lambda}\, g^{\kappa}_{\mu}\, \Lambda^{\gamma}{}_{\nu}\, \Lambda_{\delta}{}^{\sigma}\, S^{\lambda\mu\nu}\, T_{\kappa\sigma} = \Lambda^{\alpha}{}_{\lambda}\, \Lambda^{\gamma}{}_{\nu}\, \Lambda_{\delta}{}^{\sigma}\, (S^{\lambda\kappa\nu}\, T_{\kappa\sigma}) \\ &= \Lambda^{\alpha}{}_{\lambda}\, \Lambda^{\gamma}{}_{\nu}\, \Lambda_{\delta}{}^{\sigma}\, R^{\lambda\nu}{}_{\sigma} \qquad (5.4.13)\end{aligned}$$

が成り立つ．

g はテンソルであり，縮約はテンソル性を保存するから，g をかけて縮約

し添字を上げ下げしてもテンソルであることは変わらない.

章　末　問　題

［1］　2つの光的ベクトルの和は光的か？ また，空間的ベクトルの和は空間的か？

［2］　光的ベクトルは，適当に座標系をとり直せば $(a, a, 0, 0)$ の形にできることを示せ.

［3］　§5.2に挙げたローレンツ変換の例について行列式を計算せよ.

x 軸に沿って速度 V で走る座標系へのローレンツ変換の行列の行列式は，V の連続関数になる．V を連続的に0にしていくことによって，この種の変換の行列式は $+1$ であることがいえるという．これを試みよ．また，“この種の”変換の範囲を明らかにせよ.

［4］　ローレンツ変換の行列は逆をもつことを示せ.

［5］　ローレンツ変換の行列は，行列式が $+1$ であるか，-1 であるかによって分類することができる．行列式が $+1$ の**類**（class）は群をなすが，-1 の類は群をなさない．このことを説明せよ.

［6］　ローレンツ変換の行列 $\Lambda^{\mu}{}_{\nu}$ は $x^{\mu}\,g_{\mu\nu}\,x^{\nu}$ を不変にする．このことから，連続的な変換では $\Lambda^{0}{}_{0}$ の符号は変わらないことを示せ．また，$\Lambda^{0}{}_{0} > 0$ のローレンツ変換は集まって群をなすが，$\Lambda^{0}{}_{0} < 0$ の変換だけでは群をなさない．このことを示せ.

$\Lambda^{0}{}_{0} > 0$ のローレンツ変換は時間軸の向きを変えないが，もっと一般に光的および時間的ベクトルの時間成分の符号を変えない．このことを示せ.

［7］　$d^4x = dx^0\,dx^1\,dx^2\,dx^3$ は，符号を別にして，ローレンツ共変であることを証明せよ．また，これが符号を変えるのは，どのような変換においてか？

［8］　直角座標系 O-$x't'$ は直角座標系 O-xt と x' 軸，x 軸が重なり，x 軸の正の向きに速度 $\boldsymbol{V}$ で走っている．O-xt における4点 A(x, t)，B$(x + dx, t)$，C$(x + dx, t + dt)$，D$(x, t + dt)$ をそれぞれローレンツ変換によって直角座標系 O-$x't'$ 上に写像した点を A′, B′, C′, D′ とする．この4点がつくる4角形の

面積を計算せよ．

［9］ 静止質量 m_0 の粒子の4元運動量 p^μ について，$dp^1\,dp^2\,dp^3/\sqrt{\boldsymbol{p}^2+(m_0c)^2}$ はローレンツ共変であることを証明せよ．

［10］ K系に静止した原子核から静止質量 m_0 の粒子が立体角 $d\Omega$ の中に放出された．原子核が $-\boldsymbol{V}$ で走るK′系から見た立体角を $d\Omega'$ とすれば，$|\boldsymbol{p}|\,dp^0\,d\Omega=|\boldsymbol{p}'|\,dp^{0\prime}\,d\Omega'$ が成り立つことを示せ．

［11］ K系に静止した原子核からニュートリノが等方的に放出されている．原子核が速度 $\boldsymbol{V}$ で走っているように見えるK′系から見たニュートリノの角分布をもとめよ．ニュートリノの静止質量は0と近似する．

［12］ K系に対して速度 $\boldsymbol{V}$ で走るK′系において

$$dx'=(0,dx^{1\prime},dx^{2\prime},dx^{3\prime})$$
$$\delta x'=(0,\delta x^{1\prime},\delta x^{2\prime},\delta x^{3\prime})$$
$$\varDelta x'=(0,\varDelta x^{1\prime},\varDelta x^{2\prime},\varDelta x^{3\prime})$$

という3本のベクトルを考える．これら3本のベクトルが張る空間体積を V' とすれば，対応するK系のベクトル dx, δx, $\varDelta x$ の空間成分が固定されているとき，$\gamma\mathsf{V}'$ はK′系の走る速度 $\boldsymbol{V}$ によらないことを示せ．

［13］ K系で $a^\lambda=(0,a^1,0,0)$，$b^\mu=(0,0,b^2,0)$，$c^\nu=(0,0,0,c^3)$ とする．$f^\kappa=g^{\kappa\sigma}\,\varepsilon_{\sigma\lambda\mu\nu}\,a^\lambda\,b^\mu\,c^\nu$ が4元ベクトルになることを，a^μ などの変換によって直接に確かめよ．$\varepsilon_{\sigma\lambda\mu\nu}$ はレヴィ・チヴィタのテンソルである．

［14］ 3本の4元ベクトル dx^μ, δx^μ, $\varDelta x^\mu$ からつくった4元ベクトル $f^\kappa=g^{\kappa\sigma}\,\varepsilon_{\sigma\lambda\mu\nu}\,dx^\lambda\,\delta x^\mu\,\varDelta x^\nu$ の時間成分は $\varepsilon_{\lambda\mu\nu}\,dx^\lambda\,\delta x^\mu\,\varDelta x^\nu$ であるから，dx^μ 等が張る空間体積 V になる．

特にK系において $dx^\mu=(0,d\boldsymbol{x})$，$\delta x^\mu=(0,\delta\boldsymbol{x})$，$\varDelta x^\mu=(0,\varDelta\boldsymbol{x})$ であるとき，これらが張る空間体積 V と，K系に対して速度 $\boldsymbol{V}$ で走るK′系に変換したベクトルの張る空間体積 V' の関係をもとめよ．

［15］ $\varepsilon_{\alpha\beta\gamma\delta}=g_{\alpha\lambda}g_{\beta\mu}g_{\gamma\nu}g_{\delta\rho}\varepsilon^{\lambda\mu\nu\rho}$ は共変擬テンソルであって，$-\varepsilon^{\alpha\beta\gamma\delta}$ と同じ性質をもつことを示せ．

6 力学の共変形式

力学の基本法則をミンコフスキー・ベクトルを使って書き表わす．そうすれば力学の基本法則が共変なことは目に見えて明らかになる．そして，スカラー関数を力学的ポテンシャルとして共変的な運動方程式を立てることはできないという事実が明らかになる．電磁ポテンシャルの場に対してなら運動方程式は共変になる．

力学の原理を共変的に表現するもう一つの方法は変分原理である．それは，粒子の運動 $x^\mu = x^\mu(s)$ の共変なある関数の，固有時についての積分 $I[x^\mu]$ が，運動に小さい変化をあたえて $x^\mu(s) + \delta x^\mu(s)$ としても変化しない，$I[x^\mu + \delta x^\mu] - I[x^\mu] = 0$，という原理である．

§6.1 固有時

一つの慣性系 K と，それに対して等速度運動する系 K′ における事象 P の座標のあいだにはローレンツ変換 (5.1.9)，

$$dx^{\mu\prime} = \Lambda^\mu{}_\nu \, dx^\nu \tag{6.1.1}$$

が成り立つから

$$dx^{\mu\prime} \, g_{\mu\nu} \, dx^{\nu\prime} = dx^k \, g_{k\lambda} \, dx^\lambda \tag{6.1.2}$$

も成り立つ．すなわち

$$(c\ dt')^2 - \sum_{k=1}^{3}(dx^{k\prime})^2 = (c\ dt)^2 - \sum_{k=1}^{3}(dx^k)^2.$$

よって，運動 $x^k(t)$ をする粒子を考え，$\boldsymbol{v}(t) = dx^k(t)/dt$ とおけば

$$dt'\sqrt{1-\left(\frac{\boldsymbol{v}'}{c}\right)^2} = dt\sqrt{1-\left(\frac{\boldsymbol{v}}{c}\right)^2} \tag{6.1.3}$$

が得られる．そこで，(3.1.15) で

$$s = \int_0^t \sqrt{1-\left(\frac{\boldsymbol{v}(t')}{c}\right)^2}\, dt' \tag{6.1.4}$$

を，この粒子の**固有時** (proper time) と名づけた．(6.1.3) からわかるように，固有時はローレンツ変換で変わらない．特に，粒子の静止系に移れば，固有時はその系の時刻に等しい．粒子に固着した時計の指す時刻である．

$$ds = \sqrt{1-\left(\frac{\boldsymbol{v}}{c}\right)^2}\, dt \tag{6.1.5}$$

もスカラーである．

§6.2　4元運動量

dx^μ はローレンツ変換に関して4元ベクトルの変換 (6.1.1) をするから，これをスカラー ds で割った

$$u^\mu = \frac{dx^\mu}{ds} = \frac{1}{\sqrt{1-\left(\frac{\boldsymbol{v}}{c}\right)^2}}\frac{dx^\mu}{dt} \tag{6.2.1}$$

も4元ベクトルの変換をする．この u^μ を，運動 $x^\mu(t)$ をする粒子の**4元速度** (4 - velocity) という：

$$u^0 = \frac{c}{\sqrt{1-\left(\frac{v}{c}\right)^2}}, \qquad \boldsymbol{u} = \frac{\boldsymbol{v}}{\sqrt{1-\left(\frac{\boldsymbol{v}}{c}\right)^2}} \tag{6.2.2}$$

ここで，$dx^\mu\, g_{\mu\nu}\, dx^\nu = c^2 (ds)^2$ だから

$$u^\mu\, g_{\mu\nu}\, u^\nu = c^2 \tag{6.2.3}$$

が成り立つ．4元速度の成分は互いに独立ではない．

これに粒子の静止質量 m_0 をかけて

$$p^\mu = m_0 u^\mu \tag{6.2.4}$$

としても4元ベクトルである．これを粒子の**4元運動量** (4 - momentum)

という：

$$p^0 = \frac{m_0 c}{\sqrt{1-\left(\dfrac{\boldsymbol{v}}{c}\right)^2}}, \qquad \boldsymbol{p} = \frac{m_0 \boldsymbol{v}}{\sqrt{1-\left(\dfrac{\boldsymbol{v}}{c}\right)^2}} \tag{6.2.5}$$

(6.2.3) により

$$p^\mu\, g_{\mu\nu}\, p^\nu = (p^0)^2 - \boldsymbol{p}^2 = (m_0 c)^2 \tag{6.2.6}$$

が成り立つ．4 元運動量の成分も互いに独立ではない．

§6.3 運動方程式と共変性

4 元運動量 p^μ を固有時 s で微分すれば，4 元ベクトル dp^μ/ds が得られる．これを 4 元ベクトルの変換をする 4 元力 F^μ に等しいとおいた

$$\frac{dp^\mu}{ds} = F^\mu \tag{6.3.1}$$

が粒子の運動方程式である．これは，すでに (3.2.18) で見たとおりである．

この式のうち $\mu = 0$ の成分は，(3.2.16) で見たように他の 3 つの成分から導かれるのであった．くり返せば次のとおり：(6.3.1) を (6.2.4) を用いて

$$m_0 \frac{du^\mu}{ds} = F^\mu \tag{6.3.2}$$

と書く．du^μ/ds を**4 元加速度**（4-acceleration）あるいは**固有加速度**（proper acceleration）という．ここで，

$$m_0 u^\nu\, g_{\nu\mu} \frac{du^\mu}{ds}$$

を考えよう．u^ν をかけて —— アインシュタインの規約（§5.1.1）に従って —— ν に関して和をとっているが，この演算を ν に関して縮約するというのだった（§5.4.2）．ここでは μ に関しても縮約をしていて，2 つの縮約の結果，この表式はスカラーになっている．

ところで，

$$\frac{d}{ds}(u^\nu\, g_{\nu\mu}\, u^\mu) = \frac{du^\nu}{ds}\, g_{\nu\mu}\, u^\mu + u^\nu\, g_{\nu\mu} \frac{du^\mu}{ds}$$

において右辺の第1項で μ と ν を入れ替え，$(g_{\nu\mu})$ が対称行列であること $(g_{\mu\nu}=g_{\nu\mu})$ に注意すれば

$$\frac{d}{ds}(u^{\nu}\,g_{\nu\mu}\,u^{\mu})=2u^{\nu}\,g_{\nu\mu}\,\frac{du^{\mu}}{ds} \tag{6.3.3}$$

が得られる．ここで，μ と ν の入れ替えをしたが，μ と ν はともに 0 から 3 まで加える添字だから（**ダミーな添字**，dummy index という），何と書いても同じことなのである．

(6.3.3) は，左辺が (6.2.3) によって 0 だから，運動方程式 (6.3.1) を用いれば

$$u^{\nu}\,g_{\nu\mu}\,F^{\mu}=0$$

を与える．すなわち，

$$\frac{1}{\sqrt{1-\left(\dfrac{\boldsymbol{v}}{c}\right)^2}}(cF^0-\boldsymbol{v}\cdot\boldsymbol{F})=0$$

よって

$$F^0=\frac{\boldsymbol{F}\cdot\boldsymbol{v}}{c} \tag{6.3.4}$$

となる．これが (3.2.17) である．

粒子にはたらく力が，4 元ベクトルとして変換することは確かめておかなければならない．第 4 章の (4.5.5)，(4.5.6)，(4.5.7) において，荷電粒子が電磁場から受けるローレンツ力 f^k について

$$F^k=\frac{f^k}{\sqrt{1-\left(\dfrac{\boldsymbol{v}}{c}\right)^2}},\qquad F^0=\frac{F^k v^k}{c} \tag{6.3.5}$$

が 4 元ベクトルの変換をすることを見た．F^0 の表式は (6.3.4) と同じである．ここではアインシュタインの規約 (§5.1.1) を広げて

> ローマン・アルファベットの添字は 1 から 3 まで動く．同じ添字が 1 つの項の中に 2 度くり返して現れたら，1 から 3 にわたって和をとる．

としている．

力そのものでなく，(6.3.5) のように細工した量が 4 元ベクトルになるのだった．一般の力についても，これがローレンツ力とつりあっている状況を考えれば，同じ細工をした量が 4 元力になるべきことがわかる．そこで，運動方程式 (6.3.1) を具体的に書けば——左右両辺に共通な因子 $1/\sqrt{1-(\boldsymbol{v}/c)^2}$ をはずして——

$$\frac{d}{dt}\frac{m_0}{\sqrt{1-\left(\dfrac{\boldsymbol{v}}{c}\right)^2}}\frac{dx^k}{dt}=f^k, \qquad \frac{d}{dt}\frac{m_0 c}{\sqrt{1-\left(\dfrac{\boldsymbol{v}}{c}\right)^2}}=\frac{f^k\,v^k}{c} \tag{6.3.6}$$

となる．この第 2 式は，上に見たとおり第 1 式から導かれる恒等式である．

運動方程式 (6.3.1) は，両辺が 4 元ベクトルであるからローレンツ変換しても形が変わらない：

$$\frac{dp^{\nu\prime}}{ds}=F^{\nu\prime}$$

(6.3.1) を具体的に書いた (6.3.6) も同様のはずである．とすれば，ある瞬間に，粒子が静止しているような座標系にローレンツ変換すれば

$$m_0\frac{d}{dt'}\frac{dx^{k\prime}}{dt'}=f^{k\prime} \tag{6.3.7}$$

となる．これはニュートンの運動方程式にほかならない．

こうして，われわれの運動方程式 (6.3.1) は，粒子の速度が 0 の（光速 c に比べて小さい）ときニュートンの運動方程式に帰着し，かつローレンツ変換しても形が変わらないこと（共変性）がわかった．この式は，2 つの 4 元ベクトル dp^μ/ds と F^μ を結ぶ等式なので，ローレンツ変換しても形が変わらないことは目に見えて明らかである．

アインシュタインは，相対性理論を次の要請の上に構築した：

すべての慣性系において

（1）　光速は不変である．

（2）　基本方程式は同じ形をとる．これを方程式の**共変性** (covariance) という．

（3）　対象の速度が光速に比べて小さいとき，基本方程式は在来の方程式に帰着する．

運動方程式（6.3.1）はこれらの要請をみたしている．そして実際，粒子が速く運動する場合も含めて，実験によく一致した．われわれは（6.3.1）を粒子の運動方程式として採用する．いや，これは，すでに粒子の運動方程式として採用してきた（3.2.18）にほかならない．

運動方程式（6.3.1）は，座標変換にともなう変換の仕方が明らかな4元ベクトルの関係式として書かれているので，アインシュタインの要請(2)をみたしていることが目に見えて明らかであった．次の章で電磁気学を扱うと，座標変換にともなう変換の仕方が明らかな量として**テンソル**（tensor）も現れる．本書では扱う機会がないけれども，電子の相対論的な量子力学には**スピノル**（spinor）という量も現れる．アインシュタインの要請（2）は，自然法則がスピノル，ベクトル，テンソルといった，座標変換にともなう変換の仕方が明らかな量の間の関係式として，座標変換しても同じ形をとることが目に見えて明らかな形（共変形）に書かれることを要求している．

§6.4　力学的ポテンシャル

相対性理論では，電磁ポテンシャルは別として，運動方程式のローレンツ共変性を要請すると，力学的なポテンシャル V を導入することはできない．これを説明しよう．ただし共変性を破っているものは沢山ある．

力学的なポテンシャル V が時間 t に依存する場合には，ポテンシャル $V(\boldsymbol{r}, t)$ の存在は力が離れた点まで瞬時に伝播することを意味し，どんな作用も光より速く伝わることはないという相対性理論の基本要請に反する．

時間に依存しないポテンシャル $V(x^k)$ は，スカラー関数だとすると，K′系にローレンツ変換したとき

$$V = V(\Lambda_\nu{}^k x^{\nu\prime}) \tag{6.4.1}$$

となり，時間 t' に依存するばかりか，K′系では力が

$$f_l' = -\frac{\partial}{\partial x^{l\,\prime}} V(\Lambda_\nu{}^k x^{\nu\,\prime}) = -\Lambda_l{}^k \frac{\partial}{\partial x^k} V(x^k) = \Lambda_l{}^k f_k \tag{6.4.2}$$

あるいは，添字を上げ下げして

$$f^{l\,\prime} = \Lambda^l{}_k f^k \tag{6.4.3}$$

となって

$$F^0 = \frac{1}{c}\frac{\boldsymbol{f}\cdot\boldsymbol{v}}{\sqrt{1-\beta^2}}, \qquad F^k = \frac{f^k}{\sqrt{1-\beta^2}} \qquad \left(\beta = \frac{v}{c}\right) \tag{6.4.4}$$

が 4 元ベクトルになるという定理（3.2.21）に反する．

こうして，相対性理論では力学的ポテンシャルは導入できない．

§6.5　静電場における運動

電磁場が座標系 K では静電場のみと見えたとしよう．この場 $\boldsymbol{E}$ は，適当にゲージをとればベクトル・ポテンシャル $\boldsymbol{A}$ を 0 にしてスカラー・ポテンシャル Φ だけで表わすことができる．Φ は空間座標 $\boldsymbol{r}$ のみにより，時間にはよらない：

$$\boldsymbol{E}(\boldsymbol{r}) = -\,\mathrm{grad}\,\Phi(\boldsymbol{r}) \tag{6.5.1}$$

電磁場における荷電粒子（静止質量 m_0，電荷 q）の運動に対する運動方程式は，次の章で示すとおりローレンツ共変である．電磁場が静電場のみである系 K において，それは

$$\frac{d}{dt} m_0 u^k = -\,q \frac{\partial}{\partial x^k} \Phi(\boldsymbol{r}) \tag{6.5.2}$$

の形をとる．$q\Phi$ が力学的ポテンシャルの役をしているが，この方程式は，本来ならベクトル・ポテンシャルの項も含むはずのところ，たまたま K 系ではそれが 0 であったまでで，別の慣性系 K′ に移ればベクトル・ポテンシャルが現れてローレンツ共変性が目に見えて明らかになるのである．

6.5.1　エネルギーの保存

この系に対してはエネルギーの保存が成り立つ．

運動方程式（6.5.2）の両辺に4元速度の空間成分 u^k をかけて $k=1,2,3$ にわたって和をとると，左辺は

$$(\text{左辺}) = m_0 u^k \frac{du^k}{dt} = m_0 \frac{1}{2} \frac{d}{dt} u^k u^k$$

となるが，（6.2.3）により $u^0u^0 - u^ku^k = c^2$ だから

$$(\text{左辺}) = \frac{1}{2} m_0 \frac{d}{dt} u^0 u^0 = u^0 \frac{d}{dt} m_0 u^0$$

が得られる．他方，$u^k = v^k u^0/c$ であるから，運動方程式の右辺からは

$$(\text{右辺}) = -\frac{q}{c} u_0 \cdot v^k \frac{\partial \Phi}{\partial x^k} = -\frac{q}{c} u^0 \frac{d\Phi}{dt}.$$

Φ はあからさまには t によらないとした．（左辺）＝（右辺）から

$$\frac{d}{dt} m_0 c u^0 = -q \frac{d\Phi}{dt}$$

となる．両辺を積分すれば

$$\frac{m_0 c^2}{\sqrt{1-\left(\dfrac{v}{c}\right)^2}} + q\Phi = E\,(=\text{const.}) \tag{6.5.3}$$

が得られる．これは**力学的エネルギーの保存則**（conservation law of mechanical energy）である．Φ は x^k に依存するが，あからさまに t によらなければ粒子の運動 $x^k = x^k(t)$ にともなって x^k が時間的に変化しても（6.5.3）は時間によらないというのである．

同様の計算を以前（3.2.16）のところで行なったが，今度の方が計算はずっと簡単になっている．

（6.5.3）は，次の章の目で見ると $mcu^\mu + qA^\mu$ の第0成分に関する式に見え，空間成分に対しても同様の式

$$\frac{m_0 v^k}{\sqrt{1-\left(\dfrac{v}{c}\right)^2}} + qA^k = \text{const.}$$

が成り立ちそうに思われよう．しかし，後の（7.4.9）によれば，これは A^k と Φ が x^k によらない場合に成り立つだけである．[1]（6.5.3）は，その

1）　正確にいえば，Φ が x^k によらず，grad A^k が k ごとに $\boldsymbol{v}$ に垂直な場合．

出自 ($A^k = 0$) からいっても共変的ではない.

6.5.2 角運動量の保存

原点に固定した点電荷のつくるクーロン・ポテンシャルのように $\varPhi$ が原点からの距離 r の関数 $\varPhi(r)$ である場合には，これがつくる電場は

$$-\frac{\partial \varPhi(r)}{\partial x^k} = -\frac{d\varPhi(r)}{dr}\frac{\partial r}{\partial x^k}, \qquad \frac{\partial r}{\partial x^k} = \frac{x^k}{r} \tag{6.5.4}$$

となる. このとき，運動方程式 (6.5.2) をベクトル式に書けば

$$\frac{d\boldsymbol{p}}{dt} = -\,g(r)\,\boldsymbol{r} \qquad \left(g(r) := \frac{1}{r}\frac{d\varPhi}{dr}\right) \tag{6.5.5}$$

となる. 右辺は中心力である. 両辺に $\boldsymbol{r}$ をベクトル的にかけて

$$\frac{d}{dt}\,\boldsymbol{r}\times\boldsymbol{p} = \boldsymbol{v}\times\boldsymbol{p} + \boldsymbol{r}\times\frac{d\boldsymbol{p}}{dt}$$

の右辺の第 1 項が 0 であることに注意すれば，角運動量

$$\boldsymbol{L} = \boldsymbol{r}\times\boldsymbol{p} \tag{6.5.6}$$

の保存，

$$\frac{d}{dt}\,\boldsymbol{L} = 0 \tag{6.5.7}$$

が得られる. この保存則の共変的な拡張については章末問題 [8] を参照.

6.5.3 クーロン場における運動

水素原子は，原子核（陽子，電荷 e）のまわりを 1 個の電子がまわっている系である. 陽子は電子の 1800 倍も質量が大きいから原点に静止しているとしよう.[2] そうすれば，電子は静電場であるクーロン場

$$\varPhi(r) = \frac{1}{4\pi\varepsilon_0}\frac{e}{r} \tag{6.5.8}$$

を運動することになる. もし，原子核の運動も考慮すれば，電場が時間的に変動するようになるばかりか，弱いながら磁場もつくられる.

2) 電子は原子核に近づくと速さを増し質量が大きくなるので，この近似が常に許されるわけではない.

電子の運動を調べよう．(6.5.8) は静電場だから，電子のエネルギー E は保存される：

$$E = \frac{m_0 c^2}{\sqrt{1-\beta^2}} - \frac{e^2}{4\pi\varepsilon_0}\frac{1}{r} \qquad (6.5.9)$$

(6.5.8) が電子におよぼす力は中心力だから，電子の角運動量も保存される．そのため，電子の運動は角運動量に垂直で原点をとおる平面上に限られる．電子の位置を平面極座標 (r, φ) で表わせば，角運動量の大きさは

$$L = \frac{m_0}{\sqrt{1-\beta^2}}\, r^2 \frac{d\varphi}{dt} \qquad (6.5.10)$$

となる．

電子の速度 $\boldsymbol{v}$ も極座標で書けば

$$v^2 = \left(\frac{dr}{dt}\right)^2 + r^2\left(\frac{d\varphi}{dt}\right)^2$$

であって，これを用いて上の 2 式の $1-\beta^2$ を書くことができる．こうして (6.5.9)，(6.5.10) の 2 式が，E と L があたえられたとき 2 つの未知関数 $r = r(t)$，$\varphi = \varphi(t)$ を決定するための連立微分方程式になる．

この連立方程式から t を消去して 1 つの関数 $r = r(\varphi)$ に対する方程式を導こう．$r = r(\varphi)$ は電子の軌道をあたえる式である．運動の時間的な経過を知るには，$r = r(\varphi)$ をもとめた後，角運動量の保存則 (6.5.10) をもちいて φ の t 依存性を決定すればよい．

(6.5.10) を使えば

$$\frac{dr}{dt} = \frac{dr}{d\varphi}\frac{d\varphi}{dt} = \sqrt{1-\beta^2}\,\frac{L}{m_0 r^2}\frac{dr}{d\varphi} \qquad (6.5.11)$$

と書ける．式を簡単にするには，従属変数も

$$u = \frac{1}{r} \qquad (6.5.12)$$

に変えるとよい．こうすれば

$$\frac{du}{d\varphi} = -\frac{1}{r^2}\frac{dr}{d\varphi}$$

となり，(6.5.11) の右辺の因子 $1/r^2$ がなくなる：

$$\frac{dr}{dt} = -\sqrt{1-\beta^2}\,\frac{L}{m_0}\frac{du}{d\varphi}.$$

これを用いて

$$1-\beta^2 = 1-(1-\beta^2)\left(\frac{L}{m_0c}\right)^2\left\{\left(\frac{du}{d\varphi}\right)^2+u^2\right\}$$

とし，$1-\beta^2$ について解けば

$$\frac{1}{1-\beta^2} = 1+\left(\frac{L}{m_0c}\right)^2\left\{\left(\frac{du}{d\varphi}\right)^2+u^2\right\} \tag{6.5.13}$$

が得られる．

他方，(6.5.9) から

$$\frac{1}{1-\beta^2} = \left(\frac{1}{m_0c^2}\right)^2\left(E+\frac{e^2}{4\pi\varepsilon_0}u\right)^2$$

となるから，(6.5.13) と等しいとおいて整理すると

$$\left(\frac{du}{d\varphi}\right)^2+\lambda^2(u-C)^2 = A^2 \tag{6.5.14}$$

が得られる．これは電子の軌道 $r=1/u(\varphi)$ を定める微分方程式である．ここに

$$L_0 = \frac{1}{c}\frac{e^2}{4\pi\varepsilon_0} > 0$$

として

$$\lambda^2 = 1-\left(\frac{L_0}{L}\right)^2, \qquad C = \frac{1}{\lambda^2}\frac{L_0}{L}\frac{E}{cL}, \tag{6.5.15}$$

$$\begin{aligned} A^2 &= \left(\frac{1}{cL}\right)^2\left\{\left(\frac{E}{\lambda}\frac{L_0}{L}\right)^2+E^2-(m_0c^2)^2\right\} \\ &= \left(\frac{1}{\lambda cL}\right)^2\{E^2-(\lambda m_0c^2)^2\} \end{aligned} \tag{6.5.16}$$

とおいた．後の (6.5.20) で $E>0$ とするので $C>0$ である．λ^2 は $|L|<L_0$ なら負になるが，この場合は考えないことにする．なぜなら

$$L_0 = \frac{1}{3\times10^8\,\mathrm{m/s}}\frac{(1.6\times10^{-19}\,\mathrm{C})^2}{4\pi(8.8\times10^{-12}\,\mathrm{C^2/Nm^2})} = 7.7\times10^{-37}\,\mathrm{kg\,m^2/s}$$

は，角運動量 L を量子化したとすれば，その最小値 $\hbar=1.05\times10^{-34}$ $\mathrm{kg\cdot m^2/s}$ よりはるかに小さいからである．$L=0$ の場合は，電子が原子核

をとおる直線軌道を走ることになり核に衝突するから除外する．

(6.5.14) の一般解は

$$u(\varphi) = \frac{A}{\lambda}\cos(\lambda\varphi + \alpha) + C \tag{6.5.17}$$

である．ただし，α は任意定数．これは座標軸の向きを取り直せば 0 にできるから，そうとることにしよう：

$$\alpha = 0$$

(6.5.17) から

$$r(\varphi) = \frac{\dfrac{1}{C}}{1 + \varepsilon\cos\lambda\varphi} \tag{6.5.18}$$

が得られる．ただし，(6.5.15) と (6.5.16) から $\varepsilon = A/\lambda C$ であるが

$$1 - \varepsilon^2 = \left\{\left(\frac{L}{L_0}\right)^2 - 1\right\}\left\{\left(\frac{m_0c^2}{E}\right)^2 - 1\right\} \tag{6.5.19}$$

となる．E について解けば，$E > 0$ をとって

$$E = m_0c^2\sqrt{\frac{L^2 - L_0^2}{L^2 - \varepsilon^2L_0^2}} \tag{6.5.20}$$

が得られる．これを (6.5.15) に代入し，λ^2 も代入して

$$C = \frac{m_0e^2}{4\pi\varepsilon_0}\sqrt{\frac{1}{(L^2 - L_0^2)(L^2 - \varepsilon^2L_0^2)}} \tag{6.5.21}$$

を得る．ε の符号は (6.5.18) において φ を $\varphi + \pi$ とすれば変えられるから $\varepsilon > 0$ として一般性を失わない．

(6.5.17) は

$$\varepsilon\begin{cases} < 1 & \quad \text{“楕　円”} \\ = 1 \quad \text{のとき} & \quad \text{“放物線”} \\ > 1 & \quad \text{“双曲線”} \end{cases} \tag{6.5.22}$$

を表わす．(6.5.19) から $L > L_0$ なら ε の 1 との大小は E の m_0c^2 との大小に一致する．ここで，$C > 0$ であるから φ の変域は

$$1 + \varepsilon\cos\lambda\varphi \geq 0 \tag{6.5.23}$$

にかぎられる．$|\lambda| < 1$ であるが，λ が 1 に近ければ近日点の移動がおこる

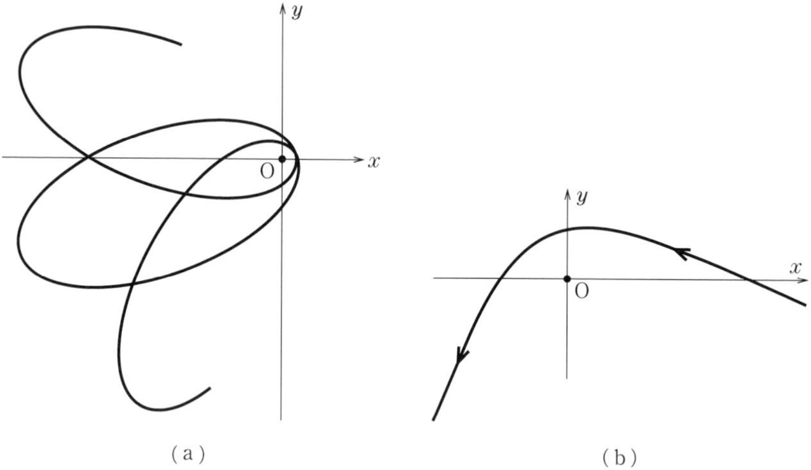

6-1図　$\lambda=0.9$，原子核はOに固定．(a)“楕円軌道”，$\varepsilon=0.9$，(b)“双曲線軌道”，$\varepsilon=2.9$．いずれも近日点が移動しているが，(b)ではそれが判然とするように (5.18) の cos を sin に替えて描いた．

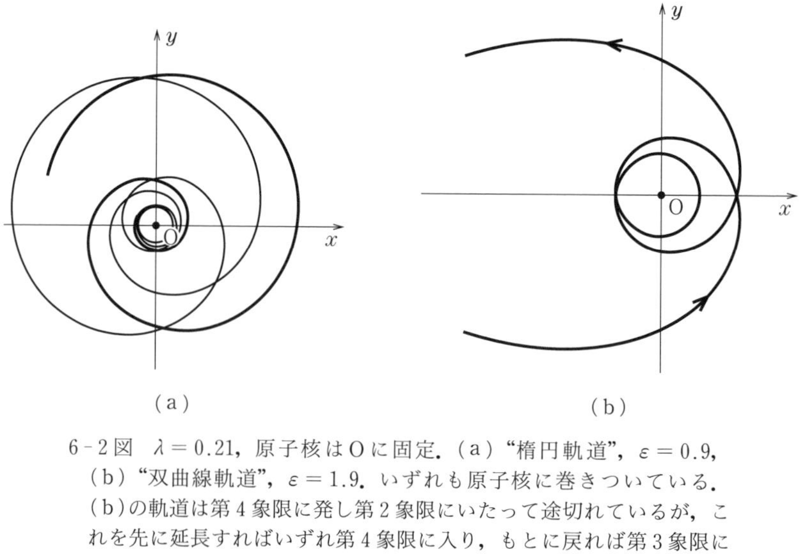

6-2図　$\lambda=0.21$，原子核はOに固定．(a)“楕円軌道”，$\varepsilon=0.9$，(b)“双曲線軌道”，$\varepsilon=1.9$．いずれも原子核に巻きついている．(b)の軌道は第4象限に発し第2象限にいたって途切れているが，これを先に延長すればいずれ第4象限に入り，もとに戻れば第3象限に発して，両者は交わる．

(6-1図)．λが1から大きく離れると軌道は原子核にしばらく巻きついてから離脱することになる(6-2図)．したがって，(6.5.22)で軌道が“楕円”になるなどといっても，正確にそうなるわけではない．引用符をつけたのは，その意味である．

ここで電子の軌道(6.5.18)の非相対論的極限$c\to\infty$を見ておこう．

$$E = m_0c^2 + W, \qquad |W| \ll m_0c^2 \tag{6.5.24}$$

とおけば

$$\frac{m_0c^2}{E} = 1 - \frac{W}{m_0c^2}$$

となるから，(6.5.19)は

$$1 - \varepsilon^2 = -\left(\frac{L}{L_0}\right)^2 \frac{2W}{m_0c^2} + \frac{2W}{m_0c^2} \xrightarrow[c\to\infty]{} -\left(\frac{4\pi\varepsilon_0}{e^2}\right)^2 \frac{2WL^2}{m_0} \tag{6.5.25}$$

をあたえる．これによれば

$$W\begin{cases} <0 \\ =0 \\ >0 \end{cases} \text{のとき}\quad \varepsilon\begin{cases} <1 \\ =1 \\ >1 \end{cases} \text{で，軌道は}\begin{cases} \text{楕　円} \\ \text{放物線} \\ \text{双曲線} \end{cases} \tag{6.5.26}$$

となって明快である．楕円軌道の場合，その長半径は

$$a = \frac{r(0) + r(\pi)}{2} = \frac{\dfrac{1}{C}}{1 - \varepsilon^2} = -\frac{e^2}{4\pi\varepsilon_0}\frac{1}{2W} \tag{6.5.27}$$

となる．ここで，$c\to\infty$では$L_0\to 0$となり

$$C = \frac{m_0e^2}{4\pi\varepsilon_0}\frac{1}{L^2}$$

となることを用いた．

章 末 問 題

［**1**］ 4 元加速度と 4 元速度はミンコフスキーの意味で直交することを示せ．

［**2**］ 一様な静電場 $\boldsymbol{E}$ の中での荷電粒子（電荷 q，静止質量 m_0）の運動は§3.4.2 で解いた．初速 0 で電場の向きに運動する場合，出発から時間 t の後の速度は（3.4.22）で与えられ

$$v(t) = \frac{cgt}{\sqrt{c^2+(gt)^2}} \qquad \left(g = \frac{qE}{m_0}\right)$$

であった．この粒子の速度，および位置を固有時の関数として表わせ．

［**3**］ 4 元加速度を用いた運動方程式（6.3.2）によって，一様な静電場における荷電粒子の運動を調べよ．初速度は 0 とする．

［**4**］ 宇宙飛行士が 25 歳のとき地球を出発して固有加速度 $g = 9.8\,\mathrm{m/s^2}$ で 40 歳になるまで飛び，固有加速度 $-g$ に転じてさらに 15 年飛んだ．地球から見てどれだけの距離を飛んだか？　また，この過程を逆にして地球に戻ってくると，地球の時間はどれだけ経っているか？

［**5**］ 宇宙ロケットは，自身の静止質量を輻射に変えて一定の割合で噴射することで，固有加速度 $g = 9.8\,\mathrm{m/s^2}$ を生み出すものとする．前問の宇宙旅行の後，地球に戻ってきたロケットの静止質量は出発時の何パーセントになっているか？

［**6**］ 第 3 章の章末問題［9］，［10］の調和振動子の運動方程式（3.2.21），

$$\frac{d}{dt}\frac{m_0c^2}{\sqrt{1-\left(\dfrac{v}{c}\right)^2}} = -\,kx\cdot v, \qquad \frac{d}{dt}\frac{m_0 v}{\sqrt{1-\left(\dfrac{v}{c}\right)^2}} = -\,kx$$

は（a）両立するか，（b）ローレンツ共変か？

［**7**］ 調和振動子の運動方程式として

$$\frac{d}{ds}\,p^\mu = -\,kx^\mu$$

は採用できるか？

［**8**］ 粒子の位置座標を x^μ，4 元運動量を p^μ とすれば，角運動量は共変的な $M_{\kappa\lambda}$

$= \varepsilon_{\kappa\lambda\mu\nu} x^\mu p^\nu$ の $0k$ 成分である．自由粒子の $M_{\kappa\lambda}$ は保存されることを示せ．このことは，多体系にも拡張できるか？　相互作用があったら，どうか？

［**9**］ 水星（質量 m）の近日点の進みのうち，他の惑星からの摂動では説明しきれない分が1世紀あたりにして $42''.89$ あることが知られている．太陽（質量 M）は慣性系Kの原点に固定しているとし，その万有引力ポテンシャル $-GmM/r$ の場における水星の運動が仮に§6.5のクーロン場における電子の運動と同様にあつかえるとしたら，この近日点の進みは説明できるだろうか？

万有引力定数は $G = 6.67 \times 10^{-11}\,\mathrm{Nm/kg^{-2}}$，太陽と水星の質量は，それぞれ $M = 1.989 \times 10^{30}\,\mathrm{kg}$，$m = 3.30 \times 10^{23}\,\mathrm{kg}$ であり，水星の軌道の長半径は $a = 0.579 \times 10^{11}\,\mathrm{m}$，離心率は $\varepsilon = 0.206$，公転周期は $T = 0.24$ 年である．

7 電磁気学の共変形式

電磁気学の基本法則を共変的な形に書き表わす．その視点から見ると電場と磁場とは一体であって，一つのテンソル（あるいは6元ベクトル）で表現される．電磁場のエネルギーと運動量も，その流れがもたらす応力とともにテンソルで表現される．いまは歴史の話になったが，電子のエネルギーや運動量を，電子が背負う電磁場のものと見る見方があり（いまの量子電磁力学もそれに寄り添っている），そう見ると，しかしエネルギー・運動量が4元ベクトルの変換性を示さないのであった．もとを質せば電磁気力だけでは電子が爆発してしまうことに原因があり，爆発をおさえる非電磁的な力（ポアンカレの応力テンソル）を加える必要があった．量子電磁力学における発散の困難を思わせる事態である．慣性系につったコンデンサーが動く座標系から見ると回転するというトルートン‐ノーブルのパラドックスの問題もあった．これらを分析した後，走る点電荷のつくる場，特に輻射を調べる．

§7.1 電磁ポテンシャル

電磁場の基礎は，第4章でも見たとおりマクスウェルの方程式

$$\text{(a)}\quad \operatorname{div}\boldsymbol{E} = \frac{1}{\varepsilon_0}\rho, \qquad \text{(b)}\quad \operatorname{div}\boldsymbol{B} = 0$$

$$\text{(c)}\quad \operatorname{rot}\boldsymbol{E} = -\frac{\partial\boldsymbol{B}}{\partial t}, \qquad \text{(d)}\quad \operatorname{rot}\boldsymbol{B} = \mu_0\boldsymbol{j} + \varepsilon_0\mu_0\frac{\partial\boldsymbol{E}}{\partial t} \tag{7.1.1}$$

にある．この方程式をポテンシャルを用いて書きかえよう．そうすると，電

磁場の基礎方程式の共変性が目に見えて明らかな形になる．

7.1.1　ゲージ変換

div $\boldsymbol{B} = 0$ であるから

$$\boldsymbol{B} = \mathrm{rot}\, \boldsymbol{A} \tag{7.1.2}$$

として，磁束密度 $\boldsymbol{B}(x^\mu)$ を与えるベクトル・ポテンシャル $\boldsymbol{A}(x^\mu)$ が存在する．ここで $(x^0, \cdots, x^3)$ を x^μ と略記した．(7.1.2) を (7.1.1) の rot $\boldsymbol{E} = -\partial \boldsymbol{B}/\partial t$ に用いれば

$$\mathrm{rot}\left(\boldsymbol{E} + \frac{\partial \boldsymbol{A}}{\partial t}\right) = 0$$

となるから，$(\cdots) = -\,\mathrm{grad}\, \varPhi$ となる $\varPhi$，すなわち

$$\boldsymbol{E} = -\,\mathrm{grad}\, \varPhi - \frac{\partial \boldsymbol{A}}{\partial t} \tag{7.1.3}$$

として $\boldsymbol{E}(x^\mu)$ を与えるスカラー・ポテンシャル $\varPhi(x^\mu)$ が存在する．

しかし，与えられた $\boldsymbol{E}$, $\boldsymbol{B}$ を再現する一組の $(\varPhi, \boldsymbol{A})$ が得られたとして，時空点の任意の関数 χ をとり，それらに

$$\begin{aligned} \tilde{\varPhi} &= \varPhi + \frac{\partial \chi}{\partial t} \\ \tilde{\boldsymbol{A}} &= \boldsymbol{A} - \mathrm{grad}\, \chi \end{aligned} \tag{7.1.4}$$

の変換をしても

$$\begin{aligned} \tilde{\boldsymbol{E}} &= -\,\mathrm{grad}\left(\varPhi + \frac{\partial \chi}{\partial t}\right) - \frac{\partial}{\partial t}(\boldsymbol{A} - \mathrm{grad}\, \chi) = \boldsymbol{E} \\ \tilde{\boldsymbol{B}} &= \mathrm{rot}\, \boldsymbol{A} - \mathrm{rot}\,(\mathrm{grad}\, \chi) = \boldsymbol{B} \end{aligned} \tag{7.1.5}$$

のように $\boldsymbol{E}$, $\boldsymbol{B}$ は変わらない．この変換を**ゲージ変換** (gauge transformation) という．

この自由度を制限するために，**ローレンツ条件** (Lorentz condition)

$$\frac{1}{c^2}\frac{\partial \varPhi}{\partial t} + \mathrm{div}\, \boldsymbol{A} = 0 \tag{7.1.6}$$

をおく．$\varPhi$, $\boldsymbol{A}$ はローレンツ条件をみたすものに限定するので，ゲージ関数 χ は

$$\frac{1}{c^2}\frac{\partial^2\chi}{\partial t^2} - \mathrm{div}\,\mathrm{grad}\,\chi = 0$$

をみたさねばならない．ここで

$$\mathrm{div}\,\mathrm{grad} = \frac{\partial}{\partial x^k}\frac{\partial}{\partial x^k} = \Delta \tag{7.1.7}$$

である．そして，

$$\Box = \frac{1}{c^2}\frac{\partial^2}{\partial t^2} - \Delta \tag{7.1.8}$$

はダランベルシャン（D'Alembertian）とよばれる．ダランベールが弦の振動を扱って，（1次元の）波動方程式 $\{(1/c^2)(\partial^2/\partial t^2) - \partial^2/\partial x^2\}\psi = 0$ を研究したことに因むのであろう．これを用いれば，ゲージ関数が従うべきローレンツ条件は波動方程式

$$\Box\,\chi = 0 \tag{7.1.9}$$

となり，一つの時刻に $\chi = 0$，$\partial\chi/\partial t = 0$ であれば，任意の時刻で $\chi = 0$ となる．ゲージ変換の任意性は消える．

7.1.2　基礎方程式

電場と磁束密度が（7.1.3），（7.1.2）によって与えられているとき，マクスウェル方程式（7.1.1）のうち，電荷密度，電流密度を含まない式（b），（c）は自明である．

電荷密度 ρ を含む式（a）は，左辺が

$$\mathrm{div}\,\boldsymbol{E} = -\,\mathrm{div}\,\mathrm{grad}\,\Phi - \mathrm{div}\frac{\partial \boldsymbol{A}}{\partial t}$$

となるが，ローレンツ条件を用いて $\boldsymbol{A}$ を消去し，（7.1.8）を用いれば

$$\Box\,\Phi = \frac{1}{\varepsilon_0}\rho \tag{7.1.10}$$

となる．

電流密度 $\boldsymbol{j}$ を含む式（d）に対しては，いくらか計算が必要である．まず，

$$(\mathrm{rot}\,\boldsymbol{A})^k = \varepsilon_{klm}\frac{\partial}{\partial x^l}A^m$$

に注意する．ただし，レヴィ・チヴィタの記号

$$\varepsilon_{klm} = \begin{cases} 1 & \\ -1 & (klm)\text{が，}(123)\text{の} \\ 0 & \end{cases} \begin{matrix} \text{偶置換} \\ \text{奇置換} \\ \text{その他} \end{matrix} \tag{7.1.11}$$

を用いた．例えば，$k=1$ のとき $l=2,\ m=3$ なら，(123) は (123) の偶置換だから $\varepsilon_{123}=1$．$l=3,\ m=2$ なら，(132) は (123) の奇置換だから $\varepsilon_{132}=-1$．その他の $\varepsilon_{1lm}=0$ である．よって

$$(\text{rot}\ \boldsymbol{A})^1 = \frac{\partial A^3}{\partial x^2} - \frac{\partial A^2}{\partial x^3}$$

となり，確かに rot $\boldsymbol{A}$ の第 1 成分を与えている．

マクスウェル方程式の（d）には

$$(\text{rot rot}\ \boldsymbol{A})^i = \varepsilon_{ijk} \frac{\partial}{\partial x^j} \varepsilon_{klm} \frac{\partial}{\partial x^l} A^m$$

が現れる．(ijk) と (klm) では k が共通だから，これらが (123) の順列なら $i=l,\ j=m$ か $i=m,\ j=l$ の 2 つの場合しかない．それぞれに対して

$$\varepsilon_{ijk}\,\varepsilon_{klm} = \begin{cases} 1 & (l=i, m=j) \\ -1 & (l=j, m=i) \end{cases}$$

であるから

$$\begin{aligned} (\text{rot rot}\ \boldsymbol{A})^i &= \frac{\partial^2}{\partial x^j \partial x^i} A^j - \frac{\partial^2}{\partial x^j \partial x^j} A^i \\ &= (\text{grad})^i\, \text{div}\ \boldsymbol{A} - \Delta A^i \end{aligned} \tag{7.1.12}$$

となる．問題の方程式（d）は，

$$\begin{aligned} \mu_0 \boldsymbol{j} &= \text{rot rot}\ \boldsymbol{A} - \frac{1}{c^2}\frac{\partial \boldsymbol{E}}{\partial t} \\ &= (\text{grad div}\ \boldsymbol{A} - \Delta \boldsymbol{A}) - \frac{1}{c^2}\left(-\frac{\partial}{\partial t}\text{grad}\ \Phi - \frac{\partial^2}{\partial t^2}\boldsymbol{A}\right) \\ &= -\Delta \boldsymbol{A} + \frac{1}{c^2}\frac{\partial^2}{\partial t^2}\boldsymbol{A} \end{aligned} \tag{7.1.13}$$

のようなローレンツ条件（7.1.6）を用いた計算から

$$\Box\,\boldsymbol{A} = \mu_0 \boldsymbol{j} \tag{7.1.14}$$

となる．

こうして，電磁場に対するマクスウェルの方程式は

$$\Box\,\Phi = \frac{1}{\varepsilon_0}\,\rho$$

$$\Box\,\boldsymbol{A} = \mu_0 \boldsymbol{j} \tag{7.1.15}$$

$$\frac{1}{c^2}\frac{\partial \Phi}{\partial t} + \mathrm{div}\,\boldsymbol{A} = 0$$

に帰着された．

7.1.3　$\partial/\partial x^\mu$ の変換

ローレンツ変換

$$x^{\mu\,\prime} = \Lambda^\mu{}_\nu\, x^\nu \tag{7.1.16}$$

に対して逆変換は（5.3.5）により

$$x^\kappa = (\Lambda^{-1})^\kappa{}_\rho\, x^{\rho\,\prime} = \Lambda_\rho{}^\kappa\, x^{\rho\,\prime} \tag{7.1.17}$$

で与えられる．

偏微分の変数変換は

$$\frac{\partial}{\partial x^{\rho\,\prime}} = \frac{\partial x^\kappa}{\partial x^{\rho\,\prime}}\frac{\partial}{\partial x^\kappa} = \Lambda_\rho{}^\kappa \frac{\partial}{\partial x^\kappa}$$

となる．見てのとおり，反変ベクトルによる偏微分 $\partial/\partial x^\kappa$ は ── (5.4.2) と同様 ── 共変ベクトルとして変換する．そこで，

$$\frac{\partial}{\partial x^\kappa} = \partial_\kappa \tag{7.1.18}$$

と書くことがある．

反対に，

$$x'_\mu = \Lambda_\mu{}^\nu\, x_\nu = (\Lambda^{-1})^\nu{}_\mu\, x_\nu \tag{7.1.19}$$

から

$$x_\nu = \Lambda^\mu{}_\nu\, x'_\mu$$

となるので

$$\frac{\partial}{\partial x'_\mu} = \frac{\partial x_\nu}{\partial x'_\mu}\frac{\partial}{\partial x_\nu} = \Lambda^\mu{}_\nu \frac{\partial}{\partial x_\nu} \tag{7.1.20}$$

である．こうして，共変ベクトルによる偏微分は反変ベクトルとして振舞うので

$$\frac{\partial}{\partial x_\nu} = \partial^\nu \tag{7.1.21}$$

とも書く．

(7.1.18) と (7.1.21) に対しても添字の上げ下げはできる．たとえば

$$g^{\mu\rho}\,\partial_\rho{}' = g^{\mu\rho}\,\Lambda_\rho{}^\kappa\,\partial_\kappa = \Lambda^\mu{}_\kappa\,\partial^\kappa = \partial^{\mu\,\prime} \tag{7.1.22}$$

となる．また，ダランベルシャンは

$$\begin{aligned}\Box &= \frac{\partial^2}{\partial(x^0)^2} - \frac{\partial^2}{\partial x^k\,\partial x^k} \\ &= \partial_\mu g^{\mu\nu}\,\partial_\nu = \partial^\nu\,\partial_\nu \end{aligned} \tag{7.1.23}$$

なので，スカラーである．

§7.2　電荷密度と電流密度の変換

荷電粒子がたくさんあって，それぞれが運動 $x_n{}^k(t) = v_n{}^k\,t + a_n{}^k$ をしているとしよう．n は粒子の番号である．電荷密度と電流密度は，それぞれ

$$\rho = \sum_{n=1}^N q_n\,\delta(x^1 - v_n{}^1\,t - a_n{}^1)\,\delta(x^2 - v_n{}^2\,t - a_n{}^2)\,\delta(x^3 - v_n{}^3\,t - a_n{}^3)$$

$$j^k = \sum_{n=1}^N q_n v_n{}^k\,\delta(x^1 - v_n{}^1\,t - a_n{}^1)\,\delta(x^2 - v_n{}^2\,t - a_n{}^2)\,\delta(x^3 - v_n{}^3\,t - a_n{}^3) \tag{7.2.1}$$

で与えられる．これらは，ローレンツ変換のもとでどのように変換するだろうか？

§4.3 では，粒子が 1 個で $a^k = 0$ の場合を，x^1 軸方向に速度 $\boldsymbol{V}$ で運動する座標系への変換について調べた．ここでも，まず，そのような座標系への変換を調べよう．次に座標系の回転について調べ，空間反転，時間反転について調べる．ローレンツ変換は群をなすから，これら以外の変換はこれらから合成されるだろう．

以下では，一つの n の項をとり出して考える．n を書くのは省略する．

7.2.1　動く座標系への変換

K 系に対して，x^1 軸方向に速度 $\boldsymbol{V}$ で運動する座標系 K′ への変換を考える．(4.3.9) と同様の計算により，K 系の量を K′ 系の量で表わす関係式

$$
\begin{aligned}
x^1 - v^1 t - a^1 &= \gamma\left(1 - \frac{Vv^1}{c^2}\right)(x^{1\prime} - v^{1\prime}t' - a^{1\prime}) \\
x^2 - v^2 t - a^2 &= x^{2\prime} - v^{2\prime}t' - a^{2\prime} \\
x^3 - v^3 t - a^3 &= x^{3\prime} - v^{3\prime}t' - a^{3\prime}
\end{aligned}
\tag{7.2.2}
$$

が得られる．2 行目 3 行目は (4.3.11) と同様に導く．ここに

$$
v^{1\prime} = \frac{v^1 - V}{1 - \dfrac{Vv^1}{c^2}}, \qquad v^{2\prime} = \frac{v^2}{\gamma\left(1 - \dfrac{Vv^1}{c^2}\right)}, \qquad v^{3\prime} = \frac{v^3}{\gamma\left(1 - \dfrac{Vv^1}{c^2}\right)}
\tag{7.2.3}
$$

$$
\begin{aligned}
a^{1\prime} &= \frac{a^1}{\gamma\left(1 - \dfrac{Vv^1}{c^2}\right)} \\
a^{2\prime} &= \frac{Vv^2}{c^2}\frac{a^1}{1 - \dfrac{Vv^1}{c^2}} - a^2 \\
a^{3\prime} &= \frac{Vv^3}{c^2}\frac{a^1}{1 - \dfrac{Vv^1}{c^2}} - a^3
\end{aligned}
\tag{7.2.4}
$$

である．

(7.2.2) を用い，(4.3.14) を得たのと同様にして

$$
\begin{aligned}
\rho = \frac{q}{\gamma\left(1 - \dfrac{Vv^1}{c^2}\right)} &\delta(x^{1\prime} - v^{1\prime}t' - a^{1\prime})\,\delta(x^{2\prime} - v^{2\prime}t' - a^{2\prime}) \\
&\times \delta(x^{3\prime} - v^{3\prime}t' - a^{3\prime})
\end{aligned}
\tag{7.2.5}
$$

を得る．これに $\boldsymbol{v}$ をかければ電流密度 $\boldsymbol{j}$ になる．

いま

$$
j^\mu = (c, v^1, v^2, v^3)\rho \tag{7.2.6}
$$

をK系の**電流密度4元ベクトル**（current density 4-vector）と仮定して，K′系にローレンツ変換してみると

$$
\begin{aligned}
j^{0\prime} &= \gamma\,(j^0 - \beta j^1) \\
&= cq\,\frac{1}{1-\dfrac{Vv^1}{c^2}}\left(1-\frac{Vv^1}{c^2}\right)\delta(x^{1\prime}-\cdots)\,\delta(x^{2\prime}-\cdots)\,\delta(x^{3\prime}-\cdots) \\
&= cq\;\delta(x^{1\prime}-\cdots)\,\delta(x^{2\prime}-\cdots)\,\delta(x^{3\prime}-\cdots) \qquad (7.2.7)
\end{aligned}
$$

$$
\begin{aligned}
j^{1\prime} &= \gamma\,(j^1 - \beta j^0) \\
&= q\,\frac{v^1 - V}{1-\dfrac{Vv^1}{c^2}}\,\delta(x^{1\prime}-\cdots)\,\delta(x^{2\prime}-\cdots)\,\delta(x^{3\prime}-\cdots) \\
&= qv^{1\prime}\;\delta(x^{1\prime}-\cdots)\,\delta(x^{2\prime}-\cdots)\,\delta(x^{3\prime}-\cdots) \qquad (7.2.8)
\end{aligned}
$$

$$
\begin{aligned}
j^{2\prime} &= j^2 \\
&= q\,\frac{v^2}{\gamma\left(1-\dfrac{Vv^1}{c^2}\right)}\,\delta(x^{1\prime}-\cdots)\,\delta(x^{2\prime}-\cdots)\,\delta(x^{3\prime}-\cdots) \\
&= qv^{2\prime}\;\delta(x^{1\prime}-\cdots)\,\delta(x^{2\prime}-\cdots)\,\delta(x^{3\prime}-\cdots) \qquad (7.2.9)
\end{aligned}
$$

$$
\begin{aligned}
j^{3\prime} &= j^3 \\
&= q\,\frac{v^3}{\gamma\left(1-\dfrac{Vv^1}{c^2}\right)}\,\delta(x^{1\prime}-\cdots)\,\delta(x^{2\prime}-\cdots)\,\delta(x^{3\prime}-\cdots) \\
&= qv^{3\prime}\;\delta(x^{1\prime}-\cdots)\,\delta(x^{2\prime}-\cdots)\,\delta(x^{3\prime}-\cdots) \qquad (7.2.10)
\end{aligned}
$$

となり，正しくK′系の4元電流密度ベクトルになっている．(7.2.6) をK系の電流密度4元ベクトルとしたわれわれの仮定は，動く座標系への変換に関する限り，正しかった．

7.2.2　座標系の回転

例として，x^1 軸まわりの角 α の回転 (5.2.3) を考えよう：

$$\delta(x^{2\prime}\cos\alpha - x^{3\prime}\sin\alpha - v^2 t - a^2)\,\delta(x^{2\prime}\sin\alpha + x^{3\prime}\cos\alpha - v^3 t - a^3)$$

を

$$\frac{1}{\cos\alpha}\,\delta\!\left(x^{2\prime}-\frac{x^{3\prime}\sin\alpha+v^2t+a^2}{\cos\alpha}\right)\delta(x^{2\prime}\sin\alpha+x^{3\prime}\cos\alpha-v^3t-a^3)$$

とし，第1のデルタ関数から

$$x^{2\prime}=\frac{x^{3\prime}\sin\alpha+v^2t+a^2}{\cos\alpha}$$

を出して，第2のデルタ関数に入れると

$$\begin{aligned}
&\frac{1}{\cos\alpha}\,\delta\!\left(x^{2\prime}-\frac{x^{3\prime}\sin\alpha+v^2t+a^2}{\cos\alpha}\right)\\
&\qquad\times\delta\!\left(\frac{x^{3\prime}\sin\alpha+v^2t+a^2}{\cos\alpha}\sin\alpha+x^{3\prime}\cos\alpha-v^3t-a^3\right)\\
&=\frac{1}{\cos\alpha}\,\delta\!\left(x^{2\prime}-\frac{x^{3\prime}\sin\alpha+v^2t+a^2}{\cos\alpha}\right)\\
&\qquad\times\delta\!\left(\frac{x^{3\prime}+(v^2t+a^2)\sin\alpha-(v^3t+a^3)\cos\alpha}{\cos\alpha}\right)\\
&=\delta\!\left(x^{2\prime}-\frac{x^{3\prime}\sin\alpha+v^2t+a^2}{\cos\alpha}\right)\\
&\qquad\times\delta(x^{3\prime}+(v^2t+a^2)\sin\alpha-(v^3t+a^3)\cos\alpha)
\end{aligned}\tag{7.2.11}$$

となる．最後の行で第2のデルタ関数から

$$x^{3\prime}=-(v^2t+a^2)\sin\alpha+(v^3t+a^3)\cos\alpha$$

を出して第1のデルタ関数に入れると

$$\begin{aligned}
&\delta(x^{2\prime}-(v^2t+a^2)\cos\alpha-(v^3t+a^3)\sin\alpha)\\
&\quad\times\delta(x^{3\prime}+(v^2t+a^2)\sin\alpha-(v^3t+a^3)\cos\alpha)\\
&\qquad=\delta(x^{2\prime}-v^{2\prime}t-a^{2\prime})\,\delta(x^{3\prime}-v^{3\prime}t-a^{3\prime})
\end{aligned}\tag{7.2.12}$$

となる．そこで（7.2.6）に4元ベクトルとしての回転を施すと，正しく新しい座標系の電流密度4元ベクトルが得られる．ここでも，（7.2.6）を4元ベクトルとした仮定は正しかった．

7.2.3　反　転

反転に関して，電荷密度の変換は，自然法則からは電磁場との積の変換までしか定まらない．そこで，$\rho(t, x, y, z)$ は

$$\begin{aligned}&\text{空間反転：}\quad \rho(t, -x, -y, -z)\\ &\text{時間反転：}\quad -\rho(-t, x, y, z)\end{aligned}\tag{7.2.13}$$

のように変換するものと定義する．電荷は空間反転で符号を変えず，時間反転で変えるとするのである．こうすることは，電磁場は空間反転で符号を変えず，時間反転で変えるとすることである．

そうすると，電流密度の変換は，その定義（7.2.1）を時空座標の変換（2.5.11）と見比べて，次のようになる．

$$\begin{aligned}&\text{空間反転：}\quad -\boldsymbol{j}(t, -x, -y, -z)\\ &\text{時間反転：}\quad \boldsymbol{j}(-t, x, y, z)\end{aligned}\tag{7.2.14}$$

つまり，電流密度4元ベクトルは，反転に関しても時空座標の4元ベクトルと同様に変換することになるのである．

§7.3　4元ポテンシャル

ここで，以前に導いておいた方程式（7.1.15）に戻る．それらの右辺にある電流密度4元ベクトル j^μ には，（7.2.6）を —— 正確には（7.2.6）の q，v^μ，a^μ などに粒子の番号 n をつけて（7.2.1）のように総和したものを —— 用いる．

7.3.1　共変的な基礎方程式

（7.1.15）の第1式を

$$\Box\frac{\Phi}{c} = \frac{1}{c}\frac{1}{\varepsilon_0}\rho = \frac{1}{c}\frac{\mu_0}{\varepsilon_0\mu_0}\rho = \mu_0 c\rho$$

と書き直す．ここで $\varepsilon_0\mu_0 = 1/c^2$ を用いた．すると，（7.1.15）の最初の2式は，**4元ポテンシャル**（4 - potential）

$$A^\mu = \left(\frac{\Phi}{c}, \boldsymbol{A}\right) \tag{7.3.1}$$

に対する $\Box A^\mu = \mu_0 j^\mu$ に，すなわち

$$\partial^\nu \partial_\nu A^\mu = \mu_0 j^\mu \tag{7.3.2}$$

にまとまってしまう．

(7.1.15) の最後の式はローレンツ条件であるが，4 元ポテンシャルに対する

$$\partial_\mu A^\mu = 0 \tag{7.3.3}$$

という式になる．これらが，電磁場の基礎方程式である．

(7.3.2) の右辺は 4 元反変ベクトルであるから，(7.1.23) の $\Box = \partial^\nu \partial_\nu$ がスカラーであることを考慮すれば，この (7.3.2) が共変性をもつためには左辺の A^μ もまた 4 元反変ベクトルでなければならない．また，(7.1.18) の ∂_μ は共変ベクトルであるから，A^μ が 4 元反変ベクトルなら，この (7.3.3) はスカラー $= 0$ となって，共変的になっている．

A^μ が 4 元反変ベクトルであることが確かめられれば，電磁場の基礎方程式は共変性が目に見えて明らかな形をしているといえる．その確かめを，これから行なう．

7.3.2 電 磁 場

4 元ポテンシャルを用いて電磁場を表わす式をもとめよう．そのために，(7.1.18) を反変ベクトル

$$\partial^\mu = g^{\mu\nu}\partial_\nu = \left(\frac{1}{c}\frac{\partial}{\partial t}, -\frac{\partial}{\partial x}, -\frac{\partial}{\partial y}, -\frac{\partial}{\partial z}\right) \tag{7.3.4}$$

に書き直しておく．ここで，

$$f^{\mu\nu} = \partial^\mu A^\nu - \partial^\nu A^\mu \tag{7.3.5}$$

を定義すると

$$f^{\mu\nu} = -f^{\nu\mu} \qquad \text{（反対称）} \tag{7.3.6}$$

となる．

各成分は，(7.3.1) を考慮して

$$
\begin{aligned}
f^{00} &= 0 \\
f^{0k} &= \frac{1}{c}\frac{\partial}{\partial t}A^k - \frac{\partial}{\partial x_k}\frac{\Phi}{c} = \frac{1}{c}\frac{\partial}{\partial t}A^k + \frac{\partial}{\partial x^k}\frac{\Phi}{c} \\
&= \frac{1}{c}\left(\mathrm{grad}\,\boldsymbol{\Phi} + \frac{\partial}{\partial t}\boldsymbol{A}\right) = -\frac{1}{c}\boldsymbol{E}
\end{aligned}
\tag{7.3.7}
$$

となり，また

$$
f^{kl} = -\frac{\partial}{\partial x_k}A^l + \frac{\partial}{\partial x_l}A^k = \begin{cases} -B^m & (klm) = (123)\ \text{の偶置換} \\ +B^m & (klm) = (123)\ \text{の奇置換} \\ 0 & \text{その他} \end{cases}
\tag{7.3.8}
$$

となる．以上をまとめると

$$
f^{\mu\nu} = \begin{pmatrix} 0 & -E_x/c & -E_y/c & -E_z/c \\ E_x/c & 0 & -B_z & B_y \\ E_y/c & B_z & 0 & -B_x \\ E_z/c & -B_y & B_x & 0 \end{pmatrix}
\tag{7.3.9}
$$

となる．

7.3.3　電磁場の変換性

電磁場を与える (7.3.5) は 2 つの反変ベクトル ∂^μ, A^μ からなるので，ローレンツ変換は

$$
f^{\rho\sigma\,\prime} = \Lambda^\rho{}_\mu\,\Lambda^\sigma{}_\nu\,f^{\mu\nu}
\tag{7.3.10}
$$

となる．一般に，n 個の Λ の積でローレンツ変換される量を n 階のテンソルというのだった (§5.4.2)．$f^{\mu\nu}$ は 2 つの Λ で変換されるから 2 階の反変テンソルである．

$f^{\mu\nu}$ は，さらに (7.3.6) の性質をもつので，反対称テンソルである．行列 (7.3.9) は反対称行列になっている．

7.3.4 2階反対称テンソルの変換

一般に，2階の反対称テンソルはローレンツ変換に関して，次の著しい性質をもつ．

空間回転に関して

$X^{\mu\nu}$ を2階の反対称テンソルとする．座標原点を固定した空間座標軸の回転の行列 —— たとえば（5.2.3）—— は，

$$[\Lambda^{\rho}{}_{\mu}] = \begin{pmatrix} 1 & 0 \\ 0 & R^{l}{}_{m} \end{pmatrix} \tag{7.3.11}$$

という構造をもつ．$R^{l}{}_{m}$ は空間回転の行列で，（5.2.3）の場合なら

$$[R^{l}{}_{m}] = \begin{pmatrix} 1 & 0 & 0 \\ 0 & \cos\alpha & \sin\alpha \\ 0 & -\sin\alpha & \cos\alpha \end{pmatrix}$$

である．

電場は $X^{\mu\nu} = f^{\mu\nu}$ の $(m0)$ 成分の c 倍である．$X^{m0\,\prime}$ への変換は

$$X^{l0\,\prime} = \Lambda^{l}{}_{\mu}\,\Lambda^{0}{}_{\nu}\,X^{\mu\nu}$$

であるが，（7.3.11）においては

$$\Lambda^{l}{}_{\mu} = \begin{cases} 0 & (\mu = 0) \\ R^{l}{}_{m} & (\mu = m) \end{cases}$$

$$\Lambda^{0}{}_{\nu} = \begin{cases} 1 & (\nu = 0) \\ 0 & (\nu \neq 0) \end{cases}$$

であるから，

$$X^{l0\,\prime} = \Lambda^{l}{}_{m}\,X^{m0} = R^{l}{}_{m}\,X^{m0} \tag{7.3.12}$$

となる．X^{m0} は3次元空間のベクトルとして回転の変換を受けるのである．このことは X^{0m} を見ても変わらない．これを（7.3.9）の反対称テンソル $f^{\mu\nu}$ に適用すると電場ベクトルも，このような変換をすることがわかる：

$$E^{l\,\prime} = R^{l}{}_{m}\,E^{m} \tag{7.3.13}$$

磁束密度の場は（7.3.9）の空間成分であるが，一般に反対称テンソル $X^{\mu\nu}$ の空間成分に対する

$$X^{rs\,\prime} = \Lambda^r{}_\mu\,\Lambda^s{}_\nu\,X^{\mu\nu} \tag{7.3.14}$$

は $\Lambda^l{}_\mu$ の構造（7.3.11）から

$$X^{rs\,\prime} = \Lambda^r{}_m\,\Lambda^s{}_n\,X^{mn} = R^r{}_m\,R^s{}_n\,X^{mn}$$

に等しい．また，X^{mn} は反対称だから

$$X^{rs\,\prime} = R^r{}_m\,R^s{}_n(-\,X^{nm})$$

とも書けるが，添字 $m,\ n$ を交換すれば

$$X^{rs\,\prime} = -\,R^r{}_n\,R^s{}_m\,X^{mn}$$

とも書ける．よって

$$X^{rs\,\prime} = \frac{1}{2}\,(R^r{}_mR^s{}_n - R^s{}_mR^r{}_n)\,X^{mn} \tag{7.3.15}$$

となる．

ところが，回転の行列は右手系をなす直交基底

$$\begin{aligned} &\boldsymbol{R}^r = (R^r{}_1, R^r{}_2, R^r{}_3) \qquad (r = 1, 2, 3) \\ &\boldsymbol{R}^r \times \boldsymbol{R}^s = \boldsymbol{R}^q \quad ((qrs)\ \text{は}\ (123)\ \text{の偶置換}) \end{aligned} \tag{7.3.16}$$

を用いて

$$[R^r{}_n] = \begin{pmatrix} \boldsymbol{R}^1 \\ \boldsymbol{R}^2 \\ \boldsymbol{R}^3 \end{pmatrix} \tag{7.3.17}$$

と書ける．

ここで，(7.3.15) において

$$R^r{}_mR^s{}_n - R^s{}_mR^r{}_n = \pm\,(\boldsymbol{R}^r \times \boldsymbol{R}^s)_l \qquad \left((lmm)\ \text{は}\ (123)\ \text{の}\begin{cases}\text{偶置換}\\ \text{奇置換}\end{cases}\right)$$

であることに注意すれば，(7.3.16) により

$$R^r{}_mR^s{}_n - R^s{}_mR^r{}_n = \pm\,R^q{}_l \qquad \left(\begin{aligned}&(lmn)\ \text{は}\ (123)\ \text{の}\begin{cases}\text{偶置換}\\ \text{奇置換}\end{cases}\\ &(qrs)\ \text{は}\ (123)\ \text{の偶置換}\end{aligned}\right) \tag{7.3.18}$$

となる．よって，(7.3.15) は

$$X^{rs\,\prime} = \pm\frac{1}{2}\sum_{(l,m,n)} R^q{}_l X^{mn} \qquad ((lmn), (qrs) \text{ は（7.3.18）と同様})$$

となる．右辺の和で (l, m, n) は $(1, 2, 3)$ の置換の全体にわたる．それが偶置換なら複号は $+$，奇置換なら $-$ をとることも（7.3.18）と同様である．たとえば $l = 1$ とすると $(m, n) = (2, 3), (3, 2)$ がある．X^{mn} が反対称であることを考慮すると，

$$\pm\frac{1}{2}\sum_{(l,m,n)} R^q{}_l X^{mn} = R^q{}_1 X^{23} + R^q{}_2 X^{31} + R^q{}_3 X^{12} \quad (7.3.19)$$

となる．

これを（7.3.9）の反対称テンソル $f^{\mu\nu}$ に適用しよう．この場合

$$f^{mn} = \mp B^l \qquad \left((lmn) \text{ は } (123) \text{ の} \begin{cases} \text{偶置換} \\ \text{奇置換} \end{cases}\right) \qquad (7.3.20)$$

となっているから，

$$f^{rs\,\prime} = -R^q{}_l B^l \qquad ((q, r, s) \text{ は } (123) \text{ の偶置換}) \quad (7.3.21)$$

となる．

（7.3.21）の左辺の $f^{rs\,\prime}$ に対しても，（7.3.20）と同様に

$$f^{rs\,\prime} = \mp B^{q\prime} \qquad \left((qrs) \text{ は } (123) \text{ の} \begin{cases} \text{偶置換} \\ \text{奇置換} \end{cases}\right)$$

であるから

$$B^{q\prime} = R^q{}_l B^l \qquad (q = 1, 2, 3) \qquad (7.3.22)$$

が得られる．この式を（7.3.18）から出すとき (qrs) が (123) の偶置換の場合だけ考えたが，奇置換の場合にも同じ結果が得られる．

（7.3.14）の変換は，空間の回転に関しては，このようにベクトルの空間回転にほかならないのだった．

（7.3.13）と合わせて一般にいえば，2 階の反対称テンソルのローレンツ変換は，特に空間回転の場合には第 0 列，あるいは第 0 行に対して，また空間成分に関しては，それぞれ空間ベクトルの回転になる．このことを強調して 2 階の反対称テンソルを **6 元ベクトル**（6 - vector）ということがある．

動く座標系への変換

座標系 K から，K 系の x 軸に沿って速度 $\boldsymbol{V}$ で動く座標系 K′ への変換を考えよう．(5.2.1) によれば

$$\Lambda^{\mu}{}_{\nu} = \begin{pmatrix} \gamma & -\gamma\beta & 0 & 0 \\ -\gamma\beta & \gamma & 0 & 0 \\ 0 & 0 & 1 & 0 \\ 0 & 0 & 0 & 1 \end{pmatrix} \tag{7.3.23}$$

である．$f^{\mu\nu}$ の変換

$$f^{\rho\sigma\,\prime} = \Lambda^{\rho}{}_{\mu}\,\Lambda^{\sigma}{}_{\nu}\,f^{\mu\nu}$$

は，和をとる添字に合わせて行列の掛け算の形に書けば次のようになる：

$$(f^{\rho\sigma\,\prime}) = (\Lambda^{\rho}{}_{\mu})(f^{\mu\nu})(\Lambda^{\sigma}{}_{\nu})^{\mathrm{t}} \tag{7.3.24}$$

ここに $(\cdots)^{\mathrm{t}}$ は行列の転置（transposition）を意味する．転置によって添字 ν が左側にきて，$f^{\mu\nu}$ の ν と縮約されるのである．

動く座標系 K′ への変換 (7.3.23) の場合に具体的に書けば，

$$f^{\rho\sigma\,\prime} = \begin{pmatrix} \gamma & -\gamma\beta & 0 & 0 \\ -\gamma\beta & \gamma & 0 & 0 \\ 0 & 0 & 1 & 0 \\ 0 & 0 & 0 & 1 \end{pmatrix} \begin{pmatrix} 0 & -\dfrac{E_x}{c} & -\dfrac{E_y}{c} & -\dfrac{E_z}{c} \\ \dfrac{E_x}{c} & 0 & -B_z & B_y \\ \dfrac{E_y}{c} & B_z & 0 & -B_x \\ \dfrac{E_z}{c} & -B_y & B_x & 0 \end{pmatrix}$$

$$\times \begin{pmatrix} \gamma & -\gamma\beta & 0 & 0 \\ -\gamma\beta & \gamma & 0 & 0 \\ 0 & 0 & 1 & 0 \\ 0 & 0 & 0 & 1 \end{pmatrix}$$

$$
= \begin{pmatrix} 0 & -\dfrac{E_x}{c} & -\gamma\Big(\dfrac{E_y}{c}-\beta B_z\Big) & -\gamma\Big(\dfrac{E_z}{c}+\beta B_y\Big) \\ \dfrac{E_x}{c} & 0 & -\gamma\Big(B_z-\dfrac{\beta E_y}{c}\Big) & \gamma\Big(B_y+\dfrac{\beta E_z}{c}\Big) \\ \gamma\Big(\dfrac{E_y}{c}-\beta B_z\Big) & \gamma\Big(B_z-\dfrac{\beta E_y}{c}\Big) & 0 & -B_x \\ \gamma\Big(\dfrac{E_z}{c}+\beta B_y\Big) & -\gamma\Big(B_y+\dfrac{\beta E_z}{c}\Big) & B_x & 0 \end{pmatrix} \tag{7.3.25}
$$

である．これを行列 (7.3.9) における電磁場の配列と比較すれば，

$$
E'_x = E_x, \qquad E'_y = \gamma\,(E_y - VB_z), \qquad E'_z = \gamma\,(E_z + VB_y) \tag{7.3.26}
$$

および

$$
B'_x = B_x, \qquad B'_y = \gamma\left(B_y + \frac{V}{c^2}\,E_z\right), \qquad B'_z = \gamma\left(B_z - \frac{V}{c^2}\,E_y\right) \tag{7.3.27}
$$

となり，(4.2.2)，(4.2.3) に一致している．こうして，電磁場の一見奇妙なローレンツ変換 (4.2.2)，(4.2.3) が納得される．

一般の固有ローレンツ変換

慣性系 K に対して任意の方向に速度 $\boldsymbol{V}$ で動く座標系 K′ に変換するには，ローレンツ変換が群をなすことを利用して次のようにする．まず，第 1 段階として K の空間座標軸を回転し，x 軸を $\boldsymbol{V}$ の方向に向けて x' 軸とし，第 2 段階で x' 軸の方向に動く座標系にローレンツ変換 $\Lambda(V)$ して，最後に第 3 段階として，再び空間座標軸を回転して K′ 系の空間座標軸の方向に向ける．

$f^{\mu\nu}$ にこの変換をすると，空間回転の段階では電場も磁束密度の場もベクトルとして変換し，ローレンツ変換 $\Lambda(V)$ の段階では (7.3.26)，(7.3.27) の変換をする．

空間反転と時間反転

電流密度 4 元ベクトルは，(7.2.13)，(7.2.14) により空間反転と時間反

転に関しても時空座標4元ベクトルと同じ変換をすることになったので，(7.3.2) により電磁ポテンシャル4元ベクトルもまた時空座標4元ベクトルと同じ変換をすることになる．

電磁場のベクトルは，(7.3.7)，(7.3.8) によって

$$\frac{E^k}{c} = -\frac{\partial}{\partial x^0}A^k - \frac{\partial}{\partial x^k}A^0, \qquad B^k = \frac{\partial}{\partial x^l}A^m - \frac{\partial}{\partial x^m}A^l$$

((*klm*) は (123) の巡回置換)

であるから，空間反転と時間反転に関して電場は符号を変え，磁束密度の場は符号を変えないことがわかる．これは荷電粒子の運動方程式とも整合的である（章末問題［7］を参照）．

われわれは，§7.3.1の最後で「電磁場の基礎方程式 (7.3.2) の右辺は4元ベクトルであるから，左辺の A^μ も4元ベクトルでなければならない」とした．この推論は，いま正しいことがわかった．A^μ を4元ベクトルとすれば，電場，磁場ともに座標変換に対して正しく変換されることが確かめられたからである．

§7.4　力学の変分原理

ニュートン力学の運動方程式は，力がポテンシャル $V(x^k)$ をもつ場合には，ラグランジアン $\mathsf{L}_\mathrm{N}(\dot{x}^k, x^k) = (m/2)\dot{x}^k\dot{x}^k - V(x^k)$ から変分原理

$$\delta\int_{t_a}^{t_b} \mathsf{L}_\mathrm{N}(\dot{x}^k, x^k)\,dt = 0$$

を原理として導かれた ($\dot{x}^k = dx^k/dt$)．[1] ここに δ は，運動 $x^k = x^k(t)$ に微小変化を与えて $x^k(t) + \delta x^k(t)$ としたときの積分値の変化高を表わし（7-1図），それが0であるというこの原理は，実際におこる運動のところで積分が停留（極小，極大，峠点のいずれか）であることを意味する．普通，代表的に極小の場合をとり上げて，これを**極小原理**（mininum principle）という．また，運動に微小変化をあたえることを変分とよんで**変分原理**（varia-

1)　拙著：『解析力学』（培風館，2007）を参照．

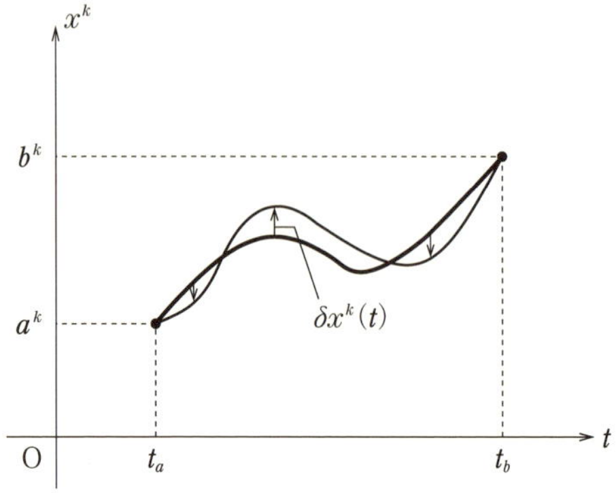

7-1図 粒子の運動 $x^k = x^k(t)$ の変分 $\delta x^k(t)$.

tion principle）ともいう.

電磁場 $A^\mu = (\Phi(x), \boldsymbol{A}(x))$ における荷電粒子に対する相対論的力学の運動方程式も，同じくラグランジアン

$$\mathsf{L}\left(\frac{dx^\mu}{ds}, x^\mu\right) = -m_0c^2 - q\frac{dx^\mu}{ds}\cdot A_\mu \tag{7.4.1}$$

に対する変分原理

$$\delta\int_{t_a}^{t_b}\mathsf{L}\left(\frac{dx^\mu(t)}{ds}, x^\mu(t)\right)ds = 0 \tag{7.4.2}$$

から導かれる. s は粒子の固有時である. この変分原理は見るからに共変的であって，これから導かれる運動方程式も共変的になる. 別の慣性系に移っても（7.4.2）の式の形は変わらないので，その積分が停留値をとる条件の式（運動方程式）も形を変えないのである. ここで変分 $x^k(t) \mapsto x^k(t) + \delta x^k(t)$ をとる際に時間の両端 t_a, t_b では $\delta x^k(t) = 0$ とする. 運動の始めと終わりの $x^\mu(t)$ をあたえることで初期条件に代えるのである.

積分変数を s から通常の時間 t に変えれば，変分原理は，ラグランジアン

$$\mathsf{L}(\dot{x}^k, x^k, t) = -m_0c^2\sqrt{1-\frac{\dot{x}^k\dot{x}^k}{c^2}} + q\,\boldsymbol{A}(x^k, t)\cdot\boldsymbol{v} - q\,\Phi(x^k, t) \tag{7.4.3}$$

に対する

$$\delta \int_{t_a}^{t_b} \mathsf{L}(\dot{x}^k(t), x^\mu(t))\, dt = 0 \tag{7.4.4}$$

に変わる．$\dot{x}^k = dx/dt$ である．これも $dt = \gamma\, ds$ だから共変的であって，これを原理として導かれる運動方程式も共変的になる．

変分原理（7.4.4）から運動方程式を導こう．それには，積分区間 (t_a, t_b) を N 等分して積分を和で近似する（7-2図，$t_0 = t_a$，$t_N = t_b$，$\Delta t = (t_N - t_0)/N$）．時間の分点 t_n における $x^k(t_n)$ を x_n^k と書いて

$$\int_{t_a}^{t_b} \mathsf{L}\, dt \fallingdotseq \sum_{n=1}^{N} \mathsf{L}_n(\dot{x}_n^k, x_n^k)\, \Delta t. \tag{7.4.5}$$

ここに

$$\dot{x}_n^k = \frac{x_n^k - x_{n-1}^k}{\Delta t} \tag{7.4.6}$$

とする．L は，したがってまたその時間積分は $N-1$ 個の変数 $x_1^k, \cdots, x_{N-1}^k$ の関数になる．

いま，運動を変分するのに $n = m \neq 0$ と $k = l$ の x_m^l を $x_m^l + \delta x_m^l$ とすることにすれば

$$\dot{x}_m^l \quad \text{は} \quad \dot{x}_m^l + \frac{\delta x_m^l}{\Delta t} \quad \text{に，} \qquad \dot{x}_{m+1}^l \quad \text{は} \quad \dot{x}_m^l - \frac{\delta x_m^l}{\Delta t} \quad \text{に}$$

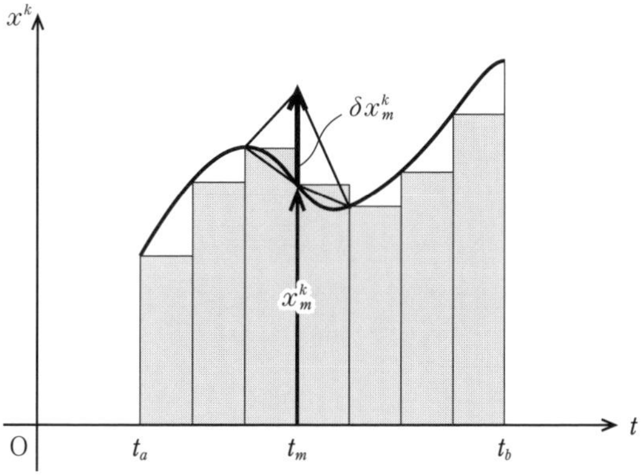

7-2図　(6.4.2) の積分を和で近似する．この図によって階段関数にした $x^k(t)$ と $\dot{x}^k(t)$ とを（7.4.4）に代入する．(7.4.4) は多数の階段の高さ $x_n^k (n = 1, \cdots, N-1)$ の関数になる．

変わる．積分の上端では $x^k(t_2)=x_N^k$ が固定されているので，$n=N$ ではこれと違うが，ここは大勢に影響はないとしてよかろう．そうすれば

$$\delta\int_{t_a}^{t_b}\mathsf{L}\,dt \fallingdotseq \left\{\frac{\partial\mathsf{L}}{\partial x_m^l}+\frac{1}{\varDelta t}\left(\frac{\partial\mathsf{L}}{\partial\dot{x}_m^l}-\frac{\partial\mathsf{L}}{\partial\dot{x}_{m+1}^l}\right)\right\}\delta x_m^l$$

となる．m, l については和をとらない．これが任意の $1\leqq m\leqq N$, $1\leqq l\leqq 3$ に対して 0 となるべきであるから，

$$\frac{\partial\mathsf{L}}{\partial x_m^l}+\frac{1}{\varDelta t}\left(\frac{\partial\mathsf{L}}{\partial\dot{x}_m^l}-\frac{\partial\mathsf{L}}{\partial\dot{x}_{m+1}^l}\right)=0$$

でなければならない．t 軸の細分の間隔を $\varDelta t\to 0$ とすれば，微分方程式

$$\frac{d}{dt}\frac{\partial\mathsf{L}}{\partial\dot{x}^k}-\frac{\partial\mathsf{L}}{\partial x^k}=0 \qquad (k=1,2,3) \tag{7.4.7}$$

が得られる．これを変分問題（7.4.4）に対する**オイラー（Euler）- ラグランジュ（Lagrange）の微分方程式**（differential equation）という．

これを（7.4.3）に適用すれば

$$\frac{\partial\mathsf{L}}{\partial\dot{x}^l}=\frac{m_0\dot{x}^l}{\sqrt{1-\left(\dfrac{v}{c}\right)^2}}+qA^l \tag{7.4.8}$$

は電磁ポテンシャル $\boldsymbol{A}$ があるときの運動量であり，

$$\frac{\partial\mathsf{L}}{\partial x^l}=q\,\frac{\partial A^m}{\partial x^l}\,v^m-q\,\frac{\partial\varPhi}{\partial x^l}$$

であるから，

$$\frac{d}{dt}\left(\frac{m_0\dot{x}^l}{\sqrt{1-\left(\dfrac{v}{c}\right)^2}}+qA^l\right)=q\,\frac{\partial A^m}{\partial x^l}\,v^m-q\,\frac{\partial\varPhi}{\partial x^l} \tag{7.4.9}$$

となる．あるいは

$$\frac{d}{dt}A^l=\frac{\partial A^l}{\partial t}+\frac{\partial A^l}{\partial x^m}\,\dot{x}^m \tag{7.4.10}$$

であるから，(7.4.9) は

$$\frac{d}{dt}\frac{m_0 v^l}{\sqrt{1-\left(\frac{v}{c}\right)^2}} = q\left\{-\frac{\partial \Phi}{\partial x^l} + \frac{\partial A^l}{\partial t} + v_m \frac{\partial A^m}{\partial x^l} - v^m \frac{\partial A^l}{\partial x^m}\right\}$$

(lmn) は (123) の循環的置換 (7.4.11)

すなわち

$$\frac{d}{dt}\frac{m_0 \boldsymbol{v}}{\sqrt{1-\left(\frac{v}{c}\right)^2}} = q\left(-\operatorname{grad}\Phi + \frac{\partial \boldsymbol{A}}{\partial t} + \boldsymbol{v}\times\operatorname{rot}\boldsymbol{A}\right) \tag{7.4.12}$$

となる．ここで (7.1.11)～(7.1.12) と同様の計算

$$(\boldsymbol{v}\times\operatorname{rot}\boldsymbol{A})^l = \varepsilon_{lmn}\varepsilon_{npq}v^m\frac{\partial}{\partial x^p}A^q = v^m\frac{\partial}{\partial x^l}A^m - v^m\frac{\partial}{\partial x^m}A^l$$

を用いた．(7.1.2)，(7.1.3) によれば

$$(\text{右辺}) = q(\boldsymbol{E} + \boldsymbol{v}\times\boldsymbol{B}) \tag{7.4.13}$$

である．この運動方程式は，上に説明した理由によってローレンツ共変である．ベクトル・ポテンシャルがたまたま 0 の座標系では，運動方程式は

$$\frac{d}{dt}\frac{m_0 \boldsymbol{v}}{\sqrt{1-\left(\frac{v}{c}\right)^2}} = -q\operatorname{grad}\Phi \tag{7.4.14}$$

の形をとる．その例は§6.5で見た．しかし，別の慣性系に移れば磁場も現れるのである．

変分原理 (7.4.2) は，電磁ポテンシャルが 0 の場合には

$$\delta\int_{t_a}^{t_b} ds = 0 \tag{7.4.15}$$

となることに注意しよう．時刻 t_a と t_b を結ぶ固有時の長さが停留値をとるのである．この原理は一般相対性原理にも引きつがれる．

§7.5 エネルギー・運動量テンソル

7.5.1 定義と物理的な意味

電磁場の**エネルギー・運動量テンソル** (energy-momentum tensor) とは

$$
(T^{\mu\nu}) = \begin{pmatrix} w & cg_x & cg_y & cg_z \\ (1/c)S_x & T^{11} & T^{12} & T^{13} \\ (1/c)S_y & T^{21} & T^{22} & T^{23} \\ (1/c)S_z & T^{31} & T^{32} & T^{33} \end{pmatrix} \tag{7.5.1}
$$

をいう．ここに

$$
w = \frac{1}{2}\left(\varepsilon_0 \boldsymbol{E}^2 + \frac{1}{\mu_0}\boldsymbol{B}^2\right) \qquad \text{：エネルギー密度}
$$

$$
\begin{aligned} T^{kl} = -\Big[&\varepsilon_0 E^k E^l + \frac{1}{\mu_0} B^k B^l \\ &- \frac{1}{2}\left(\varepsilon_0 \boldsymbol{E}^2 + \frac{1}{\mu_0}\boldsymbol{B}^2\right)\delta^{kl}\Big] \qquad \text{：応力テンソル} \end{aligned} \tag{7.5.2}
$$

$$
g^k = \frac{1}{c^2} S^k \qquad \text{：運動量密度}
$$

$$
S^k = \frac{1}{\mu_0}[\boldsymbol{E} \times \boldsymbol{B}]^k \qquad \text{：エネルギー流密度}
$$

である．ここで，$\delta^{\mu\nu} = -g^{\mu\nu}$ とおいた．その空間成分は

$$
\delta^{kl} = \begin{cases} 1 & (k = l) \\ 0 & (k \neq l) \end{cases} \tag{7.5.3}
$$

となり，いわゆるクロネッカー（Kronecker）のデルタに一致する．

応力テンソルとは，体積 V をとるとき，その表面の面積要素 da に立てた外向き法線方向の単位ベクトルを $\boldsymbol{n} = (n^1, n^2, n^3)$ とすれば，$T^k := -T^{lk} n_l \, da$ が da において V にはたらく k 方向の力を与えるものである．

V にはたらく k 方向の力は，全体では

$$
\int_S T^{lk} n_l \, da = -\int_V \frac{\partial T^{kl}}{\partial x^l} d^3\boldsymbol{r}
$$

となる．ここで 3 次元空間におけるガウスの定理を用いた．これは，V にはたらく力を V のまわりの電磁場で表わすもので，電荷の間にはたらく力は，電荷が直接におよぼし合うものではなくて，電荷の周囲の媒質が電荷のために歪み，その結果として隣り合う媒質同士が力をおよぼし合うためだという近接作用の考えに立っている．空間が（7.5.2）のいうようにエネルギー密

度や運動量密度などを担うというのも同じ考えからである．

アインシュタインの相対性原理によって電磁場の媒質は姿を消したが，空間が応力などを担うという考えは真空の属性と見なされて残った．(7.5.2) の w など各量が，それぞれの右に書き添えた意味をもつことを説明しよう．

まず，マクスウェル方程式 (7.1.1) から次のことがいえる．

$$\frac{\partial w}{\partial t} = \varepsilon_0 \boldsymbol{E} \cdot \frac{\partial \boldsymbol{E}}{\partial t} + \frac{1}{\mu_0} \boldsymbol{B} \cdot \frac{\partial \boldsymbol{B}}{\partial t}$$

にマクスウェル方程式

$$\varepsilon_0 \frac{\partial \boldsymbol{E}}{\partial t} = \frac{1}{\mu_0} \mathrm{rot}\, \boldsymbol{B} - \boldsymbol{j}, \qquad \frac{\partial \boldsymbol{B}}{\partial t} = -\,\mathrm{rot}\, \boldsymbol{E}$$

を用いれば

$$\frac{\partial w}{\partial t} = \frac{1}{\mu_0}(\boldsymbol{E} \cdot \mathrm{rot}\, \boldsymbol{B} - \boldsymbol{B} \cdot \mathrm{rot}\, \boldsymbol{E}) - \boldsymbol{j} \cdot \boldsymbol{E}$$

となる．章末問題［6］の (P.7.2) によって変形すれば

$$\frac{\partial w}{\partial t} = -\,\frac{1}{\mu_0} \mathrm{div}\, (\boldsymbol{E} \times \boldsymbol{B}) - \boldsymbol{j} \cdot \boldsymbol{E}$$

となる．すなわち

$$\frac{\partial w}{\partial t} = -\,\mathrm{div}\, \boldsymbol{S} - \boldsymbol{j} \cdot \boldsymbol{E} \tag{7.5.4}$$

が成り立つ．

この式の意味は，任意の 3 次元体積 V にわたって積分すれば明瞭になる．V 内のエネルギーの時間的減少率は，V の表面を通って出るエネルギー流 $\boldsymbol{S}$ とジュール熱 $\boldsymbol{j} \cdot \boldsymbol{E}$ による V 内のエネルギー消費の和に等しいというのである．

$\boldsymbol{g} = \varepsilon_0 \boldsymbol{E} \times \boldsymbol{B}$ の時間変化は

$$\begin{aligned}\frac{\partial \boldsymbol{g}}{\partial t} &= \varepsilon_0 \left(\frac{\partial \boldsymbol{E}}{\partial t} \times \boldsymbol{B} + \boldsymbol{E} \times \frac{\partial \boldsymbol{B}}{\partial t}\right) \\ &= \left(\frac{1}{\mu_0} \mathrm{rot}\, \boldsymbol{B} - \boldsymbol{j}\right) \times \boldsymbol{B} - \varepsilon_0 \boldsymbol{E} \times \mathrm{rot}\, \boldsymbol{E}\end{aligned}$$

となるが，章末問題の (P.7.3) によれば

$$\frac{\partial g^k}{\partial t} = \varepsilon_0 \boldsymbol{E} \cdot \mathrm{grad}\, E^k - \frac{\varepsilon_0}{2}\frac{\partial}{\partial x^k}\boldsymbol{E}^2 + \frac{1}{\mu_0}\boldsymbol{B}\cdot \mathrm{grad}\, B^k - \frac{1}{2\mu_0}\frac{\partial}{\partial x^k}\boldsymbol{B}^2 - (\boldsymbol{j}\times\boldsymbol{B})^k$$

と書ける．ここで

$$\boldsymbol{E}\cdot\mathrm{grad}\, E^k = \frac{\partial}{\partial x^l}(E^l E^k) - (\mathrm{div}\,\boldsymbol{E})\, E^k$$

に注意すれば

$$\frac{\partial g^k}{\partial t} = \frac{\partial}{\partial x^l}(\varepsilon_0 E^l E^k) - \frac{\partial}{\partial x^k}\frac{\varepsilon_0}{2}\boldsymbol{E}^2 + \frac{\partial}{\partial x^l}\left(\frac{1}{\mu_0}B^l B^k\right) - \frac{\partial}{\partial x^k}\frac{1}{2\mu_0}\boldsymbol{B}^2 - (\rho\boldsymbol{E}+\boldsymbol{j}\times\boldsymbol{B})^k$$

となる．すなわち，

$$\frac{\partial g^k}{\partial t} = -\frac{\partial}{\partial x^l}T^{lk} - (\rho\boldsymbol{E}+\boldsymbol{j}\times\boldsymbol{B})^k \qquad (7.5.5)$$

が成り立つ．

この式の意味は，3 次元体積 V にわたって両辺を積分すれば明らかになる．すなわち，V 内の電磁的運動量の時間的増加率 $\partial g^k/\partial t$ とローレンツ力 $\rho\boldsymbol{E}+\boldsymbol{j}\times\boldsymbol{B}$ による力学的運動量の増加率の和は，V にわたって積分すると，3 次元空間のガウスの定理により V の表面 ∂V にはたらく内向きの力

$$-\int_{\mathsf{V}}\frac{\partial}{\partial x^l}T^{lk}\, d^3x = \int_{\partial\mathsf{V}} T^k\, da \qquad (7.5.6)$$

に等しいというのである．ここに $\boldsymbol{n}$ は V の表面の面積要素 da の外向き法線ベクトルで，T^k はその da において，V の外側が内側におよぼす力 $\boldsymbol{T} := -(n^l T^{l1}, n^l T^{l2}, n^l T^{l3})$ の第 k 成分である．積分は V の表面全体にわたり，V の外側が内側におよぼす力をあたえる．ここで，(7.5.5) が

$$\frac{\partial}{\partial x^\nu}T^{\nu k} = -f^{k\nu}j_\nu \qquad (7.5.7)$$

と書けることに注意しておこう．

7.5.2　テンソルであること

エネルギー・運動量テンソル (7.5.1) が，その名のとおりテンソルであることを確かめよう．

動く座標系への変換

まず，等速度運動する座標系への変換 (2.1.27) を調べよう．もしエネルギー・運動量テンソルが本当にテンソルであるなら，(7.5.1) は次の変換をするはずである：

$$
\begin{aligned}
&(T^{\mu\nu\,\prime})\\
&=\begin{pmatrix} \gamma & -\gamma\beta & 0 & 0 \\ -\gamma\beta & \gamma & 0 & 0 \\ 0 & 0 & 1 & 0 \\ 0 & 0 & 0 & 1 \end{pmatrix}
\begin{pmatrix} T^{00} & T^{01} & T^{02} & T^{03} \\ T^{10} & T^{11} & T^{12} & T^{13} \\ T^{20} & T^{21} & T^{22} & T^{23} \\ T^{30} & T^{31} & T^{32} & T^{33} \end{pmatrix}
\begin{pmatrix} \gamma & -\gamma\beta & 0 & 0 \\ -\gamma\beta & \gamma & 0 & 0 \\ 0 & 0 & 1 & 0 \\ 0 & 0 & 0 & 1 \end{pmatrix}\\
&=\begin{pmatrix}
\gamma^2\{T^{00}-\beta(T^{01}+T^{10})+\beta^2T^{11}\} & \gamma^2\{T^{01}-\beta(T^{00}+T^{11})+\beta^2T^{10}\} & \gamma\{T^{02}-\beta T^{12}\} & \gamma\{T^{03}-\beta T^{13}\} \\
\gamma^2\{T^{10}-\beta(T^{00}+T^{11})+\beta^2T^{01}\} & \gamma^2\{T^{11}-\beta(T^{01}+T^{10})+\beta^2T^{00}\} & \gamma\{T^{12}-\beta T^{02}\} & \gamma\{T^{13}-\beta T^{03}\} \\
\gamma\{T^{20}-\beta T^{21}\} & \gamma\{T^{21}-\beta T^{20}\} & T^{22} & T^{23} \\
\gamma\{T^{30}-\beta T^{31}\} & \gamma\{T^{31}-\beta T^{30}\} & T^{32} & T^{33}
\end{pmatrix}.
\end{aligned}
\tag{7.5.8}
$$

これを以下で確かめよう．

電磁場のエネルギー・運動量テンソル (7.5.1) は，(7.5.2) に見るとおり電場と磁場から構成されている．したがって，その変換性は電場と磁場の変換から計算される．

(4.2.2) および (4.2.3) によれば，同一時空点の場の強さの変換は

$$E'_x = E_x, \qquad B'_x = B_x$$
$$E'_y = \gamma\,(E_y - \beta c B_z), \quad B'_y = \gamma\left(B_y + \frac{\beta}{c}E_z\right) \tag{7.5.9}$$
$$E'_z = \gamma\,(E_z + \beta c B_y), \quad B'_z = \gamma\left(B_z - \frac{\beta}{c}E_y\right)$$

であるから

$$E'^2 = E_x^2 + \gamma^2\{(E_y^2 + E_z^2) - 2\beta c\,(E_y B_z - E_z B_y) + \beta^2 c^2 (B_y^2 + B_z^2)\}$$

となるが，$\gamma^2(1-\beta^2) = 1$，$c^2 = 1/\varepsilon_0\mu_0$ を用いて

$$E'^2 = \gamma^2\left[E^2 - 2\beta c\,(E_y B_z - E_z B_y) + \beta^2\left\{-E_x^2 + \frac{1}{\varepsilon_0\mu_0}(B_y^2 + B_z^2)\right\}\right] \tag{7.5.10}$$

となる．同様にして

$$B'^2 = \gamma^2\left[B^2 - 2\frac{\beta}{c}(E_y B_z - E_z B_y) + \beta^2\{-B_x^2 + \varepsilon_0\mu_0 (E_y^2 + E_z^2)\}\right] \tag{7.5.11}$$

となり，したがって，変換後のエネルギー密度は

$$\begin{aligned} w' &= \frac{1}{2}\left(\varepsilon_0 E'^2 + \frac{1}{\mu_0}B'^2\right) \\ &= \gamma^2\left[\frac{1}{2}\left(\varepsilon_0 E^2 + \frac{1}{\mu_0}B^2\right) - \beta\frac{2}{\mu_0 c}[\boldsymbol{E}\times\boldsymbol{B}]_x \right. \\ &\qquad \left. + \beta^2\left\{-\left(\varepsilon_0 E_x^2 + \frac{1}{\mu_0}B_x^2\right) + \frac{1}{2}\left(\varepsilon_0 E^2 + \frac{1}{\mu_0}B^2\right)\right\}\right] \end{aligned} \tag{7.5.12}$$

となる．(7.5.2) と比較すれば

$$w' = \gamma^2\left\{\omega - \beta\left(c g_x + \frac{1}{c}S_x\right) + \beta^2 T^{11}\right\} \tag{7.5.13}$$

となっていることがわかる．これは (7.5.8) の $T^{00\prime}$ に合っている．

次に，

$$T^{01\prime} = \frac{1}{\mu_0 c}(E'_y B'_z - E'_z B'_y) \tag{7.5.14}$$

を計算してみよう．(7.5.9) によれば

$$T^{01\prime} = \frac{\gamma^2}{\mu_0 c}\left[(E_y B_z - E_z B_y) - \beta\left\{\frac{1}{c}(E_y^2 + E_z^2) + c(B_y^2 + B_z^2)\right\}\right.$$
$$\left. + \beta^2 (E_y B_z - E_z B_y)\right]$$
$$= \gamma^2\left[\frac{1}{\mu_0 c}(E_y B_z - E_z B_y) - \beta\left\{\left(\varepsilon_0 E^2 + \frac{1}{\mu_0} B^2\right) - \left(\varepsilon_0 E_x^2 + \frac{1}{\mu_0} B_x^2\right)\right\}\right.$$
$$\left. + \beta^2 \frac{1}{\mu_0 c}(E_y B_z - E_z B_y)\right]$$

となるから

$$T^{01\prime} = \gamma^2 \{c g_x - \beta(w + T^{11}) + \beta^2 S_x\} \tag{7.5.15}$$

となって，(7.5.8) の $T^{01\prime}$ に合っている．

では

$$T^{21\prime} = -\left(\varepsilon_0 E_y' E_x' + \frac{1}{\mu_0} B_y' B_x'\right) \tag{7.5.16}$$

は，どうだろうか？

$$T^{21\prime} = -\gamma\left\{\varepsilon_0 (E_y - \beta c B_z) E_x + \frac{1}{\mu_0}\left(B_y + \frac{\beta}{c} E_z\right) B_x\right\}$$

であるから，$1/\varepsilon_0 \mu_0 = c^2$ を用いれば

$$T^{21\prime} = \gamma\left\{-\left(\varepsilon_0 E_y E_x + \frac{1}{\mu_0} B_y B_x\right) - \beta\frac{1}{\mu_0 c}(E_z B_x - E_x B_z)\right\} \tag{7.5.17}$$

となり

$$T^{21\prime} = \gamma\left(T^{21} - \beta\frac{1}{c} S_y\right) \tag{7.5.18}$$

となって，(7.5.8) の $T^{21\prime}$ に合っている．

$$T^{23\prime} = -\left(\varepsilon_0 E_y' E_z' + \frac{1}{\mu_0} B_y' B_z'\right) \tag{7.5.19}$$

は，どうだろうか？

$$T^{23\,\prime} = -\gamma^2\left[\left\{\varepsilon_0 - \frac{1}{\mu_0}\left(\frac{\beta}{c}\right)^2\right\}E_yE_z + \left(\frac{1}{\mu_0} - \varepsilon_0\beta^2c^2\right)B_yB_z\right]$$
$$+\left(\varepsilon_0\beta c - \frac{1}{\mu_0}\frac{\beta}{c}\right)(E_yB_y - E_zB_z)$$
$$= \gamma^2(1-\beta^2)\left(-\varepsilon_0E_yE_z - \frac{1}{\mu_0}B_yB_z\right)$$

となり

$$T^{23\,\prime} = T^{23} \tag{7.5.20}$$

が確かめられた．

空間回転

座標系の時間軸は変えず空間軸を回転させる変換は（7.3.11）であたえられる．それによって，電場および磁場が3次元のベクトルとして変換されることは§7.3.4で見たとおりである．

2階の反変テンソルの変換は

$$T^{\rho\sigma\,\prime} = \begin{pmatrix}1 & 0\\ 0 & R^j{}_k\end{pmatrix}\begin{pmatrix}T^{00} & T^{0l}\\ T^{k0} & T^{kl}\end{pmatrix}\begin{pmatrix}1 & 0\\ 0 & {}^{\mathrm{t}}R_l{}^m\end{pmatrix} \tag{7.5.21}$$

となる．ここに，$j,\ k,\ l,\ m$ は1から3までを走るものとする．$R^k{}_l$ は3行3列の行列を表わす，等々．${}^{\mathrm{t}}R$ は行列 R の転置である．

これに応じてエネルギー・運動量テンソル（7.5.1）を次のように分解しよう．

$$T^{\mu\nu} = T^{\mu\nu}_w + T^{\mu\nu}_E + T^{\mu\nu}_B + T^{\mu\nu}_S \tag{7.5.22}$$

ここに，

$$T^{\mu\nu}_w = \begin{pmatrix}w & 0\\ 0 & w\delta^{kl}\end{pmatrix},\qquad T^{\mu\nu}_E = \begin{pmatrix}0 & 0\\ 0 & -\varepsilon_0E^kE^l\end{pmatrix}$$
$$T^{\mu\nu}_B = \begin{pmatrix}0 & 0\\ 0 & -(1/\mu_0)B^kB^l\end{pmatrix},\qquad T^{\mu\nu}_S = \begin{pmatrix}0 & cg^l\\ (1/c)S^k & 0\end{pmatrix} \tag{7.5.23}$$

とする．

$T^{\mu\nu}$ の変換（7.5.21）は $T^{\mu\nu}$ の各成分の変換の和である．まず，

$$T_w^{\rho\sigma\prime} = \begin{pmatrix} 1 & 0 \\ 0 & R^j{}_k \end{pmatrix} \begin{pmatrix} w & 0 \\ 0 & w\delta^{kl} \end{pmatrix} \begin{pmatrix} 1 & 0 \\ 0 & {}^{\mathrm{t}}R_l{}^m \end{pmatrix}$$

であって，回転の行列 R は直交行列で，転置行列 ${}^{\mathrm{t}}R$ の l 行，m 列要素 ${}^{\mathrm{t}}R_l{}^m$ は R の m 行，l 列要素 $R^m{}_l$ に等しく，$R^j{}_k\,\delta^{kl}\,R^m{}_l = \delta^{jm}$ となるから，

$$T_w^{\rho\sigma\prime} = \begin{pmatrix} w & 0 \\ 0 & wR^j{}_k\,\delta^{kl}\,R^m{}_l \end{pmatrix} = \begin{pmatrix} w & 0 \\ 0 & w\delta^{jm} \end{pmatrix}$$

となる．ここで w は空間回転に関してはスカラーで，回転した座標軸に関する成分で書いたエネルギー密度 w' も値は変わらない，すなわち $w' = w$ である．したがって

$$T_w^{\rho\sigma\prime} = \begin{pmatrix} w' & 0 \\ 0 & w'\delta^{jm} \end{pmatrix} \tag{7.5.24}$$

といってもよい．次に

$$T_E^{\rho\sigma\prime} = \begin{pmatrix} 1 & 0 \\ 0 & R^j{}_k \end{pmatrix} \begin{pmatrix} 0 & 0 \\ 0 & -\varepsilon_0 E^k E^l \end{pmatrix} \begin{pmatrix} 1 & 0 \\ 0 & {}^{\mathrm{t}}R_l{}^m \end{pmatrix} = \begin{pmatrix} 0 & 0 \\ 0 & -\varepsilon_0(R^j{}_k\,E^k)(R^m{}_l\,E^l) \end{pmatrix}$$

$$= \begin{pmatrix} 0 & 0 \\ 0 & -\varepsilon_0 E^{j\prime} E^{m\prime} \end{pmatrix} \tag{7.5.25}$$

同様に

$$T_B^{\rho\sigma\prime} = \begin{pmatrix} 1 & 0 \\ 0 & R^j{}_k \end{pmatrix} \begin{pmatrix} 0 & 0 \\ 0 & -(1/\mu_0)B^k B^l \end{pmatrix} \begin{pmatrix} 1 & 0 \\ 0 & {}^{\mathrm{t}}R_l{}^m \end{pmatrix} = \begin{pmatrix} 0 & 0 \\ 0 & -(1/\mu_0)B^{j\prime} B^{m\prime} \end{pmatrix} \tag{7.5.26}$$

となる．さらに

$$T_S^{\mu\sigma\prime} = \begin{pmatrix} 1 & 0 \\ 0 & R^j{}_k \end{pmatrix} \begin{pmatrix} 0 & cg_l \\ (1/c)S^k & 0 \end{pmatrix} \begin{pmatrix} 1 & 0 \\ 0 & {}^{\mathrm{t}}R_l{}^m \end{pmatrix} = \begin{pmatrix} 0 & cg^{m\prime} \\ (1/c)S^{j\prime} & 0 \end{pmatrix} \tag{7.5.27}$$

となる．これらを総和すれば $T^{\rho\sigma\prime}$ が，変換後の $\boldsymbol{E}$, $\boldsymbol{B}$ の成分によって (7.5.1) を書いたものに等しいことがわかる．$T^{\mu\nu}$ は，空間回転についても正しく 2 階反変テンソルの変換をするのである．

§7.6　エネルギー・運動量の変換性

7.6.1　ガウスの定理

4 次元ミンコフスキー空間におけるガウスの定理を証明しよう．ミンコフスキー空間に閉曲面 Σ をとり，それが囲む体積を V として，積分

$$\int_{\mathsf{V}} \frac{\partial A^\mu}{\partial x^\mu}\, d^4x \qquad (d^4x = dx^0\, dx^1\, dx^2\, dx^3) \tag{7.6.1}$$

を考える．まずは，V を x^μ 軸に平行に貫く細い筒が V の表面 Σ とそれぞれ 2 点でのみ交わるものとする．このような V は凸形であるという．

x^0 軸に平行な細い筒が V を貫く点 A, B は $x^0(\mathrm{B}) > x^0(\mathrm{A})$ をみたすとし，$x(\mathrm{A})$ の全体を Σ_- としよう（7 - 3 図）．$\mathrm{A} \in \Sigma_-$ をきめれば B はきまる．そうすると（7.6.1）の $\mu = 0$ の項は，x^0 で積分すれば

$$\int_{\mathsf{V}} \frac{\partial A^0}{\partial x^0}\, d^4x = \int_{\Sigma_-} \{A^0(\mathrm{B}) - A^0(\mathrm{A})\}\, dx^1\, dx^2\, dx^3 \tag{7.6.2}$$

となる．同様に $x(\mathrm{B})$ の全体を Σ_+ とし，$\Sigma_- \cup \Sigma_+$ を Σ とする．

いま，Σ を実変数 u^1, u^2, u^3 でパラメトライズして $x^\mu = x^\mu(u^1, u^2, u^3)$ とし，

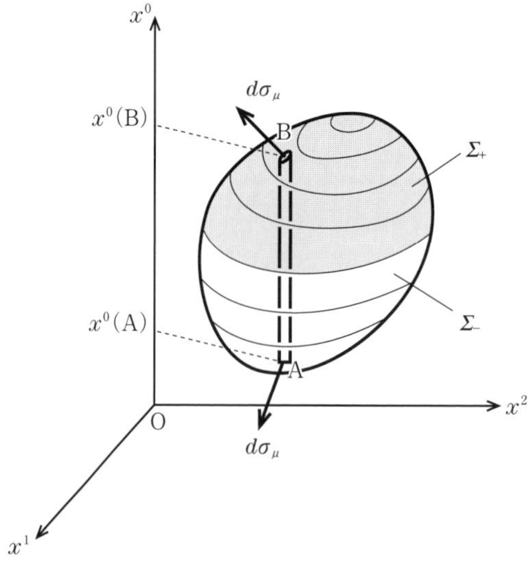

7 - 3 図　4 次元体積 V と，x^0 軸に平行な細い筒が貫く．

$$dx^1\,dx^2\,dx^3 = \begin{Bmatrix} - \\ + \end{Bmatrix} \det\left(\frac{\partial x^k}{\partial u^l}\right) du^1\,du^2\,du^3 \quad \begin{cases} (\text{A において}) \\ (\text{B において}) \end{cases} \tag{7.6.3}$$

が成り立つようにする．ここで

$$d\sigma_0 = \det\left(\frac{\partial x^k}{\partial u^l}\right) du^1\,du^2\,du^3$$

は，ベクトル

$$d\sigma_\mu = \varepsilon_{\mu\nu\rho\sigma} \frac{\partial x^\nu}{\partial u^1} \frac{\partial x^\rho}{\partial u^2} \frac{\partial x^\sigma}{\partial u^3}\, du^1\,du^2\,du^3 \tag{7.6.4}$$

の第 0 成分であることに注意する．これがベクトルであることは

$$\frac{\partial x^\nu}{\partial u^1} = \frac{\partial x^\nu}{\partial x^{\alpha'}} \frac{\partial x^{\alpha'}}{\partial u^1} \qquad \text{など}$$

を代入し，$\varepsilon_{\mu\nu\rho\sigma}$ がテンソルであることを用いれば容易にわかる（章末問題 [3] を参照）．こうして

$$\int_{\mathsf{V}} \frac{\partial A^0}{\partial x^0}\, d^4x = \int_\Sigma A^0\, d\sigma_0 \tag{7.6.5}$$

が得られた．(7.6.1) の $\mu = 0$ 以外の項も同様に積分して加え合わせれば

$$\int_{\mathsf{V}} \frac{\partial A^\mu}{\partial x^\mu}\, d^4x = \int_\Sigma A^\mu\, d\sigma_\mu \tag{7.6.6}$$

が得られる．

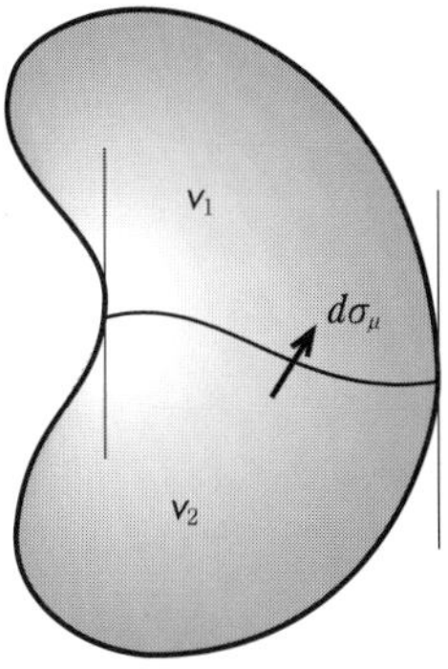

7-4 図　V を切り分けて凸形の V_j の和にする．

この証明は凸形をした V に対して行なったが，一般の V は，適当に切り分ければ各部分の V_j は凸形になる（7-4 図）．V_j と V_k とが接する面が新しくできて，そこから（7.6.6）の右辺への寄与が加わりそうだが，その面上では $d\sigma_\mu$ が V_j から見て外向きなら V_k から見ると内向きで，両方からの面積分への寄与が相殺し，結局 V の表面にわたる積分だけが残るのである．こうして，（7.6.6）は一般の V に対して成り立つ．これを**ガウスの定理**（Gauss' theorem）という．

7.6.2 全エネルギー・運動量は 4 元ベクトルか？

電磁場の時刻 $t = t_0$ における全エネルギー・運動量を，（7.5.2）に従って

$$P^\mu = \frac{1}{c}\int_{t=t_0} T^{\mu 0}\, d^3x \qquad (d^3x = dx^1\, dx^2\, dx^3) \tag{7.6.7}$$

と定義する．積分は $t = t_0$ の超平面の全体にわたる．積分が収束するように，$T^{\mu 0}$ は遠方で十分に速く 0 にいくものとする．

これは 4 元ベクトルになっているだろうか？　もし，

$$\frac{\partial T^{\mu\nu}}{\partial x^\nu} = 0 \tag{7.6.8}$$

が全空間で成り立っているならば，電磁場の全エネルギー・運動量は――保存されるのだが（次節 §7.6.3 を参照）――4 元ベクトルであることが次のようにして証明される．

エネルギー・運動量テンソルはミンコフスキー空間全体にわたって定義されているが，すぐ後で証明するように

$$\int_{t=t_0} T^{\mu 0}\, d^3x = \int_{t'=t_0} T^{\mu\nu}\, d\sigma_\nu \tag{7.6.9}$$

が成り立つ．ただし，右辺は座標系 K に対して走る座標系 K′ で $t' = t_0$ の超平面上にわたる積分である（7-5 図）．

このとき，座標系 K から K′ へのローレンツ変換を $\Lambda^\alpha{}_\mu$ としよう．

$$\Lambda^\alpha{}_\mu \int_{t=t_0} T^{\mu\nu}\, d\sigma_\nu \tag{7.6.10}$$

において，$d\sigma_\nu = (d^3x, 0, 0, 0)$ であるが

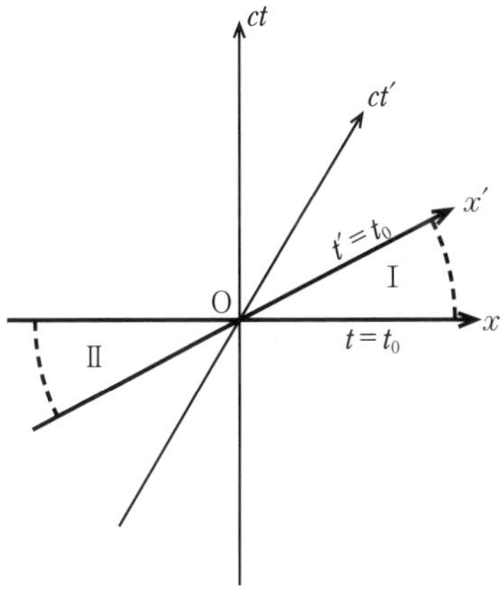

7-5図　走る座標系 O-$t'x'y'z'$ での $t' = t_0$ の超平面

$$\Lambda^{\alpha}{}_{\mu} T^{\mu\nu}\, d\sigma_{\nu} = \Lambda^{\alpha}{}_{\mu} T^{\mu\nu} g^{\lambda}_{\nu}\, d\sigma_{\lambda}$$

に，(5.3.4) と (5.3.5) を組み合わせ

$$g^{\lambda}_{\nu} = \Lambda_{\beta}{}^{\lambda}\, \Lambda^{\beta}{}_{\nu}$$

として代入すれば

$$\begin{aligned}\Lambda^{\alpha}{}_{\mu} T^{\mu\nu}\, d\sigma_{\nu} &= \Lambda^{\alpha}{}_{\mu} T^{\mu\nu} \Lambda_{\beta}{}^{\lambda} \Lambda^{\beta}{}_{\nu}\, d\sigma_{\lambda} = (\Lambda^{\alpha}{}_{\mu} T^{\mu\nu} \Lambda^{\beta}{}_{\nu})(\Lambda_{\beta}{}^{\lambda}\, d\sigma_{\lambda}) \\ &= T^{\alpha\beta\,\prime}\, d\sigma'_{\beta}\end{aligned}$$

となるから，(7.6.9) により

$$\Lambda^{\alpha}{}_{\mu} \int_{t=t_0} T^{\mu 0}\, d^3x = \int_{t'=t_0} T^{\alpha 0\,\prime}\, d^3x'$$

が得られる．よって，(7.6.7) により

$$\Lambda^{\alpha}{}_{\mu} P^{\mu} = P^{\alpha\,\prime} \tag{7.6.11}$$

が成り立ち，P^{μ} が 4 元ベクトルであることが証明された．

(7.6.9) を証明しなければならない．7-5図に見るとおり，超平面 $t = t_0$ と $t' = t_0$ とは交わっている．これらに点線で示すような超曲面を無限遠方で加えて閉曲面にすると，体積 I, II を囲む．いま，(7.6.8) が成り立つとしているから，これを体積 I にわたって積分し，ガウスの定理を用いれば

$$\int_{\mathrm{I},\, t=t_0} T^{\mu\nu}\, d\sigma_{\nu} = \int_{\mathrm{I},\, t'=t_0} T^{\alpha\beta}\, d\sigma_{\beta}$$

の成り立つことがわかる．ただし，点線の超曲面の上の積分は遠方で $T^{\mu\nu}$ が速く 0 にいくものとして省略した．したがって，積分は，左辺では体積 I の $t = t_0$ の表面にわたり，右辺では同じく体積 I の $t' = t_0$ の表面にわたる．

体積 II に対する同様の等式と辺々加えれば，$t = t_0$ の表面の上では $d\sigma_\nu = (d^3x, 0, 0, 0)$ であることに注意して（7.6.9）が証明された．

7.6.3 保存則

（7.6.8）は

$$\frac{\partial A^\nu(x)}{\partial x^\nu} = 0 \tag{7.6.12}$$

という形をしている．一般に，この形の方程式をみたす量 A^ν は，もし遠方

$$R = \sqrt{(x^0)^2 + (x^1)^2 + (x^2)^2 + (x^3)^2} \quad \to \quad \infty$$

で R^{-2} より速く 0 にいくならば，第 0 成分が保存される．すなわち

$$\int_{t=t_a} A^0 \, d^3x = (t_a \text{ によらない}) \tag{7.6.13}$$

が成り立つ．積分は時刻一定の全空間にわたるが，積分値はその時刻によらないのである．

この証明はガウスの定理を用いれば直ちにできる．ここでは復習を兼ねて，証明をくり返そう．そのために，$t_b > t_a$ として時空に $t = t_a$ の超平面 σ_a と $t = t_b$ の超平面 σ_b とで境され，かつ $-R \leqq x^k \leqq R$ $(k = 1, 2, 3)$ をみたす部分 V をとり，積分

$$\int_{\mathsf{V}} \frac{\partial A^\nu}{\partial x^\nu} \, d^4x = 0$$

を考える．積分は（7.6.12）によって 0 である．このうち $\partial A^1/\partial x^1$ の項については

$$\begin{aligned}\int_{\mathsf{V}} \frac{\partial A^1}{\partial x^1} \, d^4x &= \int_{\sigma_1}^{\sigma_2} dx^0 \int_{-R}^{R} dx^2 \int_{-R}^{R} dx^3 \int_{-R}^{R} dx^1 \, \frac{\partial A^1}{\partial x^1} \\ &= \int_{\sigma_1}^{\sigma_2} dx^0 \int_{-R}^{R} dx^2 \int_{-R}^{R} dx^3 \{A^1(x^0, R, x^2, x^3) - A^1(x^0, -R, x^2, x^3)\}\end{aligned}$$

となる．ところが，$A^1(x)$ は遠方で R^{-2} より速く 0 にいくとしたから，こ

の積分は $R\to\infty$ としたとき 0 となる．なぜなら，$dx^0\,dx^2\,dx^3$ 積分の体積は $R\to\infty$ のとき R^2 のように増すが，被積分関数 $A(x)$ は R^{-2} より速く 0 にいくからである．同じことは $\partial A^2/\partial x^2$，$\partial A^3/\partial x^3$ の項の積分でもいえる．したがって，残る dx^0 での積分も 0 となるが，これは（7.6.2）から

$$
\begin{aligned}
&\int_V \frac{\partial A^0}{\partial x^0}\,d^4x\\
&=\int_{-R}^{R}dx^1\int_{-R}^{R}dx^2\int_{-R}^{R}dx^3\,\{A^0(ct_2, x^1, x^2, x^3)-A^0(ct_2, x^1, x^2, x^3)\}\\
&=0
\end{aligned}
\tag{7.6.14}
$$

となり，$R\to\infty$ としたとき積分は全空間にわたり，（7.6.13）を意味する．こうして，（7.6.12）をみたすどんな量 A^ν も（ベクトルでもテンソルでも）$\nu=0$ 成分の空間積分が保存されることが証明された．

§7.7　エネルギー・運動量テンソルの湧き出し

これから物質粒子に対してもエネルギー・運動量テンソルを定義し，電磁場のエネルギー・運動量テンソルとの和が“湧き出しなし”になることを証明したい．これは，物質粒子が電磁的に相互作用する場合に，物質粒子と電磁場のエネルギーの和と運動量の和がそれぞれ保存されることを意味する．

7.7.1　電 磁 場

まず，電磁場のエネルギー・運動量テンソルの湧き出し $\partial T^{\mu\nu}/\partial x^\nu$ を計算しよう．$\mu=0$ の項から始める．

（7.5.1）から，マクスウェル方程式（7.1.1）を用いて

$$
\begin{aligned}
\frac{\partial T^{00}}{\partial x^0}&=\frac{1}{c}\frac{\partial}{\partial t}\frac{1}{2}\left(\varepsilon_0\boldsymbol{E}^2+\frac{1}{\mu_0}\boldsymbol{B}^2\right)\\
&=\frac{1}{c}\left(\varepsilon_0\boldsymbol{E}\cdot\frac{\partial\boldsymbol{E}}{\partial t}+\frac{1}{\mu_0}\boldsymbol{B}\cdot\frac{\partial\boldsymbol{B}}{\partial t}\right)\\
&=\frac{1}{c}\left\{\boldsymbol{E}\cdot\left(\frac{1}{\mu_0}\mathrm{rot}\,\boldsymbol{B}-\boldsymbol{j}\right)-\frac{1}{\mu_0}\boldsymbol{B}\cdot\mathrm{rot}\,\boldsymbol{E}\right\}
\end{aligned}
$$

$$\frac{\partial T^{0l}}{\partial x^l}=\frac{1}{c\mu_0}\frac{\partial}{\partial x^l}[\boldsymbol{E}\times\boldsymbol{B}]_l$$
$$=\frac{1}{c\mu_0}\varepsilon_{lmn}\frac{\partial}{\partial x^l}E_mB_n$$
$$=\frac{1}{c\mu_0}(\boldsymbol{B}\cdot\mathrm{rot}\,\boldsymbol{E}-\boldsymbol{E}\cdot\mathrm{rot}\,\boldsymbol{B})$$

が成り立つ．ゆえに，(7.3.9) を参照して

$$\frac{\partial T^{0\nu}}{\partial x^\nu}=-\frac{1}{c}\boldsymbol{E}\cdot\boldsymbol{j}=-f^{0\nu}j_\nu \tag{7.7.1}$$

となる．

また，(7.5.1) の第2行以下については，まずマクスウェル方程式から

$$\frac{1}{c}\frac{\partial T^{k0}}{\partial t}=\frac{1}{c^2\mu_0}\frac{\partial}{\partial t}[\boldsymbol{E}\times\boldsymbol{B}]^k$$
$$=\left[\left(\frac{1}{\mu_0}\mathrm{rot}\,\boldsymbol{B}-\boldsymbol{j}\right)\times\boldsymbol{B}-\varepsilon_0\boldsymbol{E}\times(\mathrm{rot}\,\boldsymbol{E})\right]^k$$

であるが

$$[(\mathrm{rot}\,\boldsymbol{B})\times\boldsymbol{B}]^k=\varepsilon_{klm}\varepsilon_{lpq}\frac{\partial B^q}{\partial x^p}B^m=\frac{\partial B^k}{\partial x^m}B^m-\frac{\partial B^m}{\partial x^k}B^m$$
$$=(\boldsymbol{B}\cdot\mathrm{grad})B^k-\frac{1}{2}\frac{\partial\boldsymbol{B}^2}{\partial x^k}$$

であるから

$$\frac{1}{c}\frac{\partial T^{k0}}{\partial t}=-\boldsymbol{j}\times\boldsymbol{B}+\frac{1}{\mu_0}\left\{(\boldsymbol{B}\cdot\mathrm{grad})B^k-\frac{1}{2}\frac{\partial\boldsymbol{B}^2}{\partial x^k}\right\}$$
$$+\varepsilon_0\left\{(\boldsymbol{E}\cdot\mathrm{grad})E^k-\frac{1}{2}\frac{\partial E^2}{\partial x^k}\right\}$$

となる．他方，

$$\frac{\partial T^{kl}}{\partial x^l}=-\frac{\partial}{\partial x^l}\left\{\left(\varepsilon_0E^kE^l+\frac{1}{\mu_0}B^kB^l\right)-\frac{1}{2}\left(\varepsilon_0E^2+\frac{1}{\mu_0}B^2\right)\delta^{kl}\right\}$$
$$=-\varepsilon_0E^k\,\mathrm{div}\,\boldsymbol{E}-\frac{1}{\mu_0}B^k\,\mathrm{div}\,\boldsymbol{B}-\varepsilon_0\left\{(\boldsymbol{E}\cdot\mathrm{grad})E^k-\frac{1}{2}\frac{\partial\boldsymbol{E}^2}{\partial x^k}\right\}$$
$$-\frac{1}{\mu_0}\left\{(\boldsymbol{B}\cdot\mathrm{grad})B^k-\frac{1}{2}\frac{\partial\boldsymbol{B}^2}{\partial x^k}\right\}$$

ゆえに，(7.3.9) を参照して

$$\frac{\partial T^{k\nu}}{\partial x^\nu} = -\{\rho E^k + [\boldsymbol{j} \times \boldsymbol{B}]^k\} = -f^{k\nu} j_\nu \tag{7.7.2}$$

となる．

(7.7.1)，(7.7.2) をまとめて，電磁場のエネルギー・運動量テンソルの湧き出し

$$\frac{\partial T^{\mu\nu}}{\partial x^\nu} = -f^{\mu\nu} j_\nu \tag{7.7.3}$$

が得られる．この式の一部分 ($\mu = 1, 2, 3$ の場合) は前に (7.5.7) で導いた ($T^{\mu\nu}$ が対称テンソルであることに注意)．

7.7.2 物質粒子

その直角座標が

$$\boldsymbol{x} = \boldsymbol{X}(t) \tag{7.7.4}$$

で与えられる運動をしている静止質量 m_0 の物質粒子を考える．その質量密度，電荷密度は，それぞれ

$$\rho_m(\boldsymbol{x}) = m_0\, \delta^{(3)}(\boldsymbol{x} - \boldsymbol{X}(t))\, \frac{ds}{dt}, \qquad \rho_e(\boldsymbol{x}) = q\, \delta^{(3)}(\boldsymbol{x} - \boldsymbol{X}(t))\, \frac{ds}{dt} \tag{7.7.5}$$

で与えられる．固有時の時間微分 ds/dt をかけたのは，それによって密度がローレンツ共変になるからである．実際，粒子の静止系における密度 $\delta^{(3)}(\boldsymbol{x})$ は回転不変であるが，座標系を x 軸方向に動かすローレンツ変換に対しては，(4.3.14) で見たとおり

$$\delta(x)\, \delta(y)\, \delta(z) = \frac{1}{\gamma}\, \delta(x' - Vt')\, \delta(y')\, \delta(z')$$

となる．なお，$1/\gamma = \sqrt{1 - (V/c)^2}$ である．よって，任意の方向に動かす 2 つのローレンツ変換に対して

$$\frac{ds}{dt'}\, \delta^{(3)}(\boldsymbol{x}' - \boldsymbol{V}'t') = \frac{ds}{dt''}\, \delta^{(3)}(\boldsymbol{x}'' - \boldsymbol{V}''t'') \tag{7.7.6}$$

が成り立つ．

物質粒子を電磁場と合わせて場として扱うために，そのエネルギー・運動

量テンソルを

$$\mathsf{T}^{\mu\nu} = m_0\,\delta^{(3)}(\boldsymbol{x} - \boldsymbol{X}(t))\,\frac{ds}{dt}\,\frac{dX^\mu}{ds}\,\frac{dX^\nu}{ds} \tag{7.7.7}$$

と定義する．これに対して

$$\frac{\partial}{\partial x^\nu}\,(T^{\mu\nu} + \mathsf{T}^{\mu\nu}) = 0 \tag{7.7.8}$$

を証明しよう．この式は，(7.6.12) の次に述べた条件の下で，すなわち電磁波が遠方にエネルギーや運動量を運ばない場合に，電磁場と物質場のエネルギー・運動量の和 $T^{\mu 0} + \mathsf{T}^{\mu 0}$ が保存されることを意味する．

粒子が 2 つ以上ある場合には，$\mathsf{T}^{\mu\nu}$ を粒子たちにわたる和におきかえる．その場合，(7.7.7) の形から粒子たちの相互作用が無視されているように思うかもしれないが，電磁的な相互作用は $T^{\mu\nu}$ の中に入っている．荷電粒子の電磁的な質量（自己エネルギー）も一緒に入っており，それについては実は問題がある．§7.8 で述べよう．

(7.7.8) の証明をするには，物質場のエネルギー・運動量テンソルの湧き出しを計算する．まず，

$$\frac{\partial}{\partial x^\nu}\left\{m_0\,\delta^{(3)}(\boldsymbol{x} - \boldsymbol{X}(t))\,\frac{dX^\nu}{dt}\right\} = 0 \tag{7.7.9}$$

に注意しよう．これは静止質量の保存を意味する．実際，$\nu = 0$ の項は，$X^0 = ct$ だから

$$\frac{\partial}{\partial x^0}\,m_0 c\,\delta^{(3)}(\boldsymbol{x} - \boldsymbol{X}(t)) = -\,m_0\,\frac{dX^k}{dt}\,\frac{\partial}{\partial x^k}\,\delta(\boldsymbol{x} - \boldsymbol{X}(t))$$

であるが，$\nu = 1, 2, 3$ の項は

$$m_0\left\{\frac{\partial}{\partial x^l}\,\delta^{(3)}(\boldsymbol{x} - \boldsymbol{X}(t))\right\}\frac{dX^k}{dt}$$

であるから，和をとれば 0 となる．

そうすると，$\delta^{(3)}$ 関数の微分については上の計算を考慮して

$$\frac{\partial \mathsf{T}^{\mu\nu}}{\partial x^\nu} = m_0\,\delta^{(3)}(\boldsymbol{x} - \boldsymbol{X}(t))\,\frac{dX^\nu}{ds}\,\frac{ds}{dt}\,\frac{\partial}{\partial x^\nu}\,\frac{dX^\mu}{ds}$$

となるが，デルタ関数があるので $\partial/\partial x^\nu$ は $\partial/\partial X^\nu$ としてよい．すると

$$\frac{dX^\nu}{ds}\frac{\partial}{\partial X^\nu}\frac{dX^\mu}{ds}=\frac{d^2X^\mu}{ds^2}$$

となり，$m_0\,dX^\mu/ds=p^\mu$ だから，質点の運動方程式（6.3.1）により

$$\begin{aligned}
m_0\frac{d^2X^0}{ds^2}&=\frac{dp^0}{ds}=F^0\\
&=q\gamma\left(\boldsymbol{E}+\frac{d\boldsymbol{X}}{dt}\times\boldsymbol{B}\right)\cdot\frac{d\boldsymbol{X}}{dt}=q\gamma\boldsymbol{E}\cdot\frac{d\boldsymbol{X}}{dt}=q\boldsymbol{E}\cdot\frac{d\boldsymbol{X}}{ds}\\
&=qf^{0\nu}\frac{dX_\nu}{ds},
\end{aligned}$$

$$\begin{aligned}
m_0\frac{d^2X^k}{ds^2}&=\frac{dp^k}{ds}=F^k\\
&=q\gamma\left(\boldsymbol{E}+\frac{d\boldsymbol{X}}{dt}\times\boldsymbol{B}\right)=q\left(\frac{dt}{ds}\boldsymbol{E}+\frac{d\boldsymbol{X}}{ds}\times\boldsymbol{B}\right)\\
&=qf^{k\nu}\frac{dX_\nu}{ds}
\end{aligned}$$

となる．よって

$$\frac{\partial \mathsf{T}^{\mu\nu}}{\partial x^\nu}=q\;\delta(\boldsymbol{x}-\boldsymbol{X}(t))\frac{ds}{dt}f^{\mu\nu}\frac{dX_\nu}{ds}$$

すなわち

$$\frac{\partial \mathsf{T}^{\mu\nu}}{\partial x^\nu}=f^{\mu\nu}j_\nu \tag{7.7.10}$$

が得られた．

（7.7.3）と合わせれば，（7.7.8）の証明が終わる．

§7.8　電子のエネルギー・運動量

7.8.1　電子のモデル

電子のモデルとして，電子の静止系 K で球対称な電荷分布 $-e\,\rho(r)$ をもつ半径 a の球を考える．ただし

$$4\pi\int_0^a\rho(r)\,r^2\,dr=1 \tag{7.8.1}$$

とする．この電子が走る座標系 K′ では，電子のまわりの電場 $\boldsymbol{E}'$ も走り，磁場 $\boldsymbol{B}'$ をつくる．この電磁場は運動量密度 $\varepsilon_0\boldsymbol{E}'\times\boldsymbol{B}'$ をつくるから，その

全空間にわたる積分を電子の運動量と考えてみよう．これは電子が力学的な質量はもたないとする電磁場一元論の立場であって，20 世紀の初頭にアブラハム（M. Abraham）らによってさかんに研究された．

電磁場一元論の立場では，電子がつくる電磁場のエネルギー・運動量テンソル $T^{\mu\nu}$ を計算すれば，電子の（$t=0$ における）エネルギー・運動量はその空間積分（7.6.7）として計算される．積分はミンコフスキー空間の $t=0$ の超平面の全体にわたる．

まず，電子の静止系 K で計算しよう．この系では磁場はなく，電場は，電子の中心に座標原点をとれば

$$\boldsymbol{E}(\boldsymbol{r}) = \frac{-e}{4\pi\varepsilon_0}\frac{\boldsymbol{r}}{r^3}\begin{cases} 4\pi\int_0^r \rho(r')\,r'^2\,dr' & (r<a) \\ 1 & (r>a) \end{cases} \tag{7.8.2}$$

である．エネルギー・運動量テンソルは

$$\begin{aligned} &T^{00} = \frac{\varepsilon_0}{2}E^2, \qquad T^{0l}=0, \qquad T^{k0}=0, \\ &T^{kl} = \frac{\varepsilon_0}{2}(E^2\delta^{kl} - 2E^kE^l) \end{aligned} \tag{7.8.3}$$

であるが，いま電場は球対称なので

$$\int_{t=0} E^kE^l\,d^3\boldsymbol{x} = \frac{1}{3}\,\delta^{kl}\int_{t=0} E^2\,d^3\boldsymbol{x}$$

であるから

$$\int_{t=0} T^{\mu\nu}\,d^3\boldsymbol{x} = m_0c^2\begin{pmatrix} 1 & 0 & 0 & 0 \\ 0 & 1/3 & 0 & 0 \\ 0 & 0 & 1/3 & 0 \\ 0 & 0 & 0 & 1/3 \end{pmatrix} \tag{7.8.4}$$

となる．ただし

$$\frac{\varepsilon_0}{2}\int E^2\,d^3\boldsymbol{x} = m_0c^2 \tag{7.8.5}$$

とおいた．

電子が速度 $\boldsymbol{V}$ で x 軸の正の向きに走っている座標系 K′ に移ろう．この

系から見ると，電子のエネルギー・運動量テンソルは

$$T^{\kappa\sigma\prime} = \Lambda^{\kappa}{}_{\mu}\Lambda^{\sigma}{}_{\nu}T^{\mu\nu}$$

に見える．Λ は (7.3.23) の β を $-\beta$ にしたものである．このうち

$$\begin{aligned} T^{00\prime} &= \gamma^2\{T^{00} + \beta(T^{01} + T^{10}) + \beta^2 T^{11}\} \\ T^{10\prime} &= \gamma^2\{T^{10} + \beta(T^{00} + T^{11}) + \beta^2 T^{01}\} \\ T^{20\prime} &= T^{30\prime} = 0 \end{aligned} \tag{7.8.6}$$

であって，電子のエネルギー・運動量は

$$P^{\kappa\prime} = \frac{1}{c}\int_{t'=0} T^{\kappa 0\prime}\, d^3\boldsymbol{x}' \tag{7.8.7}$$

に見える．

この式の $T^{\kappa 0\prime}$ に (7.8.6) を代入し，K 系の x に積分変数を変えて積分をしよう．K′ 系における $t'=0$ の超平面の座標は K 系で見ると

$$ct = \gamma\beta x^{1\prime}, \qquad x^1 = \gamma x^{1\prime}, \qquad x^2 = x^{2\prime}, \qquad x^3 = x^{3\prime}$$

となり，$t=$ 一定には見えないけれども，K 系の場は t によらないので，$t=$ 一定の超平面に直して積分することができる．ただし $\gamma\, dx^{1\prime} = dx^1$ としなければならない．(7.8.3) では $T^{01} = T^{10} = 0$ なので

$$\begin{aligned} P^{0\prime} &= \frac{1}{c}\int_{t=0} \gamma(T^{00} + \beta^2 T^{11})\, d^3\boldsymbol{x} \\ P^{1\prime} &= \frac{1}{c}\int_{t=0} \gamma\beta(T^{00} + T^{11})\, d^3\boldsymbol{x} \\ P^{2\prime} &= 0, \qquad P^{3\prime} = 0 \end{aligned} \tag{7.8.8}$$

を得る．(7.8.4) を代入すれば

$$\begin{aligned} &P^{0\prime} = \frac{m_0 c}{\sqrt{1-\beta^2}}\left(1 + \frac{1}{3}\beta^2\right), \qquad P^{1\prime} = \frac{4}{3}\frac{m_0 c\beta}{\sqrt{1-\beta^2}} \\ &P^{2\prime} = 0, \qquad P^{3\prime} = 0 \end{aligned} \tag{7.8.9}$$

となる．おや，これはエネルギー・運動量 4 元ベクトルの変換と違っている．

電磁場一元論は，こうして相対性理論と齟齬をきたし破綻した．

7.8.2 ポアンカレのストレス

ポアンカレは，上のモデルは電子を電荷の塊としているが，それでは電子は電荷の反発力のために爆発してしまい，安定に存在できないことを指摘した．実際，電子のエネルギー・運動量テンソルは $T^{kk} > 0$ で（k についての和はとらない），これは電子の内部から表面に垂直に外向きの力がはたらいていることを意味する．電子を爆発させようとする力である．

電子は実際には安定に存在しているので，ポアンカレは電子には電磁気的な力のほかに何らかの力がはたらいているはずだとして，電子に袋をかぶせて爆発を防ぐことを考えた．電子のエネルギー・運動量テンソルに

$$T_{\mathrm{P}}^{\mu\nu} = m_0 c^2 \begin{pmatrix} \eta & 0 & 0 & 0 \\ 0 & -1/3 & 0 & 0 \\ 0 & 0 & -1/3 & 0 \\ 0 & 0 & 0 & -1/3 \end{pmatrix} \tag{7.8.10}$$

を加えたのである．空間成分の $-m_0c^2/3$ は電子の爆発力を打ち消すように選んだ．時間成分の $m_0c^2\eta$ はきまらない．T_{P} を**ポアンカレのストレス**（Poincaré's stress）という．[2] これを用いれば

$$(T + T_{\mathrm{P}})^{\mu\nu} = m_0 c^2 \begin{pmatrix} 1+\eta & 0 & 0 & 0 \\ 0 & 0 & 0 & 0 \\ 0 & 0 & 0 & 0 \\ 0 & 0 & 0 & 0 \end{pmatrix}$$

となり，(7.8.8) は

$$P^{0\prime} = \frac{m_0' c}{\sqrt{1-\beta^2}}, \qquad P^{1\prime} = \frac{m_0' V}{\sqrt{1-\beta^2}}, \qquad P^{2\prime} = P^{3\prime} = 0 \tag{7.8.11}$$

をあたえる．これは正しい形をしている．ここで

$$m_0' = (1+\eta) m_0 \tag{7.8.12}$$

とおいた．

---

2) H. ポアンカレ：Rendiconti del Circolo Matematico di Palermo **21** (1906) 129.

電子の古典モデルには詳細な論考[3]がある．

7.8.3 質量の発散

いま

$$\rho(r) = \frac{1}{a^3}\,\bar{\rho}\left(\frac{r}{a}\right), \qquad 4\pi\int_0^1 \bar{\rho}(\sigma)\,\sigma^2\,d\sigma = 1$$

にとれば，(7.8.2) から

$$\boldsymbol{E}(\boldsymbol{r}) = \frac{1}{a^2}\,\bar{\boldsymbol{E}}(\boldsymbol{\sigma}) \qquad (\boldsymbol{r} = a\boldsymbol{\sigma})$$

のような a によらない $\bar{\boldsymbol{E}}(\boldsymbol{\sigma})$ が定まり，(7.8.5) から

$$m_0c^2 = \frac{Mc^2}{a} \qquad \left(Mc^2 := \frac{\varepsilon_0}{2}\int \bar{E}(\sigma)^2\,d^3\boldsymbol{\sigma}\right) \tag{7.8.13}$$

となる．Mc^2 は a によらない．

電子の半径を $a \to 0$ とすると m_0 は無限大に発散してしまう．電子が有限な大きさ a をもつと，電子の一端を押したとき作用が距離 a を瞬時に伝わることになって（遠隔作用），作用は光速より速く伝わらないという相対性理論の原則に反する．そこで，電子の半径 a は 0 にしなければならないのである．

ポアンカレのストレスを加えたモデルでは，電子の静止質量は $m_0' = (1+\eta)m_0$ であるから

$$1 + \eta = \eta_1 a \qquad (\eta_1 \text{ は } a \text{ に無関係な定数})$$

にとれば

$$m_0' = \eta_1 M \tag{7.8.14}$$

となって，電子の静止質量 m_0' は $a \to 0$ としても有限確定に留まる．しかし，η_1 も M も電子のモデルとは無関係な任意の定数で，電子の静止質量 m_0' は実験から定めるほかなくなった．

---

3) F. ロールリッヒ：*Classical Charged Particles*, Addison Wesley (1990).
A. D. ヤジアン：*Relativistic Dynamics of a Charged Sphere*, 2nd ed. Lecture Notes in Physics, Springer (2006).

§7.9　トルートン‐ノーブルのパラドックス

7.9.1　走るコンデンサー

トルートン（F. T. Trouton）とノーブル（H. R. Noble）は，荷電した平行板コンデンサーを内部の電場 $\boldsymbol{E}$ と何かの角をなす方向に速度 $\boldsymbol{V}$ で走らせると（7‐6図），コンデンサーを回転させるトルクが発生すると考えて実験した．相対性理論が出る前の1903年のことである．

いま，極板は長さ a，幅 b の長方形で，正負の極板の間隔は d であるとし，長さ a の辺を z 軸と平行に置き，コンデンサー内部の電場 $\boldsymbol{E}$ はコンデンサーの極板に垂直で x 軸と角 $\pi+\alpha$ をなすとしよう（7‐6図）．

彼等の考えはこうだ．コンデンサーを x 軸の方向に速度 $\boldsymbol{V}$ で走らせると，コンデンサー内の電場 $\boldsymbol{E}$ が磁場

$$\boldsymbol{B}=\frac{1}{c^2}\boldsymbol{V}\times\boldsymbol{E} \tag{7.9.1}$$

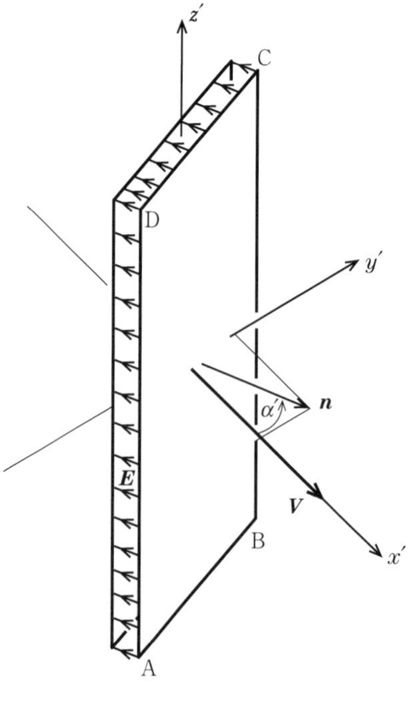

7‐6図　平行板コンデンサーを，極板に立てた垂線と角 α をなす方向に走らせる．後にコンデンサーの静止系をK′とするので，図に示した量には′が付けてある．

を発生し，磁場のエネルギーが，コンデンサーの単位体積あたりにして

$$\frac{1}{2\mu_0}\boldsymbol{B}^2 = \frac{V^2}{2\mu_0 c^4}E^2 \sin^2\alpha = \left(\frac{V}{c}\right)^2 \frac{\varepsilon_0}{2}E^2 \sin^2\alpha$$

だけ生ずる．コンデンサーの体積は $\mathsf{V} = abd$ であって，磁場の全エネルギーは

$$W = \left(\frac{V}{c}\right)^2 W_E \sin^2\alpha \qquad (7.9.2)$$

となる．ここに $W_E = \mathsf{V}\cdot\varepsilon_0 E^2/2$ は電場の全エネルギーである．

W は $\alpha < \pi/2$ なら α が小さいほど小さい．また，$\pi/2 < \alpha$ なら α が大きいほど小さい．これは，コンデンサーの中の電場が速度 $\boldsymbol{V}$ に反平行，または平行になろうとする（磁場を消そうとする）ことを意味する．そのトルクは

$$N_{\mathrm{TN}} = -\frac{d}{d\alpha}W = -\left(\frac{V}{c}\right)^2 W_E \sin 2\alpha \qquad (7.9.3)$$

である．

実験は，彼らの予想に反して，このようなトルクは存在しないことを示した．これを**トルートン－ノーブルのパラドックス**（Trouton－Noble's paradox）という．1903 年の当時は，まだ電磁場の媒質としてエーテルの存在が信じられていたので，地球とともにエーテルに対して運動するコンデンサーにトルクがはたらくと考え，これを検出しようとしたのだった．

コンデンサーは，静止系では回転することはないから，相対性原理によれば，等速度運動して見える系に移っても回転することはないはずである．

7.9.2　相対論的な計算

トルートンらの推論は正しくない．座標系の相対速度 $\boldsymbol{V}$ について，最低次の近似といって（7.9.1）で磁場を $\boldsymbol{V}$ の 1 次まで計算したが，それから計算したコンデンサーのエネルギーは $\boldsymbol{V}$ の 2 次になった．とすれば，トルートンらが，例えば磁場の計算（7.9.1）で $\gamma \sim 1$ としたのは正しくなかった．相対論以前の計算だから仕方がないのだが，このほかにも問題がある．

問題を相対論的に扱うには[4]，コンデンサーが静止している系 K′：O-$x'y'z'$ の量と，走っている系 K：O-xyz の量とは区別しなければならない．前者で見た量にはプライムを付けることにしよう．コンデンサーの静止系 K′ で見ると，中には電場

$$E'_x = -E' \cos \alpha', \qquad E'_y = -E' \sin \alpha', \qquad E'_z = 0 \tag{7.9.4}$$

だけがあり，磁場 $\boldsymbol{B}'$ はない．

このK′系に対して x 軸方向に速度 $-\boldsymbol{V}$ で走るK系で見ると，コンデンサーの中の電磁場は，(7.3.26)，(7.3.27) を逆に解いて

$$E_x = E'_x = -E' \cos \alpha', \qquad E_y = \gamma E'_y = -\gamma E' \sin \alpha', \qquad E_z = 0 \tag{7.9.5}$$

および

$$B_x = 0, \qquad B_y = 0, \qquad B_z = \gamma \frac{V}{c^2} E'_y \tag{7.9.6}$$

となる．コンデンサーの中のエネルギー・運動量テンソルは

$$\begin{aligned} T^{00} &= \frac{1}{2} \varepsilon_0 E^2 + \frac{1}{2\mu_0} B^2 \\ &= \frac{1}{2} \varepsilon_0 E^2 + \frac{1}{2\mu_0} \left(\gamma \frac{V}{c^2} E'_y \right)^2 \\ &= \frac{1}{2} \varepsilon_0 (E^2 + \beta^2 E_y^2) \end{aligned} \tag{7.9.7}$$

となる．コンデンサー内のエネルギー密度は T^{00} で与えられるから，コンデンサーのもつ電磁的エネルギー W の α に依存する部分は

$$W(\alpha) = \frac{1}{2} \mathsf{V} \cdot \beta^2 \varepsilon_0 E^2 \sin^2 \alpha \tag{7.9.8}$$

となる．コンデンサーの体積のローレンツ収縮を考慮して $\mathsf{V} = abd/\gamma$ である．これはトルートン-ノーブルの計算結果，(7.9.2) と形の上では一致している．

4) パラドックスの解決のため，いろいろな説が出されている．M. フォン・ラウエ：Ann. Phys. **35** (1911) 542；パウリ 著，内山龍雄 訳：『相対性理論』(講談社，2000)；A. K. シンガル：J. Phys. **A 25** (1992) 1605；O. D. ジェフィメンコ：J. Phys. **A 32** (1999) 3755；S. A. Teukolsky：Am. J. Phys. **64** (1996) 1104．以下に述べるのは一つの試論である．

コンデンサーにはたらくトルクは

$$N_z^{(1)} = -\frac{dW(\alpha)}{d\alpha} = -\mathsf{V}\cdot\beta^2\varepsilon_0 E^2 \sin\alpha\cos\alpha$$
$$= -\mathsf{V}\cdot\beta^2\varepsilon_0 E_x E_y \qquad (7.9.9)$$

となる．

実は，コンデンサーにはもう一つのトルクがはたらく．それはコンデンサーの縁の効果で，静止系 K′ でコンデンサーの左右の縁 AD, BC に極板を引き伸ばすように大きさ $W_E'/2b$ の力 $\pm\boldsymbol{f}$ がはたらくからである（付録を参照．ここでは付録の $a\boldsymbol{f}$ を $\boldsymbol{f}$ と書く）．コンデンサーの上下の縁 AB, DC にも同じく張力がはたらくけれども，これらはトルクにはならない．ここに

$$W_E' = \mathsf{V}'\cdot\frac{\varepsilon_0}{2}E'^2 \qquad (7.9.10)$$

は，静止系 K′ におけるコンデンサーの電磁的エネルギーである．

コンデンサーの縁 BC にはたらく力 $\boldsymbol{f}$ は，K 系から見て

$$f_x = -\frac{W_E'}{2b}\sin\alpha', \quad f_y = \frac{1}{\gamma}\frac{W_E'}{2b}\cos\alpha', \quad f_z = 0 \quad (7.9.11)$$

となる（§3.2.2 を参照）．$\pm\boldsymbol{f}$ のトルクは，コンデンサーのどの点の周りにとっても同じことだから，コンデンサーの縁 AD の周りにとることにすれば，そこから縁 BC にはたらく力 $\boldsymbol{f}$ の作用点までは，K 系でいって

$$\varDelta x = -\frac{1}{\gamma}b\sin\alpha', \qquad \varDelta y = b\cos\alpha' \qquad (7.9.12)$$

$$\varDelta z = 0 \qquad (7.9.13)$$

だけ離れている．したがって，トルクは

$$N_z^{(2)} = \varDelta x\cdot f_y - \varDelta y\cdot f_x$$
$$= -\left(\frac{1}{\gamma^2}-1\right)\frac{W_E'}{2}\cos\alpha'\sin\alpha'$$
$$= \beta^2\frac{W_E'}{2}\cos\alpha'\sin\alpha' \qquad (7.9.14)$$

となる．

ところが $W_E' = \mathsf{V}'(\varepsilon_0/2)E'^2$ であるから

$$W_E' \cos\alpha' \sin\alpha' = \mathsf{V}' \cdot \frac{\varepsilon_0}{2} E_x' E_y' = \frac{\mathsf{V}'}{\gamma} \cdot \frac{\varepsilon_0}{2} E_x'(\gamma E_y')$$
$$= \mathsf{V} \cdot \frac{\varepsilon_0}{2} E_x E_y \tag{7.9.15}$$

となり，したがって

$$N_z^{(2)} = \mathsf{V} \cdot \beta^2 \frac{1}{4} \varepsilon_0 E_x E_y \tag{7.9.16}$$

が得られる．極板は正負の2枚あるから，これを2倍して $N_z^{(1)}$ を加え，コンデンサーにはたらくトルクの合計は

$$N_z = N_z^{(1)} + 2N_z^{(2)} \neq 0 \tag{7.9.17}$$

となる．

コンデンサーには，正負の極板が引きあう力がはたらくが，これはコンデンサーの静止系 K′ では，これに抗して極板の間隔を保つ力学的な力とつりあって，合力は 0 となっており，ローレンツ変換して K 系に移っても 0 であって，トルクは生み出さない．

ここで次のことを注意しておこう．トルク（7.9.9）の別の現れ方である．電磁場（7.9.5），（7.9.6）は運動量密度 $\boldsymbol{g} = (c^2\mu_0)^{-1}(\boldsymbol{E} \times \boldsymbol{B})$ をもち，これが K 系の原点 O のまわりに角運動量をもつからである．すなわち

$$\left.\begin{aligned} g_x &= \varepsilon_0 E_y B_z = \varepsilon_0 \gamma^2 \frac{V}{c^2} E_y'^2 \\ g_y &= -\ \varepsilon_0 E_x B_z = -\ \varepsilon_0 \gamma \frac{V}{c^2} E_x' E_y' \\ g_z &= 0 \end{aligned}\right\} \tag{7.9.18}$$

が，K 系の原点のまわりに z 軸方向の角運動量 $\boldsymbol{L} = (0, 0, L_z)$ をもち，それが

$$\frac{dL_z}{dt} = \mathsf{V} \cdot V g_y = -\ \mathsf{V} \cdot \varepsilon_0 \beta^2 E_x E_y \tag{7.9.19}$$

で時間変化する．（7.9.9）と比較すれば，ちょうど

$$\frac{dL_z}{dt} = N_z \tag{7.9.20}$$

となっている．つまり，電磁的なエネルギーの考察から導いたトルートン・ノーブルのトルク（7.9.9）は，電磁的な運動量を考えても導くことができ

るのである．

§7.10　基本方程式の解

以前に，§4.6 で等速度運動する点電荷のつくる場を調べた．今度は一般の電荷密度，電流密度がつくる場を調べよう．

まず，ポテンシャルを考える．解くべき方程式は（7.1.15）である：

$$\Box\, \varPhi(x) = \frac{1}{\varepsilon_0}\, \rho(x) \tag{7.10.1}$$

$$\Box\, \boldsymbol{A}(x) = \mu_0\, \boldsymbol{j}(x) \tag{7.10.2}$$

$$\frac{1}{c}\frac{\partial \varPhi(x)}{\partial x^0} + \mathrm{div}\, \boldsymbol{A}(x) = 0 \tag{7.10.3}$$

ここで電荷密度 $\rho(x)$ も電流密度 $\boldsymbol{j}(x)$ も時空の有限範囲を除いて 0 であるとする．

7.10.1　グリーン関数

方程式（7.10.1）～(7.10.3）を解く手はじめに，**グリーン関数**（Green function）とよばれる $D(x)$ をつくろう．それは

$$\Box\, D(x) = \delta^{(4)}(x) \tag{7.10.4}$$

をみたし，

$$D(x) = 0, \qquad \{(x^0)^2 - \boldsymbol{x}^2 \geqq 0, \quad x^0 > 0\}\ \text{以外で} \tag{7.10.5}$$

となる関数である．条件（7.10.5）の意味は，この関数を使って方程式（7.10.1）の解を書き下してから説明する．ここに

$$\delta^{(4)}(x) = \delta(x^0)\, \delta(x^1)\, \delta(x^2)\, \delta(x^3) \tag{7.10.6}$$

である．この関数のローレンツ共変性が §7.2 と同様にして証明されることを注意しておく．

公式

$$\int_{-\infty}^{\infty} e^{ipx}\, dp = 2\pi\, \delta(x) \tag{7.10.7}$$

により

$$\delta^{(4)}(x) = \frac{1}{(2\pi)^4}\int e^{ikx}\,d^4k \qquad (kx = k^0x^0 - \boldsymbol{k}\cdot\boldsymbol{x},\quad d^4k = dk^0\,d^3\boldsymbol{k}) \tag{7.10.8}$$

と書くことができる．グリーン関数もフーリエ変換の形に書いて

$$D(x) = \frac{1}{(2\pi)^4}\int D(k)\,e^{ikx}\,d^4k \tag{7.10.9}$$

とすれば

$$\square\,D(x) = \frac{1}{(2\pi)^4}\int(-\,k^2)\,D(k)\,e^{ikx}\,d^4x \tag{7.10.10}$$

となる．これが（7.10.4）により（7.10.8）に等しいのだから

$$D(k) = -\,\frac{1}{k^2} = -\,\frac{1}{2\kappa}\left(\frac{1}{k^0-\kappa} - \frac{1}{k^0+\kappa}\right) \qquad (\kappa = |\boldsymbol{k}|) \tag{7.10.11}$$

がわかる．(7.10.9) に代入して

$$D(x) = \frac{1}{(2\pi)^4}\int d^3\boldsymbol{k}\;e^{-i\boldsymbol{k}\cdot\boldsymbol{x}}\int_{-\infty}^{\infty}dk^0\;e^{ik^0x^0}\,\frac{-1}{2\kappa}\left(\frac{1}{k^0-\kappa} - \frac{1}{k^0+\kappa}\right)$$

を得る．

しかし，これでは積分が意味をなさない．k^0 積分の積分路 $(-\infty, \infty)$ の上で被積分関数が ∞ になる．この積分変数 k^0 を複素数に広げて考えよう．この積分を複素 k^0 平面上の積分と見なすと，積分路のとり方で $D(x)$ のいろいろな境界条件に応ずる解が得られるのである．われわれの境界条件 (7.10.5) に応ずる解は，積分路 Γ を実 k^0 軸のすぐ下にとる（7 - 7 図）ことで得られることがわかる．実際にやってみると，積分は，積分路 Γ を明示して

$$D(x) = \frac{1}{(2\pi)^4}\int d^3\boldsymbol{k}\;e^{-i\boldsymbol{k}\cdot\boldsymbol{x}}\int_{\Gamma}dk^0\;e^{ik^0x^0}\,\frac{-1}{2\kappa}\left(\frac{1}{k^0-\kappa} - \frac{1}{k^0+\kappa}\right) \tag{7.10.12}$$

となる．

被積分関数にある $e^{ik^0x^0}$ は，境界条件（7.10.5）のいう $x^0 > 0$ とすれば，複素 k^0 平面の上半面の遠方で 0 となるから，積分路に上半面の大きな半円

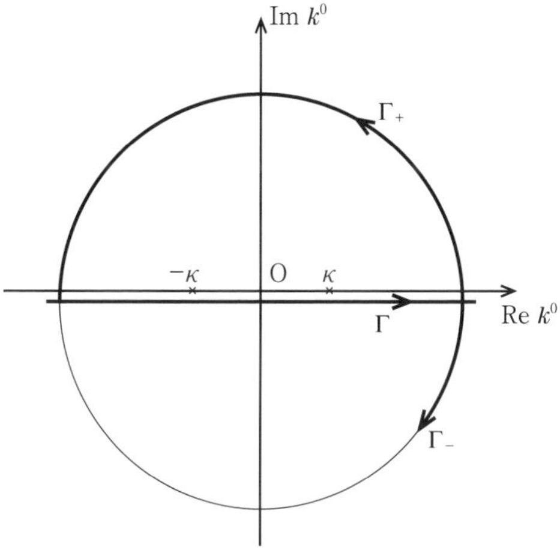

7－7図　複素平面と(7.8.12)の積分路．$\Gamma_\pm$ は半径 ∞ の極限をとる．被積分関数の極は $k^0 = \kappa$, $-\kappa$ にある．

Γ_+ を加えてもよい．そうすると，(7.10.12) の被積分関数の極 $k^0 = \kappa$, $-\kappa$ は $\Gamma + \Gamma_+$ の中に入るから，コーシーの積分定理により

$$D(x) = -\frac{i}{2\,(2\pi)^3}\int\frac{d^3\boldsymbol{k}}{\kappa}\,e^{-i\boldsymbol{k}\cdot\boldsymbol{x}}\,(e^{i\kappa x^0} - e^{-i\kappa x^0}) \qquad (x^0 > 0)$$

(7.10.13)

となる．そして，反対に $x^0 < 0$ とすると，今度は $e^{ik^0x^0}$ は複素 k^0 平面の上半平面の遠方では増大し下半平面の遠方で 0 となるので，積分路には下半面の大きな半円 Γ_- を加える．そうすると $\Gamma + \Gamma_-$ の中には (7.10.12) の被積分関数は極をもたないから，コーシーの積分定理により

$$D(x) = 0 \qquad (x^0 < 0) \tag{7.10.14}$$

となる．これは境界条件 (7.10.5) の一部である．

(7.10.13) の $\int d^3\boldsymbol{k}$ を，$\boldsymbol{x}$ の方向に z 軸をとり，極座標 O-$\kappa\theta\phi$ で行なうことにしよう．$|\boldsymbol{x}| = r$, $\cos\theta = \sigma$ とおけば $\boldsymbol{k}$ の方向 (θ, ϕ) に関する積分は

$$\int_0^{2\pi}d\phi\int_0^{\pi}\sin\theta\,d\theta\,e^{-i\kappa r\cos\theta} = 2\pi\int_{-1}^{1}e^{-i\kappa r\sigma}\,d\sigma = \frac{2\pi}{-i\kappa r}\,(e^{-i\kappa r} - e^{i\kappa r})$$

となるから

$$D(x) = \frac{1}{2(2\pi)^2}\frac{1}{r}\int_0^\infty d\kappa\left(e^{i\kappa(x^0-r)} + e^{-i\kappa(x^0-r)} - e^{i\kappa(x^0+r)} - e^{-i\kappa(x^0+r)}\right) \tag{7.10.15}$$

よって，公式（7.10.7）により

$$D(x) = \frac{1}{2\cdot 2\pi}\frac{1}{r}\,\delta(x^0 - r) \qquad (x^0 > 0) \tag{7.10.16}$$

を得る．(7.10.15) の$(\cdots)$の後の2項は$\delta(x^0 + r)$を与えるが，$x^0 > 0$, $r > 0$では このデルタ関数は0なので書かなかった．

(7.10.16) の$D(x)$は$x^0 = ct = r$以外では0であって，確かに境界条件（7.10.5）をみたしている．(7.10.14)，(7.10.16) は，まとめて

$$D(x) = \frac{1}{4\pi r}\,\theta(x^0)\,\delta(x^0 - r) \tag{7.10.17}$$

と書くことができる．ここに

$$\theta(x^0) = \begin{cases} 1 & (x^0 > 1) \\ \dfrac{1}{2} & (x^0 = 0) \\ 0 & (x^0 < 0) \end{cases} \tag{7.10.18}$$

はθ関数とよばれる．$x^0 = 0$での値はフーリエ変換の理論に従って，$x^0 > 0$での値と$x^0 < 0$での値の平均値とした．

7.10.2 遅れたポテンシャル

(7.10.17) は，xを$x - y$に替えると

$$\Box\, D(x - y) = \delta^{(4)}(x - y) \tag{7.10.19}$$

をみたす．両辺に$\rho(y)/\varepsilon_0$をかけて全空間で積分すると

$$\frac{1}{\varepsilon_0}\int \Box\, D(x - y)\,\rho(y)\,d^4y = \frac{1}{\varepsilon_0}\,\rho(x)$$

となるから，(7.10.1) と比較して

$$\Phi(x) = \frac{1}{\varepsilon_0}\int D(x - y)\,\rho(y)\,d^4y \tag{7.10.20}$$

が得られる．$\rho(x)$は遠方までは広がっていないとしているから，この$\Phi(x)$

は遠方で 0 となる．$D(x-y)$ の境界条件（7.10.5）によれば $x^0-y^0<0$ では $D=0$ であるが，これはポテンシャル $\varPhi$ を観測する時刻 $x^0=ct$ より後の電荷密度 $\rho(\boldsymbol{y},y^0)$ は観測に影響しないことを意味している．これは因果律の要求である．

（7.10.17）を用いて詳しく書けば

$$\varPhi(x)=\frac{1}{4\pi\varepsilon_0}\int\frac{1}{|\boldsymbol{x}-\boldsymbol{y}|}\,\rho\Bigl(\boldsymbol{y},c\Bigl(t-\frac{|\boldsymbol{x}-\boldsymbol{y}|}{c}\Bigr)\Bigr)\,d^3\boldsymbol{y} \tag{7.10.21}$$

となる．ここで

$$\int dy^0\,\rho(\boldsymbol{y},y^0)\,\delta(x^0-y^0-r)=\rho(\boldsymbol{y},x^0-r)$$

を用いた．（7.10.21）によれば，時刻 t の $\boldsymbol{x}$ におけるポテンシャル $\varPhi$ の観測には，点 $\boldsymbol{y}$ の電荷密度 ρ は時刻 $t-|\boldsymbol{x}-\boldsymbol{y}|/c$ における値のみが影響する．いいかえれば，点 $\boldsymbol{y}$ の電荷密度 ρ は光がそこから観測点 $\boldsymbol{x}$ に至るまでの時間 $|\boldsymbol{x}-\boldsymbol{y}|/c$ だけ“遅れて”観測に影響するのである．そうした遅れた影響を $\boldsymbol{y}$ について総和したものが（7.10.21）である．この $\varPhi$ は**遅れたポテンシャル**（retarded potential）とよばれる．

ベクトル・ポテンシャルに対する方程式（7.10.2）も同様にして解ける：

$$\boldsymbol{A}(x)=\mu_0\int D(x-y)\,\boldsymbol{j}(y)\,d^4y \tag{7.10.22}$$

となり，（7.10.17）の D を用いて書けば，やはり遅れたポテンシャルの形になる：

$$\boldsymbol{A}(x)=\frac{\mu_0}{4\pi}\int\frac{1}{|\boldsymbol{x}-\boldsymbol{y}|}\,\boldsymbol{j}\Bigl(\boldsymbol{y},c\Bigl(t-\frac{|\boldsymbol{x}-\boldsymbol{y}|}{c}\Bigr)\Bigr)\,d^4y. \tag{7.10.23}$$

（7.10.20），（7.10.22）はローレンツ条件（7.10.3）をみたすであろうか？　（7.10.20）を x^0 で微分すると

$$\varepsilon_0\frac{\partial}{\partial x^0}\,\varPhi(x)=\int\frac{\partial D(x-y)}{\partial x^0}\,\rho(y)\,d^4y=-\int\frac{\partial D(x-y)}{\partial y^0}\,\rho(y)\,d^4y$$

となるが，y^0 について部分積分すれば

$$\varepsilon_0 \frac{\partial}{\partial x^0} \Phi(x) = -\Big[D(x-y)\,\rho(y)\Big]_{y^0=-\infty}^{y^0=\infty} + \int D(x-y)\,\frac{\partial \rho(y)}{\partial y^0}\,d^4y$$

となる．右辺の第1項は，ρ がある有限時間の範囲を除いて 0 であるとしているから 0 である．同様に，(7.10.22) の div をとって部分積分すれば

$$\frac{1}{\mu_0}\operatorname{div} \boldsymbol{A}(x) = -\Big[\int D(x-y)\,j_x(y)\,dx^0\,dy\,dz\Big]_{x=-\infty}^{x=\infty} + \cdots$$
$$+ \int D(x-y)\operatorname{div} \boldsymbol{j}(y)\,d^4y$$

となる．$\Big[\cdots\Big]_{x=-\infty}^{x=\infty}$ 等の項は $\boldsymbol{j}$ が空間の有限範囲以外では 0 であるとしたので消える．そうすると

$$\frac{1}{c}\frac{\partial \Phi}{\partial x^0} + \operatorname{div} \boldsymbol{A} = \mu_0 \int D(x-y)\left\{\frac{1}{c\varepsilon_0\mu_0}\frac{\partial \rho(y)}{\partial y^0} + \operatorname{div} \boldsymbol{j}(y)\right\} d^4y \tag{7.10.24}$$

となるが，電荷の保存則により，$y^0 = ct$ として

$$\{\cdots\} = \frac{\partial \rho}{\partial t} + \operatorname{div} \boldsymbol{j} = 0$$

であるから，ローレンツ条件 (7.10.3) はみたされている．

こうして (7.10.20)，(7.10.22) が，与えられた電荷密度 $\rho(x)$，電流密度 $\boldsymbol{j}(x)$ に応ずる電磁ポテンシャルである．

§7.11　走る点電荷の場

$\boldsymbol{X}(t)$ を与えられた関数とする．点電荷が運動

$$\boldsymbol{x} = \boldsymbol{X}(t) \tag{7.11.1}$$

をしているとすれば，電荷密度，電流密度は

$$\rho = q\,\delta(\boldsymbol{x} - \boldsymbol{X}(t)), \qquad \boldsymbol{j} = q\dot{\boldsymbol{X}}(t)\,\delta\big(\boldsymbol{x} - \boldsymbol{X}(t)\big) \tag{7.11.2}$$

で与えられる．

7.11.1　ポテンシャル

(7.11.2) がつくるポテンシャルは，(7.10.21)，(7.10.23) により

$$\Phi(x) = \frac{1}{4\pi\varepsilon_0} \int \frac{q}{|\boldsymbol{x} - \boldsymbol{x}'|} \, \delta\left(\boldsymbol{x}' - \boldsymbol{X}\left(t - \frac{|\boldsymbol{x} - \boldsymbol{x}'|}{c}\right)\right) d^3\boldsymbol{x}' \tag{7.11.3}$$

$$\boldsymbol{A}(x) = \frac{\mu_0}{4\pi} \int \frac{q}{|\boldsymbol{x} - \boldsymbol{x}'|} \, \dot{\boldsymbol{X}}\left(t - \frac{|\boldsymbol{x} - \boldsymbol{x}'|}{c}\right) \delta\left(\boldsymbol{x}' - \boldsymbol{X}\left(t - \frac{|\boldsymbol{x} - \boldsymbol{x}'|}{c}\right)\right) d^3\boldsymbol{x}' \tag{7.11.4}$$

となる．

Φ の積分を考えよう．

$$\boldsymbol{x}'' = \boldsymbol{x}' - \boldsymbol{X}\left(t - \frac{|\boldsymbol{x} - \boldsymbol{x}'|}{c}\right) \tag{7.11.5}$$

とおいて積分変数を $\boldsymbol{x}'$ から $\boldsymbol{x}''$ に変えれば，デルタ関数を利用して積分が簡単にできる．

$$d^3\boldsymbol{x}' = \frac{\partial(x', y', z')}{\partial(x'', y'', z'')} \, d^3\boldsymbol{x}''$$

であるが，ヤコビアンに対しては

$$\frac{\partial(x', y', z')}{\partial(x'', y'', z'')} = \frac{1}{\dfrac{\partial(x'', y'', z'')}{\partial(x', y', z')}} \tag{7.11.6}$$

が成り立つ．

$$t - \frac{|\boldsymbol{x} - \boldsymbol{x}'|}{c} = t_r \tag{7.11.7}$$

とおいて

$$\frac{\partial x''}{\partial x'} = 1 - \frac{\dot{X}(t_r)}{c} \frac{x - x'}{|\boldsymbol{x} - \boldsymbol{x}'|} = 1 - a_{xx}$$

$$\frac{\partial x''}{\partial y'} = - \frac{\dot{X}(t_r)}{c} \frac{y - y'}{|\boldsymbol{x} - \boldsymbol{x}'|} = - a_{xy}$$

などを定義すると，$a_{xy} = \dot{X} b_y$ 等の形であることに注意して（章末問題[13] を参照）

$$\frac{\partial(x'', y'', z'')}{\partial(x', y', z')} = \begin{vmatrix} 1 - a_{xx} & - a_{xy} & - a_{xz} \\ - a_{yx} & 1 - a_{yy} & - a_{yz} \\ - a_{zx} & - a_{zy} & 1 - a_{zz} \end{vmatrix} = 1 - (a_{xx} + a_{yy} + a_{zz}) \tag{7.11.8}$$

を得る．これは

$$\frac{\partial(x'', y'', z'')}{\partial(x', y', z')} = 1 - \frac{\dot{\boldsymbol{X}}(t_r)\cdot\boldsymbol{n}}{c} \qquad \left(\boldsymbol{n} = \frac{\boldsymbol{x} - \boldsymbol{x}'}{|\boldsymbol{x} - \boldsymbol{x}'|}\right) \tag{7.11.9}$$

と書ける．したがって

$$\varPhi(x) = \frac{1}{4\pi\varepsilon_0}\int \frac{q}{|\boldsymbol{x} - \boldsymbol{x}'|}\,\delta(\boldsymbol{x}'')\,\frac{1}{1 - \dfrac{\dot{\boldsymbol{X}}(t_r)\cdot\boldsymbol{n}}{c}}\,d^3\boldsymbol{x}''$$

となる．積分はデルタ関数のため簡単で

$$\varPhi(x) = \frac{1}{4\pi\varepsilon_0}\frac{q}{|\boldsymbol{x} - \boldsymbol{X}(t_r)|}\frac{1}{1 - \dfrac{\dot{\boldsymbol{X}}(t_r)\cdot\boldsymbol{n}}{c}} \tag{7.11.10}$$

となる．

同様にして

$$\boldsymbol{A}(x) = \frac{\mu_0}{4\pi}\frac{q}{|\boldsymbol{x} - \boldsymbol{X}(t_r)|}\,\dot{\boldsymbol{X}}(t_r)\frac{1}{1 - \dfrac{\dot{\boldsymbol{X}}(t_r)\cdot\boldsymbol{n}}{c}} \tag{7.11.11}$$

これは**リエナール - ウィーヒェルト**（Liénard - Wiechert）**のポテンシャル**とよばれる．ここで，

$$\boldsymbol{x}'' = \boldsymbol{x}' - \boldsymbol{X}\!\left(t - \frac{|\boldsymbol{x} - \boldsymbol{x}'|}{c}\right) = 0 \tag{7.11.12}$$

だから

$$\boldsymbol{n} = \frac{\boldsymbol{x} - \boldsymbol{X}(t_r)}{|\boldsymbol{x} - \boldsymbol{X}(t_r)|} \tag{7.11.13}$$

となる．これは波の源 $\boldsymbol{X}(t_r)$ から観測点 $\boldsymbol{x}$ への方向を指す単位ベクトルである．$\boldsymbol{x}'$ は観測地点 $\boldsymbol{x}$，観測時刻 t から（7.11.12）によって定まり，これから（7.11.7）によって t_r が定まる．

7.11.2 遠方の電磁場

電磁場をもとめるにはポテンシャル（7.11.10），（7.11.11）を x で微分しなければならないが，いたるところに x が入っている．微分の準備として，（7.11.7）を

$$|\boldsymbol{x} - \boldsymbol{X}(t_r)| = c\,(t - t_r) \tag{7.11.14}$$

と書いて，両辺を x^k で微分すれば

$$\frac{x^k - X^k(t_r)}{|\boldsymbol{x} - \boldsymbol{X}(t_r)|} - \frac{\boldsymbol{x} - \boldsymbol{X}(t_r)}{|\boldsymbol{x} - \boldsymbol{X}(t_r)|} \cdot \dot{\boldsymbol{X}}(t_r)\,\frac{\partial t_r}{\partial x^k} = -c\,\frac{\partial t_r}{\partial x^k}$$

となり

$$\frac{\partial t_r}{\partial x^k} = -\frac{1}{c}\,\frac{n^k}{1 - \dfrac{\dot{\boldsymbol{X}}(t_r) \cdot \boldsymbol{n}}{c}} \tag{7.11.15}$$

が得られる．(7.11.14) の両辺を t で微分すれば

$$-\frac{\boldsymbol{x} - \boldsymbol{X}(t_r)}{|\boldsymbol{x} - \boldsymbol{X}(t_r)|} \cdot \dot{\boldsymbol{X}}(t_r)\,\frac{\partial t_r}{\partial t} = c\left(1 - \frac{\partial t_r}{\partial t}\right)$$

となり

$$\frac{\partial t_r}{\partial t} = \frac{1}{1 - \dfrac{\dot{\boldsymbol{X}}(t_r) \cdot \boldsymbol{n}}{c}} \tag{7.11.16}$$

が得られる．

いま，電荷から遠く離れた地点 $\boldsymbol{x}\,(r = |\boldsymbol{x} - \boldsymbol{X}(t_r)| \to \infty)$ での場のみを考えることにしよう．

$$\frac{\partial}{\partial x^k}\,\frac{1}{r} = O\!\left(\frac{1}{r^2}\right), \qquad \frac{\partial}{\partial x^k}\,\boldsymbol{n} = O\!\left(\frac{1}{r}\right) \tag{7.11.17}$$

$$\frac{\partial}{\partial t}\,\frac{1}{r} = O\!\left(\frac{1}{r^2}\right), \qquad \frac{\partial}{\partial t}\,\boldsymbol{n} = O\!\left(\frac{1}{r}\right) \tag{7.11.18}$$

なので，$O(1/r^2)$ の量は $O(1/r)$ に比べて省略すれば

$$\mathrm{grad}\,\varPhi(x) \sim \frac{1}{4\pi\varepsilon_0}\,\frac{q}{|\boldsymbol{x} - \boldsymbol{X}(t_r)|}\left(\frac{\partial}{\partial t_r}\,\frac{1}{1 - \dfrac{\dot{\boldsymbol{X}}(t_r) \cdot \boldsymbol{n}}{c}}\right)\mathrm{grad}\,t_r \tag{7.11.19}$$

となる．また

$$\frac{\partial}{\partial t}\,\boldsymbol{A}(x) \sim \frac{\mu_0}{4\pi}\,\frac{q}{|\boldsymbol{x} - \boldsymbol{X}(t_r)|}\left(\frac{\partial}{\partial t_r}\,\frac{\dot{\boldsymbol{X}}(t_r)}{1 - \dfrac{\dot{\boldsymbol{X}} \cdot \boldsymbol{n}}{c}}\right)\frac{\partial t_r}{\partial t} \tag{7.11.20}$$

と書ける．いずれも遅れたポテンシャルの遅れの効果である．

ここで

$$\frac{\partial}{\partial t_r}\frac{1}{1-\dfrac{\dot{\boldsymbol{X}}(t_r)\cdot\boldsymbol{n}}{c}}=\frac{1}{\left(1-\dfrac{\dot{\boldsymbol{X}}(t_r)\cdot\boldsymbol{n}}{c}\right)^2}\frac{1}{c}\left(\ddot{\boldsymbol{X}}(t_r)\cdot\boldsymbol{n}\right) \tag{7.11.21}$$

であるから，(7.11.10) は，(7.11.15) も参照して

$$-\operatorname{grad}\Phi(x)\sim\frac{1}{4\pi\varepsilon_0}\frac{q}{|\boldsymbol{x}-\boldsymbol{X}(t_r)|}\frac{\boldsymbol{n}}{\left(1-\dfrac{\dot{\boldsymbol{X}}(t_r)\cdot\boldsymbol{n}}{c}\right)^3}\frac{1}{c^2}\left(\ddot{\boldsymbol{X}}(t_r)\cdot\boldsymbol{n}\right) \tag{7.11.22}$$

となる．また

$$\frac{\partial}{\partial t}\boldsymbol{A}(x)\sim\frac{\mu_0}{4\pi}\frac{q}{|\boldsymbol{x}-\boldsymbol{X}(t_r)|}\left\{\frac{\ddot{\boldsymbol{X}}(t_r)}{\left(1-\dfrac{\dot{\boldsymbol{X}}(t_r)\cdot\boldsymbol{n}}{c}\right)^2}+\frac{\dot{\boldsymbol{X}}(t_r)\dfrac{\ddot{\boldsymbol{X}}(t_r)\cdot\boldsymbol{n}}{c}}{\left(1-\dfrac{\dot{\boldsymbol{X}}(t_r)\cdot\boldsymbol{n}}{c}\right)^3}\right\} \tag{7.11.23}$$

において

$$-(\dot{\boldsymbol{X}}\cdot\boldsymbol{n})\,\ddot{\boldsymbol{X}}+(\ddot{\boldsymbol{X}}\cdot\boldsymbol{n})\,\dot{\boldsymbol{X}}=\boldsymbol{n}\times(\dot{\boldsymbol{X}}\times\ddot{\boldsymbol{X}})$$

に注意し

$$\frac{\partial}{\partial t}\boldsymbol{A}(x)\sim\frac{\mu_0}{4\pi}\frac{q}{|\boldsymbol{x}-\boldsymbol{X}(t_r)|}\frac{\ddot{\boldsymbol{X}}(t_r)+\boldsymbol{n}\times\dfrac{\dot{\boldsymbol{X}}(t_r)\times\ddot{\boldsymbol{X}}(t_r)}{c}}{\left(1-\dfrac{\dot{\boldsymbol{X}}(t_r)\cdot\boldsymbol{n}}{c}\right)^3} \tag{7.11.24}$$

を得る．

$\boldsymbol{E}=-\operatorname{grad}\Phi-\partial\boldsymbol{A}/\partial t$ は，(7.11.22) と (7.11.24) とを合わせて

$$\boldsymbol{E}\sim\frac{\mu_0}{4\pi}\frac{q}{|\boldsymbol{x}-\boldsymbol{X}(t_r)|}\frac{\boldsymbol{n}\times\left\{\boldsymbol{n}\times\ddot{\boldsymbol{X}}(t_r)-\dfrac{\dot{\boldsymbol{X}}(t_r)\times\ddot{\boldsymbol{X}}(t_r)}{c}\right\}}{\left(1-\dfrac{\dot{\boldsymbol{X}}(t_r)\cdot\boldsymbol{n}}{c}\right)^3} \tag{7.11.25}$$

となる．

次に

$$\mathrm{rot}\,\boldsymbol{A}(x) \sim -\frac{\mu_0}{4\pi}\frac{q}{|\boldsymbol{x}-\boldsymbol{X}(t_r)|}\left(\frac{\partial}{\partial t_r}\frac{\dot{\boldsymbol{X}}(t_r)}{1-\dfrac{\dot{\boldsymbol{X}}(t_r)\cdot\boldsymbol{n}}{c}}\right)\times \mathrm{grad}\, t_r \tag{7.11.26}$$

であるから，$\boldsymbol{B}=\mathrm{rot}\,\boldsymbol{A}$ は

$$\boldsymbol{B}(x) \sim \frac{1}{c}\,\boldsymbol{n}\times\boldsymbol{E}(x) \tag{7.11.27}$$

となる．これは次のようにしても理解される．(7.11.15) により $\mathrm{grad}\, t_r \propto \boldsymbol{n}$ であり，(7.11.25) の $\boldsymbol{E}=-\,\mathrm{grad}\,\Phi-\partial\boldsymbol{A}/\partial t$ のうち $-\,\mathrm{grad}\,\Phi$ の分は (7.11.22) により $-\,\mathrm{grad}\,\Phi\propto\boldsymbol{n}$ だから，(7.11.27) には寄与しない．(7.11.25) の $-\partial\boldsymbol{A}/\partial t$ の部分と (7.11.26) を比べれば (7.11.27) が得られる．

こうして観測者までの距離（距離の 2 乗でなく）に反比例して減少する電磁場が得られた．電場も磁場も観測者への方向，つまり伝播の方向 $\boldsymbol{n}$ に垂直で，また互いに垂直である．これは電磁波だ！　荷電粒子が加速度運動すると電磁波を輻射するのである．これを**制動輻射**（Bremsstrahlung）という．

ここで

$$\boldsymbol{n}\times\{\boldsymbol{n}\times(\boldsymbol{n}\times\ddot{\boldsymbol{X}})\}=-\,\boldsymbol{n}\times\ddot{\boldsymbol{X}}$$

$$-\,\boldsymbol{n}\times\left(\boldsymbol{n}\times\frac{\dot{\boldsymbol{X}}\times\ddot{\boldsymbol{X}}}{c}\right)=\left(\frac{\dot{\boldsymbol{X}}\times\ddot{\boldsymbol{X}}}{c}\right)_{\perp}$$

を用いる．ただし，任意のベクトル $\boldsymbol{D}$ に対して

$$\boldsymbol{D}_{\perp}=\boldsymbol{D}-(\boldsymbol{D}\cdot\boldsymbol{n})\boldsymbol{n}$$

は，$\boldsymbol{D}$ の $\boldsymbol{n}$ に垂直な成分を意味する．したがって

$$\boldsymbol{B}\sim\frac{\mu_0}{4\pi}\frac{q}{|\boldsymbol{x}-\boldsymbol{X}(t_r)|}\frac{1}{c}\frac{\ddot{\boldsymbol{X}}(t_r)\times\boldsymbol{n}+\left(\dfrac{\dot{\boldsymbol{X}}(t_r)\times\ddot{\boldsymbol{X}}(t_r)}{c}\right)_{\perp}}{\left(1-\dfrac{\dot{\boldsymbol{X}}(t_r)\cdot\boldsymbol{n}}{c}\right)^3} \tag{7.11.28}$$

となる．

7.11.3 輻射エネルギー

荷電粒子の輻射するエネルギーは，ポインティング・ベクトル（Poynting's vector）

$$\boldsymbol{S} = \boldsymbol{E} \times \boldsymbol{B} / \mu_0 \tag{7.11.29}$$

から計算される．これは $\boldsymbol{E} \times \boldsymbol{B}$ に垂直な単位面積を単位時間に通過するエネルギーを与える．実際，(7.11.25)，(7.11.27) から，$\boldsymbol{E} \perp \boldsymbol{n}$ なので

$$\begin{aligned} \boldsymbol{S} &= \boldsymbol{E} \times \frac{\boldsymbol{B}}{\mu_0} \\ &= \boldsymbol{E} \times \frac{\boldsymbol{n} \times \boldsymbol{E}}{\mu_0 c} = \varepsilon_0 E^2 \cdot c\boldsymbol{n} \end{aligned} \tag{7.11.30}$$

となり，電磁場のエネルギー密度 $u(x) = \varepsilon_0 E^2$ が波源から観測者に向かって速さ c で流れていくことを示す．

いま，特に荷電粒子が直線運動をしている場合を考えれば，(7.11.25) は

$$\boldsymbol{E}(x) = \frac{\mu_0}{4\pi} \frac{q}{r} \frac{\boldsymbol{n} \times (\boldsymbol{n} \times \ddot{\boldsymbol{X}})}{(1 - \boldsymbol{\beta} \cdot \boldsymbol{n})^3} \qquad (\dot{\boldsymbol{X}} \,/\!/\, \ddot{\boldsymbol{X}}) \tag{7.11.31}$$

となる．ここで

$$\boldsymbol{r} = \boldsymbol{x} - \boldsymbol{X}, \qquad \boldsymbol{\beta} = \frac{\dot{\boldsymbol{X}}}{c}$$

とおいた．

$$\{\boldsymbol{n} \times (\boldsymbol{n} \times \ddot{\boldsymbol{X}})\}^2 = (\boldsymbol{n} \times \ddot{\boldsymbol{X}})^2$$

であるから，粒子の加速度 $\ddot{\boldsymbol{X}}$ と $\boldsymbol{r}$ の角を θ とすれば，エネルギー密度 $u(x) = \varepsilon_0 E^2(x)$ は

$$u(x) = \frac{1}{(4\pi)^2 \varepsilon_0 c^4} \frac{q^2}{r^2} \frac{\ddot{X}^2 \sin^2\theta}{(1 - \beta\cos\theta)^6} \tag{7.11.32}$$

となる．

輻射エネルギーの流れをあらゆる方向の立体角 $d\Omega$ にわたって積分し，単位時間あたりの全輻射エネルギーを計算しよう．このとき，粒子の速度が大きい場合 $(\beta \sim 1)$ には一つ注意が必要である．

観測者が時刻 t に観測する波は，粒子が時刻

$$t' = t - \frac{|\boldsymbol{x} - \boldsymbol{X}(t')|}{c} \qquad (7.11.33)$$

に出したものである．(7.11.30) にせよ (7.11.32) にせよ，右辺は粒子の時刻 t' の関数である．しかし，それが与えるのは観測者が時間 dt の間に受けとるエネルギー $\boldsymbol{S}\,dt$ である．

粒子の運動が時刻 T_1 から T_2 までの間に変化したとして，その間の輻射エネルギーを計算するには

$$\int_{T_1+r(T_2)/c}^{T_2+r(T_2)/c} \boldsymbol{S}(t'(t))\,dt = \int_{T_1}^{T_2} \boldsymbol{S}(t')\frac{dt}{dt'}\,dt' \qquad (7.11.34)$$

という積分をすることになる．右辺の積分の方が簡単である．ここに (7.11.33) から，いま $\ddot{\boldsymbol{X}} /\!/ \dot{\boldsymbol{X}}$ としているので

$$\frac{dt}{dt'} = 1 - \frac{\boldsymbol{x} - \boldsymbol{X}(t')}{|\boldsymbol{x} - \boldsymbol{X}(t')|}\cdot\frac{1}{c}\frac{d\boldsymbol{X}(t')}{dt'} = 1 - \beta\cos\theta \qquad (7.11.35)$$

である．

また，こうもいえる．輻射は光速 c で伝わるので，粒子が時間 dt' の間に出したエネルギーは，7-8 図の 2 つの球面に狭まれた球殻の中にある．球殻の厚さは，粒子の速度の $\boldsymbol{r}$ 方向の成分を v_r とすれば

$$dl = (c - v_r)\,dt' = (1 - \beta\cos\theta)\,c\,dt'$$

であるから，粒子の単位時間あたりの輻射エネルギーは，粒子のエネルギーを W と書けば $-\,dW/dt'$ となるが

$$-\frac{dW}{dt'} = \int_{\text{全立体角}} \varepsilon_0 E^2 r^2 (1 - \beta\cos\theta)\,c\,d\Omega \qquad (7.11.36)$$

で与えられる．単に $\int cr^2\,d\Omega$ とするのではいけない．すなわち (7.11.32) から

$$-\frac{dW}{dt'} = \frac{q^2}{(4\pi)^2\varepsilon_0 c^3}\,\ddot{X}^2\int_0^{2\pi} d\phi\int_0^{\pi}\frac{\sin^2\theta}{(1-\beta\cos\theta)^5}\sin\theta\,d\theta \qquad (7.11.37)$$

となり，積分して

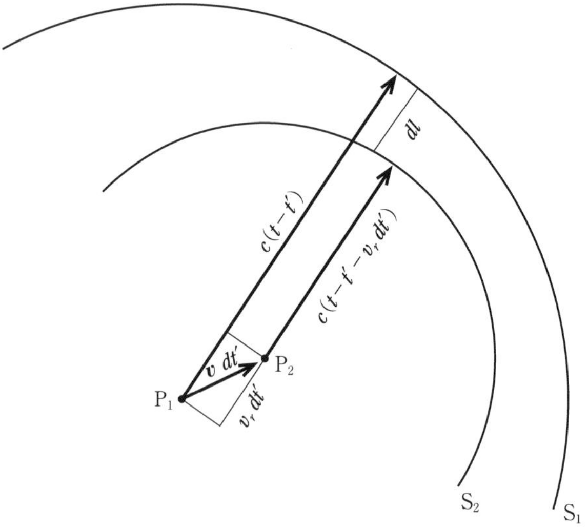

7-8図　粒子が時間 dt の間に輻射したエネルギーは図の 2 つの球面 —— P_1 を中心とする S_1 と P_2 を中心とする S_2 —— の間にある．球殻の厚さとは，球面の間隔の球面 S_1 への法線方向への射影である．

$$-\frac{dW}{dt'} = \frac{1}{6\pi\varepsilon_0}\frac{q^2}{c^3}\frac{\ddot{X}^2}{(1-\beta^2)^3} \tag{7.11.38}$$

を得る．

(7.11.37) を

$$-\frac{dW}{dt'} = \frac{q^2}{(4\pi)^2\varepsilon_0 c^3}\ddot{X}^2\int_{\text{全立体角}} f_\beta(\theta)\,d\Omega \qquad (d\Omega = \sin\theta\,d\theta\,d\phi) \tag{7.11.39}$$

と書けば，輻射の角分布

$$f_\beta(\theta) = \frac{\sin^2\theta}{(1-\beta\cos\theta)^5} \tag{7.11.40}$$

は 7-9 図のようになり，β が 1 に近づくにつれて輻射は前方に集中する．

$\beta \to 1$ では，$\cos\theta \sim 1-\theta^2/2$，$\sin\theta \sim \theta$ として

$$f_\beta(\theta) \sim \frac{1}{(1-\beta)^5}\frac{\theta^2}{\left\{1+\frac{1}{4}\left(\frac{\theta}{\theta_{\max}}\right)^2\right\}^5} \tag{7.11.41}$$

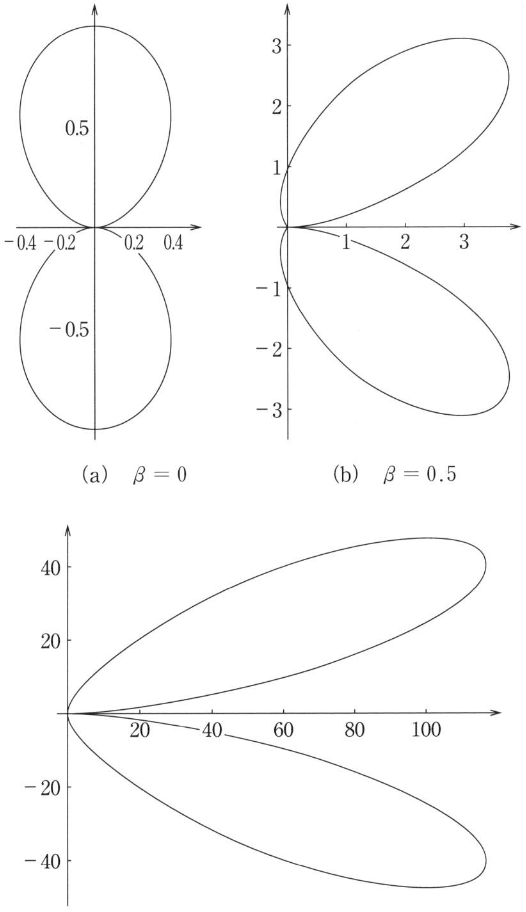

(a)　$\beta = 0$　　(b)　$\beta = 0.5$

(c)　$\beta = 0.9$

7-9図　右向きに直線運動する荷電粒子の制動輻射の角分布（$\beta = v/c$ が（a）0,（b）0.5,（c）0.9 の場合）．図ごとにスケールが違うので注意．角分布の図であるから，ヨコ軸とタテ軸の目盛りの数字は比に意味があって，絶対値にはない．

と書ける．$f_\beta(\theta)$ が極大になる角度は

$$\theta_{\max} = \sqrt{\frac{1-\beta}{2\beta}} \sim \frac{1}{\gamma} \tag{7.11.42}$$

のように小さくなってゆく．以上は，粒子が直線運動をしている場合である．

粒子が曲線運動をしている場合には

$$-\frac{dW}{dt'} = \frac{1}{6\pi\varepsilon_0}\frac{q^2}{c^3}\frac{\ddot{\boldsymbol{X}}^2 - \dfrac{(\dot{\boldsymbol{X}}\times\ddot{\boldsymbol{X}})^2}{c^2}}{(1-\beta^2)^3} \tag{7.11.43}$$

となる（次項を参照）．特に，粒子が静止している瞬間には，(7.11.38) からでも (7.11.43) からでも

$$-\frac{dW}{dt'} = \frac{1}{6\pi\varepsilon_0}\frac{q^2}{c^3}\ddot{X}^2 \qquad (\dot{\boldsymbol{X}} = 0 \text{ の瞬間}) \tag{7.11.44}$$

となる．これは**ラーモアの公式**（Larmor's formula）とよばれる．電荷 q の粒子が加速度 $\ddot{\boldsymbol{X}}$ をもつとき，速度 $\dot{\boldsymbol{X}} = 0$ の瞬間に，単位時間あたりに電磁波として輻射するエネルギー $-dW/dt$ をあたえる式である．$W(t)$ は粒子のエネルギーであって，その減少の速さが，すなわち単位時間あたりの輻射エネルギーになる．

7.11.4 輻射エネルギーの共変形式

荷電粒子が輻射するエネルギーの変換性を考えると，$\dot{\boldsymbol{X}} = 0$ の瞬間の (7.11.44) から一般の場合にも (7.11.43) が正しいことを導くことができる．

まず，粒子の静止系では時刻 t' は固有時 s' と一致するから，(7.11.44) は

$$-\frac{dW}{ds'} = \frac{1}{6\pi\varepsilon_0}\frac{q^2}{c^3}\ddot{X}^2 \qquad (\dot{\boldsymbol{X}} = 0 \text{ の瞬間}) \tag{7.11.45}$$

と書いてよい．

この式の左辺は粒子のエネルギー $W = P^0$ と同じ変換性をもつ．それは粒子の 4 元速度 u の第 0 成分 u^0 と同じ変換をする．u^0/c は粒子の静止系 $\dot{\boldsymbol{X}} = 0$ では 1 となる．$\ddot{\boldsymbol{X}}^2$ は，加速度の 4 元ベクトルからつくった不変量

(3.1.31)

$$\alpha^\mu \alpha_\mu = -\frac{\ddot{\boldsymbol{X}}^2 - \dfrac{(\dot{\boldsymbol{X}} \times \ddot{\boldsymbol{X}})^2}{c^2}}{\left(1 - \dfrac{\dot{\boldsymbol{X}}}{c}\right)^3} \tag{7.11.46}$$

で $\dot{\boldsymbol{X}} = 0$ とおいたものである．そこで (7.11.45) を共変形

$$-\frac{dP^0}{ds'} = \frac{1}{6\pi\varepsilon_0}\frac{q^2}{c^3}(-\alpha^\mu\alpha_\mu)\frac{u^0}{c} \qquad \left(u^0 = \frac{c}{\sqrt{1 - \left(\dfrac{\dot{\boldsymbol{X}}}{c}\right)^2}}\right) \tag{7.11.47}$$

と書くことができる．ここでは $ds' = \sqrt{1 - (\dot{\boldsymbol{X}}/c)^2}\,dt'$ であるから

$$-\frac{dW}{dt'} = -\frac{dP^0}{dt} = \frac{1}{6\pi\varepsilon_0}\frac{q^2}{c^3}(-\alpha^\mu\alpha_\mu)$$

となる．あるいは，(7.11.46) を用いて

$$-\frac{dW}{dt'} = \frac{1}{6\pi\varepsilon_0}\frac{q^2}{c^3}\frac{\ddot{\boldsymbol{X}}^2 - \dfrac{(\dot{\boldsymbol{X}} \times \ddot{\boldsymbol{X}})^2}{c^2}}{\left(1 - \dfrac{\dot{\boldsymbol{X}}}{c}\right)^3} \tag{7.11.48}$$

となり，これが前に書いた (7.11.43) である．

ここで同時に，(7.11.47) に応ずる空間成分として，粒子による運動量の輻射も得られている．すなわち

$$-\frac{dP^k}{ds'} = \frac{1}{6\pi\varepsilon_0}\frac{q^2}{c^3}(-\alpha^\mu\alpha_\mu)\frac{u^k}{c^2} \tag{7.11.49}$$

である．単位時間あたりにすれば

$$-\frac{d\boldsymbol{P}}{dt'} = \frac{1}{6\pi\varepsilon_0}\frac{q^2}{c^5}\frac{\ddot{\boldsymbol{X}}^2 - \dfrac{(\dot{\boldsymbol{X}} \times \ddot{\boldsymbol{X}})^2}{c^2}}{\left(1 - \dfrac{\dot{\boldsymbol{X}}}{c}\right)^3}\dot{\boldsymbol{X}} \tag{7.11.50}$$

となる．粒子には，これに相当する力がはたらくわけである．

章末問題

［**1**］ 4元ポテンシャルに対する波動方程式

$$\left(\Delta - \frac{1}{c^2}\frac{\partial^2}{\partial t^2}\right)\begin{pmatrix}\varPhi/c \\ \boldsymbol{A}\end{pmatrix} = -\mu_0\begin{pmatrix}c\rho \\ \boldsymbol{j}\end{pmatrix}$$

およびローレンツ条件

$$\frac{\partial A^k}{\partial x^k} = \frac{1}{c^2}\frac{\partial \varPhi}{\partial t} + \mathrm{div}\,\boldsymbol{A} = 0$$

からマクスウェル方程式を導け．

［**2**］ 電磁場テンソル（7.3.9）の湧き出し方程式 $\partial_\mu f^{\mu\nu} = \mu_0 j^\nu$ が，マクスウェル方程式（7.1.1）の半分（a），（d）をあたえることを示せ．

［**3**］ $\varepsilon^{\mu\nu\sigma\tau}$ をレヴィ・チヴィタのテンソル（5.4.8）とする．

$$f^{*\mu\nu} = \frac{1}{2}\varepsilon^{\mu\nu\sigma\tau}f_{\sigma\tau} \tag{P.7.1}$$

を計算せよ．これを $f_{\mu\nu}$ の**双対テンソル**（dual tensor）という．

［**4**］ ［2］で $\partial_\mu f^{\mu\nu} = \mu_0 j^\nu$ がマクスウェル方程式の半分をあたえることを見た．前問の $f^{*\mu\nu}$ に対する $\partial_\mu f^{*\mu\nu} = 0$ からマクスウェル方程式の残り半分が得られることを示せ．

［**5**］ 行列 $f^{*\mu\nu}$ を $f_{\alpha\beta}$ で表わせ．それを用いて，前問で得たマクスウェル方程式の半分 $\partial f^{*\mu\nu}/\partial x^\mu = 0$ が

$$\frac{\partial f_{\lambda\mu}}{\partial x^\nu} + \frac{\partial f_{\nu\lambda}}{\partial x^\mu} + \frac{\partial f_{\mu\nu}}{\partial x^\lambda} = 0$$

とも書けることを示せ．(λ, μ, ν) は $(0, 1, 2, 3)$ のうちの3つ組のすべてにわたる．この方程式では $\lambda \to \mu \to \nu \to \lambda$ のように循環的に変えて和をとっているので

$$\sum_{\text{cyclic}} \frac{\partial f_{\lambda\mu}}{\partial x^\nu} = 0$$

とも書く．

［**6**］ 3次元の空間ベクトル $\boldsymbol{A}$, $\boldsymbol{B}$ に対して

$$\mathrm{div}\,[\boldsymbol{A} \times \boldsymbol{B}] = (\mathrm{rot}\,\boldsymbol{A})\cdot\boldsymbol{B} - (\mathrm{rot}\,\boldsymbol{B})\cdot\boldsymbol{A} \tag{P.7.2}$$

および

$$((\mathrm{rot}\ \boldsymbol{A})\times\boldsymbol{B})_k = \frac{\partial A_k}{\partial x_m}B_m - \left(\frac{\partial A_m}{\partial x_k}\right)B_m \tag{P.7.3}$$

を示せ．また，

$$\mathrm{grad}\,(\boldsymbol{A}\cdot\boldsymbol{B}) = (\boldsymbol{A}\cdot\mathrm{grad})\,\boldsymbol{B} + (\boldsymbol{B}\cdot\mathrm{grad})\,\boldsymbol{A} + \boldsymbol{A}\times\mathrm{rot}\ \boldsymbol{B} + \boldsymbol{B}\times\mathrm{rot}\ \boldsymbol{A} \tag{P.7.4}$$

が成り立つことを示せ．

［**7**］ §7.3.4で空間反転・時間反転に関して電場は符号を変え，磁束密度は符号を変えないことを見た．これらの変換によって，マクスウェル方程式および荷電粒子の運動方程式は不変であることを確かめよ．

［**8**］ エネルギー・運動量テンソルの意味を例で確認しておこう．座標系O-xyzにおいて$\boldsymbol{a}=(a,0,0)$に点電荷q_{A}があり，$-\boldsymbol{a}=(-a,0,0)$に点電荷q_{B}がある．$q_{\mathrm{A}}=\pm q_{\mathrm{B}}$．これらの電荷がつくり出す電場のエネルギー・運動量テンソルT^{lk}について，(7.5.1)の$\partial T^{\nu\mu}/\partial x^{\nu}$を半空間$x<0$全体にわたって積分せよ．また，この積分の物理的な意味は何か？

［**9**］ 電磁場のエネルギー・運動量テンソル(7.5.1)のトレース$g_{\nu\mu}T^{\mu\nu}$は0であることを示せ．

［**10**］ 電磁場のテンソル(7.3.9)から$U^{\mu\nu}=f^{\mu}{}_{\kappa}f^{\kappa\nu}$をつくり，そのトレース$f^{\mu}{}_{\kappa}f^{\kappa}{}_{\mu}$を計算せよ．また，

$$\frac{1}{\mu_0}\left(f^{\mu}{}_{\kappa}f^{\kappa\nu} - \frac{1}{4}f^{\lambda}{}_{\kappa}f^{\kappa}{}_{\lambda}g^{\mu\nu}\right)$$

は，電磁場のエネルギー・運動量テンソル$T^{\mu\nu}$に等しいことを示せ．

［**11**］ 前問の結果を用い，$f^{\mu\nu}$がテンソルであることからエネルギー・運動量テンソルが本当にテンソルの変換をすることを証明せよ．

［**12**］ ［2］，［5］で得たマクスウェル方程式の表現

$$\partial_{\nu}f^{\mu\nu} = -\mu_0 j^{\mu}, \qquad \frac{\partial f_{\alpha\beta}}{\partial x^{\nu}} + \frac{\partial f_{\nu\alpha}}{\partial x^{\beta}} + \frac{\partial f_{\beta\nu}}{\partial x^{\alpha}} = 0$$

と問題［10］で得た電磁場のエネルギー・運動量テンソルの表現

$$T^{\mu\nu} = \frac{1}{\mu_0}\left(f^{\mu}{}_{\kappa}f^{\kappa\nu} - \frac{1}{4}f^{\lambda}{}_{\kappa}f^{\kappa}{}_{\lambda}g^{\mu\nu}\right)$$

を用いて $\partial_\nu T^{\mu\nu}$ を計算せよ．

［**13**］（7.11.8）の行列式

$$\begin{vmatrix} 1-\dot{X}b_x & -\dot{X}b_y & -\dot{X}b_z \\ -\dot{Y}b_x & 1-\dot{Y}b_y & -\dot{Y}b_z \\ -\dot{Z}b_x & -\dot{Z}b_y & 1-\dot{Z}b_z \end{vmatrix}$$

を計算せよ．

［**14**］次の式を証明しよう：

$$\lim_{\varepsilon\to 0}\Box\frac{1}{R^2-i\varepsilon}=4\pi^2 i\,\delta^{(4)}(x) \qquad \bigl(R^2=(x^0)^2-\boldsymbol{r}^2\bigr) \qquad \text{(P.7.5)}$$

ここに，$\boldsymbol{r}=(x^1, x^2, x^3)$ で

$$\delta^{(4)}(x^\mu)=\delta(x^0)\,\delta(x^1)\,\delta(x^2)\,\delta(x^3) \qquad \text{(P.7.6)}$$

である．

（a） まず，次の式を示せ．

$$\Box\frac{1}{R^2-i\varepsilon}=\frac{8i\varepsilon}{(R^2-i\varepsilon)^3} \qquad \text{(P.7.7)}$$

この式の右辺は，$x^0=\pm r$ においては $\varepsilon\to 0$ のとき $+\infty$ になる．$x^0=\pm(r\pm\varDelta r)$ においては，$\varDelta r>0$ がどんなに小さくても 0 となる．

（b）（P.7.7）の左辺に $f(x^0, x^1, x^2, x^3)$ を掛けて x^0 に関して積分してみよう：

$$I[f]=8i\varepsilon\int_{-\infty}^{\infty}\frac{f(x^0, x^1, x^2, x^3)}{(R^2-i\varepsilon)^3}\,dx^0$$

ただし，f は x^0 の関数として，x^0 の変域を複素平面に拡大したとき（解析接続），上半平面に特異点をもたないとする（P.7.1 図）．$1/(R^2-i\varepsilon)^3$ は，x^0 の変域を複素平面に拡大したとき $x^0=\pm(r^2+i\varepsilon)^{1/2}$ に極をもつ（$\varepsilon>0$ としている）：

$$I[f]=8i\varepsilon\int_{-\infty}^{\infty}\frac{f(x^0, x^1, x^2, x^3)}{\{x^0+(r^2+i\varepsilon)^{1/2}\}^3\,\{x^0-(r^2+i\varepsilon)^{1/2}\}^3}\,dx^0$$

いま，実 x^0 軸に沿う積分路 Γ_1：$(-\infty, \infty)$ を複素 x^0 平面の上半面を通る大きな半円 Γ_2 で閉じると，積分はどうなるか？ また，これから $I[f]$ について何がわかるか？

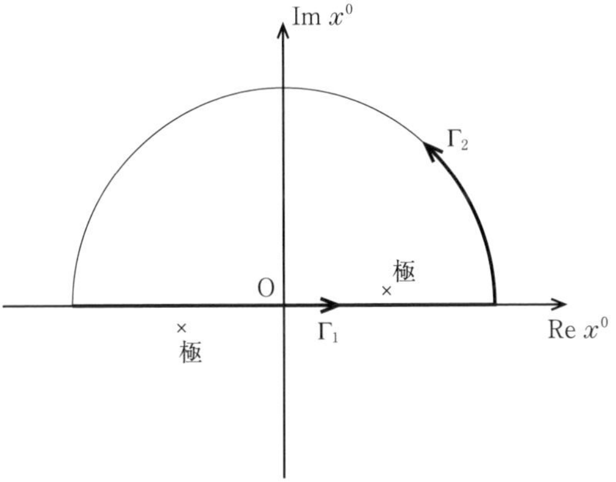

P.7.1図 複素 x^0 平面と積分路 Γ_1, Γ_2

(c) 前問の x^0 積分の結果を，さらに x^1, x^2, x^3 について，それぞれ $(-\infty, \infty)$ で積分すると $4\pi^2 i\, f(0,0,0,0)$ となることを示せ．これは (P.7.5) を意味する．$1/[(4\pi^2 i)(R^2 - i\varepsilon)]$ は $\Box$ のグリーン関数 (Green function) のもうひとつの表現である (§7.10.1を参照)．

[**15**] 前問の結果を利用して (7.1.15) を解こう．(P.7.5) の R を

$$R^2 = (x^0 - x^{0\prime})^2 - (\boldsymbol{r} - \boldsymbol{r}')^2$$

と書き直す．$\boldsymbol{r} = (x^1, x^2, x^3)$，$\boldsymbol{r}' = (x^{1\prime}, x^{2\prime}, x^{3\prime})$ である．以下，

$$R^2 \text{ を } (x - x')^2$$

と書く．その式の左辺に $\rho(x')/4\pi^2\varepsilon_0$ および $(\mu_0/4\pi^2)\boldsymbol{j}(x')$ をかけて全空間で積分し

$$\begin{aligned} \Phi(x) &= \lim_{\varepsilon\to 0} \frac{1}{4\pi^2 i\varepsilon_0} \int \frac{1}{(x-x')^2 - i\varepsilon}\, \rho(x')\, d^4x' \\ \boldsymbol{A}(x) &= \lim_{\varepsilon\to 0} \frac{\mu_0}{4\pi^2 i} \int \frac{1}{(x-x')^2 - i\varepsilon}\, \boldsymbol{j}(x')\, d^4x' \end{aligned} \qquad \text{(P.7.8)}$$

とすれば (7.1.15) の解が得られることを示せ．

[**16**] (P.7.8) はローレンツ条件 (7.10.3) をみたすことを確かめよ．

[**17**] [14] の (b) では関数 $f(x^0, x^1, x^2, x^3)$ が複素 x^0 平面に解析接続したとき，上半平面に特異点をもたないと仮定した．方程式 (7.1.15) への応用 (問題 [15]) では電荷密度や電流密度にこの性質を要求することになる．これは身勝

手な仮定と思われたかもしれないが，もし f が上半平面に極 $x^0 = (r^2 + i\varepsilon)^{1/2} + a + ib$（$a$ と/または $b \neq 0$）をもっていたら何がおこるか考えてみよ．

[**18**] 定常な電荷密度 $\rho(x) = \rho_s(\boldsymbol{x})$（$x^0$ によらない）があるときのスカラー・ポテンシャルをもとめよ．

[**19**] 運動 $x^k = X^k(x^0)$ をしている点電荷 Q のつくる電磁ポテンシャルをもとめよ．

8 一般相対性理論へ

アインシュタインは1905年から構築してきた相対性理論に不満をもっていた．この理論によれば，物体の慣性を表わす質量（慣性質量）は物体の速さとともに増すが，物体にはたらく重力が比例する質量（重力質量）も同じく増すかどうかについては何も言えなかったからである．言いかえれば，電磁気的な力のローレンツ変換は明確にできたが，重力の変換は理論の外に残されていたからである．

彼は，やがて等価原理を発見し，相対性理論を相互に加速度をもつ系にまで拡張し，1915年に一般相対性理論をたてた．ここでは，そこに一歩だけ立ち入って，重力質量も慣性質量と同じく物体の速さとともに増すことを説明しよう．

§8.1 アインシュタインの不満

アインシュタインは1905年に自ら提出した相対性理論に一つの不満をもっていた．彼は1907年に書いた相対性理論のレヴュー[1]で質量とエネルギーが同じものであることを説明し，原子核の放射性壊変にともなう質量変化について述べた後に，こう書いた：

これまで，このような質量の変化が，質量の測定に通常用いられる器械，すなわち秤で測れるものと黙って仮定してきました．すなわち

1) A. アインシュタイン：「相対性原理およびそれより演繹される結果について」，Jahrbuch der Radioaktivität und Elektronik **4** (1907)，pp 411-462；阿部良夫，遠藤美寿，山田光雄，石原 純 訳：『アインスタイン全集 第壱巻』(改造社，1922, pp. 63-178)．引用は pp. 133-134 から．

> $E = mc^2$ の関係は慣性質量ばかりでなく重力質量にも成り立つこと，言い換えると，一つの物体系の慣性と重さとはあらゆる事情の下で精密に比例することを仮定したのです．ですから，たとえば一つの空洞に閉じ込められた輻射は単に慣性をもつだけでなく，また重さをもつと仮定しなければならなかったのです．

ここで**慣性質量**（inertial mass）とは力が加わったときの運動の慣性，すなわち運動の変化のおこりにくさ，**重力質量**（gravitational mass）とは2物体のおよぼしあう万有引力（重力）が両者の物質量の積に比例するというときの物質量のことである．マッハ（E. Mach）は慣性質量と重さを別の概念として論じたが[2)]，これはマッハに始まったことではないらしい．ニュートンは『プリンキピア』（1687）で慣性質量も物の量として捉えた．

アインシュタインは別のところ[3)]では，こうもいっている：

> 1907年にシュタルク氏に依頼をうけて彼の主宰する『放射学および電子学年報』に相対性理論の諸結論をまとめて書こうとしたときに[4)]すべての自然法則が相対性理論によって論じ得られるなかで，ただひとつ万有引力の法則にはこれを応用することができないのを認めて，どうにかしてこの問題を解決したいと深く感じました．
>
> そのなかで，私の最も不満足に思ったのは，慣性とエネルギーとの関係が相対性理論によって見事に与えられるにもかかわらず，これと重さとの関係が全く不明に残されなければならないことでありました．

次のような問題でもある．運動する物体の慣性質量は速さとともに増す．この物体にはたらく重力も同じく速さとともに増すであろうか？　この問題には1905年のアインシュタインの相対性理論は答えられなかった．

先に引用したレヴューでは，アインシュタインはレヴューから一歩踏み出

2）E.マッハ著，伏見 譲 訳：『力学――力学の批判的発展史――』（講談社，1969，p 177）など．

3）A.アインシュタイン：「いかにして私は相対性理論を創ったか」（京都大学演説），石原 純 著：『アインシュタイン講演録』（東京図書，1971，pp. 78-88）．引用はp. 84より．アインシュタインが1922年に来日したとき，京都大学で西田幾多郎の要請に応えて行なった講演を石原 純がまとめたもの．

4）1）に挙げたレヴュー．

して，重力の下で自由落下する系では重力が消えることから，逆に重力を系の加速度運動でおきかえられるという原理を立てる．力学では，これは当たり前であるが，電磁現象などまで含めて物理学の全体でこのおきかえが成り立つという原理である．これは今日，**等価原理**（equivalence principle）とよばれている．この原理によって，彼はレヴューの最後の節「電磁現象に対する重力の影響」において，重力によって光線が曲がることを指摘し，また電磁的エネルギー E が重力加速度 g の重力場において高さ h にあれば

$$\text{位置のエネルギー} = \frac{E}{c^2}gh \tag{8.1.1}$$

をもつことを証明し，こう結論している：[5)]

> エネルギー E に対して E/c^2 なる質量が相当するということは，それ故，もし重力を加速度運動でおきかえることが正しいならば，慣性質量ばかりでなく重力的質量に対しても成立します．

アインシュタインは1915年に加速度系への変換を含む重力の理論をまとめ上げ，「一般相対性理論について」と題する論文を発表した．この**一般相対性理論**（general theory of relativity）に対して，慣性系に対して等速運動する座標系の間の相対性を扱う，本書で述べてきた理論は**特殊相対性理論**（special theory of relativity）とよばれる．

§8.2　速く走ると重くなる

一般相対性理論について詳しく述べることは本書の守備範囲を超える．しかし，速く走ると重くなるということを，一般相対性理論からの結論を一部分引用しながら説明しておきたい．

一般相対性理論では，重力を空間の歪みとして表現する．空間を座標の網 —— 例えば極座標 O-$r\theta\phi$ —— で覆ったとき，dr, $d\theta$, $d\phi$ の張る立方体の対角線の長さの2乗は $(dr)^2 + r^2(d\theta)^2 + r^2\sin^2\theta\,(d\phi)^2$ ではなくて，いま時間座標も加えて4次元的に書くが

5)『アインシュタイン全集』p. 177 より

$$(ds)^2 = g_{\mu\nu}(t, r, \theta, \phi)\, dx^\mu\, dx^\nu \qquad (x^0 = ct, x^1 = r, x^2 = \theta, x^3 = \phi)$$

のように**計量テンソル**（metric tensor）$g_{\mu\nu}$ を通して与えられる．この $g_{\mu\nu}$ が，一般相対性理論においてはアインシュタイン方程式によって物質分布から定まり，重力場を表現することになるのである．

8.2.1 シュワルツシルト時空

たとえば，原点に質量 M_0 が集中している場合には，本書では，その導出はしないが[6)]

$$(ds)^2 = \left(1 - \frac{2\mu}{r}\right)(c\ dt)^2 - \left(1 - \frac{2\mu}{r}\right)^{-1}(dr)^2 - r^2\left\{(d\theta)^2 + \sin^2\theta\,(d\phi)^2\right\} \tag{8.2.1}$$

となる（8-1表）．ここに，重力定数を $G = 6.673 \times 10^{-11}\ \mathrm{m^3\ kg^{-1}\ s^{-2}}$ として

$$\mu = \frac{GM_0}{c^2} \tag{8.2.2}$$

である．この $g_{\mu\nu}$ をもつ時空は**シュワルツシルト時空**（Schwarzschild space-time）とよばれる．

8-1表　μ の値

	質量/kg	平均半径/m	μ/m
地球	5.973×10^{24}	6.371×10^6	4.435×10^{-3}
太陽	1.989×10^{30}	6.955×10^8	1.4767×10^3

この時空における質点 m_0 の運動は，点 $A(ct_1, r_1, \theta_1, \phi_1)$ から $B(ct_2, r_2, \theta_2, \phi_2)$ にいたるものなら

$$\delta \int_{A\Gamma B} ds = 0 \tag{8.2.3}$$

となるようなものである．この式は A から B に至る道筋 Γ を少し変形しても積分の値が変わらないような（その Γ において積分が極値をとるような）

6）P. A. M. ディラック 著，江沢 洋 訳：『一般相対性理論』（ちくま学芸文庫，筑摩書房，2005，pp. 70-73）．

そういう道筋Γを意味する．このΓが時空(ct, r, θ, ϕ)において質点のとる道筋であって，これによって質点の運動があたえられる．この形の運動の原理には，特殊相対性理論でも（7.4.15）で出会った．

8.2.2　動径方向の運動の方程式

いま，簡単のために動径方向の運動に限って考えよう．道筋を時間をパラメータとする$r = r(t)$で表せば，（8.2.3）は

$$\delta s[r] = \delta \int_{t_1}^{t_2} L(r(t), \dot{r}(t))\, dt = 0 \qquad (8.2.4)$$

となる．ここに，$\dot{r} = dr(t)/dt$であり，（8.2.1）によって

$$L(r(t), \dot{r}(t)) = \sqrt{\left\{1 - \frac{2\mu}{r(t)}\right\} c^2 - \left\{1 - \frac{2\mu}{r(t)}\right\}^{-1} \dot{r}^2} \qquad (8.2.5)$$

である．この極値問題の解は，§7.4で見たとおり，オイラー－ラグランジュ（Euler－Lagrange）の方程式

$$\frac{d}{dt}\frac{\partial L}{\partial \dot{r}} - \frac{\partial L}{\partial r} = 0 \qquad (8.2.6)$$

を解くことによって得られる．

ところが，方程式（8.2.6）は，かなり複雑なものになる．極値問題は，変数を変えても方程式の形は変わらないから[7]，いま変数をρに変えることにして，$r = r(\rho)$を

$$\left\{1 - \frac{2\mu}{r(\rho)}\right\}^{-1} \left(\frac{dr}{d\rho}\, d\rho\right)^2 = \left\{1 - \frac{2\mu}{r(\rho)}\right\} (d\rho)^2$$

となるように定めよう．つまり

$$\frac{dr}{d\rho} = 1 - \frac{2\mu}{r}$$

とする．これは

$$d\rho = \frac{r\, dr}{r - 2\mu} = \left(1 + \frac{2\mu}{r - 2\mu}\right) dr$$

7）　拙著：『解析力学』（培風館，2007）．

とすることだから

$$\rho = r + 2\mu \log(r - 2\mu) + \text{const.} \tag{8.2.7}$$

になる．これを用いると（8.2.5）は，

$$\dot{r} = \frac{dr}{d\rho}\,\dot{\rho} = \left(1 - \frac{2\mu}{r}\right)\dot{\rho}$$

に注意して

$$L(\rho, \dot{\rho}) = \sqrt{1 - \frac{2\mu}{r(\rho)}}\sqrt{c^2 - \dot{\rho}^2} \tag{8.2.8}$$

となる．そして，オイラー - ラグランジュ方程式は（8.2.6）と同じ形

$$\frac{d}{dt}\frac{\partial L}{\partial \dot{\rho}} - \frac{\partial L}{\partial \rho} = 0$$

でよいのだから，多少の計算の後

$$\sqrt{1 - \frac{2\mu}{r}}\frac{1}{\sqrt{c^2 - \dot{\rho}^2}}\left(\frac{\mu}{r^2} + \frac{\ddot{\rho}}{c^2 - \dot{\rho}^2}\right) = 0$$

すなわち

$$\frac{\mu}{r^2} + \frac{\ddot{\rho}}{c^2 - \dot{\rho}^2} = 0$$

となる．これは，両辺に $m_0 c^2/(1 - \dot{\rho}^2/c^2)^{1/2}$ をかけた上で，微分計算で得られる式

$$\frac{d}{dt}\frac{m_0\dot{\rho}}{\sqrt{1 - \dfrac{\dot{\rho}^2}{c^2}}} = \frac{m_0\ddot{\rho}}{\left(1 - \dfrac{\dot{\rho}^2}{c^2}\right)^{3/2}}$$

に注意すれば

$$\frac{d}{dt}\frac{m_0\dot{\rho}}{\sqrt{1 - \dfrac{\dot{\rho}^2}{c^2}}} = -\frac{GM_0}{r^2}\frac{m_0}{\sqrt{1 - \dfrac{\dot{\rho}^2}{c^2}}} \tag{8.2.9}$$

となる．ここで（8.2.2）を用いた．

$r \gg \mu$ では（8.2.7）により $\rho \sim r$ だから $\dot{\rho}$ は質点 m_0 の（動径方向の運動の）速度 v と見ることができ，r は M_0 と m_0 の距離と見られるから，（8.2.9）は

$$\frac{d}{dt}\frac{m_0 v}{\sqrt{1-\left(\dfrac{v}{c}\right)^2}} = -\frac{GM_0}{r^2}\frac{m_0}{\sqrt{1-\left(\dfrac{v}{c}\right)^2}} \tag{8.2.10}$$

となる．左辺は質点 m_0 の運動量の時間的変化率である．右辺は m_0 にはたらく力であるが，質量 M_0 と m_0 の間の万有引力であって m_0 の速度とともに大きくなり，質点の慣性質量 $m_0/\sqrt{1-(v/c)^2}$ に比例することを示している．アインシュタインの予想した結果である．

なお，$r \gg \mu$ に限ったのは，ニュートンの万有引力に対するシュワルツシルトの補正のうち，質点の速度に依存するもの以外を小さくして篩い落とすためである．

われわれは一般相対性理論に一歩，足を踏み入れた．

章 末 問 題

［**1**］ 重力加速度 g が一定な空間において，静止の状態から鉛直に落下する質点の運動を調べよ．

［**2**］ 重力質量が速度とともに増加する効果が，落下距離でいって，増加がないとした場合に比べて 10^{-4} ％になるのは，落下時間がいくらのときか？

［**3**］ 等価原理によれば，光子にも重力がはたらく．重力加速度 g の重力に抗して角振動数 ω_1 の光子が A から B まで距離 L だけ進むと，角振動数はいくらになるか．また，B における光子の振動周期 T_2 は A における T_1 よりどれだけ長いか．ただし，$gL/c^2 \ll 1$ とする．これが B と A における時間の進みの差になる．

［**4**］ 下向きに重力加速度 g の重力がある空間で，高さ L を隔てて上下 2 つの時計がある．下の時計から時間 $\varDelta_l t$ を隔てて 2 つの光のパルスを送ると，それらが上の時計に着く時間間隔 $\varDelta_h t$ はどうなるか．ただし，$gL/c^2 \ll 1$ とする．

付　　録

A.1　平行板コンデンサーの電場

長さ a，幅 b の長方形の金属板を間隔 d で平行に向き合わせた平行板コンデンサーを考える．極板の厚さは0で，$d \ll b \ll a$ と仮定する．仮定から，問題は2次元で考えてよい．コンデンサーの極板の長さ，幅と間隔の中心に座標原点Oを置き，幅の方向に x 軸をとって，それと極板とに垂直に y 軸をとる（A.1.1図）．電位を $\varphi(x, y)$ とし，$y = d/2$ にある極板の上では $+v$，$y = -d/2$ の極板の上では $-v$ とする．

電位は，極板の外の空間ではラプラス（Laplace）の方程式

$$\left(\frac{\partial^2}{\partial x^2} + \frac{\partial^2}{\partial y^2}\right)\varphi(x, y) = 0 \tag{A.1.1}$$

を満たし，コンデンサーの極板の面では

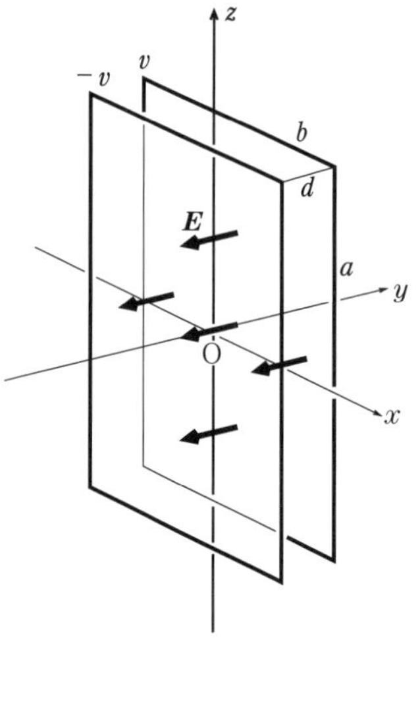

A.1.1図　平行板コンデンサー

$$\varphi(x, y) = \begin{cases} +v & \left(y = +\dfrac{d}{2}\right) \\ -v & \left(y = -\dfrac{d}{2}\right) \end{cases} \tag{A.1.2}$$

となる．

A.1.1　複素関数論の方法

2次元平面におけるラプラス方程式の境界値問題（A.1.1），（A.1.2）を解くには，複素変数関数論の方法が便利である．

xy 平面上に複素変数 $z = x + iy$ の解析関数 $f(z)$ を考えよう．これを実数部分と虚数部分に分けて

$$f(z) = \psi(x, y) + i\,\varphi(x, y) \tag{A.1.3}$$

とおく．解析関数は複素平面上のどの方向から微分しても微係数は等しいので

$$\frac{\partial f}{\partial x} = \frac{\partial \psi}{\partial x} + i\,\frac{\partial \varphi}{\partial x}, \qquad \frac{1}{i}\,\frac{\partial f}{\partial y} = \frac{1}{i}\left(\frac{\partial \psi}{\partial y} + i\,\frac{\partial \varphi}{\partial y}\right)$$

は互いに等しい．したがって

$$\frac{\partial \psi}{\partial x} = \frac{\partial \varphi}{\partial y}, \qquad \frac{\partial \varphi}{\partial x} = -\frac{\partial \psi}{\partial y} \tag{A.1.4}$$

が成り立つ．これをコーシー‐リーマン（Cauchy‐Riemann）の条件という．これらから ψ を消去すれば，φ がラプラスの方程式（A.1.1）をみたすことがわかる．したがって，解析関数をうまく選んで，境界の導体上で

$$f(z)\ \text{の虚数部分} = \text{与えられた電位} \tag{A.1.5}$$

にすることができたら，$f(z)$ の虚数部分がもとめる電位となる．

電場は $\boldsymbol{E} = -\,\mathrm{grad}\,\varphi$ であるから

$$E_x = -\frac{\partial \varphi}{\partial x} = \frac{\partial \psi}{\partial y}, \qquad E_y = -\frac{\partial \varphi}{\partial y} = -\frac{\partial \psi}{\partial x} \tag{A.1.6}$$

が成り立つ．したがって，電気力線の方程式

$$\frac{dy}{dx} = \frac{E_y}{E_x}$$

は

$$\frac{dy}{dx} = -\frac{\dfrac{\partial\psi}{\partial x}}{\dfrac{\partial\psi}{\partial y}}$$

と書けるが，これは

$$\frac{\partial\psi}{\partial x}\,dx + \frac{\partial\psi}{\partial y}\,dy = 0 \tag{A.1.7}$$

にほかならず

$$\text{力線に沿って：}\quad \psi = \text{一定} \tag{A.1.8}$$

であることを意味する．

（A.1.4）によれば

$$\frac{\partial\varphi}{\partial x}\frac{\partial\psi}{\partial x} + \frac{\partial\varphi}{\partial y}\frac{\partial\psi}{\partial y} = 0$$

が成り立ち，φ の変化する方向と ψ の変化する方向とは直交している．いいかえれば

$$\text{力線と等電位線は直交している} \tag{A.1.9}$$

のである．

また，導体の表面において電場は法線成分 E_n のみをもつが，外向き法線方向への微分を $\partial/\partial n$，それと垂直な方向への微分を $\partial/\partial l$ と書けば

$$\text{導体表面において：}\quad E_n = -\frac{\partial\varphi}{\partial n} = \frac{\partial\psi}{\partial l} = \frac{\sigma}{\varepsilon_0} \tag{A.1.10}$$

が成り立つ．ただし，l の向きは x 軸の向きを n の向きに回転したときの y 軸の向きにとる．σ は導体上の電荷の面密度，ε_0 は真空の誘電率である．

導体表面に限らず，一般に

$$E_x - iE_y = -\frac{\partial\varphi}{\partial x} + i\frac{\partial\varphi}{\partial y} = -\frac{\partial\varphi}{\partial x} + i\frac{\partial\psi}{\partial x} = i\frac{\partial f}{\partial x} = i\frac{df}{dz}$$

であるから

$$|\boldsymbol{E}| = \left|\frac{df}{dz}\right| \tag{A.1.11}$$

が成り立つ．

A.1.2　平行板コンデンサーの電場

最初にいった平行板コンデンサーの電位 $\varphi(x, y)$ を考えるのに，

$$z = x + iy, \qquad f(z) = \psi(x, y) + i\,\varphi(x, y) \tag{A.1.12}$$

とおき

$$\frac{2\pi}{d}(x + iy) = \frac{\pi}{v} f(z) + \exp\left[\frac{\pi}{v} f(z)\right] \tag{A.1.13}$$

とおけば，$f(z)$ は $z = x + iy$ の多価関数になるが，$-v < \varphi(x, y) < v$ に限れば，z と f の対応は 1：1 である．特に

$$\varphi = \pm v \quad \text{に対しては} \quad \begin{cases} y = \pm \dfrac{d}{2} \\ x = \dfrac{d}{2\pi}\left\{\dfrac{\pi}{v}\psi - \exp\left(\dfrac{\pi}{v}\psi\right)\right\} \end{cases} \tag{A.1.14}$$

となり，ψ が $-\infty$ から $+\infty$ まで変わるとき x は $-\infty$ から増加し，$\psi = 0$ で最大値 $-d/2\pi$ をとり，減少に転じて $-\infty$ に至る．これは，$y = \pm d/2$ にある電位 $\varphi = \pm v$ の極板の表裏を表わす．つまり，(A.1.13) の関数 $f(z)$ は，われわれの境界条件 (A.1.2) をみたしている．この $f(z)$ の虚数部分 $\varphi(x, y)$ が，われわれのもとめている電位である．

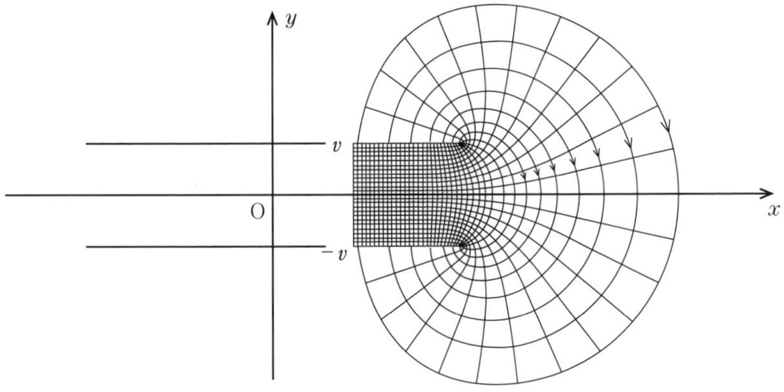

A.1.2 図　平行板コンデンサーの電場．力線と等電位線．

$\psi < 0$ で絶対値が大きいときには（A.1.13）は

$$\frac{2}{d}(x + iy) = \frac{1}{v}\{\psi(x, y) + i\,\varphi(x, y)\} \tag{A.1.15}$$

となる．電気力線 $\psi =$ 一定 は $x =$ 一定 で y 軸に平行な直線群であたえられ，等電位線 $\varphi =$ 一定 は $y =$ 一定（$-d/2 < y < d/2$）で x 軸に平行な直線群であたえられる．

ψ が十分に大きいときには

$$x + iy \;\sim\; \frac{d}{2\pi}\exp\left[\frac{\pi}{v}(\psi + i\varphi)\right] \tag{A.1.16}$$

となり，コンデンサーから外に出て，力線は $r = \sqrt{x^2 + y^2} =$ 一定 の一連の円となり，等電位線 $\varphi =$ 一定 は $y/x =$ 一定 の放射状の半直線群となる（A.1.2 図）．

A.1.3　極板にはたらく力

コンデンサーの電位 $+v$ の極板にはたらく力を計算しよう．しかし，無限に薄い極板の上は場の特異点になるから，さし当り，それを囲む等電位線 $\varphi = \varphi_0$ をとって極板とみなそう．そして，力を計算した後で $\varphi_0 \to v$ の極限をとることにしよう．

電位 $\varphi_0\,(0 < \varphi_0 < v)$ の等電位線の外向き法線ベクトルを $\boldsymbol{n}$ とすれば，その等電位線の長さ dl（と xy 面に垂直な単位長さがつくる長方形）に外向きにはたらく力は，（A.1.10）により

$$\frac{\varepsilon_0}{2}\boldsymbol{E}^2\,dl = \frac{\varepsilon_0}{2}\left(\frac{\partial\varphi}{\partial n}\right)^2 dl \tag{A.1.17}$$

であたえられる．ただし，極板の，コンデンサーの内部にある側で x 軸の正の向きに dl をとる．そうすれば，外向き法線 $\boldsymbol{n}$ と l の向きは x, y 軸を回転した向きに一致する（A.1.3 図）．

この力の x 成分は，$\boldsymbol{n}$ と x 軸のなす角を θ とすれば（A.1.17）の $\cos\theta$ 倍である．極板の x 方向の単位長さにはたらく力をもとめるため，$\varphi = \varphi_0$ の等電位線の全体にわたって積分すれば

$$f_x = \frac{\varepsilon_0}{2}\int_{\varphi=\varphi_0}\left(\frac{\partial\varphi}{\partial n}\right)^2\cos\theta\,dl \tag{A.1.18}$$

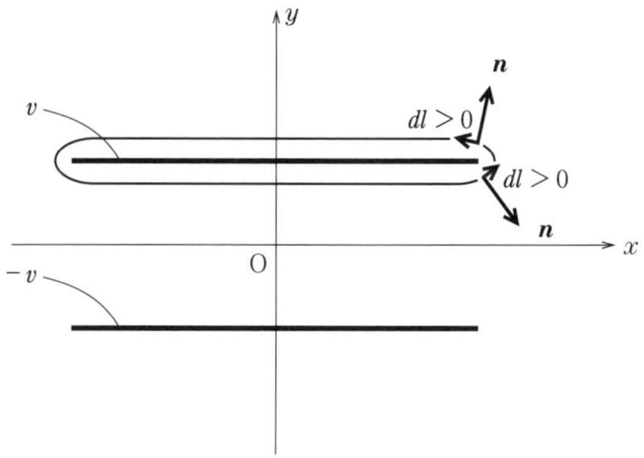

A.1.3 図

となる．等電位線を辿るとき，$\boldsymbol{n}$ と dl の相対的な向きは変えないようにすれば，$\boldsymbol{n}$ と l の向きは x, y 軸を回転した向きに一致する．このとき，(A.1.4) から

$$\frac{\partial\varphi}{\partial n} = -\frac{\partial\psi}{\partial l}$$

が成り立つから

$$f_x = -\frac{\varepsilon_0}{2}\int_{\varphi=\varphi_0}\frac{\partial\varphi}{\partial n}\frac{\partial\psi}{\partial l}\cos\theta\, dl$$

と書くことができる．ところが，(A.1.8) によれば力線に沿って（つまり $\boldsymbol{n}$ 方向には）$\psi =$ 一定 だから ψ は l のみの関数であって，これは

$$f_x = -\frac{\varepsilon_0}{2}\int_{-\infty}^{\infty}\frac{\partial\varphi}{\partial n}\cos\theta\, d\psi$$

となる．(A.1.9) によれば φ は $\boldsymbol{n}$ の方向にしか変化しないから

$$\frac{\partial\varphi}{\partial n}\cos\theta = \frac{\partial\varphi}{\partial x}$$

が成り立つ．よって

$$f_x = -\frac{\varepsilon_0}{2}\int_{-\infty}^{\infty}\frac{\partial\varphi}{\partial x}\, d\psi \qquad \text{(A.1.19)}$$

となる．

(A.1.13) の実数部分，虚数部分を x で偏微分すれば

$$\frac{2v}{d} = \left\{1 + e^{\pi\psi/v}\cos\left(\frac{\pi}{v}\varphi\right)\right\}\frac{\partial\psi}{\partial x} - e^{\pi\psi/v}\sin\left(\frac{\pi}{v}\varphi\right)\frac{\partial\varphi}{\partial x}$$

$$0 = e^{\pi\psi/v}\sin\left(\frac{\pi}{v}\varphi\right)\frac{\partial\psi}{\partial x} + \left\{1 + e^{\pi\psi/v}\cos\left(\frac{\pi}{v}\varphi\right)\right\}\frac{\partial\varphi}{\partial x}$$

となるから，$\partial\psi/\partial x$ を消去して

$$\frac{\partial\varphi}{\partial x} = -\frac{2v}{d}\frac{e^{\pi\psi/v}\sin\left(\frac{\pi}{v}\varphi\right)}{1 + 2e^{\pi\psi/v}\cos\left(\frac{\pi}{v}\varphi\right) + e^{2\pi\psi/v}} \qquad \text{(A.1.20)}$$

を得る．いま，$\varphi = \varphi_0$ である．これを（A.1.19）に入れて積分するのに，積分変数を

$$u = e^{\pi\psi/v}$$

にとれば

$$f_x = \frac{\varepsilon_0 v^2}{\pi d}\sin\left(\frac{\pi}{v}\varphi_0\right)\int_0^\infty \frac{du}{1 + 2u\cos\left(\frac{\pi}{v}\varphi_0\right) + u^2} \qquad \text{(A.1.21)}$$

となり，

$$f_x = \frac{\varepsilon_0 v^2}{\pi d}\left[\tan^{-1}\frac{\cos\left(\frac{\pi}{v}\varphi_0\right) + u}{\sin\left(\frac{\pi}{v}\varphi_0\right)}\right]_0^\infty = \varepsilon_0\frac{v\varphi_0}{d} \qquad \text{(A.1.22)}$$

が得られる．

極板にはたらく力をもとめるため，$\varphi_0 \to v$ の極限をとれば

$$f_x = \frac{\varepsilon_0 v^2}{d} \qquad \text{(A.1.23)}$$

となる．これだけの力が，$y = d/2$ にある極板の長さ a の辺に垂直に，幅 b を引き伸ばす向きに（長さ a の辺の単位長さあたりに）はたらくのである．コンデンサーのエネルギー

$$W = abd\,\frac{\varepsilon_0}{2}\left(\frac{2v}{d}\right)^2 = 2\varepsilon_0\frac{ab}{d}v^2 \qquad \text{(A.1.24)}$$

を用いて書けば，極板の長さ a の辺全体にはたらく力は

$$af_x = \frac{1}{2}\frac{W}{b} \qquad \text{(A.1.25)}$$

となる．もちろん，極板の他端には $-f_x$ の力がはたらくのである．

なお，（A.1.21）において，φ_0 が v に近いとして

$$\frac{\pi\varphi_0}{v} = \pi - \eta \qquad (0 < \eta \ll \pi)$$

とおけば

$$\sin\left(\frac{\pi}{v}\varphi_0\right)\frac{du}{1 + 2u\cos\left(\frac{\pi}{v}\varphi_0\right) + u^2} \sim \frac{\eta\, du}{(u-1)^2 + u\eta^2}$$

となり，積分（A.1.21）への寄与が $u = 1$ の極く近くからのみくることがわかる．力への寄与は極板の端に集中している．これは A.1.2 図からも読みとれる．

A.2　スピノル

本書ではスピノルを扱う機会はない．スピノルは，パウリのスピンの理論（1927 年）やディラックの相対論的な量子力学（1928 年）に波動関数として現れる．それは座標系の変換にともなってベクトルでもなくテンソルでもない，奇妙な変換をする．その波動関数は座標系を角 2π だけ回しても元に戻らない．朝永振一郎は，スピノルに出会ったときの物理学者たちの驚きを語っている．[1)]

スピノルとはどんなものか，簡単に説明しよう．

A.2.1　固有ローレンツ群の表現

行列 A は

$$\det A = 1 \tag{A.2.1}$$

のときユニモジュラー（unimodular）であるという．ユニモジュラーな 2 行 2 列の複素行列の全体を SL(2, **C**) とよぶ．いま，その任意の一つ A をとって

$$\begin{pmatrix} ct' + z' & x' - iy' \\ x' + iy' & ct' - z' \end{pmatrix} = A^\dagger \begin{pmatrix} ct + z & x - iy \\ x + iy & ct - z \end{pmatrix} A \tag{A.2.2}$$

とすれば（$A^\dagger$ は A のエルミート共役），これは $x^\mu \mapsto x^{\nu\prime}$ の実線形変換となるが，（A.2.1）により

$$\det\begin{pmatrix} ct + z & x - iy \\ x + iy & ct - x \end{pmatrix} = (ct)^2 - (x^2 + y^2 + z^2) = g_{\mu\nu}x^\mu x^\nu$$

1)　朝永振一郎 著：『スピンはめぐる』（第 7 話：ベクトルでもテンソルでもない量 ―― スピノル族の発見と物理学者の驚き，みすず書房（2008））

を不変にするから，ローレンツ変換

$$x^{\mu\prime} = \Lambda^{\mu}{}_{\nu} x^{\nu} \tag{A.2.3}$$

であり，さらに

$$\det\,[\Lambda^{\mu}{}_{\nu}] = 1, \qquad \Lambda^{0}{}_{0} > 0 \tag{A.2.4}$$

が証明されるから[2)]，空間反転，時間反転を含まない固有ローレンツ変換である．

その例証ということになるが，A から得られる典型的な $\Lambda^{\mu}{}_{\nu}$ を A - 1 表に示す．

A - 1 表の A とローレンツ変換との対応を確かめるには，(A.2.2) を計算してもよいが，

$$X = \begin{pmatrix} ct + z & x - iy \\ x + iy & ct - z \end{pmatrix} \quad \text{が} \quad X = x^{\mu}\sigma_{\mu} \tag{A.2.5}$$

と書けることに注意するのもよい．ここに

$$\sigma_0 = \begin{pmatrix} 1 & 0 \\ 0 & 1 \end{pmatrix}, \qquad \sigma_1 = \begin{pmatrix} 0 & 1 \\ 1 & 0 \end{pmatrix}, \qquad \sigma_2 = \begin{pmatrix} 0 & -i \\ i & 0 \end{pmatrix}, \qquad \sigma_3 = \begin{pmatrix} 1 & 0 \\ 0 & -1 \end{pmatrix}$$

A - 1 表　A とローレンツ変換 Λ の対応

A	K′ 系は K 系に対し	Λ
$\begin{pmatrix} \cosh(\chi/2) & -\sinh(\chi/2) \\ -\sinh(\chi/2) & \cosh(\chi/2) \end{pmatrix}$	x 軸方向に速度 $\boldsymbol{V}$ で走る．$\tanh\chi = V/c$	(5.2.1)
$\begin{pmatrix} \cosh(\chi/2) & i\sinh(\chi/2) \\ -i\sinh(\chi/2) & \cosh(\chi/2) \end{pmatrix}$	y 軸方向に速度 $\boldsymbol{V}$ で走る．$\tanh\chi = V/c$	
$\begin{pmatrix} e^{-\chi/2} & 0 \\ 0 & e^{\chi/2} \end{pmatrix}$	z 軸方向に速度 $\boldsymbol{V}$ で走る．$\tanh\chi = V/c$	
$\begin{pmatrix} \cos(\alpha/2) & i\sin(\alpha/2) \\ i\sin(\alpha/2) & \cos(\alpha/2) \end{pmatrix}$	x 軸のまわりに角 α だけ回転	(5.2.3)
$\begin{pmatrix} \cos(\beta/2) & \sin(\beta/2) \\ -\sin(\beta/2) & \cos(\beta/2) \end{pmatrix}$	y 軸のまわりに角 β だけ回転	
$\begin{pmatrix} e^{i\gamma/2} & 0 \\ 0 & e^{-i\gamma/2} \end{pmatrix}$	z 軸のまわりに角 γ だけ回転	

x_k 軸まわりの回転の A は回転角で微分して回転角 $= 0$ とおくと $i\sigma_k$ になる．
x_k 軸方向に走る系への変換の A は速さで微分して速さ $= 0$ とおくと $-\sigma_k$ になる．
Λ の欄に示したのは本文にある Λ の表式の番号である．

2)　湯川秀樹・豊田利幸 編：『量子力学 I』（岩波講座・現代物理学の基礎 (1978), §7.2 a）を参照．

であって，上の A とローレンツ変換 $[\Lambda^{\mu}{}_{\nu}]$ との対応において

$$A^{\dagger}\sigma_{\mu}A = \Lambda^{\nu}{}_{\mu}\sigma_{\nu} \tag{A.2.6}$$

の成り立つことが，左辺を一々計算してみるとわかる．これを確めておけば

$$A^{\dagger}x^{\mu}\sigma_{\mu}A = x^{\mu}(\Lambda^{\nu}{}_{\mu}\sigma_{\nu}) = (\Lambda^{\nu}{}_{\mu}x^{\mu})\sigma_{\nu}$$

が（A.2.2）の右辺をあたえる．これを左辺 $x^{\mu\prime}\sigma_{\mu}$ に等しいとおいて $x^{\mu\prime}$ を定義するのだから，（A.2.3）が成り立つ．

$\Lambda^{\mu}{}_{\nu}$ から A への対応は1価ではない．それは，すでにA-1表の複号 $\pm$ からも明らかであるが，また，たとえば $A(\alpha)$ で $\alpha = 2\pi$ とおいてみると，$A(0)$ に戻らず

$$A(2\pi) = -A(0) \tag{A.2.7}$$

となることからもわかる．2つの A, A' に対して，それぞれに対応するローレンツ変換をとれば

$$A'A \quad \text{には} \quad \Lambda^{\mu\prime}{}_{\sigma}\Lambda^{\sigma}{}_{\nu} \quad \text{が対応する} \tag{A.2.8}$$

が，しかし，このとき

$$-A'A \quad \text{にも同じ} \quad \Lambda^{\mu\prime}{}_{\sigma}\Lambda^{\sigma}{}_{\nu} \quad \text{が対応する} \tag{A.2.9}$$

から，この対応関係は普通の群の表現とはちがっている．SL(2, **C**) の A の全体は，このちがいを含んで固有ローレンツ群の表現をあたえる．これを**2価表現**（2-valued representation）であるという．

空間の角 2π の回転によって元に戻らないような量がディラックによって電子の相対論的な方程式のために物理にもちこまれたときには，大きな議論をまきおこした．今日では，そのような量が実際に存在することが実験によって証明されている．[3)]

次の節で見るとおりスピノルからベクトルがつくられるが，その変換は2価性をもたない．

A.2.2 スピノル

固有ローレンツ変換の下で

SL(2, **C**) の行列 A は固有ローレンツ変換をあたえるが，これによって

---

3) 朝永振一郎 著：『スピンはめぐる』（みすず書房）の付録を参照．

$$\begin{pmatrix} \xi_1' \\ \xi_2' \end{pmatrix} = A^\dagger \begin{pmatrix} \xi_1 \\ \xi_2 \end{pmatrix} \tag{A.2.10}$$

のように変換される2次元複素ベクトルをファン・デア・ヴェルデン（van der Waerden）の**共変スピノル**（covariant spinor）とよぶ．これと複素共役（* で表わす）なベクトルは，添字に点をつけて

$$\begin{pmatrix} \xi_{\dot 1} \\ \xi_{\dot 2} \end{pmatrix} = \begin{pmatrix} \xi_1^* \\ \xi_2^* \end{pmatrix}$$

のように書き表わすが，これは

$$\begin{pmatrix} \xi_{\dot 1}' \\ \xi_{\dot 2}' \end{pmatrix} = A^{\dagger *} \begin{pmatrix} \xi_{\dot 1} \\ \xi_{\dot 2} \end{pmatrix} \tag{A.2.11}$$

の変換をする．この $A^{\dagger *}$ もユニモジュラーだから，これもスピノルの変換であることに変わりはない．

このそれぞれに対して

$$\begin{pmatrix} \xi^1 \\ \xi^2 \end{pmatrix} = i\sigma^2 \begin{pmatrix} \xi_1 \\ \xi_2 \end{pmatrix}, \qquad \begin{pmatrix} \xi^{\dot 1} \\ \xi^{\dot 2} \end{pmatrix} = i\sigma^2 \begin{pmatrix} \xi_{\dot 1} \\ \xi_{\dot 2} \end{pmatrix} \tag{A.2.12}$$

を**反変スピノル**（contravariant spinor）という．

$$(\xi_1' \ \ \xi_2') \begin{pmatrix} \eta^{1\prime} \\ \eta^{2\prime} \end{pmatrix} = (\xi_1 \ \ \xi_2) A^* i\sigma^2 A^\dagger (-\, i\sigma^2) \begin{pmatrix} \eta^1 \\ \eta^2 \end{pmatrix}$$

であるが，計算してみると，A のユニモジュラー性により

$$A^* \sigma^2 A^\dagger = \sigma^2 \tag{A.2.13}$$

となるので，共変，反変のよび名にふさわしく

$$\xi_1 \eta^1 + \xi_2 \eta^2 = \text{不変} \tag{A.2.14}$$

となることがわかる．

A－1表に示した座標系の回転の変換では A はユニタリーである．このとき，(A.2.13) は

$$A^* \sigma^2 = \sigma^2 A, \qquad \sigma^2 A^{\dagger *} = A^\dagger \sigma^2 \tag{A.2.15}$$

とも書ける．点つき反変スピノルは

$$\begin{pmatrix} \xi^{\dot 1 \prime} \\ \xi^{\dot 2 \prime} \end{pmatrix} = B^\dagger \begin{pmatrix} \xi^{\dot 1} \\ \xi^{\dot 2} \end{pmatrix}, \qquad B^\dagger = (i\sigma^2) A^{\dagger *} (-\, i\sigma^2) \tag{A.2.16}$$

と変換するが，(A.2.15) が成り立つときには $B^\dagger = A^\dagger$ となり，共変スピノルの変換 (A.2.10) と同じになるのである．動く座標系への変換では，たとえば，z 軸方向に動く系への変換の場合，$B^\dagger$ は A-1 表から

$$(i\sigma^2)A(V)^{\dagger *}(-i\sigma^2) = \begin{pmatrix} 0 & 1 \\ -1 & 0 \end{pmatrix}\begin{pmatrix} e^{-\chi/2} & 0 \\ 0 & e^{\chi/2} \end{pmatrix}\begin{pmatrix} 0 & -1 \\ 1 & 0 \end{pmatrix} = A(-V)$$

となる．$A(-V) = A(-V)^\dagger$ でもあるから，まとめて

$$B^\dagger = \begin{cases} A^\dagger & (\text{座標系の回転の場合}) \\ A(-V)^\dagger & (\text{動く座標系への変換の場合}) \end{cases} \tag{A.2.17}$$

となる．

ベクトルの平方根

いま，共変スピノルと，その添字に点をつけたものをとると，これらは都合 4 個の実数成分をもつから，x^μ があたえられたとき

$$\begin{pmatrix} x^0 + x^3 & x^1 - ix^2 \\ x^1 + ix^2 & x^0 - x^3 \end{pmatrix} = x^\mu\sigma_\mu = \begin{pmatrix} \xi_1 \\ \xi_2 \end{pmatrix}(\xi_{\dot{1}}, \xi_{\dot{2}}) \tag{A.2.18}$$

とおくことができる (x^μ は確かに実数になる)．右辺の変換は (A.2.10), (A.2.11) により

$$A^\dagger\begin{pmatrix} \xi_1 \\ \xi_2 \end{pmatrix}(\xi_{\dot{1}} \ \ \xi_{\dot{2}})A$$

であり，左辺は，(A.2.6) に従って

$$A^\dagger x^\mu\sigma_\mu A = x^\mu\Lambda^\nu{}_\mu\sigma_\nu$$

と変換される．スピノルの変換 A が，対応するローレンツ変換を 4 元ベクトルに引きおこした．すなわち

$$x^{\mu\prime}\sigma_\mu = A^\dagger x^\mu\sigma_\mu A \quad \text{から} \quad x^{\mu\prime} = \Lambda^\mu{}_\nu x^\nu \tag{A.2.19}$$

が得られる．

(A.2.18) はスピノルを 2 乗してベクトルをつくる仕方をあたえている．逆にいえば，4 元ベクトルの平方根がスピノルである．

空間反転と時間反転

ここまでは，スピノルの変換は固有ローレンツ変換 (A.2.4) に限られていた．反転をとり入れるために，(A.2.18) の複素共役をとり，左から $i\sigma_2$，右から $(i\sigma_2)^\dagger$

をかける．左辺は直接に計算し，右辺には（A.2.12）を用いて

$$\begin{pmatrix} x^0 - x^3 & -x^1 + ix^2 \\ -x^1 - ix^2 & x^0 + x^3 \end{pmatrix} = \begin{pmatrix} \xi^{\dot{1}} \\ \xi^{\dot{2}} \end{pmatrix} (\xi^1 \quad \xi^2) \qquad \text{(A.2.20)}$$

を得る．これを（A.2.18）と比べると，空間反転 $x^k \to -x^k$ が

$$\xi_a \rightleftharpoons \xi^{\dot{a}}, \qquad \xi_{\dot{a}} \rightleftharpoons \xi^a \qquad \text{(A.2.21)}$$

という入れ換えによって表現されていることがわかる．そこで，4 成分スピノルを導入して（A.2.18）と（A.2.20）を合わせて

$$\begin{pmatrix} 0 & X \\ \widetilde{X} & 0 \end{pmatrix} = x^\mu \gamma_\mu \qquad \text{(A.2.22)}$$

と書くことができる．ここに

$$X = \begin{pmatrix} \xi_1 \\ \xi_2 \end{pmatrix} (\xi_1 \quad \xi_2), \qquad \widetilde{X} = \begin{pmatrix} \xi^{\dot{1}} \\ \xi^{\dot{2}} \end{pmatrix} (\xi^{\dot{1}} \quad \xi^{\dot{2}})$$

および

$$\gamma_0 = \begin{pmatrix} 0 & \sigma_0 \\ \sigma_0 & 0 \end{pmatrix}, \qquad \gamma_k = \begin{pmatrix} 0 & \sigma_k \\ -\sigma_k & 0 \end{pmatrix}$$

である．

（A.2.22）に変換（A.2.10），（A.2.16）を施そう．すると

$$S^\dagger = \begin{pmatrix} 0 & A^\dagger \\ B^\dagger & 0 \end{pmatrix}, \qquad S = \begin{pmatrix} 0 & B \\ A & 0 \end{pmatrix}$$

を用いて

$$S^\dagger \gamma_0 S = \begin{pmatrix} 0 & A^\dagger \sigma_0 A \\ B^\dagger \sigma_0 B & 0 \end{pmatrix}, \qquad S^\dagger \gamma_k S = \begin{pmatrix} 0 & A^\dagger \sigma_k A \\ -B^\dagger \sigma_k B & 0 \end{pmatrix}$$

となるが，これから（A.2.17），（A.2.19）により

$$x^{\mu\prime} \gamma_\mu = S^\dagger x^\mu \gamma_\mu S = \Lambda^\mu{}_\nu x^\nu \gamma_\mu \qquad \text{(A.2.23)}$$

が得られる．これがスピノルの変換と x^μ のローレンツ変換を結ぶ関係である．このうち，B の変換は，たとえば x 軸方向に速度 $\boldsymbol{V}$ で運動する座標系への変換

$$\begin{aligned} x^{0\prime} &= \gamma\left(x^0 - \frac{V}{c}x^1\right), & x^{1\prime} &= \gamma\left(x^1 - \frac{V}{c}x^0\right), \\ x^{2\prime} &= x^2, & x^{3\prime} &= x^3 \end{aligned} \qquad \text{(A.2.24)}$$

なら

$$x^{0\prime}=\gamma\left(-x^0-\frac{-V}{c}(-x^1)\right),\qquad -x^{1\prime}=\gamma\left(-x^1-\frac{-V}{c}x^0\right),$$
$$-x^{2\prime}=-x^2,\qquad -x^{3\prime}=-x^3$$

として (A.2.24) と同じ変換を表わしている．A‐1表の他の変換でも同様である．

そこで，時間・空間の反転を次のように定義する．

$$\text{空間反転：}\quad S=\begin{pmatrix}0 & \sigma_0\\ \sigma_0 & 0\end{pmatrix}\tag{A.2.25}$$

これは (A.2.21) と同じことで，実際

$$S^\dagger\gamma_k S=\begin{pmatrix}0 & \sigma_0\\ \sigma_0 & 0\end{pmatrix}\begin{pmatrix}0 & \sigma_k\\ -\sigma_k & 0\end{pmatrix}\begin{pmatrix}0 & \sigma_0\\ \sigma_0 & 0\end{pmatrix}=\begin{pmatrix}0 & -\sigma_k\\ \sigma_k & 0\end{pmatrix}=-\gamma_k$$

および

$$S^\dagger\gamma_0 S=\begin{pmatrix}0 & \sigma_0\\ \sigma_0 & 0\end{pmatrix}\begin{pmatrix}0 & \sigma_0\\ \sigma_0 & 0\end{pmatrix}\begin{pmatrix}0 & \sigma_0\\ \sigma_0 & 0\end{pmatrix}=\begin{pmatrix}0 & \sigma_0\\ \sigma_0 & 0\end{pmatrix}=\gamma_0$$

となる．また

$$\text{時空の反転：}\quad S=\begin{pmatrix}\sigma_0 & 0\\ 0 & -\sigma_0\end{pmatrix}\tag{A.2.26}$$

実際，

$$S^\dagger\gamma_k S=\begin{pmatrix}\sigma_0 & 0\\ 0 & -\sigma_0\end{pmatrix}\begin{pmatrix}0 & -\sigma_k\\ \sigma_k & 0\end{pmatrix}\begin{pmatrix}\sigma_0 & 0\\ 0 & -\sigma_0\end{pmatrix}=\begin{pmatrix}0 & \sigma_k\\ -\sigma_k & 0\end{pmatrix}=-\gamma_k$$

および

$$S^\dagger\gamma_0 S=\begin{pmatrix}\sigma_0 & 0\\ 0 & -\sigma_0\end{pmatrix}\begin{pmatrix}0 & \sigma_0\\ \sigma_0 & 0\end{pmatrix}\begin{pmatrix}\sigma_0 & 0\\ 0 & -\sigma_0\end{pmatrix}=\begin{pmatrix}0 & -\sigma_0\\ -\sigma_0 & 0\end{pmatrix}=-\gamma_0$$

となる．

時間反転は，上の2つの反転の積である．

章末問題解答

第 1 章

［**1**］（P.1.1）を（1.2.7）に代入して

$$\left(k_y^2 + k_z^2 - \frac{\omega^2}{c^2}\right) f'' = 0 \qquad \text{(S.1.1)}$$

よって

$$\omega = \pm\, ck \qquad \left(k = \sqrt{k_y^2 + k_z^2}\right) \qquad \text{(S.1.2)}$$

これさえ成り立っていれば，f は任意の関数でよい．以下では $\omega = ck$ をとって考えよう．

この(P.1.1)は，x 軸方向を向いたベクトルで，$\boldsymbol{k} = (0, k_y, k_z)$ の方向に速さ $\omega/k = c$ で伝わる波を表わす．それは，ベクトル $\boldsymbol{r} = (0, y, z)$ を $\boldsymbol{k} = (0, k_y, k_z)$ に平行な成分 $\boldsymbol{r}_{/\!/}$ と垂直な成分 $\boldsymbol{r}_\perp$ に分けると $k_y y + k_z z = k\cdot r_{/\!/}$ となり，関数 f の引数が

$$k_y y + k_z z - \omega t = k\cdot r_{/\!/} - \omega t \qquad \text{(S.1.3)}$$

となることからわかる．$f(k_y y + k_z z - \omega t)$ は $\boldsymbol{r}_\perp$ によらず，これを変えても値が変わらない．つまり，$\boldsymbol{k}$ に垂直な方向には一定であって，これが波面である．$k\cdot r_{/\!/} - \omega t =$ 一定 の波面は時間が $\varDelta t$ たつと $\varDelta r_{/\!/}$ 進むとすれば

$$k\cdot r_{/\!/} - \omega t = k\,(r_{/\!/} + \varDelta r_{/\!/}) - \omega\,(t + \varDelta t)$$

から $k\,\varDelta r_{/\!/} - \omega\,\varDelta t = 0$ となるので，速さ

$$\frac{\varDelta r_{/\!/}}{\varDelta t} = \frac{\omega}{k} = c \qquad \text{(S.1.4)}$$

で進むことがわかる．

磁場 $\boldsymbol{B} = \big(f\,(k_y y + k_z z - \omega t), 0, 0\big)$ に対応する電場ベクトルは（1.2.1）の $\mathrm{rot}\,\boldsymbol{B} = \mu_0\varepsilon_0\partial\boldsymbol{E}/\partial t$ から

$$\frac{\partial E_x}{\partial t} = 0$$

$$\frac{\partial E_y}{\partial t} = c^2 k_z f' = -\,c^2\frac{k_z}{\omega}\frac{\partial f}{\partial t}$$

$$\frac{\partial E_z}{\partial t} = -\,c^2 k_y f' = c^2\frac{k_y}{\omega}\frac{\partial f}{\partial t}$$

をみたす．電場の時間によらない部分は 0 とするから

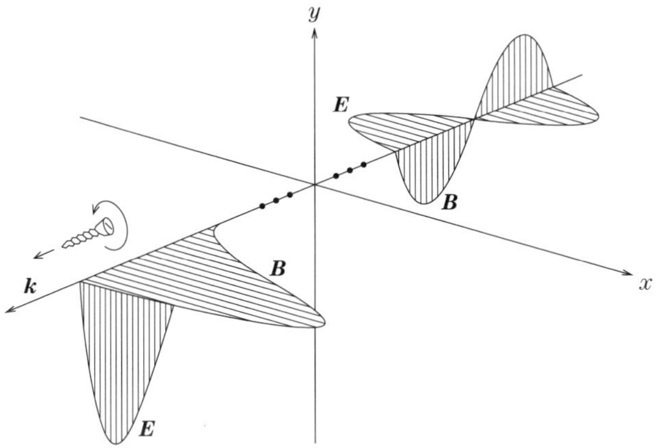

S.1.1図　電磁波の電場 $\boldsymbol{E}$ と磁束密度の場 $\boldsymbol{B}$

$$
\begin{aligned}
E_x &= 0 \\
E_y &= -c\frac{k_z}{k}f(k_y y + k_z z - \omega t) \\
E_z &= c\frac{k_y}{k}f(k_y y + k_z z - \omega t)
\end{aligned}
\tag{S.1.5}
$$

が得られる．これは $\boldsymbol{B}$ と $\boldsymbol{k}$ に垂直で，$\boldsymbol{E} \times \boldsymbol{B}$ が

$$
\begin{aligned}
(\boldsymbol{E} \times \boldsymbol{B})_x &= 0 \\
(\boldsymbol{E} \times \boldsymbol{B})_y &= c\frac{k_y}{k}f^2(k_y y + k_z z - \omega t) \\
(\boldsymbol{E} \times \boldsymbol{B})_z &= c\frac{k_z}{k}f^2(k_y y + k_z z - \omega t)
\end{aligned}
\tag{S.1.6}
$$

となり，$\boldsymbol{k}$ に平行である．いいかえれば，光の電場ベクトルと磁場ベクトルとは波の進行方向に垂直になっており（横波！），かつ互いに垂直である．電場ベクトルを磁場ベクトルの方にまわす向きにまわした右ネジは $\boldsymbol{k}$ の向きを向く（S.1.1図）．

［2］
$$
\begin{aligned}
\operatorname{div}\boldsymbol{E} &= \boldsymbol{k}\cdot\boldsymbol{E}_0 f'(\boldsymbol{k}\cdot\boldsymbol{r} - \omega t) \\
\operatorname{rot}\boldsymbol{E} &= [\boldsymbol{k}\times\boldsymbol{E}_0] f'(\boldsymbol{k}\cdot\boldsymbol{r} - \omega t)
\end{aligned}
$$

等となるから，マクスウェル方程式は

$$
\begin{aligned}
\boldsymbol{k}\cdot\boldsymbol{E}_0 = 0, &\qquad \boldsymbol{k}\cdot\boldsymbol{B}_0 = 0 \\
\boldsymbol{k}\times\boldsymbol{E}_0 = \omega\boldsymbol{B}_0, &\qquad \boldsymbol{k}\times\boldsymbol{B}_0 = -\varepsilon_0\mu_0\omega\boldsymbol{E}_0
\end{aligned}
\tag{S.1.7}
$$

をあたえる．

この式の第1行は $\boldsymbol{k}$ と $\boldsymbol{E}_0$, $\boldsymbol{B}_0$ が互いに垂直であることを示す．第2行は，$\boldsymbol{k}$, $\boldsymbol{E}_0$, $\boldsymbol{B}_0$ が互いに垂直であることを示し，さらに $\boldsymbol{E}_0 \times [\boldsymbol{k} \times \boldsymbol{E}_0] = E_0^2\boldsymbol{k}$ が $\omega\boldsymbol{E}_0 \times \boldsymbol{B}_0$ に等しいことから，$\boldsymbol{E}_0 \times \boldsymbol{B}_0$ が $\boldsymbol{k}$ と同じ向きに平行なことがわかる．第2行からは，さらにベクトルの大きさに対して

$$kE_0 = \omega B_0, \qquad kB_0 = \varepsilon_0\mu_0\omega E_0$$

が出るから，辺々掛け算して

$$k^2 = \frac{\omega^2}{c^2} \tag{S.1.8}$$

がわかる．したがって，$E_0 = cB_0$ が成り立つ．

［**3**］ 観測面に右向きに x 軸を，それに垂直に上向きに y 軸をとる．y 軸と鏡 $\mathrm{B_1}$ からの光の進行方向のなす角（入射角）を θ とし，鏡 $\mathrm{C_1}$ からの光も同じ角をなすとする．

遅れがない場合，鏡 $\mathrm{B_1}$，鏡 $\mathrm{C_1}$ からくる光の“山”の波面のそれぞれ一つが $t = 0$ に原点を通ったとすれば，それらの波面は

$$y_\mathrm{B} = x\tan\theta, \qquad y_\mathrm{C} = -\,x\tan\theta$$

で表わされる．それらの波面は時刻 t には

$$y_\mathrm{B} = x\tan\theta - \frac{ct}{\cos\theta}, \qquad y_\mathrm{C} = -\,x\tan\theta - \frac{ct}{\cos\theta}$$

にきている．“山”の波面は光の波長 λ に等しい間隔でならんでいるから，それらすべては

$$y_\mathrm{B} = x\tan\theta - \frac{ct + n\lambda}{\cos\theta}, \qquad y_\mathrm{C} = -\,x\tan\theta - \frac{ct + m\lambda}{\cos\theta}$$

$$(n, m = \cdots, -1, 0, 1, \cdots)$$

で表わされる．観測面 $y = 0$ における山の位置は，それぞれ

$$x_\mathrm{B} = \frac{ct + n\lambda}{\sin\theta}, \qquad x_\mathrm{C} = -\frac{ct + m\lambda}{\sin\theta} \tag{S.1.9}$$

であるから，山が重なって強め合いの干渉がおこるのは $x_\mathrm{E} = x_\mathrm{N}$ から

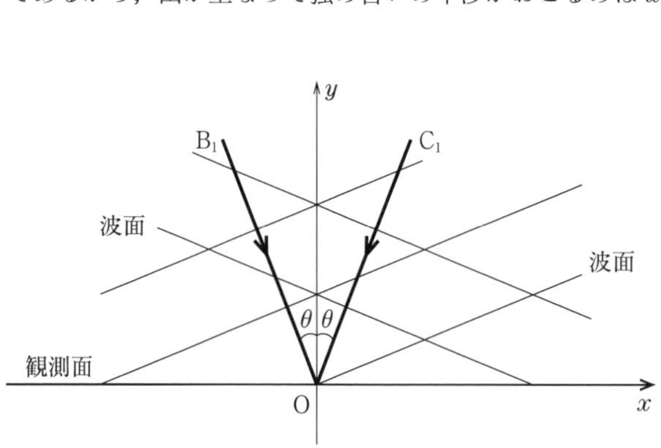

S.1.2図 時間の遅れ $\delta = 0$ の場合

$$t = -\frac{(n+m)\lambda}{2c}$$

のときで，

$$x_q = \frac{q\lambda}{2\sin\theta} \qquad (q \equiv n - m) \tag{S.1.10}$$

においてである．

もし，鏡 $\mathrm{M_E}$ からの光が時間 δ だけ遅れると（S.1.9）は

$$x_{\mathrm{B}} = \frac{c\,(t-\delta) + n\lambda}{\sin\theta}, \qquad x_{\mathrm{C}} = -\frac{ct + m\lambda}{\sin\theta} \tag{S.1.11}$$

に変わるから，山が重なる時刻は

$$t = \frac{-(n+m)\lambda + c\delta}{2c}$$

となり，重なる位置は

$$x'_q = \frac{q\lambda - c\delta}{2\sin\theta} \tag{S.1.12}$$

になる．したがって，ズレは

$$x'_q - x_q = -\frac{c\delta}{2\sin\theta} \tag{S.1.13}$$

である．本文にあるように装置を 90° まわしたときとの差は $-c\delta/\sin\theta$ となる．これは θ を小さくすれば絶対値において大きくなる．

[**4**]　楕円軌道の囲む面積は $S = \pi a^2\sqrt{1-\varepsilon^2}$ であるから，地球の面積速度は

$$h = \frac{S}{T} = \frac{\pi a^2\sqrt{1-\varepsilon^2}}{T}$$

である．これを用いて，近日点，遠日点における地球の速さは

$$v_{\max} = \frac{2h}{a\,(1-\varepsilon)}, \qquad v_{\min} = \frac{2h}{a\,(1+\varepsilon)}$$

となる．よって，年周視差の最大値は，$\sin\theta \fallingdotseq \theta$ の近似で

$$\Theta_{\max} = \frac{v_{\max}}{c} + \frac{v_{\min}}{c} = \frac{4\pi a}{cT\sqrt{1-\varepsilon^2}}$$

すなわち，地球の軌道を円とした場合に比べ $1/\sqrt{1-\varepsilon^2}$ 倍になる：

$$\Theta_{\max} = \frac{4\pi \times (1.49598 \times 10^{11}\,\mathrm{m})}{(2.99792 \times 10^{8}\,\mathrm{m/s}) \times (365.257 \times 24 \times 60 \times 60\,\mathrm{s})\sqrt{1-(0.0167)^2}}$$

$$= \frac{1.98618 \times 10^{-4}\,\mathrm{rad}}{\sqrt{1-(0.0167)^2}} = 1.9865 \times 10^{-4}\,\mathrm{rad} = 40''.99.$$

[**5**]　1 光年 (1 ly) は 9.465×10^{15} m であり，地球の公転軌道の半径は

$$R = 1.4960 \times 10^{11}\,\mathrm{m} = 1.5805 \times 10^{-5}\,\mathrm{ly}$$

であるから，白鳥座 61 番星までの距離は

$$L = \frac{1}{0.293} \cdot \frac{360 \times 60 \times 60}{2\pi} \cdot 1.5805 \times 10^{-5}\,\mathrm{ly} = 11.13\,\mathrm{ly}$$

となる．ケンタウルス座 α の伴星までは

$$L = \frac{1}{0.765}\cdot\frac{360\times60\times60}{2\pi}\cdot1.5824\times10^{-4}\,\mathrm{ly} = 4.26\,\mathrm{ly}.$$

『理科年表』(2008，丸善）によれば，距離は，それぞれ 11.4 ly，4.4 ly (p. 112) となっている．

［**6**］（a） $\omega = \left(1+\dfrac{V}{c}\right)\omega_0$,　（b） $\omega = \dfrac{c}{c-V}\,\omega_0$

［**7**］ 入射光の波面が鏡の下端に到達した時刻を $t=0$ とし，下端の位置を原点 O として入射光の波面に平行に y 軸を，それに垂直に入射光に向かって x 軸をとる（S.1.3 図）．

鏡の上端 A に光が到達する時刻は，xy 平面内での鏡の幅 OA を a とすれば

$$t_1 = \frac{a\sin\alpha}{c-V}$$

で，光が到達したとき A が位置 B まできていたとすれば，その x, y 座標は

$$x_1 = -\,a\sin\alpha\cdot\frac{c}{c-V},\qquad y_1 = a\cos\alpha$$

である（$x_1 = -\,ct_1$ になっている）．鏡の下端に到達した光は 2 次波を発生し，その波面は時刻 t_1 には O を中心とする半径 ct_1 の球面 S

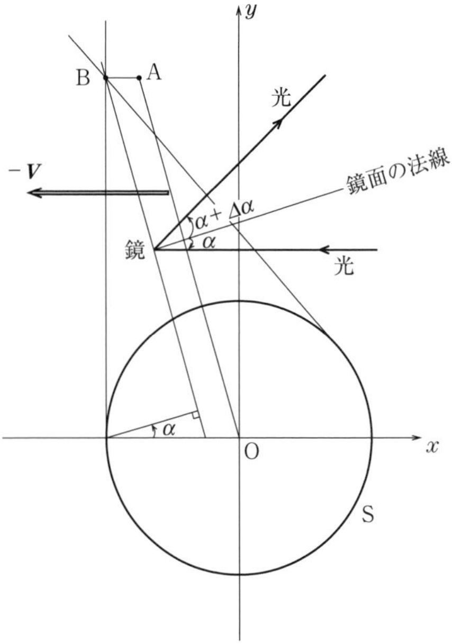

S.1.3 図　走る鏡による反射．鏡 OA は法線を x 軸と角 α を成す向きに向け，速度 $-\,\boldsymbol{V}$ で x 軸の負の向きに走っている．光は x 軸と平行に入射する．

$$x^2 + y^2 = (ct_1)^2 \tag{S.1.14}$$

になっている．鏡で反射した光の波面はBからSに引いた接線である．その接線の方程式を

$$y - y_1 = m(x - x_1) \tag{S.1.15}$$

とすれば，その勾配 m は連立方程式（S.1.14），（S.1.15）が等根をもつという条件できまる．（S.1.14），（S.1.15）から y を消去して

$$(m^2 + 1)x^2 - 2m(mx_1 - y_1)x + (mx_1 - y_1)^2 - (ct_1)^2 = 0.$$

この2次方程式の判別式を0とおいて

$$\{(ct_1)^2 - x_1^2\}m^2 + 2x_1y_1m + (ct_1)^2 - y_1^2 = 0.$$

ところが，先に注意したとおり $x_1 = -ct_1$ になっているから

$$m = \frac{y_1^2 - x_1^2}{2x_1y_1} = \frac{\cos^2\alpha - \left(\dfrac{c}{c - V}\right)^2 \sin^2\alpha}{-2\sin\alpha\cos\alpha\dfrac{c}{c - V}}$$

となる．したがって，$O(V/c)$ までとる近似では

$$m = -\cot 2\alpha\left(1 - \frac{V}{c}\frac{1}{\cos 2\alpha}\right)$$

となる．これが反射波の波面の勾配だから，反射光線の進行方向の勾配を $\alpha + \varDelta\alpha$ とすれば

$$\tan(2\alpha + \varDelta\alpha) = -\frac{1}{m} = \tan 2\alpha\left(1 + \frac{V}{c}\frac{1}{\cos 2\alpha}\right)$$

したがって

$$\varDelta\alpha = \frac{V}{c}\sin 2\alpha$$

となる．

第 2 章

［**1**］（a） 台車の長さを台車が走っている系で L とする．光が台車の一端 $x_0 = 0$ を出て他端Bまで行く時間を t_1 とすれば，$L + Vt = ct$ から $t_1 = L/(c - V)$，そのときBの位置は $x_1 = L + VL/(c - V) = cL/(c - V)$ である．

（b） 台車の静止系K′にローレンツ変換すると，

$$x_1' = \gamma\left(\frac{cL}{c - V} - V\frac{L}{c - V}\right) = \gamma L, \quad t_1' = \gamma\left(\frac{L}{c - V} - \frac{V}{c^2}\frac{cL}{c - V}\right) = \gamma\frac{L}{c}.$$

発光器が光を出したのは $x_0' = 0$, $t_0' = 0$ だから，K′系で観測される光の速さは $x_1'/t_1' = c$ である．

［**2**］ 静止している水中で，光が $t_0 = 0$ に原点 $x_0 = 0$ を出て $x_1 = L$ の点に達す

る時刻は $t_1 = nL/c$ である．これらを，水が速度 V で流れる系 K′ にローレンツ変換すると

$$x_0' = 0, \qquad t_0' = 0, \qquad x_1' = \gamma\left(L + \frac{VnL}{c}\right), \qquad t_1' = \gamma\left(\frac{nL}{c} + \frac{V}{c^2}L\right)$$

となるから，K′ 系で測定される光の速さは

$$c' = \frac{x_1'}{t_1'} = \frac{1 + \dfrac{nV}{c}}{\dfrac{n}{c} + \dfrac{V}{c^2}} = \frac{c}{n}\left(1 + \frac{nV}{c}\right)\left(1 - \frac{V}{c}\frac{1}{n}\right)$$
$$= \frac{c}{n} + \left(1 - \frac{1}{n^2}\right)V + O\left(\frac{V^2}{c^2}\right)$$

である．

この結果は，物質中のエーテルは一部分が物質が動くと引きずられて動くという考えから提出され（1818 年），ローレンツが電子論によって導き，ゼーマン（P.　Zeeman）などが実証した（1915 年）．係数 $(1 - 1/n^2)$ はフレネル（A. J. Fresnel）の**引きずり係数**（dragging coefficient）とよばれる．

［**3**］ 鏡の静止系 K′ では反射の法則が成り立つ．鏡が速度 $-\boldsymbol{V}$ で走っている系 K では，$t = 0$ のときには原点 O に一致していたとすれば，時刻 t に鏡の下端 A は $x_1 = -Vt,\ y_1 = 0$ にあり，上端 B は $x_2 = -Vt - a\sin\alpha,\ y_2 = a\cos\alpha$ にある．ここに $\overline{\mathrm{AB}} = a$ とした．K′ 系では，A, B の座標は

$$x_1' = \gamma\{(-Vt) + Vt\} = 0, \qquad y_1' = 0$$
$$x_2' = \gamma\{-Vt - a\sin\alpha + Vt\} = -\gamma a\sin\alpha, \qquad y_2' = a\cos\alpha$$

となる．したがって，K′ 系における鏡の法線が x' 軸となす角は

$$\tan\alpha' = \frac{-x_2'}{y_2'} = \gamma\tan\alpha$$

からきまる．光の入射角も K′ 系では α' である．

K′ 系で $\boldsymbol{k}_0' = (-k', 0)$ であった入射光の波数ベクトルは，反射されると

$$\boldsymbol{k}_1' = (k'\cos 2\alpha', k'\sin 2\alpha')$$

となる．これを K 系で見ると，波数ベクトルのローレンツ変換（2.3.19）により

$$\boldsymbol{k}_1 = \left(\gamma\left\{k'\cos 2\alpha' - \frac{V}{c}k'\right\}, k'\sin 2\alpha'\right)$$

に見える．したがって，反射角 β は

$$\tan(\alpha + \beta) = \frac{k_{1y}}{k_{1x}} = \frac{1}{\gamma}\frac{\sin 2\alpha'}{\cos 2\alpha' - \dfrac{V}{c}}$$

である．$O(V/c)$ までの近似では

$$\tan(\alpha + \beta) = \tan 2\alpha' + \frac{V}{c}\frac{\sin 2\alpha'}{\cos^2 2\alpha'}$$

となるから，$\beta = \alpha + \varDelta\alpha$ とおけば，$O(V/c)$ までの近似では $\alpha' = \alpha$ とみてよいから，

$$\varDelta\alpha = \frac{V}{c}\sin 2\alpha$$

となる．これは第1章の章末問題［7］の答に一致する．

［**4**］（a） x' 軸 $ct = (V/c)x$ と双曲線 $x^2 - (ct)^2 = n^2$ の交点 P_n の x 座標は

$$x^2 - \left(\frac{V}{c}\right)^2 x^2 = n^2 \quad \text{から} \quad x_n = \pm\, n\Bigg/\sqrt{1 - \left(\frac{V}{c}\right)^2}$$

であり，その ct 座標は $ct_n = (V/c)x_n$ であるから，

$$\overline{\mathrm{OP}_n} = \pm\sqrt{1 + \left(\frac{V}{c}\right)^2}\,x_n = \pm\sqrt{\frac{1 + \left(\frac{V}{c}\right)^2}{1 - \left(\frac{V}{c}\right)^2}}\,n.$$

よって，x' 軸の目盛は等間隔である．ct' 軸の目盛も同様．

（b） O-$x\,ct$ 系に固着した長さ L の棒の両端の世界線は，一端をOにおけば $x = 0$, $x = L$ である．（2-9図を参照．この図では $L = 1\,\mathrm{m}$ としている．）それと x' 軸の交点は $x = L$，$ct = (V/c)L$ の B' である．OB' の長さは $\overline{\mathrm{OB}'} = \sqrt{1 + (V/c)^2}\,L$ となる．これを1目盛の長さ $\sqrt{1 + (V/c)^2}/\sqrt{1 - (V/c)^2}$ で割れば

$$\frac{\overline{\mathrm{OB}'}}{\sqrt{1 + \left(\frac{V}{c}\right)^2}\Bigg/\sqrt{1 - \left(\frac{V}{c}\right)^2}} = L\sqrt{1 - \left(\frac{V}{c}\right)^2}$$

となり，確かにローレンツ収縮している．

［**5**］ O-$x\,ct$ 系で速さ V で走る棒の世界線は，その系で見た棒の長さを L_0 とすれば OA_1：$ct = (c/V)x$ と BB_1：$ct = (c/V)(x - L_0)$ である．BB_1 と x' 軸との交点 $\mathrm{B}_*(ct_*, x_*)$ は

$$ct_* = \frac{c}{V}(x_* - L_0) \quad \text{と} \quad ct_* = \frac{V}{c}x_*$$

から

$$x_* = \frac{L_0}{1 - \left(\frac{V}{c}\right)^2}, \qquad ct_* = \frac{L_0}{1 - \left(\frac{V}{c}\right)^2}\frac{V}{c}$$

よって

$$\overline{\mathrm{OB}_*} = \frac{\sqrt{1 + \left(\frac{V}{c}\right)^2}}{1 - \left(\frac{V}{c}\right)^2}\,L_0$$

x' 軸の目盛は前問の解で見たとおり $\sqrt{1 + (V/c)^2}/\sqrt{1 - (V/c)^2}$ を単位につけられているから，$\overline{\mathrm{OB}_*}$ は O-$x'\,ct'$ 系では

$$\text{長さ：}\quad L=\frac{\overline{\mathrm{OB}_*}}{\sqrt{1+\left(\dfrac{V}{c}\right)^2}\Big/\sqrt{1-\left(\dfrac{V}{c}\right)^2}}$$

に見える．よって

$$L_0=L\sqrt{1-\left(\frac{V}{c}\right)^2}.$$

［**6**］ 点Pの ct' 座標をもとめる．点Pを通り x' 軸に平行な直線 $c(t-t_1)=(V/c)(x-x_1)$ が ct' 軸 $ct=(c/V)x$ と交わる点Aの O-x ct 座標は

$$ct=\frac{ct_1-\dfrac{V}{c}x_1}{1-\left(\dfrac{V}{c}\right)^2},\qquad x=ct\cdot\frac{V}{c}$$

である．したがって，

$$\overline{\mathrm{OA}}=\frac{\sqrt{1+\left(\dfrac{V}{c}\right)^2}}{1-\left(\dfrac{V}{c}\right)^2}\left(ct_1-\frac{V}{c}x_1\right)$$

となる．ct' 軸には $\sqrt{1+(V/c)^2}/\sqrt{1-(V/c)^2}$ を単位に目盛がついているから，点Aの ct' 座標は，点Pの ct' 座標でもあるが

$$ct'=\frac{\overline{\mathrm{OA}}}{\sqrt{1+\left(\dfrac{V}{c}\right)^2}\Big/\sqrt{1-\left(\dfrac{V}{c}\right)^2}}$$

$$=\frac{ct_1-\dfrac{V}{c}x_1}{\sqrt{1-\left(\dfrac{V}{c}\right)^2}}$$

同様にして，点Pの x' 座標は

$$x'=\frac{x_1-Vt_1}{\sqrt{1-\left(\dfrac{V}{c}\right)^2}}$$

である．これは，いうまでもなく $(t_1,x_1)\mapsto(t',x')$ のローレンツ変換である．

［**7**］ S.2.1図を見よ．直角座標系 O-x ct で調和振動 OP を描く．点Pの x' 座標 x'_* は，点Pから ct' 軸に平行に引いた直線と x' 軸との交点からもとまる．* をつけたのは，x' 軸の目盛の単位が x 軸と $\sqrt{1+(V/c)^2}/\sqrt{1-(V/c)^2}$ 倍だけ違うからである．点Pの ct' 座標 ct'_* も同様にしてもとまる．

改めて O-x' ct' 系を直角座標系として，座標 (x'_*,ct'_*) をもつ点 P'_* を描く．これを運動OPの各点に対して行ない，それらをつないだグラフを $(\sqrt{1+(V/c)^2}/\sqrt{1-(V/c)^2})^{-1}$ 倍すれば，それが動く座標系 O-x' ct' で見たときの調和振動である．

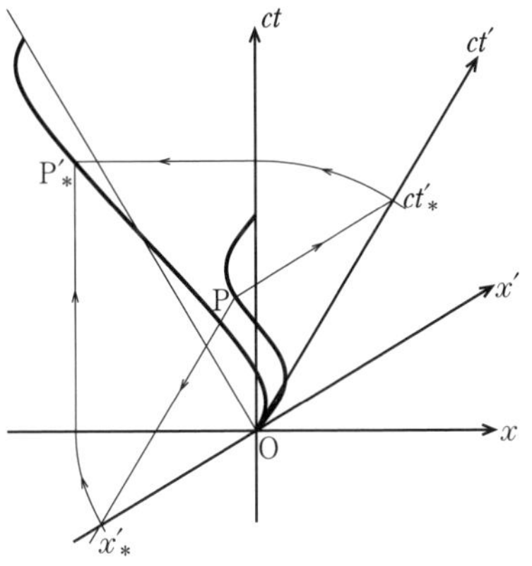

S.2.1図　調和振動 OP を動く座標系から見たら，どう見えるか？（ミンコフスキーの図を用いた作図法）

［8］（a）ローレンツ変換が非回転性であるから，K 系における x^l 軸方向の単位ベクトル $\boldsymbol{u}_l$ と K′ 系における $x^{l\prime}$ 方向の単位ベクトル $\boldsymbol{u}'_l$ とが準平行である．したがって，$\overline{\mathrm{K}}, \overline{\mathrm{K}}'$ 系における $\bar{x}^k, \bar{x}^{k\prime}$ 方向の単位ベクトルを $\bar{\boldsymbol{u}}_k, \bar{\boldsymbol{u}}'_k$ とするとき

$$(\bar{\boldsymbol{u}}_1 \cdot \boldsymbol{u}_l):(\bar{\boldsymbol{u}}_2 \cdot \boldsymbol{u}_l):(\bar{\boldsymbol{u}}_3 \cdot \boldsymbol{u}_l) = (\bar{\boldsymbol{u}}'_1 \cdot \boldsymbol{u}'_l):(\bar{\boldsymbol{u}}'_2 \cdot \boldsymbol{u}'_l):(\bar{\boldsymbol{u}}'_3 \cdot \boldsymbol{u}'_l) \qquad (k = 1, 2, 3)$$

が成り立つ．（・）はベクトルの内積を意味する．$\boldsymbol{u}, \boldsymbol{u}'$ は単位ベクトルだから

$$(\bar{\boldsymbol{u}}_k \cdot \boldsymbol{u}_l) = (\bar{\boldsymbol{u}}'_k \cdot \boldsymbol{u}'_l) \tag{S.2.1}$$

が得られる．他方，ベクトル

$$\boldsymbol{r} = x^1\boldsymbol{u}_1 + x^2\boldsymbol{u}_2 + x^3\boldsymbol{u}_3$$

に対して $(\bar{\boldsymbol{u}}_k \cdot \boldsymbol{r})$ は

$$\bar{x}^k = x^1(\bar{\boldsymbol{u}}_k \cdot \boldsymbol{u}_1) + x^2(\bar{\boldsymbol{u}}_k \cdot \boldsymbol{u}_2) + x^3(\bar{\boldsymbol{u}}_k \cdot \boldsymbol{u}_3) \qquad (k = 1, 2, 3)$$

をあたえ，同じベクトルを

$$\boldsymbol{r} = x^{1\prime}\boldsymbol{u}'_1 + x^{2\prime}\boldsymbol{u}'_2 + x^{3\prime}\boldsymbol{u}'_3$$

と書けば

$$\bar{x}^{k\prime} = x^{1\prime}(\bar{\boldsymbol{u}}'_k \cdot \boldsymbol{u}'_1) + x^{2\prime}(\bar{\boldsymbol{u}}'_k \cdot \boldsymbol{u}'_2) + x^{3\prime}(\bar{\boldsymbol{u}}'_k \cdot \boldsymbol{u}'_3) \qquad (k = 1, 2, 3)$$

が成り立つ．

$(\bar{\boldsymbol{u}}_k \cdot \boldsymbol{u}_l)$, $(\bar{\boldsymbol{u}}'_k \cdot \bar{\boldsymbol{u}}'_l)$ は方向余弦であるから，これらの変換は座標系の回転であるが，(S.2.1) により，これらの変換行列は相等しい．それを $\mathsf{R} = (\mathsf{R}_{kl})$ と書けば (P.2.2) が成り立つ．

（b）$\bar{x}^k = \mathsf{R}_{kl}x^l$ と $\bar{x}^{i\prime} = \mathsf{R}^{-1}{}_{ij}x'_j$ の $\bar{x}^k$ と $\bar{x}'_i$ を空間成分とする 4 次元ベクトル $(\bar{t}, \bar{\boldsymbol{x}})$ と $(\bar{t}', \bar{\boldsymbol{x}}')$ は，ローレンツ変換 $\Lambda(V)$ で結ばれているから

$$\begin{pmatrix} t' \\ \boldsymbol{x}' \end{pmatrix} = \begin{pmatrix} 1 & 0 \\ 0 & \mathsf{R}^{-1} \end{pmatrix} \Lambda_{\bar{x}}(V) \begin{pmatrix} 1 & 0 \\ 0 & \mathsf{R} \end{pmatrix} \begin{pmatrix} t \\ \boldsymbol{x} \end{pmatrix} \tag{S.2.2}$$

が成り立つ．これは，R が x_3 軸まわりの回転であれば (2.5.13) にほかならない．

［**9**］$\Lambda_y(V)\,\Lambda_x(U)$ は (2.5.34) の形に書ける．この第1因子は (2.5.14),

すなわち (2.5.33) の ϕ を用いて $\Lambda_z(-\phi)\,\Lambda_x(V)\,\Lambda_z(\phi)$ と書ける．したがって，

$$R' = R_z(\phi)^2 = R_z(2\phi), \qquad R'' = R_z(\phi)$$

にとればよい．$R_z(\phi)$ は z 軸まわりの角 ϕ の回転行列である．あるいは

$$R' = R_z(2\phi), \qquad R'' = R_z(2\phi)\,R_z(-\phi)$$

にとれば，

$$\Lambda_y(V)\,\Lambda_x(U) = \begin{pmatrix}1 & 0\\ 0 & R_z(\phi)\end{pmatrix}\begin{pmatrix}1 & 0\\ 0 & R_z(2\phi)^{-1}\end{pmatrix}\Lambda\begin{pmatrix}1 & 0\\ 0 & R_z(2\phi)\end{pmatrix} \quad \text{(S.2.3)}$$

の形になる．

第 3 章

［**1**］ (A^0, A^1) の変換のみ書く．

$$\begin{pmatrix}A^{0\prime}\\ -A^{1\prime}\end{pmatrix} = \gamma\begin{pmatrix}1 & -\beta\\ \beta & -1\end{pmatrix}\begin{pmatrix}A^0\\ A^1\end{pmatrix} = \gamma\begin{pmatrix}1 & \beta\\ \beta & 1\end{pmatrix}\begin{pmatrix}A^0\\ -A^1\end{pmatrix}$$

であるから，もとめる変換は

$$\begin{pmatrix}A_0'\\ A_1'\\ A_2'\\ A_3'\end{pmatrix} = \gamma\begin{pmatrix}1 & \beta & 0 & 0\\ \beta & 1 & 0 & 0\\ 0 & 0 & 1/\gamma & 0\\ 0 & 0 & 0 & 1/\gamma\end{pmatrix}\begin{pmatrix}A_0\\ A_1\\ A_2\\ A_3\end{pmatrix}$$

反変ベクトルと共変ベクトル，それぞれの変換行列の積は，積の順序によらず 1 になる．$B^\mu A_\mu = B^{\nu\prime}A_\nu'$ となるべきだから当然である．

［**2**］ $E = m_0c^2/\sqrt{1-\beta^2}$，$\boldsymbol{p} = m_0\boldsymbol{v}/\sqrt{1-\beta^2}$ であるから

$$E^2 - c^2\boldsymbol{p}^2 = \frac{(m_0c^2)^2}{1-\beta^2}\left\{1 - \left(\frac{\boldsymbol{v}}{c}\right)^2\right\} = (m_0c^2)^2$$

エネルギー・運動量 4 元ベクトルは (3.2.12) で定義したから

$$p^\mu p_\mu = \frac{(m_0c)^2}{1-\beta^2} - \frac{m_0\boldsymbol{v}^2}{1-\beta^2} = (m_0c)^2.$$

光子はエネルギー E が $\hbar\omega$ なら運動量 p は $\hbar\omega/c$ だから，静止質量は

$$E^2 - c^2p^2 = 0$$

から 0 となる．

［**3**］ K 系での速度を $(v_x, v_y, 0)$ とすれば，K′ 系での速度は (3.1.5) に与えられている．これから速さの 2 乗を計算すると

$$v_x'^2 + v_y'^2 = \frac{1}{\left(1-\dfrac{\beta v_x}{c}\right)^2}\{(v_x-\beta c)^2 + (1-\beta^2)v_y^2\} = c^2 - \frac{(1-\beta^2)(c^2-v^2)}{\left(1-\dfrac{\beta v_x}{c}\right)^2}$$

K 系では $v_x = v\cos\theta$ だというのだから，K′ 系での速さの 2 乗は

$$v'^2 = c^2 - \frac{(1-\beta^2)(c^2-v^2)}{\left(1-\beta\dfrac{v\cos\theta}{c}\right)^2}$$

これは (3.1.9) と同じ式である．

K 系での光子の速さは c だから，K′ 系でも c になる．

［**4**］ 回らない．K 系で見て，腕の長さを L，腕の端に加えた力の大きさを f とする．x 軸方向の腕がローレンツ収縮し，その端にはたらく y 方向の力がローレンツ収縮するのは確かであり，その結果，テコには z 方向に力のモーメント $-(V/c)^2 fL$ がはたらく．

しかし，y 方向の腕の端にはたらく力 f は x' 軸方向に速度 $\boldsymbol{V}$ で走っているので，単位時間当り fV の仕事をしている．肘(ひじ)につけた軸はテコに x 軸の負の向きに f の力をおよぼし，テコに単位時間当り $-fV$ の仕事をする．つまり，y 軸方向の腕には下端で fV の，上端で $-fV$ の仕事がされている．単位時間当り fV のエネルギーがテコの下端から注ぎ込まれ上端から吸い出されている．したがって，テコのこの腕には単位時間当り fV のエネルギーが流れている．エネルギーは質量 fV/c^2 をもつ．それが単位時間に L だけ流れると運動量 fLV/c^2 になる．この運動量は固定点 O のまわりに角運動量 $-XfLV/c^2$ をもつ．X は O から肘までの距離で，単位時間に V ずつ増えるので，角運動量も $-V^2 fL/c^2$ ずつ増える．

この角運動量の増加は，ちょうど先に見たテコにはたらく力のモーメントに等しい．

［**5**］ 衝突後の量には ′ をつけて衝突前の量と区別する．陽子の 4 元運動量を p，光子のそれを q とすれば，エネルギー・運動量の保存則は

$$p' + q' = p + q.$$

これを $p + q - q' = p'$ と書いて両辺を 2 乗すれば

$$m_0c^2 + 2p(q-q') - 2qq' = m_0c^2$$

となる．ここで，たとえば $pq = p^\mu q_\mu$ を意味する．m_0 は陽子の静止質量である．$q^{0\prime}$ が大きくなるのは正面衝突の場合で，しかも光子 q が陽子に向かってくる場合であり，光子の静止質量は 0 で $|\boldsymbol{q}| = q^0$, $|\boldsymbol{q}'| = q^{0\prime}$ であるから

$$p^0(q^0 - q^{0\prime}) + |\boldsymbol{p}|(q^0 + q^{0\prime}) - (q^0q^{0\prime} + q^0q^{0\prime}) = 0$$

したがって

$$(p^0 - |\boldsymbol{p}| + 2q^0)\,q^{0\prime} = (p^0 + |\boldsymbol{p}|)\,q^0$$

となり

$$q^{0\prime} = \frac{(p^0 + |\boldsymbol{p}|)q^0}{p^0 - |\boldsymbol{p}| + 2q^0}$$

$p^0 \gg m_0c^2$ なので $|\boldsymbol{p}| = \sqrt{(p^0)^2 - (m_0c)^2} = p^0 - (m_0c^2)^2/2p^0$ だから

$$q^{0\prime} = \frac{p^0}{1 + \dfrac{(m_0c)^2}{4p^0q^0}}$$

である．光子のエネルギーを E_γ，陽子のエネルギーを E とすれば

$$E'_\gamma = \frac{E}{1 + \dfrac{(m_0c^2)^2}{4EE_\gamma}}.$$

$E = 10^{20}\,\mathrm{eV}$, $m_0c^2 = 938.2\,\mathrm{MeV}$, $E_\gamma = kT = (1.381 \times 10^{-23}\,\mathrm{J/K}) \times 3\,\mathrm{K} = 2.59 \times 10^{-4}\,\mathrm{eV}$ を代入して，分母は 9.50 となる．よって，$E'_\gamma = 1.05 \times 10^{19}\,\mathrm{eV}$ となる．

［**6**］ エネルギー E の陽子を静止している陽子に当てるとき，系の全 4 元運動量は $P^0 = (E/c) + m_0c$, $|\boldsymbol{p}| = \sqrt{(E/c)^2 - (m_0c)^2}$ である．重心系では，これが $(2E', 0)$ になるので

$$\left(\frac{2E'}{c}\right)^2 = \left(\frac{E}{c} + m_0c\right)^2 - \left\{\left(\frac{E}{c}\right)^2 - (m_0c)^2\right\} = 2m_0c\left(\frac{E}{c} + m_0c\right)$$

が成り立つ．したがって

$$E' = \sqrt{\frac{m_0c^2(E + m_0c^2)}{2}}.$$

陽子の静止エネルギーは 938.2 MeV だから，$E = 10^{12}\,\mathrm{eV}$ なら $E' = 2.166 \times 10^{10}\,\mathrm{eV}$ になる．

［**7**］ 衝突前の陽子，中性子の運動量を p_1, p_2，衝突後の 2 つの中性子の運動量を p'_1, p'_2 とし中間子の運動量を q' とすれば，運動量の保存則から

$$p_1 + p_2 = p'_1 + p'_2 + q'$$

両辺の 2 乗

$$(p_1 + p_2)^2 = (p'_1 + p'_2 + q')^2$$

は座標系によらない．左辺は，中性子の静止系で計算すると $p_1 = (E_1/c, \boldsymbol{p}_1)$, $p_2 = (m_0c, 0)$ だから

$$(p_1 + p_2)^2 = \frac{1}{c^2}(E_1 + m_0c^2)^2 - p_1^2 = 2(m_0c)^2 + 2m_0E_1$$

右辺は，$\boldsymbol{p}'_1 = -\boldsymbol{p}'_2 = \boldsymbol{p}'$ の系で計算すれば

$$(p'_1 + p'_2 + q')^2 = \{2\sqrt{\boldsymbol{p}'^2 + (m_0c)^2} + \sqrt{\boldsymbol{q}'^2 + (\mu_0c)^2}\}^2 - \boldsymbol{q}'^2$$
$$= 4\{\boldsymbol{p}'^2 + (m_0c)^2\} + 4\sqrt{\boldsymbol{p}'^2 + (m_0c)^2}\sqrt{\boldsymbol{q}'^2 + (\mu_0c)^2} + (\mu c)^2$$

となり，$\boldsymbol{p}' = \boldsymbol{q}' = 0$ のとき最小値 $(2m_0 + \mu_0)^2c^2$ をとる．

（左辺）＝（右辺の最小値）から

$$E_{\min} = \left(m_0 + 2\mu_0 + \frac{\mu^2}{2m_0}\right)c^2 = 1228\,\mathrm{MeV}.$$

［**8**］ 円運動の角速度を ω とすれば，円軌道の中心に向かって

運動量の時間変化： ωp,　　磁場からの力： $q\omega\rho B$

であるから

$$\rho = \frac{p}{qB}$$

となる．この結果は (3.4.13) から得られる $\rho = v_{x0}/\omega$ と (3.4.10) の $\omega = qB/m_0\gamma$ を組み合わせ，$m_0 v_{0x}\gamma = p$ に注意すれば得られる．

陽子の質量を m とすれば，運動量は

$$p = \frac{1}{c}\sqrt{E\,[\mathrm{MeV}]^2 - (mc^2\,[\mathrm{MeV}])^2} \times 10^6 \times (1.6 \times 10^{-19})\,\mathrm{kg\,m/s}$$

であるから，$E = 1228\,\mathrm{MeV}$ のとき $p = 4.23 \times 10^{-19}\,\mathrm{kg\,m/s}$．したがって

$$\rho = \frac{4.23 \times 10^{-19}\,\mathrm{kg\,m/s}}{1.602 \times 10^{-19}\,\mathrm{C} \times 1.7\,\mathrm{T}} = 1.55\,\mathrm{m}$$

となる．

中間子が初めて人工的につくられ，1950 年頃には実験が盛んに行なわれた．その頃活躍したシカゴ大学のシンクロサイクロトロンは陽子を 1430 MeV まで加速した．軌道半径は $\rho = 1.94\,\mathrm{m}$，磁場の強さは $B = 1.76\,\mathrm{T}$ であった．

[**9**] (3.2.21) によれば，力が $f = -\,kx$ の場合には

$$\frac{d}{dt}\frac{m_0c^2}{\sqrt{1-\beta^2}} = -\,kx\frac{dx}{dt}$$

が成り立つ．$\beta = (dx/dt)/c$ である．両辺を積分すれば

$$\frac{m_0c^2}{\sqrt{1-\beta^2}} = -\frac{1}{2}kx^2 + E$$

が得られる．積分定数を E と書いた．この式は左辺の運動エネルギーと位置のエネルギー $(1/2)kx^2$ の和が一定であることを示している．

[**10**] 静止エネルギー m_0c^2 を分離してエネルギーを $E = \mathsf{E} + m_0c^2$ と書けば，前問により

$$\frac{m_0c^2}{\sqrt{1-\beta^2}} = \mathsf{E} + m_0c^2 - \frac{1}{2}kx^2$$

が成り立つ．よって

$$\beta^2 = \frac{(2m_0c^2 + \mathsf{E})\mathsf{E} - (\mathsf{E} + m_0c^2)kx^2 + \left(\dfrac{kx^2}{2}\right)^2}{\left(\mathsf{E} + m_0c^2 - \dfrac{kx^2}{2}\right)^2}$$

となるが，この分子は因数分解できて

$$\beta^2 = \frac{\left(\mathsf{E} - \dfrac{kx^2}{2}\right)\left(\mathsf{E} + 2m_0c^2 - \dfrac{kx^2}{2}\right)}{\left(\mathsf{E} + m_0c^2 - \dfrac{kx^2}{2}\right)^2}$$

となる．これから，粒子の運動範囲が $\mathsf{E} - kx^2/2 \geqq 0$ に限られることがわかる．両辺を平方根に開き

$$\beta = \frac{1}{c}\frac{dx}{dt} = \pm\sqrt{\frac{2\mathsf{E} - kx^2}{m_0c^2}}\frac{\sqrt{1 + \dfrac{2\mathsf{E} - kx^2}{4m_0c^2}}}{1 + \dfrac{2\mathsf{E} - kx^2}{2m_0c^2}}$$

として —— 複号は行き ($dx/dt > 0$) は $+$，帰り ($dx/dt < 0$) は $-$ をとる ——

$$x = \sqrt{\frac{2\mathsf{E}}{k}}\sin\phi, \qquad \omega = \sqrt{\frac{k}{m_0}}$$

とおけば

$$\omega\, dt = \pm\frac{1 + 2\eta\cos^2\phi}{\sqrt{1 + \eta\cos^2\phi}}\, d\phi \qquad \left(\eta = \frac{\mathsf{E}}{2m_0c^2}\right) \tag{S.3.1}$$

が得られる．積分して —— 積分定数を $-\omega t_0$ とし ——

$$\begin{aligned}\omega(t - t_0) &= \pm\left(2\int_0^\phi \sqrt{1 + \eta - \eta\sin^2\phi}\, d\phi - \int_0^\phi \frac{1}{\sqrt{1 + \eta - \eta\sin^2\phi}}\, d\phi\right)\\ &= \pm\left\{2\sqrt{1 + \eta}\,E\left(\phi, \sqrt{\frac{\eta}{1 + \eta}}\right) - \frac{1}{\sqrt{1 + \eta}}F\left(\phi, \sqrt{\frac{\eta}{1 + \eta}}\right)\right\}\end{aligned} \tag{S.3.2}$$

を得る．E と F は第 2 種の楕円積分である（S.3.1 図）．

非相対論的な場合 ($\eta \ll 1$) には，(3.2) の第 1 行から $\omega(t - t_0) = \pm\phi$．$x = \sqrt{2\mathsf{E}/k}\sin\phi$ であったから $x = \pm\sqrt{2\mathsf{E}/k}\sin\omega(t - t_0)$．

極端に相対論的な場合 ($\eta \gg 1$) には (3.2) から

$$\omega(t - t_0) = 2\sqrt{\eta}\int_0^\phi |\cos\phi|\, d\phi$$

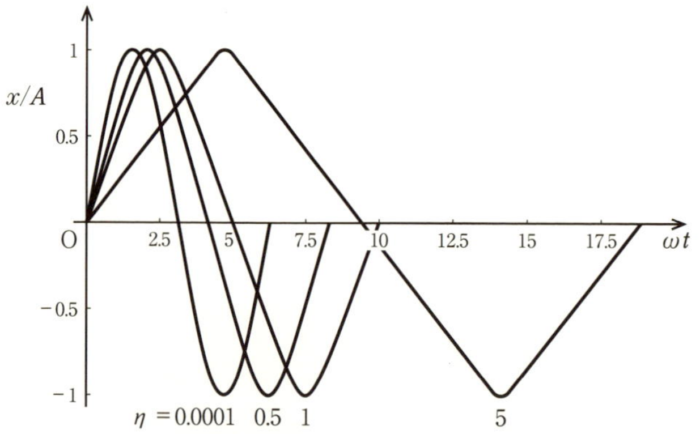

S.3.1 図　調和振動子の運動．いろいろの $\eta = (E - m_0c^2)/(m_0c^2)$ に対して，1 周期の運動を示す．$A = \sqrt{4m_0c^2\eta/k}$ である．$\eta = 0.5$ で，すでに 1 周期の ωt は 2π をはるかに超えている．

$$= 2\sqrt{\eta}\begin{cases}\sin\phi & \left(0 \leqq \phi \leqq \dfrac{\pi}{2}\right)\\ 2-\sin\phi & \left(\dfrac{\pi}{2} \leqq \phi \leqq \dfrac{3\pi}{2}\right)\\ 4+\sin\phi & \left(\dfrac{3\pi}{2} \leqq \phi \leqq 2\pi\right)\end{cases}$$

となる．ϕ の限界には，上下の限界に同時に $2n\pi$ を加えてもよい．$x = \sqrt{2\mathsf{E}/k}\,\sin\phi$ であったから，$0 \leqq \phi \leqq \pi/2$ でいえば

$$x = \sqrt{\frac{2\mathsf{E}}{k}}\frac{1}{2\sqrt{\eta}}\,\omega\,(t - t_0) = c\,(t - t_0)$$

となる．粒子は $\phi = \pi/2$ となる $\omega(t - t_0) = 2\sqrt{\eta}$ まで光速で走り，振幅 $a = \sqrt{2\mathsf{E}/k}$ に達する．そこで $\phi = \pi/2$ を超えると，粒子は引き返して $-a$ まで走り，また引き返して…という周期運動をする．周期は $4a/c = 4\sqrt{2\mathsf{E}/kc^2}$ である．等時性は破れている．なお，第6章の章末問題［6］を参照．

第 4 章

［1］ コンデンサーの中心を原点とし，コンデンサーの静止系Kで速度 $\boldsymbol{V}$ と平行に x 軸をとり，$+Q$ に荷電した極板から $-Q$ に荷電した極板に向けて y 軸をとって座標系 O-xyz をつくる．コンデンサーが速度 $\boldsymbol{V}$ で走っているように見え，x 軸と x' 軸は重なり，y', z' 軸は y, z 軸と平行な座標系を K′：O-$x'y'z'$ とする．

コンデンサーの静止系Kでは内部に電場 $\boldsymbol{E} = (0, \sigma/\varepsilon_0, 0)$ があり，磁場は $\boldsymbol{B} = 0$ である．σ は静止系で極板にある電荷密度 Q/ab である．K′ 系にローレンツ変換（4.2.2)，(4.2.3) をすると（これらの式で $V \to -V$ とする）

$$E'_x = 0, \qquad E'_y = \gamma E_y, \qquad E'_z = 0$$

$$B'_x = 0, \qquad B'_y = 0, \qquad B'_z = \gamma\frac{V}{c^2}E_y$$

となる．$+Q$ の極板には

$$(\text{電気力})_y = \frac{1}{2}QE'_y = \gamma\frac{Q^2}{2\varepsilon_0 ab}, \qquad (\text{ローレンツ力})_y = -\frac{1}{2}VQB'_z = -\gamma\frac{V^2}{c^2}\frac{Q^2}{2\varepsilon_0 ab}$$

がはたらき（因子 1/2 については後の注意を参照），合力は

$$f'_y = \frac{1}{\gamma}f_y \qquad \left(f_y = \frac{Q^2}{2\varepsilon_0 ab}\right)$$

となる．他の成分は 0 である．$-Q$ の極板に $-\boldsymbol{f}'$ がはたらくことは，もちろん

である．

これは，力の変換則（3.2.23）に合っている（しかし，§7.7 を参照）．

（注意） 電場 $\boldsymbol{E}$，電荷密度 σ の表面にはたらく電気力は $\sigma\boldsymbol{E}/2$ である．因子 1/2 が付く理由は次のとおり：

$+Q$ の極板表面の電荷密度はある厚さにわたって分布している．y は表面に垂直に極板の裏面 $y=0$ から極板の内部に向かうものとし，$y=0$ から極板内部の点 y までの単位断面積の柱が含む電荷を $q(y)$ とする．点 y における電場は $E=q(y)/\varepsilon_0$ であるから，$(y, y+dy)$ の単位断面積にある電荷 $dq(y)$ にはたらく力は $q(y)\,dq(y)/\varepsilon_0$．この力の極板の厚さ D にわたる積分が表面の単位面積にはたらく力である：

$$\frac{1}{\varepsilon_0}\int_0^D q(y)\,dq(y)=\frac{1}{2\varepsilon_0}\,q(D)^2.$$

$q(D)$ は表面の単位面積が担う電気量，つまり電荷の面密度である．因子 1/2 が現れた．ローレンツ力にも同じ理由から因子 1/2 がつく．

［**2**］ 静止している観測者から見ると磁場 $\boldsymbol{B}=0$，電場は導線から放射状にできて，導線から距離 r の点で強さ $E=(\sigma/2\pi\varepsilon_0)(1/r)$ である．

これをローレンツ変換してできる場も導線のまわりに回転対称だから，点 P $(0, r, 0)$ にできる場だけ知ればよい．静止系では

$$E_x=0,\qquad E_y=\frac{\sigma}{2\pi\varepsilon_0}\frac{1}{r},\qquad E_z=0,\qquad \boldsymbol{B}=0$$

である．これを（4.2.2），（4.2.3）によってローレンツ変換すると，導線から P までの距離は x 軸に垂直で変わらないから，同じ距離 r の点 P で電磁場は

$$E'_x=0,\qquad E'_y=\gamma\frac{\sigma}{2\pi\varepsilon_0}\frac{1}{r},\qquad E'_z=0$$

$$B'_x=0,\qquad B'_y=0,\qquad B'_z=-\gamma\frac{V}{c^2}\frac{\sigma}{2\pi\varepsilon_0}\frac{1}{r}$$

となる．これを導線のまわりに回転すれば，導線のまわりの場が得られる．

ガウスの法則によれば，導線の電荷線密度は $\gamma\sigma$ に増えている．アンペールの法則によれば，$1/\varepsilon_0\mu_0=c^2$ に注意して，導線には電流 $-\gamma\sigma V$ が流れている．いずれも導線の電荷の線密度が $V=0$ のときより γ 倍に増えているということで，これは導線がローレンツ収縮した結果である．

［**3**］ 電磁場のローレンツ変換（4.2.2），（4.2.3）によって計算する．

$$E'_xB'_x=E_xB_x$$

$$E'_yB'_y=\gamma^2\left(E_yB_y-\frac{V^2}{c^2}E_zB_z+\frac{V}{c^2}E_yE_z-VB_yB_z\right)$$

$$E'_zB'_z=\gamma^2\left(E_zB_z-\frac{V^2}{c^2}E_yB_y-\frac{V}{c^2}E_yE_z+VB_yB_z\right)$$

両辺を加え合わせて

$$\boldsymbol{E}'\cdot\boldsymbol{B}'=\boldsymbol{E}\cdot\boldsymbol{B}.$$

また

$$(\boldsymbol{E}')^2=E_x^2+\gamma^2(E_y^2+V^2B_z^2-2VE_yB_z)+\gamma^2(E_z^2+V^2B_y^2+2VE_zB_y)$$

$$(\boldsymbol{B}')^2=B_x^2+\gamma^2\left(B_y^2+\frac{V^2}{c^4}E_z^2+2\frac{V}{c^2}E_zB_y\right)+\gamma^2\left(B_z^2+\frac{V^2}{c^4}E_y^2-2\frac{V}{c^2}E_yB_z\right)$$

第2行を c^2 倍して辺々引き

$$(\boldsymbol{E}')^2-c^2(\boldsymbol{B}')^2=\boldsymbol{E}^2-c^2\boldsymbol{B}^2$$

となる．真空中の電磁波では，どちらの不変量も0である．この特徴は等速度運動する観測者から見ても変わらない．

［4］ $\boldsymbol{E}\cdot\boldsymbol{B}$ は不変であるが，点電荷の静止系 K′ では $\boldsymbol{B}'=0$ であるから，点電荷が走っている K 系でも $\boldsymbol{E}\cdot\boldsymbol{B}=0$ でなければならない．K 系で方向をもつ量は電荷から放射状の $\boldsymbol{R}$ と速度 $\boldsymbol{V}$ であるが，$\boldsymbol{R}$ は $\boldsymbol{E}$ に平行であって，それと直交する $\boldsymbol{B}$ の方向を与えることはできない．利用できるのは $\boldsymbol{V}$ のみで，$\boldsymbol{B}\propto\boldsymbol{E}\times\boldsymbol{V}$ となるほかない．これが（4.6.13）で，いま係数まではきまらないが，場のローレンツ変換を動員してよければ係数 $1/c^2$ もきまる．

次に $\boldsymbol{E}^2-c^2\boldsymbol{B}^2$ が不変なことを利用するため

$$c^2\boldsymbol{B}^2=c^{-2}(\boldsymbol{V}\times\boldsymbol{E})^2=\frac{1}{c^2}\{V^2E^2-(\boldsymbol{V}\cdot\boldsymbol{E})^2\}$$
$$=\beta^2E^2(1-\cos^2\theta)$$

をだす．θ は（4.6.8）に定義されている．したがって

$$E^2-c^2B^2=(1-\beta^2)\left(1+\frac{\beta^2}{1-\beta^2}\cos^2\theta\right)E^2$$

となり，これが K′ 系に静止した点電荷の電場の2乗に等しいはずである．（4.6.10）の電場を右辺に代入すると

$$E^2-c^2B^2=\left(\frac{1}{4\pi\varepsilon_0}\frac{q}{R^2}\right)^2\frac{1}{\left(1+\dfrac{\beta^2}{1-\beta^2}\cos^2\theta\right)^2}$$

となる．ここで（4.6.9）を用いると

$$E^2-c^2B^2=\left(\frac{1}{4\pi\varepsilon_0}\frac{q}{r^2}\right)^2=E'^2$$

となる．最右辺は K 系の点 $(\bar{x},y,z)$ に対応する K′ 系の点 (x',y',z') におけるクーロン電場の2乗である．期待された結果がでてきた．これから逆に，この結果が出るためには K 系の電場は（4.6.10）のようでなければならなかったといえる．そのように議論を進めることもできたはずである．

［5］ 電子の球殻 $(r,r+dr)$ から切りとった輪 $(\theta,\theta+d\theta)$ は（S.4.1図）電気量 $\rho(r)\cdot2\pi r\sin\theta\cdot r\,d\theta\cdot dr$ をもち，時間 $2\pi/\omega$ に1回転するので，電流 $(\omega/2\pi)\rho(r)\,2\pi r^2\,dr\sin\theta\,d\theta$ を担う．これに輪の囲む面積 $\pi(r\sin\theta)^2$ をかけると，輪のつくり出す磁気モーメント dM が得られる．電子全体では

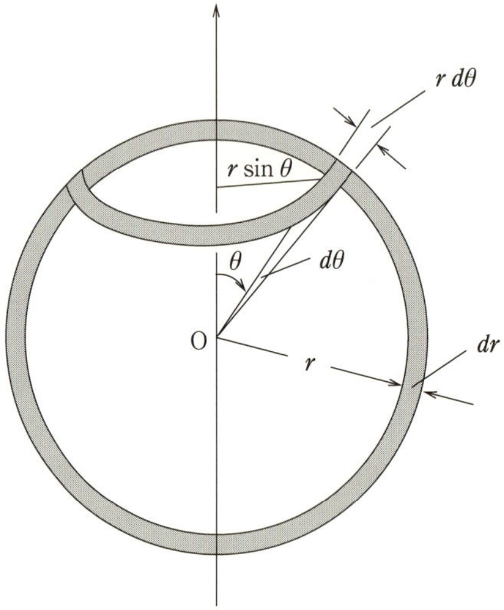

S.4.1図　自転する電子のモデル

$$M = \pi\omega\int_0^a \rho(r)\, r^4\, dr \int_0^\pi \sin^3\theta\, d\theta = \frac{4\pi}{3}\,\omega\int_0^a \rho(r)\, r^4\, dr$$

となる．同じ輪は質量 $\kappa(r)\cdot 2\pi r\sin\theta\cdot r\,d\theta\cdot dr$ をもち，$(r\sin\theta)^2\,\omega$ 倍が角運動量になるので，電子全体の角運動量は

$$S = 2\pi\omega\int_0^a \kappa(r)\, r^4\, dr \int_0^\pi \sin^3\theta\, d\theta = \frac{8\pi}{3}\,\omega\int_0^a \kappa(r)\, r^4\, dr$$

となる．M/S は，電荷と質量の分布の形さえ同じなら，（a）でも（b）でも，

$$\frac{M}{S} = \frac{-e}{2m}$$

となる．これは，実験で見出された比の半分である．

（c）　問題に与えられているように

$$\rho(r) = \frac{1}{4\pi a^2}\,\delta(r-a), \qquad \kappa(r) = \begin{cases} 1/2\pi a^2 r & r \le a \\ 0 & r > a \end{cases}$$

であれば

$$\frac{\mu}{S} = \frac{-e}{2m}\,\frac{a^2/4\pi}{a^2/8\pi} = \frac{-e}{m}.$$

これは，電子に対してディラックの相対論的な量子力学の方程式があたえる値に一致する（§2.6）．

［**6**］（a）　電子の磁気モーメントは，前問の解の M の式で $\rho(r) = (-e/4\pi a^2)\,\delta(r-a)$ としても得られるが，次のように電子のつくるベクトル・ポテンシャルを計算してももとめられる．

電子の中心を座標原点とすれば，表面の位置 $\boldsymbol{r}'$ にある表面密度 $\sigma = -e/4\pi a^2$，面積要素 dS' の電荷は電流

$$\boldsymbol{i}(\boldsymbol{r}')\,dS' = \sigma\,dS\,(\boldsymbol{\Omega} \times \boldsymbol{r}')$$

をなし，位置 $\boldsymbol{r}$ にベクトル・ポテンシャル

$$\boldsymbol{A}(\boldsymbol{r}) = \frac{\mu_0}{4\pi}\int \frac{\boldsymbol{i}(\boldsymbol{r}')}{|\boldsymbol{r} - \boldsymbol{r}'|}\,dS'$$

をつくる．この積分をするのに，ひとまず $\boldsymbol{r}$ の方向に z 軸をとろう．そうすると

$$\boldsymbol{\Omega} \times \boldsymbol{r}' = (\Omega_y z' - \Omega_z y',\ \Omega_z x' - \Omega_x z',\ \Omega_x y' - \Omega_y x')$$

となるから

$$\int \frac{i_x}{|\boldsymbol{r} - \boldsymbol{r}'|}\,dS' = a^3\sigma\int_0^\pi \sin\theta'\,d\theta'\int_0^{2\pi} d\phi'\,\frac{\Omega_y \cos\theta' - \Omega_z \sin\theta' \sin\phi'}{\sqrt{r^2 - 2rr'\cos\theta' + r'^2}}$$

$$= \frac{4\pi a^4\sigma}{3}\frac{\Omega_y}{r^2}$$

となる．同様にして

$$\int \frac{i_y}{|\boldsymbol{R} - \boldsymbol{r}|}\,dS = -\frac{4\pi a^4\sigma}{3}\frac{\Omega_x}{r^2}, \qquad \int \frac{i_z}{|\boldsymbol{R} - \boldsymbol{r}|}\,dS = 0$$

が得られる．$4\pi a^2\sigma = -e$ とおき，$\boldsymbol{\Omega}$ を一般の方向に戻せば

$$\boldsymbol{A}(\boldsymbol{r}) = \frac{\mu_0}{4\pi}\frac{-ea^2}{3}\frac{\boldsymbol{\Omega} \times \boldsymbol{r}}{r^3} \tag{S.4.1}$$

となる．これは，電子の磁気モーメントが

$$\boldsymbol{M} = -\frac{ea^2}{3}\boldsymbol{\Omega}$$

であることを意味している．

（b）　電子は，まわりの位置 $\boldsymbol{r}$ に電場

$$\boldsymbol{E}(\boldsymbol{r}) = \frac{-e}{4\pi\varepsilon_0}\frac{\boldsymbol{r}}{r^3} \qquad (r > a) \tag{S.4.2}$$

をつくる．内部には電場はない．自転電子のつくる磁場 $\boldsymbol{B} = \mathrm{rot}\,\boldsymbol{A}$ は，(S.4.1) から

$$\boldsymbol{B}(\boldsymbol{r}) = \frac{\mu_0}{4\pi}\frac{-ea^2}{3}\frac{3(\boldsymbol{r}\cdot\boldsymbol{\Omega})\boldsymbol{r} - r^2\boldsymbol{\Omega}}{r^5}$$

となる．

この自転電子のまわりの運動量密度は

$$\frac{1}{c^2}(\boldsymbol{E} \times \boldsymbol{H}) = \frac{1}{(4\pi)^2\varepsilon_0}\frac{e^2a^2}{3c^2}\frac{\boldsymbol{\Omega} \times \boldsymbol{r}}{r^6}$$

となり，その空間積分は 0 である．角運動量密度は

$$\boldsymbol{r} \times \frac{1}{c^2}(\boldsymbol{E} \times \boldsymbol{H}) = \frac{1}{(4\pi)^2\varepsilon_0}\frac{e^2a^2}{3c^2}\frac{r^2\boldsymbol{\Omega} - (\boldsymbol{r}\cdot\boldsymbol{\Omega})\boldsymbol{r}}{r^6}$$

これを空間積分するには，$\boldsymbol{\Omega}$ の方向に z 軸をとる．そうすると角運動量 $\boldsymbol{S}$ の z 成分以外の積分は 0 となり，S_z の積分は

$$S_z = \frac{1}{(4\pi)^2\varepsilon_0}\frac{e^2a^2}{3c^2}\frac{8\pi}{3}\frac{1}{a}\Omega$$

を与える．これを電子の自転角運動量と見るのだから

$$\boldsymbol{S} = \frac{2}{9}\frac{1}{4\pi\varepsilon_0}\frac{e^2a}{c^2}\boldsymbol{\Omega} \qquad (S.4.3)$$

となる．磁気能率との比をつくると

$$\frac{M}{S} = \frac{3}{2}4\pi\varepsilon_0\frac{c^2a}{e}$$

となる．これを電子の質量と電荷で表わすには，電子の質量をもとめなければならない．

電子は，静止しているときには，まわりに電場（S.4.2）をつくる．速度 $\boldsymbol{v}$ で等速運動しているときには，(4.2.3) により，まわりに磁場

$$\boldsymbol{B}(\boldsymbol{r}) = \frac{1}{c^2}(\boldsymbol{v}\times\boldsymbol{E})$$

もつくるので（V/c の 1 乗までの近似），この電磁場は運動量密度

$$\frac{1}{c^2}(\boldsymbol{E}\times\boldsymbol{H}) = \frac{\varepsilon_0}{c^2}\{E^2\boldsymbol{v} - (\boldsymbol{E}\cdot\boldsymbol{v})\boldsymbol{E}\} = \frac{e^2}{(4\pi)^2\varepsilon_0c^2}\frac{r^2\boldsymbol{v} - (\boldsymbol{r}\cdot\boldsymbol{v})\boldsymbol{r}}{r^6}$$

をもつ．電子の外の空間全体にわたって積分すれば

$$\boldsymbol{p} = \frac{2}{3}\frac{1}{4\pi\varepsilon_0c^2}\frac{e^2}{a}\boldsymbol{v}$$

となるが，これを電子の運動量と見るのである．$\boldsymbol{p} = m_0\boldsymbol{v}$ とおいて質量にすれば

$$m_0 = \frac{2}{3}\frac{1}{4\pi\varepsilon_0}\frac{e^2}{c^2a}$$

となる．これを用いると，電子の磁気モーメントと自転角運動量の比は

$$\frac{\mu}{S} = 2\frac{e}{2m_0}$$

となる．これは実験値に一致する．[1] 力学的には得られないものだが（前問），アブラハム（M. Abraham）が 1903 年に導き出していたもので，ウーレンベックとハウトシュミットは 1925 年に自転電子の仮説を提出したとき，このアブラハムの結果を引用した．[2]

自転電子の角運動量（S.4.3）を実験値 $\hbar/2$ とおくと，電子の表面の速さが

$$a\Omega = \frac{9}{4}\left(\frac{1}{4\pi\varepsilon_0}\frac{e^2}{\hbar c}\right)^{-1}c$$

となって，光速 c の 200 倍を超えてしまうことを彼らのモデルの困難として述べている．ここに $(1/4\pi\varepsilon_0)(e^2/\hbar c) = 1/137.035$ は微細構造定数である．

---

1) 1925 年当時のこと．今日では，この比に量子電磁力学的な補正が必要であることが知られている．

2) 朝永振一郎 著：『スピンはめぐる』（みすず書房，2008，第 2 話）

第 5 章

［**1**］,［**2**］ ミンコフスキー図の上に問題のベクトルを描いてみよ.

［**3**］ 省略.

［**4**］ ローレンツ変換の行列は,［3］により行列式が 0 でない（5.3.2 を見よ）.

［**5**］ 行列式が -1 の行列同士を掛けると行列式が $+1$ になる.

［**6**］ p. 152 に $\Lambda^0{}_0 \geq 1$ あるいは $\Lambda^0{}_0 \leq 1$ が示されている. 2 つの間は連続的な変換では移れない. また, $(0,0)$ 成分が ≤ 1 の 2 つの行列の積の $(0,0)$ 成分は ≥ 1 となる. $\Lambda^0{}_0 \geq 1$ のとき $x^0 > 0$, $x^\mu x_\mu \geq 0$ なら $\Lambda^0{}_\nu x^\nu \geq 0$ は $\Lambda^0{}_\nu x^\nu = \Lambda^0{}_0 x^0 + \Lambda^0{}_n x^n$ においてシュワルツの不等式と（5.3.3）から

$$|\Lambda^0{}_n x^n|^2 \leq (\Lambda^0{}_n \Lambda^0{}_n)(x^n x^n) \leq \{(\Lambda^0{}_0)^2 - 1\}(x^0)^2 \leq (\Lambda^0{}_0)^2 (x^0)^2$$

となることからわかる.

［**7**］（5.3.2）により $\det \Lambda^\mu{}_\nu = \pm 1$ である. これはローレンツ変換のヤコビアンが ± 1 であることを意味する. よって, d^4x は符号を除いてローレンツ共変である. 符号が -1 になるのは空間反転, 時間反転を含むときであることが（5.3.2）の下に説明されている.

［**8**］ O-$x't'$ における 4 点の座標 (x', t') は次のとおり：

$$\text{A}:\quad \left(\gamma(x - Vt),\ \ \gamma\left(t - \frac{V}{c^2}x\right)\right)$$

$$\text{B}:\quad \left(\gamma(x + dx - Vt),\ \ \gamma\left(t - \frac{V}{c^2}(x + dx)\right)\right)$$

$$\text{C}:\quad \left(\gamma(x + dx + V(t + dt)),\ \ \gamma\left(t + dt - \frac{V}{c^2}(x + dx)\right)\right)$$

$$\text{D}:\quad \left(\gamma(x - V(t + dt)),\ \ \gamma\left(t + dt - \frac{V}{c^2}x\right)\right)$$

したがって

$$\overrightarrow{\text{AB}} = \left(\gamma\, dx, -\gamma\frac{V}{c^2}dx\right), \qquad \overrightarrow{\text{AD}} = (-\gamma V\, dt,\ \gamma\, dt)$$

であって

$$(\overrightarrow{\text{AB}} \times \overrightarrow{\text{AD}})_y = \gamma^2\left\{1 - \left(\frac{V}{c}\right)^2\right\} dx\, dt = dx\, dt$$

この結論はローレンツ変換のヤコビアンを計算しても得られる：

$$\frac{\partial(x', t')}{\partial(x, t)} = \begin{vmatrix} \gamma & -\gamma V \\ -\gamma(V/c^2) & \gamma \end{vmatrix} = 1$$

［**9**］ 前問によって $dp^0\, dp^1\, dp^2\, dp^3$ はローレンツ共変である. また

$$\delta(p^2 - (m_0c)^2) = \frac{1}{2\sqrt{\boldsymbol{p}^2 + (m_0c)^2}}\{\delta(p^0 - \sqrt{\boldsymbol{p}^2 + (m_0c)^2}) + \delta(x^0 + \sqrt{\boldsymbol{p}^2 + (m_0c)^2})\}$$

もローレンツ共変であるから

$$dp^1\,dp^2\,dp^3\int\delta(p^2-(m_0c)^2)\,dp^0 = \frac{dp^1\,dp^2\,dp^3}{\sqrt{\boldsymbol{p}^2+(m_0c)^2}}\int\delta(p^0-\sqrt{\boldsymbol{p}^2+(m_0c)^2})\,dp^0$$
$$= \frac{dp^1\,dp^2\,dp^3}{\sqrt{\boldsymbol{p}^2+(m_0c)^2}}$$

もローレンツ共変である．

［別解］ p^1 の変換は $p^{1\prime}=\gamma(p^1-\beta p^0)$ であり，

$$dp^{1\prime}=\gamma(dp^1-\beta\,dp^0)$$

において $p^0=\sqrt{\boldsymbol{p}^2+(m_0c)^2}$ だから

$$dp^0=\frac{p^1\,dp^1+p^2\,dp^2+p^3\,dp^3}{\sqrt{\boldsymbol{p}^2+(m_0c)^2}}$$

となり

$$dp^{1\prime}=\gamma\left\{\left(1-\beta\frac{p^1}{\sqrt{\boldsymbol{p}^2+(m_0c)^2}}\right)dp^1-\beta\frac{p^2\,dp^2+p^3\,dp^3}{\sqrt{\boldsymbol{p}^2+(m_0c)^2}}\right\}.$$

$dp^{2\prime}=dp^2$, $dp^{3\prime}=dp^3$ であるから，$(dp^2)^2$, $(dp^3)^2=0$ であることを考慮して

$$dp^{1\prime}\,dp^{2\prime}\,dp^{3\prime}=\gamma\left(1-\beta\frac{p^1}{\sqrt{\boldsymbol{p}^2+(m_0c)^2}}\right)dp^1\,dp^2\,dp^3$$

を得る．他方で

$$p^{0\prime}=\gamma(p^0-\beta p^1)=\gamma(\sqrt{\boldsymbol{p}^2+(m_0c)^2}-\beta p^1)$$

であるから，辺々割り算して

$$\frac{dp^{1\prime}\,dp^{2\prime}\,dp^{3\prime}}{p^{0\prime}}=\frac{dp^1\,dp^2\,dp^3}{p^0}.$$

である．

［**10**］ 前問により $|\boldsymbol{p}|^2\,d|\boldsymbol{p}|\,d\Omega/p^0=|\boldsymbol{p}'|^2\,d|\boldsymbol{p}'|\,d\Omega'/p^{0\prime}$ が成り立つ．ところが

$$dp^0=\frac{|\boldsymbol{p}|\,d|\boldsymbol{p}|}{\sqrt{|\boldsymbol{p}|^2+(m_0c)^2}}=\frac{|\boldsymbol{p}|\,d|\boldsymbol{p}|}{p^0}$$

であるから

$$|\boldsymbol{p}|\,dp^0\,d\Omega=|\boldsymbol{p}'|\,dp^{0\prime}\,d\Omega'$$

が成り立つ．

［**11**］ K 系から見て，K′ 系は原子核の速度 $\boldsymbol{V}$ と逆向きに走っている．その向きに x 軸，x' 軸をとる．K 系で x 軸と角 $(\theta,\theta+d\theta)$ を成す方向に放出されるニュートリノの数は

$$dn=A\sin\theta\,d\theta \qquad \text{(S.5.1)}$$

であたえられる．A は定数である．ニュートリノの速度の x 成分が K′ 系で v_x' のとき，(3.1.5) により K 系では

$$v_x=\frac{v_x'-c\beta}{1-\dfrac{\beta v_x'}{c}} \qquad \left(\beta=\frac{V}{c}\right)$$

に見える．ニュートリノの静止質量を 0 とすれば速さは c となるから，その速

度がK系で x 軸となす角 θ はK′系で x' 軸となす角 θ' と

$$\cos\theta = \frac{v_x}{c} = \frac{\cos\theta' - \beta}{1 - \beta\cos\theta'}$$

の関係にある．これを用いて (S.5.1) を書くため，微分して

$$dn = A\frac{1-\beta^2}{(1-\beta\cos\theta')^2}\sin\theta'\,d\theta'.$$

となる．角分布はK′系では前方に集中する．

ここでは計算を簡単にするためニュートリノの静止質量を0と近似したが，静止質量のある粒子を扱うには第3章の章末問題［2］の結果を利用する．

［**12**］ K′系はK系に対して共有する x 軸に沿って速さ V で走っているとし，K系で，dx' をローレンツ変換し $\gamma dx^{1\prime} = dx^1$ とおいた

$$dx = \left(dt = \frac{V}{c^2}dx^1, dx^1, dx^2, dx^3\right)$$

をはじめ，δx, $\varDelta x$ という3本の同じ形のベクトルを考える．これらベクトルの時間成分は V に依存するが，空間成分は依存せず固定されているとする．これらをK′系で見ると

$$dx' = (0, \gamma^{-1}\,dx^1, dx^2, dx^3), \qquad \delta x' = (0, \gamma^{-1}\,\delta x^1, \delta x^2, \delta x^3)$$
$$\varDelta x' = (0, \gamma^{-1}\,\varDelta x^1, \varDelta x^2, \varDelta x^3)$$

に見える．これらの張る体積は $d\boldsymbol{x}'\cdot[(\delta\boldsymbol{x}'\times(\varDelta\boldsymbol{x}')]$ であって

$$\mathsf{V}' = \varepsilon_{\lambda\mu\nu}\,dx^\lambda\,\delta x^\mu\,\varDelta x^\nu = \begin{vmatrix}\gamma^{-1}\,dx^1 & \delta x^1 & \varDelta x^1\\ \gamma^{-1}\,dx^2 & \delta x^2 & \varDelta x^2\\ \gamma^{-1}\,dx^3 & \delta x^3 & \varDelta x^3\end{vmatrix} = \gamma^{-1}\begin{vmatrix}dx^1 & \delta x^1 & \varDelta x^1\\ dx^2 & \delta x^2 & \varDelta x^2\\ dx^3 & \delta x^3 & \varDelta x^3\end{vmatrix}$$
$$= \gamma^{-1}\mathsf{V}$$

となる．V は固定したからK′系の走る速さ V にはよらない．よって，$\gamma\mathsf{V}'$ は V によらない．

［別解］ K系に対して速度 $\boldsymbol{V}$ で走るK′系において，3本のベクトル

$$dx' = (0, d\boldsymbol{x}'), \qquad \delta x' = (0, \delta\boldsymbol{x}'), \qquad \varDelta x' = (0, \varDelta\boldsymbol{x}')$$

を考える．K系に静止した粒子のK′系における4元速度を $U^{\mu\prime}$ として

$$\varepsilon_{\sigma\lambda\mu\nu}U^{\sigma\prime}\,dx^{\lambda\prime}\,\delta x^{\mu\prime}\,\varDelta x^{\nu\prime} = \varepsilon_{\sigma\lambda\mu\nu}U^\sigma\,dx^\lambda\,\delta x^\mu\,\varDelta x^\nu$$

を考える．左辺は，λ, μ, ν のどれかが0だと0になるから

$$(\text{左辺}) = \varepsilon_{0\lambda\mu\nu}U^{0\prime}\,dx^{\lambda\prime}\,\delta x^{\mu\prime}\,\varDelta x^{\nu\prime}$$
$$= c\gamma\varepsilon_{lmn}\,dx^{l\prime}\,\delta x^{m\prime}\,\varDelta x^{n\prime} = c\gamma\mathsf{V}'$$

右辺では，U^σ は $\sigma = 0$ 以外は0だから

$$(\text{右辺}) = c\varepsilon_{lmn}\,dx^l\,\delta x^m\,\varDelta x^n = c\mathsf{V}$$

よって，$\gamma\mathsf{V}' = \mathsf{V}$ である．

［**13**］ K系と x 軸を共有し，x 軸の方向に速度 $\boldsymbol{V}$ で走るK′系に変換すると

$$a^{\lambda\prime} = (-\gamma\beta a^1, \gamma a^1, 0, 0), \qquad b^{\mu\prime} = (0, 0, b^2, 0), \qquad c^{\nu\prime} = (0, 0, 0, c^3)$$

となるから

$$f^{0\prime} = \varepsilon_{0123} a^{1\prime} b^{2\prime} c^{3\prime} = (\gamma a^1) b^2 c^3$$
$$f^{1\prime} = -\varepsilon_{1023} a^{0\prime} b^{2\prime} c^{3\prime} = -(\gamma\beta a^1) b^2 c^3$$

となる．他の成分は 0．よって $f^{\mu\prime} = (\gamma a^1 b^2 c^3, -\gamma\beta a^1 b^2 c^3, 0, 0)$．これは 4 元ベクトルとして $f^\mu = (a^1 b^2 c^3, 0, 0, 0)$ をローレンツ変換したものと一致する．

[**14**] f^κ は K 系では時間成分しかもたないので，K′ 系に移せば時間成分は単に γ 倍される．$\mathsf{V}' = \gamma \mathsf{V}$．

[**15**] 省略．

第 6 章

[**1**] 4 元速度は (6.2.3) により $u^\mu g_{\mu\nu} u^\nu = c^2$ に規格化されている．これを固有時で微分すると

$$\frac{du^\mu}{ds} g_{\mu\nu} u^\nu + u^\mu g_{\mu\nu} \frac{du^\nu}{ds} = 0$$

となる．第 2 項のダミーな添字 μ, ν を入れ替えると第 1 項に等しくなり

$$\frac{du^\mu}{ds} g_{\mu\nu} u^\nu = 0.$$

[**2**] $\sqrt{1-(v/c)^2} = c/\sqrt{c^2+(gt)^2}$ であるから，固有時 s は

$$s = \int_0^t \sqrt{1-\left(\frac{v}{c}\right)^2}\, dt = \int_0^t \frac{c}{\sqrt{c^2+(gt)^2}}\, dt$$

である．$gt = c\sinh\tau$ とおけば

$$s = \int_0^{\sinh^{-1}(gt/c)} \frac{c}{g}\, d\tau = \frac{c}{g}\sinh^{-1}\frac{gt}{c}.$$

これは

$$t = \frac{c}{g}\sinh\frac{gs}{c}$$

を意味する．よって

$$v(t) = \frac{c^2\sinh\dfrac{gs}{c}}{\sqrt{c^2 + c^2\sinh^2\dfrac{gs}{c}}} = c\tanh\frac{gs}{c}$$

これを積分して

$$x = \int_0^t v(t)\, dt = \int_0^s c\tanh\frac{gs}{c}\cdot\cosh\frac{gs}{c}\, ds = \frac{c^2}{g}\left(\cosh\frac{gs}{c} - 1\right).$$

この運動は，ミンコフスキー空間における世界線が

$$\left(\frac{g}{c^2}x + 1\right)^2 - \left(\frac{g}{c}t\right)^2 = 1$$

の双曲線なので**双曲線的運動**（hyperbolic motion）とよばれる．

［**3**］ 初速度が 0 なので，運動は電場の方向におこり 1 次元的である．運動方程式は

$$m_0\frac{du^0}{ds}=F^0=\frac{\dfrac{qEv}{c}}{\sqrt{1-\left(\dfrac{v}{c}\right)^2}}$$

$$m_0\frac{du^1}{ds}=F^1=\frac{qE}{\sqrt{1-\left(\dfrac{v}{c}\right)^2}}$$

ここに

$$u^0=\frac{c}{\sqrt{1-\left(\dfrac{v}{c}\right)^2}},\qquad u^1=\frac{v}{\sqrt{1-\left(\dfrac{v}{c}\right)^2}}$$

であるから，運動方程式は

$$m_0\frac{du^0}{ds}=\frac{qE}{c}u^1,\qquad m_0\frac{du^1}{ds}=\frac{qE}{c}u^0 \tag{S.6.1}$$

と書ける．よって

$$\frac{d^2u^1}{ds^2}=\left(\frac{qE}{m_0c}\right)^2u^1$$

が成り立つ．解は

$$u^1=A\sinh\frac{qE}{m_0c}s+B\cosh\frac{qE}{m_0c}s$$

である（A, B は初期条件できめる定数）．初期条件は $u^1(0)=0$ だから $B=0$．運動方程式により

$$u^0=\frac{m_0c}{qE}\frac{du^1}{ds}=A\cosh\frac{qE}{m_0c}s$$

となる．ところが（6.2.3）により

$$u^\mu u_\mu=(u^0)^2-(u^1)^2=c^2$$

でなければならず，また $u^0\geqq 0$ だから $A=c$．こうして

$$u^0(s)=c\cosh\frac{qE}{m_0c}s,\qquad u^1(s)=c\sinh\frac{qE}{m_0c}s$$

が得られた．$v=cu^1/u^0$ は前問の結果に一致している．

（注意）（S.6.1）を出すのに 4 元速度 u^μ と速度 $\boldsymbol{v}$ の関係式を動員したが，4 元速度 u^μ, 4 元加速度 a^μ だけですませたいなら，これらの直交性（［1］）から $a^0/u^1=a^1/u^0$ を出し，$a^0=ku^1$，$a^1=ku^0$ と書いて，$(a^0)^2-(a^1)^2=-(qE/m_0)^2$ から $k=qE/m_0c$ を出せばよい．

［**4**］ 等加速度運動についての［2］の解により，15 年間に飛んだ距離は $x=(c^2/g)\{\cosh(gs/c)-1\}$，$s=15$ 年に減速に転じて 15 年飛んだ距離も合わせて

総計 $2x = 4.7 \times 10^{22}$ m $= 4.9 \times 10^{6}$ 光年．そこにはアンドロメダ星雲がある（距離，2.18×10^{6} 光年）．地球時間は［2］の解により $t = (c/g)\sinh(gs/c)$ 経過している．$s = 4 \times 15$ 年とすれば 1.07×10^{34} s $= 3.4 \times 10^{26}$ 年．

［**5**］ ロケットが固有時 ds の間に放出する輻射の運動量を dP とすれば，運動量の保存から

$$\frac{d}{ds}Mu^1 = \frac{dP}{ds}$$

これはエネルギー $c\,dP/ds$ を放出することでもあるから

$$\frac{d}{ds}Mu^0 = -\frac{dP}{ds}$$

よって

$$\frac{dM}{ds}u^1 + M\frac{du^1}{ds} = -\left(\frac{dM}{ds}u^0 + M\frac{du^0}{ds}\right)$$

すなわち

$$\frac{1}{M}\frac{dM}{ds} = -\frac{1}{u^0 + u^1}\frac{d}{ds}(u^0 + u^1)$$

［3］の解によれば $u^0 = c\cosh(gs/c)$，$u^1 = c\sinh(gs/c)$ だから

$$\frac{1}{M}\frac{dM}{ds} = -\frac{g}{c}$$

となる．したがって，$M = M_0 e^{-gs/c}$．ロケットが逆噴射して減速するときには

$$\frac{d}{ds}Mu^1 = -\frac{dP}{ds}, \qquad \frac{d}{ds}Mu^0 = -\frac{dP}{ds}$$

から

$$\frac{1}{M}\frac{dM}{ds} = -\frac{1}{u^0 - u^1}\frac{d}{ds}(u^0 - u^1)$$

となり，M の微分方程式は噴射の場合と同じになる．

ゆえに，$M = M_0 e^{-gs/c}$．問題の $s = 60$ 年の後には $M = 1.43 \times 10^{-27} M_0$．

［**6**］（a） 問題の第2式から第1式を導く．第2式は

$$m_0\frac{d}{dt}u = -kx \qquad \left(u = v\Big/\sqrt{1-\left(\frac{v}{c}\right)^2}\right)$$

と書ける．u をかけて，$(u^0)^2 - u^2 = c^2$ を使えば $(u^0 = c/\sqrt{1-(v/c)^2})$

$$\frac{1}{m_0}(\text{左辺}) = u\frac{du}{dt} = \frac{1}{2}\frac{d}{dt}u^2 = \frac{1}{2}\frac{d}{dt}(u^0)^2 = u^0\frac{d}{dt}u^0$$

$$(\text{右辺}) = -kux = -ku^0 x \cdot v/c$$

となるから第1式が得られる．よって，2式は両立する．

（b） 問題の2式に $c^{-1}/\sqrt{1-(v/c)^2}$ とその c 倍をそれぞれかけると左辺は“2元”ベクトルになる．したがって，2式が共変だったら右辺も“2元”ベクトルになり，ローレンツ変換した量に ′ をつけることにすれば

$$\left(\frac{-kx'\cdot v'/c}{\sqrt{1-\left(\frac{v'}{c}\right)^2}}\right)^2-\left(\frac{-kx'}{\sqrt{1-\left(\frac{v'}{c}\right)^2}}\right)^2=(\text{変換前の}\ '\ \text{のない式})$$

となるはずである．そうはならないから，2 式は共変でない．調和振動をおこす力 $-kx$ が電場によるものであれば運動方程式は共変になる．後の§ 7.4 を参照．

［**7**］ この方程式は共変性をもっている点で考慮に値するが，$\mu=1,2,3$ の式から

$$\frac{d}{ds}p^0=-\frac{k}{c}(\boldsymbol{x}\cdot\boldsymbol{v})$$

が出るので，$\mu=0$ に対する運動方程式とくらべて

$$\frac{1}{c}(\boldsymbol{x}\cdot\boldsymbol{v})=ct$$

となる．これは運動方程式と両立しないから，問題の方程式は採用できない．

［**8**］ $M_{\kappa\lambda}$ のたとえば 1，2 成分は $M_{12}=x^0p^3-x^3p^0$ であって

$$\frac{d}{dt}M_{12}=cp^3+ct\frac{dp^3}{dt}-\frac{dx^3}{dt}p^0+x^3\frac{dp^0}{dt}$$

である．右辺で $(dx^3/dt)p^0=p^3c$ は第 1 項と相殺し，第 2，4 項は，それぞれ自由粒子に対する運動量とエネルギーの保存則によって 0 である．よって，$dM_{12}/dt=0$．同様に $M_{\kappa\lambda}$ のほかの成分も保存することが確かめられる．

多体系への拡張は，自由粒子の場合には自明である．相互作用のある多体系では，作用と反作用の法則が成り立つ場合なら角運動量 M_{0k} の保存は成り立つが，M_{kl} の保存は成り立たなくなる．作用と反作用の法則も，力学的な力にかぎると（輻射の反作用を入れないかぎり）遠隔作用を意味し相対性理論と相容れない．

［**9**］ 太陽を原点とする水星の極座標を (r,φ) とする．$\varphi=0$ が近日点であれば，次に水星が近日点にくるのは

$$\varphi=\frac{2\pi}{\lambda}$$

のときであって，これは 2π より

$$\varDelta\varphi=\varphi-2\pi=2\pi\left(\frac{1}{\lambda}-1\right)$$

だけ進んでいる．これが 1 公転あたりの近日点の進みである．ここに λ は (5.14) によって定義され

$$\lambda^2=1-\frac{L_0^2}{L^2},\qquad L_0:=\frac{GmM}{c}$$

であり，L は水星の角運動量で，非相対論的な近似では角運動量は面積速度の $2m_0$ 倍だから

$$L=m\frac{2\ (\text{軌道の囲む面積})}{T}=\frac{2m\cdot\pi\sqrt{1-\varepsilon^2}\,a^2}{T}\qquad(\text{S.6.2})$$

である．したがって

$$\frac{L_0}{L} = \frac{GMT}{2\pi a^2 c\sqrt{1-\varepsilon^2}}$$

$$= \frac{(6.67\times10^{-11}\,\mathrm{Nm^2/kg^2})\cdot(1.989\times10^{30}\,\mathrm{kg})\cdot(0.24\times365\times24\times60\times60\,\mathrm{s})}{2\pi(0.579\times10^{11}\,\mathrm{m})^2\cdot(3\times10^8\,\mathrm{m/s})\cdot\sqrt{1-0.206^2}}$$

$$= 1.624\times10^{-4}.$$

1 公転あたりの近日点の進みは，$L_0 \ll L$ だから

$$\Delta\varphi = 2\pi\left\{\left(1-\frac{L_0^2}{L^2}\right)^{-1/2}-1\right\} = \pi\left(\frac{L_0}{L}\right)^2$$

$$= \pi\cdot(1.624\times10^{-4})^2 = 8.28\times10^{-8}\,\mathrm{rad}/\text{公転}.$$

（この近似では，角運動量に非相対論的な近似を用いた（S.6.2）の計算は許される．）1 世紀の間の公転数をかけ，角の単位を rad から秒に直せば

$$\delta\varphi\times\frac{100}{0.24} = (3.31\times10^{-7})\times\frac{100}{0.24}\times\left(\frac{180}{\pi}\times60\times60\right) = 7''.12/\text{世紀}.$$

観測値には達しないが，オーダーがほぼ同じになるのは興味深い．

第 7 章

［**1**］ $\boldsymbol{B} = \mathrm{rot}\,\boldsymbol{A}$ であるから

$$\mathrm{div}\,\boldsymbol{B} = 0. \tag{S.7.1}$$

$\boldsymbol{E} = -\,\mathrm{grad}\,\Phi - \partial\boldsymbol{A}/\partial t$ であるから

$$\mathrm{div}\,\boldsymbol{E} = -\Delta\Phi - \frac{\partial}{\partial t}\mathrm{div}\,\boldsymbol{A} = -\Delta\Phi + \frac{1}{c^2}\frac{\partial^2}{\partial t^2}\Phi = \frac{1}{\varepsilon_0}\rho. \tag{S.7.2}$$

また，rot grad = 0 であるから

$$\mathrm{rot}\,\boldsymbol{E} = -\,\mathrm{rot}\frac{\partial\boldsymbol{A}}{\partial t} = -\frac{\partial\boldsymbol{B}}{\partial t} \tag{S.7.3}$$

rot rot = grad div − Δ であるから

$$\mathrm{rot}\,\boldsymbol{B} = \mathrm{grad\,div}\,\boldsymbol{A} - \Delta\boldsymbol{A} = \mathrm{grad}\left(-\frac{1}{c^2}\frac{\partial\Phi}{\partial t}\right) - \Delta\boldsymbol{A}$$

$$= \frac{1}{c^2}\frac{\partial}{\partial t}\left(\boldsymbol{E}+\frac{\partial\boldsymbol{A}}{\partial t}\right) - \Delta\boldsymbol{A}$$

$$= \varepsilon_0\mu_0\frac{\partial\boldsymbol{E}}{\partial t} - \left(\Delta - \frac{1}{c^2}\frac{\partial^2}{\partial t^2}\right)\boldsymbol{A}$$

$$= \mu_0\left(\varepsilon_0\frac{\partial\boldsymbol{E}}{\partial t} + \boldsymbol{j}\right). \tag{S.7.4}$$

［**2**］（7.3.9）を微分して

$$\partial_\mu f^{\mu\nu} = \left(\frac{1}{c}\frac{\partial}{\partial t}, \frac{\partial}{\partial x}, \frac{\partial}{\partial y}, \frac{\partial}{\partial z}\right)\begin{pmatrix} 0 & -E_x/c & -E_y/c & -E_z/c \\ E_x/c & 0 & -B_z & B_y \\ E_y/c & B_z & 0 & -B_x \\ E_z/c & -B_y & B_x & 0 \end{pmatrix}$$

$$= \left(\frac{1}{c}\,\mathrm{div}\,\boldsymbol{E},\quad \mathrm{rot}\,\boldsymbol{B} - \frac{1}{c^2}\frac{\partial \boldsymbol{E}}{\partial t}\right).$$

ただし，第 2 行でベクトルの成分を書くべきところをベクトルそのもので代用した．これを

$$\mu_0 j^\nu = \mu_0(c\rho, \boldsymbol{j})$$

に等しいとおけば，マクスウェル方程式の半分

$$\mathrm{div}\,\boldsymbol{E} = \frac{\rho}{\varepsilon_0}, \qquad \mathrm{rot}\,\boldsymbol{B} = \mu_0\left(\varepsilon_0\frac{\partial \boldsymbol{E}}{\partial t} + \boldsymbol{j}\right)$$

が得られる．

［**3**］ $f^{*\mu\nu}$ も反対称テンソルである：

$$f^{*\mu\nu} = -f^{*\nu\mu}.$$

そして

$$f^{*01} = f_{23}, \qquad f^{*02} = f_{31}, \qquad f^{*03} = f_{12}$$
$$f^{*12} = f_{03}, \qquad f^{*13} = f_{20}, \qquad f^{*23} = f_{01}.$$

$f_{\sigma\tau} = g_{\sigma\mu}g_{\tau\nu}f^{\mu\nu}$ をつくろう：

$$f_{\sigma\tau} = \begin{pmatrix} 0 & E_x/c & E_y/c & E_z/c \\ -E_x/c & 0 & -B_z & B_y \\ -E_y/c & B_z & 0 & -B_x \\ -E_z/c & -B_y & B_x & 0 \end{pmatrix}.$$

これから

$$f^{*\mu\nu} = \begin{pmatrix} 0 & -B_x & -B_y & -B_z \\ B_x & 0 & E_z/c & -E_y/c \\ B_y & -E_z/c & 0 & E_x/c \\ B_z & E_y/c & -E_x/c & 0 \end{pmatrix}$$

となる．

［**4**］ 前問で得た $f^{*\mu\nu}$ を用いて

$$\partial_\mu f^{*\mu\nu} = \left(\frac{1}{c}\frac{\partial}{\partial t}, \frac{\partial}{\partial x}, \frac{\partial}{\partial y}, \frac{\partial}{\partial z}\right)\begin{pmatrix} 0 & -B_x & -B_y & -B_z \\ B_x & 0 & E_z/c & -E_y/c \\ B_y & -E_z/c & 0 & E_x/c \\ B_z & E_y/c & -E_x/c & 0 \end{pmatrix}$$

$$= \left(\mathrm{div}\,\boldsymbol{B}, -\frac{1}{c}\left(\mathrm{rot}\,\boldsymbol{E} + \frac{\partial \boldsymbol{B}}{\partial t}\right)\right) = (0, 0)$$

よって，マクスウェル方程式の残り半分

$$\mathrm{div}\,\boldsymbol{B} = 0, \qquad \mathrm{rot}\,\boldsymbol{E} = -\frac{\partial \boldsymbol{B}}{\partial t}$$

は

$$\partial_\mu f^{*\mu\nu} = 0$$

と書き表わされる．

［**5**］［3］の解から

$$(f^{*\mu\nu}) = \begin{pmatrix} 0 & f_{23} & f_{31} & f_{12} \\ f_{32} & 0 & f_{03} & f_{20} \\ f_{13} & f_{30} & 0 & f_{01} \\ f_{21} & f_{02} & f_{10} & 0 \end{pmatrix}$$

μ 行 ν 列には $\mu\nu\alpha\beta$ が (0123) の偶置換になるような $f_{\alpha\beta}$ がきている．$\partial f^{*\mu\nu}/\partial x^\nu = 0$ は

$$\frac{\partial f_{\alpha\beta}}{\partial x^\nu} + \frac{\partial f_{\nu\alpha}}{\partial x^\beta} + \frac{\partial f_{\beta\nu}}{\partial x^\alpha} = 0$$

となる．

［**6**］ レヴィ・チヴィタのテンソルの 3 次元版を ε_{klm} とすれば（これは 4 次元テンソルではないので，これによる添字の上げ下げは考えない．）

$$(\boldsymbol{A} \times \boldsymbol{B})^k = \varepsilon_{klm} A^l B^m, \qquad (\mathrm{rot}\,\boldsymbol{A})^l = \varepsilon_{lpq} \frac{\partial}{\partial x^p} A^q$$

と書ける．したがって

$$\begin{aligned} \mathrm{div}\,[\boldsymbol{A} \times \boldsymbol{B}] &= \frac{\partial}{\partial x^k} \varepsilon_{klm} A^l B^m = \varepsilon_{klm} \frac{\partial A^l}{\partial x^k} B^m + \varepsilon_{klm} A^l \frac{\partial B^m}{\partial x^k} \\ &= (\mathrm{rot}\,\boldsymbol{A}) \cdot \boldsymbol{B} - (\mathrm{rot}\,\boldsymbol{B}) \cdot \boldsymbol{A} \end{aligned}$$

が成り立つ．また

$$[(\mathrm{rot}\,\boldsymbol{A}) \times \boldsymbol{B}]^k = \varepsilon_{klm} \varepsilon_{lpq} \frac{\partial A^q}{\partial x^p} B^m$$

となる．右辺では，2 つの ε で l が共通だから

$$k, m = q, p: \quad \frac{\partial A^k}{\partial x^m} B^m$$

$$k, m = p, q: \quad -\frac{\partial A^m}{\partial x^k} B^m$$

の 2 つの場合が可能である．第 1 の場合には (klm) が (123) の偶（奇）置換なら (lmk) も偶（奇）置換であり，第 2 の場合には偶奇が入れ替わるので − が付くのである．よって，(P.7.3) が成り立つ．

(P.7.3) を

$$(\mathrm{rot}\,\boldsymbol{A}) \times \boldsymbol{B} = (\boldsymbol{B} \cdot \mathrm{grad})\,\boldsymbol{A} - B^k\, \mathrm{grad}\, A^k$$

$$(\mathrm{rot}\,\boldsymbol{B}) \times \boldsymbol{A} = (\boldsymbol{A} \cdot \mathrm{grad})\,\boldsymbol{B} - A^k\, \mathrm{grad}\, B^k$$

と書いて，辺々加えると，多少の移項の後

$$A^k \,\mathrm{grad}\, B^k + B^k \,\mathrm{grad}\, A^k$$
$$= (\boldsymbol{A}\cdot\mathrm{grad})\,\boldsymbol{B} + (\boldsymbol{B}\cdot\mathrm{grad})\,\boldsymbol{A} - (\mathrm{rot}\,\boldsymbol{B})\times\boldsymbol{A} - (\mathrm{rot}\,\boldsymbol{A})\times\boldsymbol{B}$$

が得られる．左辺は $\mathrm{grad}(\boldsymbol{A}\cdot\boldsymbol{B})$ に等しいから，これは (P. 7.4) にほかならない．

［**7**］ 符号を変えない/変えるを $+/-$ で表す．左右両辺の $-$ の数の偶奇が同じならば，方程式は不変である．マクスウェル方程式は，空間反転をすると

$$(-\,\mathrm{div})(-\,\boldsymbol{E}) = (+\,\rho), \qquad (-\,\mathrm{div})(+\,\boldsymbol{B}) = 0$$
$$(-\,\mathrm{rot})(-\,\boldsymbol{E}) = -\frac{\partial(+\,\boldsymbol{B})}{\partial t}, \qquad (-\,\mathrm{rot})(+\,\boldsymbol{B}) = (-\,\boldsymbol{j}) + \left(\frac{\partial(-\,\boldsymbol{E})}{\partial t}\right)$$

荷電粒子の運動方程式は，空間反転をすると

$$\frac{d}{dt}\frac{m_0(-\,\boldsymbol{v})}{\sqrt{1-\left(\dfrac{v}{c}\right)^2}} = (+\,q)[(-\,\boldsymbol{E}) + (-\,\boldsymbol{v})\times(+\,\boldsymbol{B})]$$

時間反転に関しては

$$(+\,\mathrm{div})(-\,\boldsymbol{E}) = (-\,\rho), \qquad (+\,\mathrm{div})(+\,\boldsymbol{B}) = 0$$
$$(+\,\mathrm{rot})(-\,\boldsymbol{E}) = -\frac{\partial(+\,\boldsymbol{B})}{(-\,\partial t)}, \qquad (+\,\mathrm{rot})(+\,\boldsymbol{B}) = (+\,\boldsymbol{j}) + \left(\frac{\partial(-\,\boldsymbol{E})}{(-\,\partial t)}\right)$$
$$\frac{d}{(-\,dt)}\frac{m_0(-\,\boldsymbol{v})}{\sqrt{1-\left(\dfrac{v}{c}\right)^2}} = (-\,q)[(-\,\boldsymbol{E}) + (-\,\boldsymbol{v})\times(+\,\boldsymbol{B})]$$

［8］ 2つの電荷が $x=0$ の面につくる電場は，$q_{\mathrm{A}} = q_{\mathrm{B}}$ なら

$$\left.\begin{array}{l} E_x \\ E_y \\ E_z \end{array}\right\} = \frac{2q_{\mathrm{B}}}{4\pi\varepsilon_0}\frac{1}{(a^2+y^2+z^2)^{3/2}}\left\{\begin{array}{l} 0 \\ y \\ z \end{array}\right.$$

$q_{\mathrm{A}} = -\,q_{\mathrm{B}}$ なら

$$\left.\begin{array}{l} E_x \\ E_y \\ E_z \end{array}\right\} = \frac{2q_{\mathrm{B}}}{4\pi\varepsilon_0}\frac{1}{(a^2+y^2+z^2)^{3/2}}\left\{\begin{array}{l} a \\ 0 \\ 0 \end{array}\right.$$

である．よって，この面上でエネルギー・運動量テンソルの (1, 1) 成分は

$$T^{11} = \varepsilon_0\left(-\,E_x^2 + \frac{1}{2}E^2\right) = \frac{2^2 q_{\mathrm{B}}^2}{2(4\pi)^2\varepsilon_0}\frac{1}{(a^2+y^2+z^2)^3}\left\{\begin{array}{ll} y^2+z^2 & (q_{\mathrm{A}} = q_{\mathrm{B}}) \\ -\,2a^2 & (q_{\mathrm{A}} = -\,q_{\mathrm{B}}) \end{array}\right.$$

となる．この符号の違いは，空間の $x<0$ の部分に $x>0$ の部分がおよぼす力の x 成分が q_{A} と q_{B} が同符号なら負，異符号なら正であることに対応している．q_{A} が q_{B} におよぼす力は $-\,T^{11}$ の $x=0$ 平面全体にわたる積分であたえられるのである．

これらを $x=0$ 平面上で積分するのに，$y=\rho\cos\varphi$，$z=\rho\sin\varphi$ とおいて

$$-\int_{x=0} T^{11}\,d^2x = -\frac{2q_{\mathrm{A}}q_{\mathrm{B}}}{(4\pi)^2\varepsilon_0}\begin{cases}\displaystyle\int_0^\infty \frac{2\pi\rho^3 d\rho}{(a^2+\rho^2)^3} & \\ \displaystyle\int_0^\infty \frac{2\pi a^2\rho d\rho}{(a^2+\rho^2)^3} & \end{cases} = -\frac{q_{\mathrm{A}}q_{\mathrm{B}}}{4\pi\varepsilon_0(2a)^2} \quad \begin{matrix}(q_{\mathrm{A}} = q_{\mathrm{B}}) \\ (q_{\mathrm{A}} = -q_{\mathrm{B}})\end{matrix}$$

を得る．これは確かに q_{A} が q_{B} におよぼす力の x 成分に一致している．力の y, z 成分は 0 で，$-T^{12}$, $-T^{13}$ の $x=0$ 平面上の積分に一致する．

［別解］ 電場は時間によらず，$\boldsymbol{E}(\boldsymbol{r}) = -\operatorname{grad}\Phi(\boldsymbol{r})$ であたえられる．ここに

$$\Phi(\boldsymbol{r}) = \frac{1}{4\pi\varepsilon_0}\left(\frac{q_{\mathrm{A}}}{|\boldsymbol{r}-\boldsymbol{a}|} + \frac{q_{\mathrm{B}}}{|\boldsymbol{r}+\boldsymbol{a}|}\right)$$

である．エネルギー・運動量テンソルは

$$T^{lk} = -\varepsilon_0\frac{\partial\Phi}{\partial x_l}\frac{\partial\Phi}{\partial x_k} + \frac{1}{2}\varepsilon_0\frac{\partial\Phi}{\partial x^n}\frac{\partial\Phi}{\partial x_n}\delta^{kl}$$

であるから，$\partial T^{lk}/\partial x^l$ は次の 2 式の差の $-\varepsilon_0$ 倍になる：

$$\frac{\partial}{\partial x^l}\left(\frac{\partial\Phi}{\partial x_l}\frac{\partial\Phi}{\partial x_k}\right) = (\Delta\Phi)\left(\frac{\partial\Phi}{\partial x_k}\right) + \left(\frac{\partial\Phi}{\partial x_l}\right)\left(\frac{\partial^2\Phi}{\partial x^l\partial x_k}\right)$$

$$\frac{\partial}{\partial x^l}\frac{1}{2}\left(\frac{\partial\Phi}{\partial x^n}\frac{\partial\Phi}{\partial x_n}\right)\delta^{kl} = \left(\frac{\partial\Phi}{\partial x_n}\right)\left(\frac{\partial^2\Phi}{\partial x^n\partial x_k}\right)$$

したがって

$$\frac{\partial T^{lk}}{\partial x^l} = -\varepsilon_0(\Delta\Phi)\left(\frac{\partial\Phi}{\partial x_k}\right)$$

となる．ところが，

$$-\Delta\Phi(\boldsymbol{r}) = \frac{1}{\varepsilon_0}\{q_{\mathrm{A}}\,\delta(\boldsymbol{r}-\boldsymbol{a}) + q_{\mathrm{B}}\,\delta(\boldsymbol{r}+\boldsymbol{a})\}$$

であるから，$x^1 < 0$ の半空間の積分には第2のデルタ関数のみが効く．$\boldsymbol{r} = -\boldsymbol{a}$ の近傍では

$$\frac{\partial}{\partial x_k}\frac{q_{\mathrm{B}}}{|\boldsymbol{r}+\boldsymbol{a}|} \text{ は } \boldsymbol{r} = -\boldsymbol{a} \text{ を中心に球対称だから}$$

$$\int_{x^1<0}\frac{\partial}{\partial x_k}\frac{q_{\mathrm{B}}}{|\boldsymbol{r}+\boldsymbol{a}|}\,d\boldsymbol{r} = 0$$

である．よって

$$-\int_{x^1<0}\frac{\partial T^{lk}}{\partial x^l}\,d^3\boldsymbol{r} = -\frac{q_{\mathrm{A}}q_{\mathrm{B}}}{4\pi\varepsilon_0}\operatorname{grad}\frac{1}{|\boldsymbol{r}-\boldsymbol{a}|}\bigg|_{\boldsymbol{r}=-\boldsymbol{a}}$$

これは，電荷 q が q' におよぼす力に等しく，(7.5.5) から得られる

$$-\int_{x^1<0}\frac{\partial T^{lk}}{\partial x^l}\,d\boldsymbol{r} = q_{\mathrm{B}}\boldsymbol{E}^{(q_{\mathrm{A}})}(-\boldsymbol{a})$$

に一致している．$\boldsymbol{E}^{(q)}$ は電荷 q のつくる電場を意味する．

[9]
$$g_{00}T^{00} = \frac{1}{2}\left(\varepsilon_0 E^2 + \frac{1}{\mu_0}B^2\right)$$
$$g_{kl}T^{kl} = \varepsilon_0 E^k E_k + \frac{1}{\mu_0}B_k B^k - \frac{3}{2}\left(\varepsilon_0 E^2 + \frac{1}{\mu_0}B^2\right)$$
これらの和は 0 である．

[10]
$$[f^{\mu}{}_{\kappa}] = \begin{pmatrix} 0 & -E_x/c & -E_y/c & -E_z/c \\ E_x/c & 0 & -B_z & B_y \\ E_y/c & B_z & 0 & -B_x \\ E_z/c & -B_y & B_x & 0 \end{pmatrix}\begin{pmatrix} 1 & 0 & 0 & 0 \\ 0 & -1 & 0 & 0 \\ 0 & 0 & -1 & 0 \\ 0 & 0 & 0 & -1 \end{pmatrix}$$
$$= \begin{pmatrix} 0 & E_x/c & E_y/c & E_z/c \\ E_x/c & 0 & B_z & -B_y \\ E_y/c & -B_z & 0 & B_x \\ E_z/c & B_y & -B_x & 0 \end{pmatrix}$$
これを用いて

$[f^{\mu}{}_{\kappa}f^{\kappa\nu}]$
$$= \begin{pmatrix} 0 & E_x/c & E_y/c & E_z/c \\ E_x/c & 0 & B_z & -B_y \\ E_y/c & -B_z & 0 & B_x \\ E_z/c & B_y & -B_x & 0 \end{pmatrix}\begin{pmatrix} 0 & -E_x/c & -E_y/c & -E_z/c \\ E_x/c & 0 & -B_z & B_y \\ E_y/c & B_z & 0 & -B_x \\ E_z/c & -B_y & B_x & 0 \end{pmatrix}$$
$$= \begin{pmatrix} E^2/c^2 & (E_yB_z - E_zB_y)/c & (E_zB_x - E_xB_z)/c & (E_xB_y - E_yB_x)/c \\ (E_yB_z - E_zB_y)/c & -E_x^2/c^2 + (B_y^2 + B_z^2) & -E_xE_y/c^2 - B_xB_y & -E_xE_z/c^2 - B_xB_z \\ (E_zB_x - E_xB_z)/c & -E_xE_y/c^2 - B_xB_y & -E_y^2/c^2 + (B_x^2 + B_z^2) & -E_yE_z/c^2 - B_yB_z \\ (E_xB_y - E_yB_x)/c & -E_xE_z/c^2 - B_xB_z & -E_yE_z/c^2 - B_yB_z & -E_z^2/c^2 + (B_x^2 + B_y^2) \end{pmatrix}$$
この行列 $U^{\mu\nu}$ に $g_{\nu\mu}$ を掛けてトレースをとると
$$g_{\nu\mu}U^{\mu\nu} = \frac{E^2}{c^2} - \left(\frac{E^2}{c^2} + 2B^2\right) = 2\mu_0\left(\varepsilon_0 E^2 - \frac{1}{\mu_0}B^2\right)$$
となる．これらからエネルギー・運動量テンソルが得られる．

[11] (5.1.9) と (5.4.2) により，$f^{\mu\nu}$ と $g_{\sigma\lambda}$ のローレンツ変換は
$$f'^{\alpha\beta} = \Lambda^{\alpha}{}_{\mu}\Lambda^{\beta}{}_{\nu}f^{\mu\nu}, \qquad g'_{\beta\gamma} = \Lambda_{\beta}{}^{\sigma}\Lambda_{\gamma}{}^{\lambda}g_{\sigma\lambda}$$
である．よって $U^{\mu\lambda} = f^{\mu\nu}g_{\nu\sigma}f^{\sigma\lambda}$ の変換は
$$U'^{\alpha\delta} = f'^{\alpha\beta}g'_{\beta\gamma}f'^{\gamma\delta} = (\Lambda^{\alpha}{}_{\mu}\Lambda^{\beta}{}_{\nu}f^{\mu\nu})(\Lambda_{\beta}{}^{\kappa}\Lambda_{\gamma}{}^{\sigma}g_{\kappa\sigma})(\Lambda^{\gamma}{}_{\eta}\Lambda^{\delta}{}_{\tau}f^{\eta\tau})$$
となる．ところが (5.3.6) により
$$\Lambda^{\beta}{}_{\nu}\Lambda_{\beta}{}^{\kappa} = g_{\nu}^{\kappa}, \qquad \Lambda^{\gamma}{}_{\eta}\Lambda_{\gamma}{}^{\sigma} = g_{\eta}^{\sigma}$$
であるから
$$U'^{\alpha\delta} = \Lambda^{\alpha}{}_{\mu}\Lambda^{\delta}{}_{\tau}(f^{\mu\kappa}g_{\kappa\eta}f^{\eta\tau})$$
となり
$$U'^{\alpha\delta} = \Lambda^{\alpha}{}_{\mu}\Lambda^{\delta}{}_{\tau}U^{\mu\tau}$$

がわかる．U のトレースはローレンツ不変であり，$g^{\mu\lambda}$ はテンソルの変換をするから $T^{\mu\lambda}=(1/\mu_0)\{U^{\mu\lambda}-(1/4)(g_{\alpha\beta}U^{\alpha\beta})g^{\mu\lambda}\}$ もテンソルの変換をする．

[**12**] $T^{\mu\nu}$ に便宜上 μ_0 をかけてから微分すれば

$$\mu_0\frac{\partial T^{\mu\nu}}{\partial x^\nu}=f^\mu{}_\kappa\frac{\partial f^{\kappa\nu}}{\partial x^\nu}+\frac{\partial f^\mu{}_\kappa}{\partial x^\nu}f^{\kappa\nu}-\frac{1}{4}\left(\frac{\partial f^\lambda{}_\kappa}{\partial x^\nu}f^\kappa{}_\lambda+f^\lambda{}_\kappa\frac{\partial f^\kappa{}_\lambda}{\partial x^\nu}\right)g^{\mu\nu}$$

となるが，第1項には問題にあたえられたマクスウェル方程式の表現の一つを用い，第2項では $g^{\mu\lambda}$ を用いて $f^\mu{}_\kappa$ の添字 μ を下げれば

$$\text{第1項：}\quad A=-\mu_0 j^\kappa f^\mu{}_\kappa,\qquad \text{第2項：}\quad B=\frac{\partial f_{\lambda\kappa}}{\partial x^\nu}f^{\kappa\nu}g^{\mu\lambda}\quad \text{(S.7.5)}$$

そして，$-(1/4)(\cdots)$ 内の2項は，第2項が dummy indices の書きかえ $\lambda\leftrightarrow\kappa$ をすると第1項に等しくなるから，問題にあたえられたマクスウェル方程式の表現の一つを用いて書きかえ

$$-\frac{1}{4}(\cdots)=-\frac{1}{2}\frac{\partial f_{\lambda\kappa}}{\partial x^\nu}f^{\kappa\lambda}g^{\mu\nu}=\frac{1}{2}\left(\frac{\partial f_{\nu\lambda}}{\partial x^\kappa}+\frac{\partial f_{\kappa\nu}}{\partial x^\lambda}\right)f^{\kappa\lambda}g^{\mu\nu}.$$

このうち，右辺（$\cdots$）内の第1項は，$\lambda\leftrightarrow\nu$ とし，続いて $\nu\leftrightarrow\kappa$ とすれば

$$\frac{\partial f_{\nu\lambda}}{\partial x^\kappa}f^{\kappa\lambda}g^{\mu\nu}\ \to\ \frac{\partial f_{\lambda\nu}}{\partial x^\kappa}f^{\kappa\nu}g^{\mu\lambda}\ \to\ \frac{\partial f_{\lambda\kappa}}{\partial x^\nu}f^{\nu\kappa}g^{\mu\lambda}$$

となり，$f^{\nu\kappa}=-f^{\kappa\nu}$ により $-B/2$ に等しい．第2項は，$\lambda\leftrightarrow\nu$ により

$$\frac{\partial f_{\kappa\nu}}{\partial x^\lambda}f^{\kappa\lambda}g^{\mu\nu}\ \to\ \frac{\partial f_{\kappa\lambda}}{\partial x^\nu}f^{\kappa\nu}g^{\mu\lambda}$$

となり，$f_{\kappa\lambda}=-f_{\lambda\kappa}$ により $-B/2$ に等しい．これらの和 $-B$ が（S.7.5）の B を相殺する．よって

$$\mu_0\frac{\partial T^{\mu\nu}}{\partial x^\nu}=-\mu_0 f^{\mu\kappa}j_\nu\quad \text{となり}\quad \frac{\partial T^{\mu\nu}}{\partial x^\nu}=-f^{\mu\kappa}j_\nu$$

が得られた．

[**13**] $a_{xy}=\dot{X}b_y$ などとして

$$f(\lambda)=\begin{vmatrix}\lambda-a_{xx} & -a_{xy} & -a_{xz}\\ -a_{yx} & \lambda-a_{yy} & -a_{yz}\\ -a_{zx} & -a_{zy} & \lambda-a_{zz}\end{vmatrix}$$

とおき，これを λ に関してテイラー展開する．行列式の導関数は各行をそれぞれ微分した行列式の和であって

$$f'(\lambda)=\begin{vmatrix}1 & 0 & 0\\ -a_{yx} & \lambda-a_{yy} & -a_{yz}\\ -a_{zx} & -a_{zy} & \lambda-a_{zz}\end{vmatrix}+\begin{vmatrix}\lambda-a_{xx} & -a_{xy} & -a_{xz}\\ 0 & 1 & 0\\ -a_{zx} & -a_{zy} & \lambda-a_{zz}\end{vmatrix}$$
$$+\begin{vmatrix}\lambda-a_{xx} & -a_{xy} & -a_{xz}\\ -a_{yx} & \lambda-a_{yy} & -a_{yz}\\ 0 & 0 & 1\end{vmatrix}$$

$$f''(\lambda)=2\begin{vmatrix}1&0&0\\0&1&0\\-a_{zx}&-a_{zy}&\lambda-a_{zz}\end{vmatrix}+2\begin{vmatrix}1&0&0\\-a_{yx}&\lambda-a_{yy}&-a_{yz}\\0&0&1\end{vmatrix}$$
$$+2\begin{vmatrix}1&0&0\\0&1&0\\-a_{zx}&-a_{zy}&\lambda-a_{zz}\end{vmatrix}+\cdots$$

$$f'''(\lambda)=6\begin{vmatrix}1&0&0\\0&1&0\\0&0&1\end{vmatrix}$$

となる．$a_{xy}=\dot{X}b_y$ 等の構造により $f(0)=f'(0)=0$ であって

$$f''(0)=-2(a_{xx}+a_{yy}+a_{zz}),\qquad f'''(0)=6$$

ゆえに，テイラー展開の式で $\lambda=1$ とおいて

$$f(1)=1-(\dot{X}b_x+\dot{Y}b_y+\dot{Z}b_z)$$

となる．

[14]　(a)　x^0 で微分すると

$$\frac{\partial}{\partial x^0}\frac{1}{(x^0)^2-(x^1)^2-(x^2)^2-(x^3)^2-i\varepsilon}=-\frac{2x^0}{\{(x^0)^2-(x^1)^2-(x^2)^2-(x^3)^2-i\varepsilon\}^2}$$

$$\frac{\partial^2}{\partial(x^0)^2}\frac{1}{(x^0)^2-(x^1)^2-(x^2)^2-(x^3)^2-i\varepsilon}$$
$$=-\frac{2}{\{(x^0)^2-(x^1)^2-(x^2)^2-(x^3)^2-i\varepsilon\}^2}+\frac{8(x^0)^2}{\{(x^0)^2-(x^1)^2-(x^2)^2-(x^3)^2-i\varepsilon\}^3}$$

となる．x^1 等での微分も同様であって，和をとると

$$\Box\frac{1}{R^2-i\varepsilon}=-\frac{8}{(R^2-i\varepsilon)^2}+\frac{8\{(x^0)^2-(x^1)^2-(x^2)^2-(x^3)^2\}}{(R^2-i\varepsilon)^3}$$
$$=\frac{8i\varepsilon}{(R^2-i\varepsilon)^3}$$

(b)　複素 x^0 平面上の積分路 $\Gamma_1+\Gamma_2$ の中には被積分関数の極 $x^0=(r^2+i\varepsilon)^{1/2}$ が入る．そこでの留数は，極の近傍における展開

$$\frac{1}{\{x^0+(r^2+i\varepsilon)^{1/2}\}^3}$$
$$=\frac{1}{[2(r^2+i\varepsilon)^{1/2}+\{x^0-(r^2+i\varepsilon)^{1/2}\}]^3}$$
$$=\frac{1}{\{2(r^2+i\varepsilon)^{1/2}\}^3}\left[1-3\frac{x^0-(r^2+i\varepsilon)^{1/2}}{2(r^2+i\varepsilon)^{1/2}}+\frac{3\cdot4}{2}\left\{\frac{x^0-(r^2+i\varepsilon)^{1/2}}{2(r^2+i\varepsilon)^{1/2}}\right\}^2+\cdots\right]$$

から

$$(\text{留数})=\frac{\dfrac{3\cdot4}{2}\cdot 8i\varepsilon\, f((r^2+i\varepsilon)^{1/2},x^1,x^2,x^3)}{\{2(r^2+i\varepsilon)^{1/2}\}^5}$$

となる．したがって

$$8i\varepsilon\int_{\Gamma}\frac{f(x^0, x^1, x^2, x^3)}{(R^2-i\varepsilon)^3}\,dx^0 = 2\pi i\,\frac{\dfrac{3}{2}\,i\varepsilon\, f((r^2+i\varepsilon)^{1/2}, x^1, x^2, x^3)}{(r^2+i\varepsilon)^{5/2}}.$$

積分への Γ_2 からの寄与は半円の半径を大きくした極限で 0 となるから

$$I[f] = 2\pi i\,\frac{\dfrac{3}{2}i\varepsilon\, f((r^2+i\varepsilon)^{1/2}, x^1, x^2, x^3)}{(r^2+i\varepsilon)^{5/2}} \tag{S.7.6}$$

（c） (S.7.6) は $r=\sqrt{(x^1)^2+(x^2)^2+(x^3)^2}\neq 0$ では $\lim_{\varepsilon\to 0}$ で 0 となる．よって，(S.7.6) を x^1, x^2, x^3 で積分するとき f は $x^1=x^2=x^3=0$ として積分の外に出してよい：

$$\begin{aligned}
&\int_{-\infty}^{\infty}\int_{-\infty}^{\infty}\int_{-\infty}^{\infty}2\pi i\,\frac{\dfrac{3}{2}i\varepsilon\, f((r^2+i\varepsilon)^{1/2}, x^1, x^2, x^3)}{(r^2+i\varepsilon)^{5/2}}\,dx^1\,dx^2\,dx^3\\
&\qquad = -\,3\pi\varepsilon\, f(0,0,0,0)\int_0^{\infty}4\pi r^2\,dr\,\frac{1}{(r^2+i\varepsilon)^{5/2}}\\
&\qquad = -\,12\pi^2\varepsilon\, f(0,0,0,0)\left[\frac{r^3}{3i\varepsilon(r^2+i\varepsilon)^{3/2}}\right]_0^{\infty} = 4\pi^2 i\, f(0,0,0,0)
\end{aligned}$$

ここで最右辺に移るとき $\varepsilon\to 0$ とした．この極限への寄与が $r\to\infty$ からくるので，積分への寄与が $r=0$ でなく全空間からきているのではないかと心配する向きもあろうか．それは違う．r についての積分を (a,∞) で行なえば，結果は 0 となる：

$$\lim_{\varepsilon\to 0}\left\{-\,\varepsilon\left[\frac{r^3}{3i\varepsilon(r^2+i\varepsilon)^{3/2}}\right]_a^{\infty}\right\} = \lim_{\varepsilon\to 0}\left\{-\left[1-\frac{a^3}{(a^2+i\varepsilon)^{3/2}}\right]\right\} = 0.$$

［**15**］ $\Box\,\varPhi$ をつくると，

$$\begin{aligned}
\Box\,\varPhi(x) &= \lim_{\varepsilon\to 0}\int\frac{1}{4\pi^2 i}\,\Box\,\frac{1}{(x-x')^2-i\varepsilon}\,\frac{1}{\varepsilon_0}\,\rho(x')\,d^4x'\\
&= \int\delta^{(4)}(x-x')\,\frac{1}{\varepsilon_0}\,\rho(x')\,d^4x' = \frac{1}{\varepsilon_0}\,\rho(x)
\end{aligned}$$

となるから，$\varPhi(x)$ は (7.1.15) の第 1 式をみたす．$\varPhi(x)$ は，$\rho(x')$ がミンコフスキー空間の有界な領域の外で 0 なら，あるいは遠くで速く 0 になれば，遠方で 0 という境界条件をみたしている．$\boldsymbol{A}(x)$ についても同様である．

［**16**］ §7.10.2 と同様にしてできる．

［**17**］ 問題［15］の $\varPhi$ への応用でいうと，そこに示した $\varPhi$ の積分表式の x^0 積分に極 $x^0=(r^2+i\varepsilon)^{1/2}+a+ib$ からの寄与

$$\rho((x^0-(\boldsymbol{r}-\boldsymbol{r}')^2+i\varepsilon)^{1/2}+a+ib, \boldsymbol{r}')$$

があることになり，時刻 t の場 $\varPhi(t,\boldsymbol{r})$ に空間の各点 $\boldsymbol{r}'$ から $t-|\boldsymbol{r}-\boldsymbol{r}'|/c$ 以外の時刻の ρ の影響があることになる．これは真空中の電磁気学の因果律に反する．

[**18**] 問題 [15] にあたえられた式により

$$\Phi(x) = \lim_{\varepsilon\to 0}\int d^3\boldsymbol{x}'\,\rho(\boldsymbol{x}')\int dx^{0\prime}\frac{1}{(x^0 - x^{0\prime})^2 - (\boldsymbol{x} - \boldsymbol{x}')^2 - i\varepsilon}$$

となる．$x^{0\prime}$ 積分は $\Gamma = (-\infty, \infty)$ として

$$I = \int_\Gamma \frac{1}{(x^{0\prime} - x^0) + \{(\boldsymbol{x} - \boldsymbol{x}')^2 + i\varepsilon\}^{1/2}}\frac{1}{(x^{0\prime} - x^0) - \{(\boldsymbol{x} - \boldsymbol{x}')^2 + i\varepsilon\}^{1/2}}\,dx^{0\prime}$$

であるが，積分路 Γ を複素 $x^{0\prime}$ 平面の上半平面を通る大きな半円で閉じれば，I には極 $x^{0\prime} = x^0 + \{(\boldsymbol{x} - \boldsymbol{x}')^2 + i\varepsilon\}^{1/2}$ からの寄与があり

$$I = 2\pi i\frac{1}{2\{(\boldsymbol{x} - \boldsymbol{x}')^2 + i\varepsilon\}^{1/2}}$$

となる．よって，$\varepsilon = 0$ の極限をとって

$$\Phi(\boldsymbol{x}) = \frac{1}{4\pi\varepsilon_0}\int\frac{\rho(\boldsymbol{x}')}{|\boldsymbol{x} - \boldsymbol{x}'|}\,d^3\boldsymbol{x}'$$

この場合，積分路 Γ を複素 $x^{0\prime}$ 平面の下半平面を通る半円で閉じても同じ結果になる．

[**19**] 4 元電流密度は

$$j^\mu(x) = cq\,\dot{X}^\mu(x^0)\,\delta^{(3)}(\boldsymbol{x} - \boldsymbol{X}(x^4))$$

である．ここに $X^0(x^0) = x^0$ であり，$\dot{X}^\mu = dX^\mu(x^0)/dx^0$ である．電流密度のデルタ関数のおかげで

$$\begin{aligned}
&A^\mu(x)\\
&= \lim_{\varepsilon\to 0}\frac{\mu_0 q}{4\pi^2 i}\int\frac{1}{(x^{0\prime} - x^0)^2 - (\boldsymbol{x}' - \boldsymbol{x})^2 - i\varepsilon}\,c\dot{X}^\mu(x^{0\prime})\,\delta^{(3)}(\boldsymbol{x}' - \boldsymbol{X}(x^{0\prime}))\,dx^{0\prime}\,d^3\boldsymbol{x}'\\
&= \lim_{\varepsilon\to 0}\frac{\mu_0 q}{4\pi^2 i}\int_{-\infty}^{\infty}\frac{1}{(x^{0\prime} - x^0)^2 - \{\boldsymbol{X}(x^{0\prime}) - \boldsymbol{x}\}^2 - i\varepsilon}\,c\,\dot{X}^\mu(x^{0\prime})\,dx^{0\prime}
\end{aligned}$$

となる．2 行目の被積分関数の $c\,\dot{X}^\mu(x^{0\prime})$ は複素 $x^{0\prime}$ 平面の上半面では解析的であるとしよう．残りの

$$\frac{1}{(x^{0\prime} - x^0)^2 - \{\boldsymbol{X}(x^{0\prime}) - \boldsymbol{x}\}^2 - i\varepsilon} \tag{S.7.7}$$

は，複素 $x^{0\prime}$ 平面の上半面に

$$x^{0\prime} = x^0 + \{(\boldsymbol{X}(x^{0\prime}) - \boldsymbol{x})^2 + i\varepsilon\}^{1/2} = 0 \tag{S.7.8}$$

の根 $x^{0\prime} = \tau$ のところに極をもつ．その留数は (S.7.7) の分母を $x^{0\prime} = \tau$ の周りに展開して

$$2[(x^{0\prime} - x^0) - \{\boldsymbol{X}(x^{0\prime}) - \boldsymbol{x}\}\cdot\dot{\boldsymbol{X}}(x^{0\prime})]_{x^{0\prime}=\tau}(x^{0\prime} - \tau)$$

から，(S.7.8) を考慮して

$$(\text{留数})^{-1} = 2|\boldsymbol{X}(\tau) - \boldsymbol{x}|\cdot\left(1 - \frac{\boldsymbol{X}(\tau) - \boldsymbol{x}}{|\boldsymbol{X}(\tau) - \boldsymbol{x}|}\cdot\dot{\boldsymbol{X}}(\tau)\right)$$

となる．よって

$$A^\mu(x) = \frac{\mu_0 q}{4\pi} \frac{1}{1 - \dfrac{\boldsymbol{X}(\tau) - \boldsymbol{x}}{|\boldsymbol{X}(\tau) - \boldsymbol{x}|} \cdot \dot{\boldsymbol{X}}(\tau)} \frac{c\,\dot{X}^\mu(\tau)}{|\boldsymbol{X}(\tau) - \boldsymbol{x}|}$$

これは§7.10.1で得たリエナール‐ウィーヒェルト（Liénard‐Wiechert）のポテンシャルである.

第 8 章

［**1**］ 運動方程式は，重力質量が質点の速さとともに増すから

$$\frac{d}{dt}\frac{m_0 v}{\sqrt{1-\left(\dfrac{v}{c}\right)^2}} = \frac{m_0 g}{\sqrt{1-\left(\dfrac{v}{c}\right)^2}}$$

である. 左辺の微分を実行すると

$$\frac{d}{dt}\frac{m_0 v}{\sqrt{1-\left(\dfrac{v}{c}\right)^2}} = \frac{m_0}{\left\{1-\left(\dfrac{v}{c}\right)^2\right\}^{3/2}}\frac{dv}{dt}$$

となるから，運動方程式は

$$\frac{1}{1-\left(\dfrac{v}{c}\right)^2}\frac{dv}{dt} = g.$$

したがって

$$\frac{1}{2}\int\left(\frac{1}{1-\dfrac{v}{c}} + \frac{1}{1+\dfrac{v}{c}}\right)dv = g\int dt$$

ゆえに，$t=0$ で $v=0$ であるから

$$\frac{c+v}{c-v} = e^{2gt/c}$$

となり，質点の速度は

$$v = c\,\frac{e^{2gt/c}-1}{e^{2gt/c}+1} = c\tanh\frac{gt}{c}$$

となる. これを積分すると，落下距離が得られる：

$$s = c\int_0^t \tanh\frac{gt}{c}\,dt = \frac{c^2}{g}\log\cosh\frac{gt}{c}$$

［**2**］ 重力質量を一定としたら，運動方程式は

$$\frac{d}{dt}\frac{m_0 c\beta}{\sqrt{1-\beta^2}} = m_0 g$$

となり，直ちに積分できて

$$\frac{\beta}{\sqrt{1-\beta^2}}=\frac{gt}{c} \quad \text{すなわち} \quad \beta=\frac{\dfrac{gt}{c}}{\sqrt{1+\left(\dfrac{gt}{c}\right)^2}}$$

ゆえに，落下距離は

$$s_0=c\int_0^t \frac{\dfrac{gt}{c}}{\sqrt{1+\left(\dfrac{gt}{c}\right)^2}}\,dt=\frac{c^2}{g}\left(\sqrt{1+\left(\frac{gt}{c}\right)^2}-1\right)$$

となる．重力質量の増加がある場合（前問），ないとする場合のそれぞれの落下距離 s, s_0 を，$gt/c \ll 1$ として展開すれば

$$\begin{aligned} s &= \frac{c^2}{g}\log\cosh\frac{gt}{c} \\ &= \frac{c^2}{g}\log\left[1+\frac{1}{2!}\left(\frac{gt}{c}\right)^2+\frac{1}{4!}\left(\frac{gt}{c}\right)^4+\cdots\right] \\ &= \frac{c^2}{g}\left\{\frac{1}{2}\left(\frac{gt}{c}\right)^2+\left(-\frac{1}{2}\cdot\frac{1}{2^2}+\frac{1}{4!}\right)\left(\frac{gt}{c}\right)^4+\cdots\right\} \\ &= \frac{1}{2}gt^2\left\{1-\frac{1}{6}\left(\frac{gt}{c}\right)^2+\cdots\right\} \\ s_0 &= \frac{c^2}{g}\left(\sqrt{1+\left(\frac{gt}{c}\right)^2}-1\right) \\ &= \frac{1}{2}gt^2\left\{1-\frac{1}{4}\left(\frac{gt}{c}\right)^2+\cdots\right\} \end{aligned}$$

よって，差は

$$s-s_0=\frac{1}{2}gt^2\cdot\left(-\frac{1}{6}+\frac{1}{4}\right)$$

割合にすれば

$$\frac{s-s_0}{s_0}=\frac{1}{6}\left(\frac{gt}{c}\right)^2$$

これが 10^{-4} %になる時間は

$$t=\sqrt{6}\,\frac{c}{g}\sqrt{10^{-6}}=\sqrt{10^{-6}}\cdot\sqrt{6}\,\frac{3\times10^8\,\mathrm{m/s}}{9.8\,\mathrm{m/s^2}}=7.5\times10^4\,\mathrm{s}$$

である．

［**3**］ 光子が重力 $(\hbar\omega/c^2)g$ に抗して dx だけ進むと角振動数が $\omega+d\omega$ になるとすれば，エネルギーの保存則から

$$\hbar(\omega+d\omega)=\hbar\omega-\frac{\hbar\omega}{c^2}g\,dx$$

すなわち

$$\frac{d\omega}{dx}=-\frac{g}{c^2}\omega$$

ゆえに，距離 L だけ進むと角振動数は

$$\omega_2 = \omega_1 e^{-gL/c^2}$$

となる．光の振動周期 $2\pi/\omega$ は，$L \gg c^2/g$ とするので

$$T_2 = T_1 e^{gL/c^2} = \left(1 + \frac{g}{c^2} L\right) T_1$$

となるから

$$T_h - T_l = \frac{gL}{c^2} T_l$$

となる．

［**4**］ 下向きの重力を消すには，下向きに g の加速度で落下する座標系に移ればよい．その座標系では 2 つの時計は加速度 g で上昇している．

時刻 0 に下の時計を出た光のパルスが上の時計に着く時刻 t は

$$L + \frac{1}{2} gt^2 = ct$$

すなわち

$$gt^2 - 2ct + 2L = 0. \tag{S.8.1}$$

この解のうち $g \to 0$ で L/c となるものを t_1 とすれば

$$t_1 = \frac{1}{g}(c - \sqrt{c^2 - 2gL}) = \frac{1}{g}\left[c - c\left\{1 - \frac{gL}{c} - \frac{(gL)^2}{2c^4} + \cdots\right\}\right]$$
$$= \frac{L}{c} + \frac{gL^2}{2c^3} + \cdots \tag{S.8.2}$$

時刻 $\varDelta_l t$ に下の時計を出た光が上の時計に着く時刻を $t + \varDelta_l t$ とすれば

$$L - \frac{1}{2} g(\varDelta_l t)^2 + \frac{1}{2} g(t + \varDelta_l t)^2 = ct$$

すなわち

$$gt^2 + 2g\,\varDelta_l t - 2ct + 2L = 0$$

この解 t_2 は，(S.8.1) の解 (S.8.2) で $c \to c - g\,\varDelta_l t$ とすれば得られる：

$$t_2 = \frac{L}{c - g\,\varDelta_l t} - \frac{gL^2}{2(c - \varDelta_l t)^3} + \cdots = \frac{L}{c} + \frac{gL}{c^2}\varDelta_l t - \frac{gL^2}{2c^3} + \cdots$$

ただし，$(L/c)\,O(gL/c^2)$ までとることにした．よって，上の時計が光のパルスを受けとる時間間隔は

$$\varDelta_h t = (t_2 + \varDelta_l t) - t_1 = \left(1 + \frac{gL}{c^2}\right)\varDelta_l t$$

となり，下の時計がパルスを発する時間間隔より長い．光のパルスで時計合わせをすれば，上の時計はゆっくり進むことになる．これは前問の結果と一致し，光が重力場で位置エネルギーをもつという前問の主張を裏書する．

索　　引

ア

アインシュタイン　Einstein, A.　19, 26, 245, 246, 247
　―― の規約　―― convention　147, 161
　―― の相対性原理　――'s principle of relativity　19, 162, 197
　―― の不満
　　――'s dissatisfaction　25, 245
アブラハム　Abraham, M.　106
阿部良夫　Abe, Yoshio　245

イ

石原 純　Ishiwara, Jun　245, 246
一様な静磁場における運動　motion in unform static magnetic field　104, 116, 123
一様な静電場における運動　motion in unform static electric field　119, 172
一般相対性理論　general theory of relativity　26, 67, 247
因果律　causality　227

ウ

ウィーヒェルト　Wiechert, E.　230
ウーレンベック　Uhlenbeck, G. E.　85
渦度　vorticity　125
内山龍雄　Utiyama, Ryoyu　19, 220
宇宙線　cosmic ray　40
宇宙飛行士　astronaut　172
宇宙ロケット　space rocket　172
浦島効果　Urashima effect　62
運動方程式　equation of motion　98, 99, 100
　―― の共変性　covariance of ――　160, 162
　―― の古典極限
　　classical limit of ――　98, 162
　電磁場における ――　―― in electromagnetic field　195
運動量　momentum
　―― の保存
　　conservation of ――　277
　電磁ポテンシャルの場における ――
　　―― in electromagnetic field　194
運動量密度　momentum density
　電磁場の ――
　　―― of electromagnetic field　196

エ

エーテル　ether　8, 25, 197
エネルギー・運動量テンソル
　energy-momentum tensor　195
　―― と応力　―― and stress　241
　―― の変換
　　transformation of ――　199
　―― の湧き出し　source of ――　209, 241
　電子の ――　―― of electron　214
　物質粒子の ――
　　―― of material particle　212

エネルギー・運動量4元ベクトル energy-momentum 4-vector 159, 206
エネルギーと質量は同じもの equivalence of mass and energy 106
エネルギーの流れ energy flux 114
エネルギーの保存 conservation of energy 112,123,165
エネルギー密度 energy density
電磁場の —— —— of electromagnetic field 196
エネルギー流密度 energy flux
電磁場の —— —— of electromagnetic field 196
遠隔作用 action at a distance 217

オ

オイラー - ラグランジュの方程式 Euler-Lagrange equation 194,249
応力テンソル stress tensor 196, 243
遅れたポテンシャル retarded potential 227

カ

ガウスの定理 Gauss theorem
3次元の —— —— in 3-dimension 198
4次元の —— —— in 4-dimension 204
角運動量 angular momentum 166, 167
—— の保存 conservation of —— 166
6元ベクトルとしての —— —— as a part of 6-vector 173
角振動数 angular frequency 47
核分裂 nuclear fission 109
加速度の変換則 transformation law of acceleration 95
ガリレオ・ガリレイ Galilei, Galileo 1
—— の相対性原理 ——'s principle of relativity 2
—— 変換 —— transformation 5
干渉縞 interference fringe 13,27
慣性系 inertial system 4,19
慣性系に対して等速度運動する座標系 coordinate system in uniform motion relative to an inertial system 4,19
慣性質量 inertial mass 106,246
慣性の法則 law of inertia 3

キ

擬スカラー pseudo-scalar 154
擬テンソル pseudo-tensor 153
擬ベクトル pseudo-vector 154
逆コンプトン効果 inverse Compton effect 122
共変形式 covariant formalism
電磁気学の —— —— of electromagnetism 176
力学の —— —— of mechanics 158
共変スピノル covariant spinor 262
共変性 covariance 126
共変テンソル covariant tensor 153
共変ベクトル covariant vector 94,121

極小原理　minimum principle　191
近日点の移動
precession of perihelion　169
水星の ——
—— of Mercury　173
近接作用　action through medium　196

ク

空間回転
space rotation　149,181,186
空間的ベクトル
space-like vector　95
空間の一様性
uniformity of space　31
空間反転
space reflection　149,183,190,241
—— のスピノル表現　spinor representation of ——　265
クーロン場における運動
motion in Coulomb field　140,166
グリーン関数
Green function　223,243
群　group　70

ケ

ゲージ変換
gauge transformation　175
結合エネルギー
binding energy　110
ケプラーの第 3 法則
Kepler's third law　26

コ

光行差　aberration　9,53
光子　photon
—— にはたらく重力　gravitational force acting on ——　251
—— のエネルギーと運動量
energy and momentum of ——　51
—— の質量　mass of ——　108
—— の静止質量　rest mass of ——　121
光速不変の原理　principle of constancy of light velocity　19,33
コーシー - リーマンの条件
Cauchy-Riemann condition　253
黒体輻射　black-body radiation　54
コペルニクス　Copernicus, N.　1
固有加速度　proper acceleration　160
固有時　proper time　39,64,92,158
固有ローレンツ変換　proper Lorentz transformation　150,190,260
—— のスピノル表現　spinor representation of ——　260
ゴレンシュタイン　Gorenstein, M. V.　58
混合テンソル　mixed tensor　153

サ

サイクロトロン　cyclotron　118
座標系の回転　rotation of coordinate system　149,181
三角視差　trigonometric parallax　8

シ

ジェフィメンコ　Jeffimenko, O. D.　220
時間的ベクトル　time-like vector　95
時間反転　time reversal　149,183,190,241,263

磁気モーメント
magnetic moment 81
時空の反転 space-time reflection
——のスピノル表現 spinor representation of—— 265
事象 event 31,33,59
質量 mass
——欠損 ——defect 110
——とエネルギーは同じもの
equivalence of—— and energy 106
——の発散 divergence of—— 217
慣性—— inertial—— 246
重力——
gravitational—— 246,251
重心系
center-of-mass system 122,277
重力 gravitation 247
——質量 gravitational mass 246,251
——の電磁現象に対する影響
influence of gravity on electromagnetic phenomena 247
縮約 contraction 155
ジュール熱 Joule's heat 197
シュワルツシルト時空
Schwarzshild space-time 248
順時的 orthochronous 150
準平行 quasi-parallel 86
シンガル Singal, A. K. 220
真空 vacuum 197
——中の光速（定義値） 8
シンクロサイクロトロン
synchro-cyclotron 118,123

ス

水星 Mercury 173
水素原子 hydrogen atom 140,166
スカラー scalar 93
スピノル spinor 163,259
スピノル変換とローレンツ変換を結ぶ公式 formula connnecting spinor and Lorentz transformation 264
スピン spin 145,259
スムート Smoot, G. F. 58

セ

静止質量 rest mass 101,103
静磁場における運動 motion in static magnetic field 116,123
静電場における運動 motion in static electric field 119,172
制動輻射 Bremsstrahlung 233
——の角分布 angular distribution of—— 236,237,239
——の輻射運動量 momentum radiated by—— 239
——の輻射エネルギー
energy flux of—— 236,239
世界線 world line 61
ゼーマン Zeeman, P. 17

ソ

双曲線軌道 hyperbolic orbit 169
双曲線的運動 hyperbolic motion 290
相対性原理 principle of relativity
アインシュタインの——
Einstein's—— 19,162,197

一般 ―― general principle of relativity 26,245
ガリレオの ―― Galileo's ―― 4
特殊 ――
special theory of relativity 26
双対テンソル dual tennsor 240
速度の加法定理 addition theorem of velocity 69,90
速度の変換則 transformation law of velocity 90,130

タ

対称核分裂 symmetric fission 111
対称テンソル symmetric tensor 154
楕円軌道 elliptic orbit 169
ダミーな添字 dummy index 161
ダランベルシャン D'Alembertian 176

チ

力の変換 transformation of force 101,136
力の4元ベクトル force 4-vector 102
地球の速さ velocity of earth 10
中間子の人工創成 artificial production of meson 122,278
調和振動子 harmonic oscillator 86,123,172
―― の振動周期 period of ―― 280
直線電流の場 field around straight line current 144

テ

ディラック Dirac, P. A. M 248,259
テコのつりあい balance of lever 122
テューコルスキー Teukolsky, A. 220
デルタ関数 delta function 128,181,213,223,242
∂_ν 179
電荷・電流密度の変換 transformation of charge and current 181
電荷密度の変換 transformation of charge density 130,134
電気力線の方程式
equation of line of force 253
電子 electron
―― のエネルギー・運動量テンソル
energy-momentum tensor of ―― 214
―― の磁気モーメント
magnetic moment of ―― 145
―― のスピン spin of ―― 145
―― のモデル model of ―― 145,213
電磁気学の共変形式 covariant formalism of electromagnetism 176
電磁的エネルギーの位置のエネルギー potential energy of electromagnetic energy 247
電磁的な運動量 electromagnetic momentum 112,145,198,217,222
電磁場 electromagnetic field
―― の基礎方程式 fundamental equation for ―― 187
―― の媒質 medium of ―― 197

遠方の—— ——far away from source 230
電磁場のローレンツ変換 Lorentz transformation of electromagnetic field 126,185
6元ベクトルとしての—— ——as 6-vector 185
電磁ポテンシャル electromagnetic potential 174
——4元ベクトル ——4-vector 185
電子ボルト electron volt 111
テンソル tensor 152,163
2階反対称—— antisymmetric —— of second rank 186,188
点電荷の場 field of point charge 139
『天文対話』 *Dialogue Concerning the Two Chief World Systems-Ptolemaic and Copernican* 1
電流密度の変換 transformation of charge density 133,134
電流密度4元ベクトル current-density 4-vector 181

ト

等価原理 equivalence principle 247,251
トーマス Thomas, L. H. 81,85
——因子 ——factor 85
——歳差 ——precession 81
——の角速度 ——angular velocity 83
特殊相対性理論 special theory of relativity 26,247
時計合わせ synchronization of clocks 22
時計のパラドックス clock paradox 62
ドップラー効果 Doppler effect 27,53
トムソン Thomson, J. J. 16
朝永振一郎 Tomonaga, Sin-itiro
——の『スピンはめぐる』 —— *The Story of Spin* 82,86,259
豊田利幸 Toyoda, Toshiiyuki 260
トルートン Trouton, F. T. 218
トルートン-ノーブルのパラドックス ——-Noble paradox 218

ニ

2価表現 2-valued representation 261
西田幾多郎 Nishida, Kitaro 246
仁科芳雄 Nishina, Yoshio 111
ニュートン Newton, I. 16,97,162,246

ネ

年周視差 annual parallax 8,27

ノ

ノーブル Noble, H. R. 218

ハ

背景輻射 background radiation 54
——のスペクトル spectrum of—— 58
——の等方性 isotropy of—— 58
ハウトスミット Goudsmit, S. A. 85

パウリ Pauli, W. 220,259
走る素粒子の寿命 lifetime of moving elementary particle 39
走る点電荷の場
field of moving point charge 228
走ると慣性質量が増す inertial mass increases with velocity 103
走ると重力質量も増す gravitational mass increases with velocity 26, 251
走る時計は遅れる retardation of moving clock 38,62
走る物体の見え方 apparent form of moving body 41
走る棒は縮む contraction of moving rod 37,60
波数 wave number 48
—— ベクトル —— vector 49
—— ベクトルのローレンツ変換 Lorentz transfomation of —— vector 51
—— 4 元ベクトル —— 4-vector 50
波動方程式 wave equation 7,176, 273
反対称テンソル
antisymmetric tensor 154
反変スピノル contravariant spinor 262
反変テンソル contravariant tensor 152,186
反変ベクトル contravariant vector 94,121

ヒ

光 light
—— 的ベクトル —— -like vector 95
—— の媒質 medium of —— 8
—— の速さ —— velocity 10
—— の反射 reflection of —— 28,86
非相対論的極限
non-relativistic limit 97,171

フ

複素変数関数論の方法 method of functions of complex variable 253
伏見 譲 Husimi, Yuzuru 246
双子のパラドックス twin paradox 62
ブッヘラー Bucherer, A. H. 104
ブラッドリー Bradley, J. 10
プランクの公式 Planck's formula 55
『プリンキピア』 *Philosophiae Naturalis Principia Mathematica* 246
フレネル Fresnel, A. J.
—— の引きずり係数 ——'s dragging coefficient 272

ヘ

平行板コンデンサー parallel-plate condensor 144,218,252
—— の極板にはたらく力 force acting on plates of —— 144,256
ベクトル vector
—— の平方根 square root of —— 263
共変 —— covariant —— 94

空間的 —— space-like —— 95
時間的 —— time-like —— 95
反変 —— contravariant —— 94
光的 —— light-like —— 95
変分原理 variational principle
力学の ——
—— in mechanics 191

ホ

ポアンカレ Poincaré, H.
—— のストレス —— stress 216
ホイヘンス Huygens, C.
—— の原理 —— principle 28
ポインティング・ベクトル
Poynting's vector 234
棒のつりあい balance of bar 113
ホール Hall, D. B. 40
保存則と湧き出し
conservation law and source 208

マ

マイケルソン Michelson, A. A.
—— - モーレーの実験
—— -Morley experiment 11
マクスウェル J. C. Maxwell
マクスウェル方程式
Maxwell equation 5,124,240
—— の共変性 covariance of —— 129,240
—— の空間反転
space reflection of —— 241
—— の時間反転
time reversal of —— 241
マッハ Mach, E. 246
マラー Muller, R. A. 58

ミ

ミットン Mitton, S. 27
ミンコフスキー Minkowski, H.
—— 空間 —— space 59,86

メ

メラー Mϕller, C. 75

モ

モーレー Morley, E 11

ヤ

ヤジアン Yaghjian, A. D. 217
ヤンマー Jammer, M. 104

ユ

湯川秀樹 Yukawa, Hideki 260
湯川の中間子論
—— 's meson theory 41
ユニモジュラー unimodular 259

ヨ

4次元体積要素 4-dimensional volume element 156
4元運動量 4-momentum 100,149,159
電磁ポテンシャルの場における —— —— in electro-magnetic field 194
4元加速度 4-acceleration 95,160,172
4元速度 4-velocity 93,159,172
4元ベクトル 4-vector 51,100,102
4元ポテンシャル 4-potential 183
4元力 4-force 102,135,136

ラ

ラーモア　Larmor, J.　17
—— の公式　—— formula　238
ラウエ　Laue, M. von　220
ラグランジアン　Lagrangian　192
ラプラス　Laplace, P. S.
—— 方程式　—— equation　252

リ

リエナール　Liénard, A.　230
——・ウィーヒェルトのポテンシャル
—— -Wiechert potential　230,244
力学的ポテンシャル
potential in mechanics　163
力学の共変形式　covariant formalism of mechanics　158
理想気体　ideal gas　108

レ

レイリー　Lord Rayleigh　25
レヴィ・チヴィタのテンソル
Levi Civita tensor
3 次元の ——
—— in 3-dimension　177
4 次元の ——
—— in 4-dimension　153
レーマー　Rϕmer. O. C.　10
連結成分　connnected component
ローレンツ群の ——
—— of Lorentz group　151

ロ

6 元ベクトル　6-vector　188
ロールリッヒ　Rohrlich, F.　217
ローレンツ　Lorentz, H. A　16,17,19,25,106
—— 逆変換　inverse of —— transformation　151
—— 群　—— group　68,150
—— 群の連結成分　connected component of —— group　151
—— 収縮　—— contraction　14,16,18,
—— 条件　—— condition　175,227
—— の電子論
—— 's electron theory　16
—— 不変　—— invariance　92
—— 変換　—— transformation　24,35,146
ローレンツ変換
Lorentz transformation　24,35
一般の ——　general ——　70
x 軸方向へ，次いで y 軸方向へ ——
—— in x-and then in y-direction　76
回転性の ——　rotational ——　87
任意の方向に走る座標系へ ——
—— in arbitrary direction　75
非回転性の ——　irrotational ——　87
ローレンツ力の変換　transformation of Lorentz force　135
ロッシ　Rossi, B.　40

ワ

湧き出し　source　125

著者略歴

江沢　洋（えざわ　ひろし）

1932年東京に生まれる．1955年東京大学理学部卒業，1960年同大学院数物系研究科博士課程修了，同大学理学部助手となる．1963年フルブライト研究員として渡米，1966年ドイツに渡り，1967年に帰国，学習院大学助教授となる．1970年に教授．1972年から2年間，米国ベル研究所で研究員．学習院大学名誉教授．理学博士．専攻は理論物理学，数理物理学．

主な著書：「量子力学 I，II」（岩波講座・現代物理学，共著），「漸近解析」（岩波講座・応用数学），「だれが原子をみたか」（岩波書店），「現代物理学」（朝倉書店），「フーリエ解析」（講談社），「量子力学 I，II」（裳華房），「（基礎演習シリーズ）量子力学」（裳華房）．訳：P. A. M. ディラック「一般相対性理論」（東京図書），R. P. ファインマン「物理法則はいかにして発見されたか」（岩波現代文庫）．編：朝永振一郎著「量子力学と私」，「科学者の自由な楽園」（岩波文庫）．

基礎物理学選書27　**相対性理論**

2008年9月30日　第1版発行
2022年5月30日　第4版1刷発行

検印省略

定価はカバーに表示してあります．

著　者　江沢　洋
発行者　吉野和浩
発行所　〒102-0081東京都千代田区四番町8-1
電　話　(03) 3262 - 9166
株式会社　裳華房
印刷所　三美印刷株式会社
製本所　牧製本印刷株式会社

一般社団法人
自然科学書協会会員

ISBN 978 - 4 - 7853 - 2139 - 0